BERGBAUER
MYERS
KIRSCHNER

Das Kosmos Handbuch
Gefährliche Meerestiere

BERGBAUER · MYERS · KIRSCHNER

DAS KOSMOS HANDBUCH

Gefährliche Meerestiere

ERKENNEN · RICHTIG HANDELN · NOTFALLMANAGEMENT

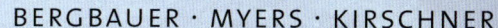

Inhalt

240

256

Einführung

Weltweit ist das Meer von Lebewesen bewohnt, die dem Menschen auf die unterschiedlichste Weise Schaden zufügen können. Nur sehr wenige, wie einige Haie oder Krokodil, können im Menschen Beute sehen und ihn verschlingen. Das kommt vor, wenn auch selten. Von diesen seltenen Fällen abgesehen, greift praktisch kein Meerestier Menschen von sich aus an. So sind besonders auch Verletzungen durch Gifttiere als Unfälle zu bezeichnen. Viele geschehen durch unbeabsichtigten Kontakt mit diesen Tieren, aber bei bewusstem Anfassen in völliger Unkenntnis ihrer Gefährlichkeit. Auch beim Provozieren solcher Tiere oder beim „Spielen" mit ihnen – aus Unkenntnis oder Leichtsinn – kommt es häufig zu Unfällen. Schaden zufügen können sie zum einen rein mechanisch durch Beißen, Stechen oder Schneiden. Zum anderen durch Gift, das über Stacheln, Zähne oder Nesselkapseln in den menschlichen Körper gelangt. Sehr verbreitet sind auch Lebensmittel-Vergiftungen durch den Verzehr giftiger Tiere. Neben solchen behandelt dieses Buch alle wichtigen Meerestiere, die zum Beispiel für Strandwanderer, Schwimmer, Badende, Surfer, Schnorchler, Taucher, Fischer oder Aquarianer gefährlich sein können.

Verletzungen und Vergiftungen

Als gefährliche Meerestiere werden in diesem Buch solche bezeichnet, die dem Menschen mechanische Verletzungen vor allem durch Bisse oder Stiche zufügen können. Auch elektrische Fische fallen in diese Kategorie

Die andere, größere Gruppe sind die Gifttiere. Viele Fische, Seeschlangen und Wirbellose setzen Gift ein, um ihre Beute zu lähmen oder zu töten, doch auch um sich zu verteidigen. Wird das Gift über Stacheln, Zähne oder Nesselkapseln eingesetzt, handelt es sich um aktiv giftige Tiere. Passiv giftige Tiere dagegen können nur zur Gefahr werden, wenn man sie isst. Manche Meerestiere können gleichzeitig mechanisch verletzen und vergiften. Der Giftstachel von Stechrochen beispielsweise kann auch lebensgefährliche Stichwunden verursachen. Manche Doktorfische haben giftige Stacheln zumindest im juvenilen Stadium, aber wir zählen sie und andere nicht giftige Doktorfische zu den gefährlichen Fischen, da die größere Gefahr von ihren scharfen Stacheln ausgeht.

Tödliche Kugeln: Kugelfische sind passiv giftig. Bei falscher Zubereitung und Verzehr können sie tödliche Lebensmittel-Vergiftungen verursachen.

Funktion der Gifte

Gifte sind bei Meerestieren weit verbreitet, und sie erfüllen ganz unterschiedliche Funktionen. Häufig dienen sie der Verteidigung gegenüber Fressfeinden. Auch können offensiv zum Beuteerwerb eingesetzt werden. Bei festsitzenden Tieren wie Schwämmen, Korallen oder Seescheiden haben Gifte vielfach eine zentrale Rolle beim Kampf um Lebensraum und Ansiedlungsfläche, bei der Abwehr von Aufwuchs-Organismen und von Infektionen durch Pilze und Bakterien. Für den Menschen geht von dieser „chemischen Kriegsführung" am Meeresgrund keine Gefahr aus. Das vorliegende Buch behandelt nur Gifttiere, die für Vergiftungen beim Menschen in Frage kommen. Sie lassen sich in zwei Gruppen einteilen: In aktiv giftige und in passiv giftige Tiere.

Aktiv giftige Tiere

besitzen einen Giftapparat. Dieser besteht aus speziellem Drüsengeweben, welches das Gift produziert und speichert sowie einer Vorrichtung, die das Gift in den Körper eines anderen Tieres einbringen kann. Diese Vorrichtung ist meist ein Stachel oder ein Zahn. Bei einigen Würmern sind es Borsten oder Kiefer, bei bestimmten Seeigeln klauenförmige Zangen, und bei Nesseltieren die einzigartigen Nesselkapseln. Stets gelangen die Gifte dieser Tiergruppe von außen in den Körper und in den Kreislauf, ohne dass sie den Verdauungstrakt passieren müssen. Die Gifte aktiv giftiger Tiere können offensiv zum Beuteerwerb oder defensiv zum Schutz vor Fressfeinden eingesetzt werden. Sie können auch, wie zum Beispiel bei den Nesseltieren, zugleich beiden Zwecken dienen. Selbst ihr Gift offensiv einsetzende Tiere greifen Menschen natürlicherweise nicht an. Er fällt schlicht nicht in ihr Beuteschema. So sind Vergiftungen durch Meerestiere in der Regel Folge versehentlichen Kontaktes oder leichtsinnigen Hantierens mit den Tieren.

Passiv giftige Tiere

besitzen weder besondere Gewebe zur Giftspeicherung noch spezielle Vorrichtungen zur Giftverabreichung. Um seine Wirkung zu entfalten, muss das Gift über den Verdauungstrakt aufgenommen werden. Fischvergiftungen wie Ciguatera oder die verschiedenen Formen von Muschelvergiftungen beruhen darauf, dass die jeweiligen Giftstoffe von den Tieren über die Nahrungskette aufgenommen und im Körper angereichert wurden. So können verschiedene Muscheln und viele Fischarten, die von Natur aus ungiftig sind, plötzlich passiv giftig werden. Die passiv giftigen Kugelfische besitzen Bakterien, mit deren Hilfe sie das hochgiftige Tetrodotoxin in ihrem Körper anreichern.

Giftcocktail

Die Gifte der Gifttiere sind mehr oder weniger komplexe Gemische aus verschiedenen Substanzen. Zu den Bestandteilen von Giften können auch völlig ungiftige Stoffe gehören. Die für Giftwirkungen verantwortlichen Substanzen werden als Toxine bezeichnet. Das Mengenverhältnis von Toxinen zu unwirksamen Substanzen in Giften kann sehr unterschiedlich sein. Im Gegensatz zu Gift ist ein Toxin kein Gemisch, sondern stets eine bestimmte, reine, eindeutig definierte Substanz. Ein Gift kann mehrere, manchmal auch sehr viele verschiedene Toxine enthalten. Im Gift der Kegelschnecken wurden in einzelnen Giften bis über 50 Einzelkomponenten gefunden.

Vergiftungsverlauf

Die Symptome einer Vergiftung durch ein und dieselbe Tierart können sehr unterschiedlich ausfallen. Die Schwere einer Vergiftung wird von verschiedenen Faktoren beeinflusst. Zum einen spielt die Giftmenge eine entscheidende Rolle. Sie ist praktisch niemals völlig dieselbe. Bei Schlangenbissen kann es vorkommen, dass überhaupt kein Gift injiziert wird, so bei Verteidigungsbissen, die in der Hälfte aller Fälle ungiftig sind. In solchen Fällen treten natürlich auch keine Symptome auf. Auch bei Seeschlangen können viele Bisse ohne Vergiftungssymptome bleiben. Bekommt der Betroffene dagegen bei einem Biss die „volle Dosis" ab, sind schwerste Vergiftungen mit Todesfolge zu befürchten. Bei Nesseltieren hängt das Ausmaß der Vergiftung im starken Maße vom Umfang des Hautkontaktes mit den Nesselkapseln ab; großflächige Vernesselungen sind ernsthafter als punktuelle Kontakte. Wer in Kontakt mit vielen Tentakel

Schlechter Ruf: Barrakudas sind kräftige, blitzschnelle Räuber. Zum Glück beruhen Unfälle mit ihnen auf Verwechslungen und sind extrem selten.

Am Strand oder an felsigen Küsten

• Informieren Sie sich über giftige Tiere ihres Zielgebietes: Wie sehen sie aus, woran lassen sie sich erkennen, wo begegnet man ihnen Fragen Sie sachkundige Leute vor Ort nach aktuellen Hinweisen und Warnungen

• Nichts anfassen, was man nicht kennt.

• Strand- oder Badeschuhe mit festen Sohlen bieten einen guten Schutz. Beim Waten im flachen Wasser mindern sie das Risiko einer Verletzung durch Seeigel oder Fischen mit Giftstacheln, die offen auf dem Grund oder verborgen im Sandboden liegen.

• Nächtliches Baden im Meer und an menschenleeren Stränden birgt ein erhöhtes Risiko. Das ist zwar romantisch, aber es gibt im Notfall auch niemanden, der helfen kann. Seeigel treten dann meist vermehrt auf, und Quallen sind praktisch nicht rechtzeitig zu erkennen. Haie und andere Raubfische sind häufig nachtaktiv, man sieht sie schlechter und sie könnten einen mit Beutetieren verwechseln.

• Das Tragen von Stinger Suits (dünnen Badeoveralls), ist sinnvoll in Gebieten mit häufigem Auftreten gefährlicher Quallen, wie z.B. in Bereichen der Nord- und Ostküste Australiens.

• Nicht dicht über Sandgrund schwimmen: Stechrochen können eingegraben im Sandboden liegen, aufschrecken und mit dem Stachel bewehrten Schwanz schlagen.

• Auf sandigen Strandabschnitten „schlurfen", und nicht von oben auftreten. Eingegrabene Tiere können rechtzeitig fliehen und man tritt nicht darauf.

• Giftige und gefährliche Tiere nicht provozieren, nicht in die Enge treiben, nicht zu fangen versuchen.

• Beim Hantieren in Aquarien Giftiere erst durch eine Scheibe abtrennen oder mit einem Netz herausfangen.

• Vorsicht beim Abnehmen giftiger Fische vom Angelhaken oder aus dem Netz. Geeignete Handschuhe tragen. Hände immer gründlich abwaschen, wenn sie mit Tieren mit giftiger Haut in Kontakt gekommen sind.

• Beim Springen vom Boot ins Wasser: Erst schauen, was sich im Wasser befindet. Vorsicht auch beim Springen in ufernahes Seichtwasser. Auf oder im Sand verborgen können Teufels- oder Steinfisch oder Rochen liegen. Schuhe tragen!

• Vorsicht wenn Quallen an den Strand geschwemmt wurden. Sie können auch tot ihre Nesselkraft über Tage behalten. Und sehr wahrscheinlich sind im Wasser noch viel mehr Quallen.

Beim Tauchen:

• Auf gute Tarierung achten, Vorsicht beim Absinken auf den Grund, nicht zu dicht über das Riff schwimmen, um versehentliche Kontakte zu vermeiden (auch schon aus Gründen des Umweltschutzes).

• Nicht in Höhlen, Spalten und Löcher greifen, die nicht einzusehen sind: Es könnten Unterschlüpfe von Muränen sein oder sich andere gefährliche oder giftige Tiere darin befinden.

• Rochen immer einen Fluchtweg lassen, etwa wenn sie in Höhleneingängen oder unter Überhängen liegen. Die Tiere auch auf freien Flächen nicht durch mehrere Taucher einkreisen.

• Vorsicht bei scheinbar toten Schlangen. Es wurden schon Seeschlangen beobachtet, die über eine Viertelstunde völlig unbeweglich wie tot auf dem Grund lagen. Sie ruhten jedoch nur und schreckten auf, als sie von Tauchern gestört wurden.

• Keine Fischfütterungen. In der Hektik des Geschehens passieren schnell Unfälle: Muränen oder Zackenbarsche verwechseln schon mal einen Finger mit dem Futter. Inmitten aufgeregter Fischgruppen kann man sich leicht auch an den Klingen von Doktorfischen verletzen.

Giftzwerge: Blauring-Kraken gehören zu den kleinsten Kraken, verfügen jedoch über ein tödliches Gift, das sie über einen Biss aktiv einsetzen.

kommt, oder sogar mit dem ganzen Körper in einen großen Tentakelschleier gerät, kann das Hundertfache und mehr an Gift abbekommen, als beim Kontakt mit einem kleinen Tentakelstück. Dass die Symptomatik in solchen Fällen dramatische Unterschiede aufweist, liegt auf der Hand. Gleiches gilt für Vergiftungen an den Stacheln von Giftfischen. Es macht einen großen Unterschied, ob ein, zwei, drei oder noch mehr Stacheln in den Körper eingedrungen sind. Einfluss auf die Schwere einer Vergiftung hat auch, an welcher die Körperstelle, sie stattgefunden hat.

Medizinische Behandlung: Unspezifische und spezifische Therapie

Symptome und Verlauf einer Vergiftung folgen keinem exakten Schema und sind keineswegs vorhersehbar. Für die meisten Gifte gibt es zudem kein spezifisches Gegenmittel (Antidot). Die Behandlung kann sich oft nur an den Symptomen orientieren. Eine solche symptomatische oder unspezifische Therapie erfordert in schweren Fällen meist intensivmedizinische Methoden. Bei Vergiftungen mit schweren Symptomen ist daher neben den Erste-Hilfe-Maßnahmen möglichst rasch ärztliche Hilfe aufzusuchen. Die Chancen auf Heilung stehen selbst in schwersten Fällen bei rechtzeitiger Behandlung gut. Herz-Kreislauffunktionen können stabilisiert werden. Bei Lähmungen der Atemmuskulatur kann eine künstliche Beatmung oft über Tage, selbst über Wochen durchgeführt werden. Und bei drohendem Nierenversagen kann eine Dialyse Leben retten. Solche Möglichkeiten haben zu einem deutlichen Rück-

Gefährliche Schönheiten: Feuerfische sind aktiv giftige Fische. Ihre langen, giftigen Flossenstrahlen dienen ihrer Verteidigung.

gang von Todesfällen bei schweren Vergiftungen geführt.

Gegenmittel

Nur für sehr wenige Gifte von Meerestieren gibt es ein spezifisches Gegenmittel, wobei es sich stets um ein Antiserum handelt. Antiseren sind vorhanden für Vergiftungen durch Seeschlangen, Steinfische (Synanceia-Arten) und die Würfelqualle Chironex fleckeri. Die Behandlung mit einem Antiserum wird als spezifische Therapie bezeichnet. In der Anwendung eines Antiserums wird in der breiten Öffentlichkeit häufig eine Art einfach zu handhabendes Allheilmittel gesehen, das eine symptomatische Behandlung nicht mehr notwendig macht. Das ist jedoch keineswegs der Fall. Antiseren sind in ihrer Wirkung durch verschiedene Faktoren und Um-

stände begrenzt, und ihre Anwendung birgt Komplikationen und hohe Risiken. Gewonnen werden sie durch Immunisierung von Säugetieren (meist Pferde) mit einem Gift. Bei den so produzierten Antiseren handelt es sich um tierische, wenn auch meist hinreichend gereinigte Eiweiße. Diese Präparate können im menschlichen Körper schwere Nebenwirkungen hervorrufen. Als Immunreaktion können neben beispielsweise Fieber, Gelenkschmerzen und Hautausschlägen schwere allergische Symptome auftreten, bis hin zum akuten anaphylaktischen Kreislaufschock, der tödlich enden kann. Antiseren dürfen nur von einem Arzt angewendet werden, und das auch nur in begründeten Fällen und wenn für alle Risiken und Komplikationen Vorsorge getroffen wurde. So steht zum Beispiel das in Australien produzierte Antiserum für Steinfisch-Vergiftungen außerhalb Australiens kaum zur Verfügung. Trotz der genannten Einschränkungen und möglicher Probleme ist die Anwendung eines Antiserums oftmals angezeigt bei Vergiftungen durch Seeschlangen und einer schweren Vergiftung durch die Würfelqualle. Bei Vergiftungen durch die Würfelqualle sind nach Möglichkeit unbedingt zunächst die Erste-Hilfe-Maßnahmen anzuwenden (Inaktivierung der Nesselzellen durch Übergießen mit fünfprozentiger Essigsäure und Entfernung von auf der Haut haftender Tentakel), bevor der Transport zu einem Arzt oder einer Klinik erfolgt. Doch selbst bei Vergiftungen durch Seeschlangen oder die Würfelqualle muss ein Arzt anhand der auftretenden Symptome entscheiden, ob die Verabreichung eines Antiserums gerechtfertigt ist.

Erste Hilfe

Vergiftungen durch giftige Meerestiere verlaufen akut und zeigen oft eine große Dynamik. Daher ist häufig rasches, unverzügliches Handeln gefragt. Vergiftungen ereignen sich meist in etwas abgelegenen Gegenden, mit entsprechend langen Wegen zum nächsten Arzt oder zu einer Klinik. Von besonderer Bedeutung sind somit in vielen Fällen Erste-Hilfe-Maßnahmen. Sie können teils vom Betroffenen selbst oder von Begleitern durchgeführt werden. Die folgenden Vorsorgemaßnahmen gelten für alle Unfälle und Vergiftungen, es sei denn sie sind trivialer Natur.

Schwertkämpfer: Respektvoller Abstand ist angeraten: Rochen können ihren mit einem oder mehreren Giftstacheln bewehrten Schwanz peitschenartig einsetzen.

Hinweise zu Nesseltier-Vergiftungen

Gerade bei Nesseltier-Vergiftungen besteht die einmalige Chance, durch rasche und geeignete Erste Hilfe Maßnahmen den Schaden zu begrenzen. Falsche Maßnahmen können zur deutlichen Verschlimmerung des Vergiftungsverlaufes führen. Vergiftungen durch Nesseltiere weisen eine für die Erste Hilfe wichtige Besonderheit auf. Bei anderen Gifttieren gelangt bei einem Biss oder Stich einmalig eine bestimmte Menge Gift in den Körper. Anders bei Nesseltieren. Nach dem Kontakt mit einem Nesseltier und erfolgter Vergiftung kleben meist zahlreiche, noch nicht entladene Nesselkapseln auf der Haut. Manchmal sogar größere Tentakelstücke mit unzähligen Nesselkapseln. Diese Nesselkapseln können sich noch entladen und die Vergiftung verstärken. Ein wesentlicher Bestandteil der Ersten Hilfe ist es daher, weitere Entladungen von Nesselkapseln zu verhindern. Die für Würfelquallen, für Haarquallen sowie für die Leuchtqualle jeweils empfohlenen Mittel und ihre Anwendung sind in den entsprechenden Abschnitten beschrieben. Diese Maßnahmen spiegeln den gegenwärtigen Wissensstand zur Behandlung von Vernesselungen wider. Der ständig zunehmende Wissensstand führte auch hier in den vergangenen Jahren bezüglich einiger Tierarten zu veränderten Behandlungsempfehlungen. Während beispielsweise die Behandlung mit Essig für die Würfelquallen als gesichert gelten kann, wird dieses Mittel für Vernesselungen durch die Portugiesische Galeere seit einigen Jahren von verschiedenen Wissenschaftlern als ungeeignet angesehen. Wahrscheinlich gibt es kein für alle Nesseltiere gleichermaßen geeignetes Mittel zur Inaktivierung der Nesselkapseln.

Gefahrenbereich: Seeschlangen gehören zu den giftigsten Schlangen überhaupt. Doch sind sie wesentlich friedfertiger gegenüber Menschen als viele ihrer giftigen Verwandten an Land.

Schwer bewaffnet: Nesseltiere wie diese Qualle besitzen ein riesiges Arsenal raffinierter, mit Gift geladenen Nesselkapseln. Eingesetzt werden sie zum Beuteerwerb ebenso wie zur Verteidigung.

Heißwassermethode bei Vergiftungen durch Fische
Stark umstritten unter Medizinern ist die sogenannte Heißwassermethode bei Vergiftungen durch aktiv giftige Fische. Die Idee hinter dieser Methode: Durch die hohe Temperatur soll das Eiweißgift denaturiert und damit inaktiviert werden. Dazu soll die betroffene Körperstelle in vom Patienten gerade noch tolerierbar heißes Wasser getaucht, oder heiße Kompressen aufgelegt werden. Selbst Befürworter dieser Methode raten inzwischen zu wesentlich geringeren Behandlungstemperaturen als früher. Denn die Hitze birgt auch hohe Risiken. Ausgedehnte Hautschäden können die Folge sein. Im schlimmsten Fall kommt es nachfolgend zu Komplikationen, die dem Heilungsverlauf abträglich sind. Abgesehen vom zweifelhaften Erfolg dürfte diese Methode für den Betroffenen eine schmerzhafte und psychisch stark belastende Angelegenheit darstellen.

Von verschiedenen Fachleuten wird aus den genannten Gründen von der Heißwassermethode grundsätzlich abgeraten.

Schnelligkeit zählt
Von offenkundig trivialen Fällen abgesehen, sind Vergiftungen grundsätzlich ernst zu nehmen. So schnell wie möglich in ärztliche Behandlung. Keine Zeit verlieren, nur das absolut Nötigste tun, wie im jeweiligen Erste-Hilfe-Abschnitt beschrieben. Rascher Transport des Betroffenen in ärztliche Behandlung ist oftmals lebensrettend.

Sofortmaßnahmen

• Das Wasser verlassen oder den Betroffenen bergen. Bei Vergiftungen und bei starken Schmerzen besteht die Gefahr unvorhersehbarer Reaktionen. Bei Bewusstlosigkeit besteht die Gefahr des Ertrinkens. Immer auch die eigene Sicherheit beachten.

• Den Betroffenen beruhigen und nach Möglichkeit nicht allein lassen! Verletzungen und Vergiftungen lösen meist Unruhe, nicht selten auch Panik bei dem Unfallopfer aus. Ruhig stellen betroffener Extremitäten. Bewegungen, fördern aufgrund der verstärkten Durchblutung die rasche Ausbreitung des Giftes, und lassen die Wunde bei Verletzungen stärker bluten.

• Schocklagerung nur bei einem Verunfallten mit klarem Bewusstsein. Grundsätzlich muss bei Vergiftungen und Verletzungen mit dem Auftreten eines Schocks gerechnet werden. Beim spontan atmenden, aber bewußtlosen Verunfallten, stabile Seitenlage durchführen.

• Den Verunfallten nicht allein lassen, ständig beobachten.

• Jeglichen Schmuck abnehmen. Bei Schwellungen besteht die Gefahr einer Abschnürung.

• Das Tier identifizieren ohne sich selbst zu gefährden. Wer den Verunfallten zum Arzt begleitet sollte wissen welches Tier die Vergiftung verursacht hat. Oft sind die Symptome nicht eindeutig. Wissen um welches Tier es sich handelt ist oft einzige Anhaltspunkt für eine sichere Diagnose und die Einleitung der richtigen Behandlung. Wenn möglich das Tier fotografieren.

• Bei allen ernsten Unfällen den Betroffenen umgehend in ärztliche Behandlung bringen. Das gilt besonders bei Unfällen mit stark giftigen Tieren, selbst wenn noch keine Symptome aufgetreten sind, da diese oft erst mit einer gewissen Verzögerung einsetzen. Schnell zum Arzt oder in die nächste Klinik!

• Vitalfunktionen aufrechterhalten Infolge einer schweren Vergiftung oder eines Schocks können Atmung und Kreislauf aussetzen. Diese Vitalfunktionen daher kontinuierlich überwachen. Gegebenenfalls künstliche Beatmung und externe Herzmassage durchführen.

Auf keinen Fall!

• Für den Umgang mit Vergiftungen durch Tiere kursieren eine Vielzahl von „Hausrezepten", unter anderem auch in Reiseführern oder Abenteuerbüchern oder -filmen. Solche Tipps sind weit verbreitet und halten sich, obwohl völlig sinnlos oder sogar gefährlich, hartnäckig.

• Kein heißes Wasser verwenden oder gar die Wunde (Biss- oder Einstichstelle) mit einer Zigarette ausbrennen. Die Chance, das Gift zu inaktivieren ist äußerst gering, und das Risiko für Gewebeschäden sehr hoch.

• Kein Einpacken der betroffenen Stelle in Eis. Dies hat eher negative Auswirkungen auf den Vergiftungsverlauf. Durch die extreme Kühlung können Durchblutungsstörungen und Erfrierungen zusammen mit dem Gift zu ausgedehnten Gewebsnekrosen führen.

• Kein Einschneiden, Ausschneiden, Auspressen oder sonstiges Manipulieren an der Biss- oder Einstichstelle. Hierbei besteht das Risiko, Muskeln, Sehnen zu verletzen. Werden größere Blutgefäße verletzt kann die Ausbreitung des Giftes in den Kreislauf sogar beschleunigt werden. Zusätzliche Gefahr von Sekundärinfektionen!

• Gift nicht aussaugen. Der Saugdruck reicht nicht aus zum Herauslösen des Giftes, das sich zudem rasch ausbreitet. Die üblichen feinen Biss- oder Stichkanäle schließen sich schnell oder schwellen zu. Absaugen ist dann gänzlich unmöglich. Einreiben oder Auftragen von Hausmitteln, Tinkturen, Kräutersuden, Blättern, Pflanzenpasten oder Ähnlichem unterlassen. Es ist kein einziges solcher Mittel bekannt, das sich positiv auf den akut verlaufenden Vergiftungsprozess auswirkt. Nutzlos sind esoterische Mittel, wie z. B. das Auflegen sogenannter „schwarzer Steine".

• Betroffene Extremität nicht abbinden Diese Methode ist grundsätzlich für Vergiftungen ungeeignet, und nur sinnvoll um eine Verblutung, (bei Verletzung einer Schlagader) zu verhindern. Der Blutstau verursacht meist baldige, oft schwere Gewebsschädigung und muss spätestens nach zehn bis fünfzehn Minuten ohnehin gelöst werden. Dabei käme es zu plötzlichem Einströmen des Giftes in die Blutbahn mit entsprechend ausgeprägten Symptomen.

Aktiv giftige Fische
Fische mit giftigen Stacheln oder Zähnen

Vom Schwarzpunkt-Stechrochen sind tödliche Unfälle mit Tauchern bekannt.

Stachelrochen
Myliobatiformes

Biologie

Stachelrochen sind die einzigen Gifttiere, bei denen eine Vergiftung meist mit einer tiefen Wunde einhergeht. Zu den Stachel- oder Stechrochen gehören verschiedene Rochenfamilien. Alle tragen auf der Oberseite des Schwanzes einen oder mehrere Stacheln, deren Größe und Ausprägung bei den einzelnen Familien sehr unterschiedlich ist. Die Schmetterlingsrochen besitzen nur einen gering entwickelten Stachel, der zudem nahe der Basis ihres kurzen Schwanzes ansetzt. Adlerrochen haben einen langen, sehr dünnen Schwanz mit großem Stachel, der jedoch ebenfalls nahe der Schwanzbasis liegt. Diese Lage schränkt die Reichweite des Stachels bei Schwanzschlägen stark ein. Peitschenschwanz-Stechrochen, Rundrochen und Süßwasser-Stechrochen dagegen haben nicht nur einen sehr großen Stachel, er liegt auch von der Schwanzbasis entfernt. Sein Aktionsradius ist

Achtung: Bei solchen Aufnahmen dem Stechrochen immer einen Fluchtweg offen halten.

dadurch sehr groß und macht ihn zu einer beachtlichen Verteidigungswaffe.

Die meisten Rochen sind typische Bodenbewohner, wie die Peitschenschwanz-, die Rund- und die Schmetterlingsrochen. Sie sind auch in sehr flachem Wasser auf Sand und Schlickböden anzutreffen, wo sie direkt auf dem Boden liegen. Nicht selten graben sie sich auch ein. Oft liegen dann nur noch Augen und Atemlöcher frei. Sie schwimmen mit wellenförmigen Bewegungen des Körpersaums und bleiben dabei oft sehr dicht über dem Grund. Anders die Adler- und Kuhnasenrochen. Sie haben sich weitgehend von der bodenorientierten Lebensweise gelöst. Es sind elegante und ausdauernde Schwimmer, die mit vogelschwingenähnlichen Bewegungen ihrer breiten, dreieckigen Brustflossen weite Strecken durchs freie Wasser ziehen. Stechrochen ernähren sich von bodenlebenden Tieren, darunter Krebse, Muscheln, Schnecken, Würmer und auch Fische. Der Stachelapparat am Schwanz dient allen Arten ausschließlich als Verteidigungswaffe.

In warmen und flachen Gewässern gibt es mehrere Arten aus fünf Familien, die für Menschen gefährlich werden. Doch trotz ihrer beeindruckenden Waffe

Gut getarnt: mit Sand bedeckter Amerika-Stechrochen.

Angefüttert: Ein Amerika-Stechrochen holt sich ein Häppchen.

Hoffen auf Beute: Meerbarben begleiten einen Blaupunkt-Stechrochen auf Nahrungssuche.

haben Stachelrochen auch Feinde. Hammerhaie und einige große Sägebarsche erbeuten diese Rochen häufig. Daher finden sich im Bauch oder in der Körperhülle von Hammerhaien und Sägebarschen oft Reste von Stachelrochenstacheln. Verlorene Stachel wachsen rasch nach. Rochen bringen lebende, voll entwickelte Junge zur Welt.

Merkmale
Alle Stechrochen haben einen stark abgeflachten Körper. Kopf, Rumpf und Brustflossen bilden eine rundliche oder eine breit-rhombenförmige Scheibe. Der Schwanz ist schlank, oft peitschenförmig. Auf der Körperoberseite befindet sich hinter den Augen je eine Atemöffnung, die Kiemenöffnungen liegen auf der Körperunterseite. Die Breite der Körperscheibe beträgt bei den kleinsten Arten weniger als 30 Zentimeter, bei großen Peitschenschwanz- und Schmetterlingsrochen bis über zwei Meter, bei Adlerrochen bis über drei Meter.

Unfälle
Zu den meisten Unfällen kommt es, wenn Menschen im seichten Wasser auf einen Rochen treten und dieser zur Abwehr mit dem Schwanz schlägt. Rochen graben sich häufig bis auf Augen und Atemöffnungen im Sand oder Schlamm ein. Dann sind sie für Badende praktisch nicht zu sehen. Daneben sind Fischer und Angler beim Entleeren der Netze, und wenn sie einen Rochen an der Angel haben, gefährdet. In solchen Situationen schlägt das Tier natürlich mit dem Schwanz um sich. Unfälle von Tauchern mit Stechrochen sind sehr selten. Taucher begeben sich jedoch in Gefahr, wenn sie einem Rochen zu nahe auf den Leib rücken, ihn bedrängen oder ihn anfassen wollen. Der Rochen wird aufschrecken und fliehen, wobei er eine peitschenförmige Bewegung mit dem Schwanz vollzieht. Es soll vorkommen, dass Adlerrochen aus dem Wasser auf Boote springen und dort wild um sich schlagen. Dabei ist es schon zu ernsthaften und sogar tödlichen Verletzungen gekommen. Bei solchen Verletzungen wurden lebenswichtige Organe geschädigt oder Blutgefäße durchstochen. An manchen Tauchplätzen werden Stachelrochen angefüttert und sind dann sehr zutraulich. Sie nehmen Futter aus der Hand, beißen dabei jedoch gelegentlich auch in die Finger. Es sollte nie versucht werden, Rochen außerhalb solcher Plätze von Hand zu füttern.

Vorbeugung
Nicht in trübem Wasser waten oder mit den Füßen Sand aufwirbeln. Dadurch wird der Rochen auf den Spaziergänger aufmerksam gemacht und kann sich zurückziehen. Beim Schwimmen auch in klarem

Taucher in respektvollem Abstand zum stachelbewehrten Schwanz eines Schwarzpunkt-Stechrochens.

Giftapparat

Auf der Oberseite des Schwanzes befinden sich ein, manchmal auch zwei Stacheln. Sie bestehen aus einem harten, knochenähnlichen Material, dem Vasodentin. Die Stacheln sind abgeflacht, zugespitzt und an den Rändern sägeartig mit einer Reihe Widerhaken versehen. Längs der Stachelunterseite verlaufen zwei Rinnen, die mit giftproduzierendem Drüsengewebe gefüllt sind (blauer Pfeil). Schlägt der Rochen mit dem Schwanz, wird der Stachel abgespreizt und kann

tiefe Schnittwunden verursachen, die beim Zurückziehen des Stachels durch dessen Widerhaken weiter aufgerissen werden. Bei großen Rochenarten erreicht der Stachel bis über 30 cm Länge! Beim Eindringen ins Fleisch reißt die Gewebehülle des Stachels auf, wird zusammen mit dem giftführenden Drüsengewebe abgestreift und verbleibt in der Wunde. Häufig bricht der Stachel ganz oder teilweise ab und bleibt in der Wunde stecken.

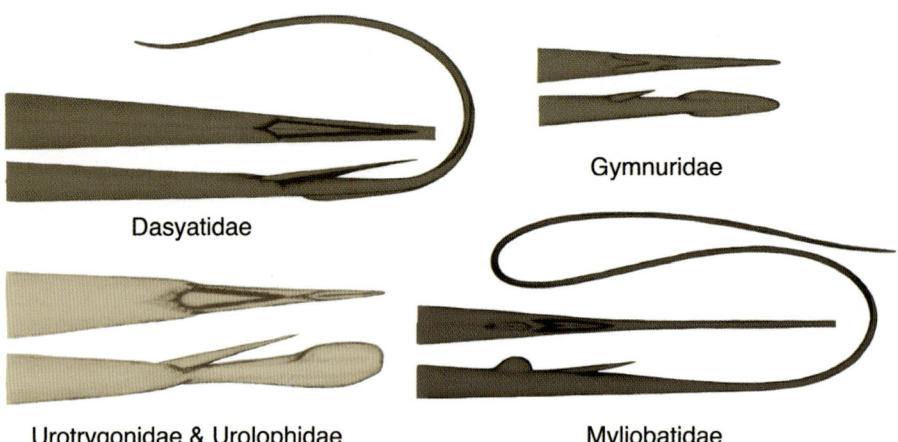

Dasyatidae

Gymnuridae

Urotrygonidae & Urolophidae

Myliobatidae

Wasser einen Sicherheitsabstand vom Boden halten, da Stechrochen nicht selten eingegraben im Sand liegen und dann praktisch nicht zu sehen sind. Beim Schwimmen und Schnorcheln immer einen Sicherheitsabstand zum Boden einhalten. Für Taucher gilt: Vorsicht bei Annäherung an

Stechrochen, Fluchtdistanz nicht unterschreiten, die Tiere nicht anfassen. Immer einen Fluchtweg freilassen, einen Rochen keinesfalls mit mehreren Personen umringen. Nie über einen Stachelrochen schwimmen, auch nicht wenn dieser durch freies Wasser gleitet! Das empfindet er als Bedrohung und man begibt sich genau in den Aktionsradius des Stachels, der sich immer auf der Oberseite des Schwanzes befindet. Der zur Abwehr eingesetzte Peitschenschlag mit dem Schwanz ist blitzschnell, ein Ausweichen ist praktisch unmöglich.

Was ist zu tun?

Erste Hilfe

Wasser verlassen oder den evtl. unter Schock stehenden Verletzten bergen. Stachel oder Stachelstücke entfernen. Wunde mit Meerwasser spülen, stark blutende Wunden entsprechend der Ersthilfe-Wundversorgung behandeln. Arzt aufsuchen. Auch wenn eine Verletzung leicht erscheinen sollte, ist eine ärztliche Behandlung zur weitergehenden Wundversorgung ratsam. Möglicherweise müssen tiefer liegende Stachelsplitter entfernt und Maßnahmen zur Vorbeugung von Sekundärinfektionen getroffen werden.

Achtung

Keine Heißwassermethode, keine Staubinde anlegen, Wunde nicht einschneiden.

Weiterführende Behandlung

Eine Verletzung sollte unbedingt ärztlich behandelt werden. Stachelfragmente lassen sich durch Röntgen leicht darstellen und müssen chirurgisch entfernt werden. Es besteht die Gefahr von Gefäßverletzungen, die zu starken Blutungen führen können. Die Wunde ist wie eine Stich- oder Rissverletzung zu behandeln.

Das Gift

Bei dem Gift scheint es sich um ein Gemisch verschiedener Protein-Toxine zu handeln. Die genaue Zusammensetzung ist nicht bekannt. Es wirkt vermutlich vorwiegend auf die Herz-Kreislauf-Funktionen, insbesondere wohl direkt auf den Herzmuskel. Ein Gegengift gibt es nicht. Die kleinen amerikanischen Rundrochen und Süßwasser-Stechrochen scheinen das stärkste Gift zu haben. Einige der größeren Peitschenschwanz-Stechrochen haben ein schwächeres Gift und manche sogar keines.

Symptome

Anders als bei allen anderen Giftfischen handelt es sich aufgrund der Stachelgröße stets auch um eine größere mechanische Verletzung: Die Stacheln können tiefe, hässliche Wunden reißen. Der unmittelbar einsetzende stechende Schmerz steigert sich zunächst und kann viele Stunden andauern. Die Wundränder verfärben sich im Verlauf bläulich; um die meist stark blutende Wunde entwickelt sich ein Ödem, das sich weiter ausdehnen kann. Insbesondere bei unbehandelten Schnittwunden kann es infolge von Sekundärinfektionen zu Gewebeschädi-

Urobatis
36 cm

Urotrygonidae

Himantura
150 cm

Pastinachus
180 cm

Dasyatis
210 cm

Urogymnus
100+ cm

Dasyatidae

Taeniura
180 cm

Aetobatus
270 cm

Gymnura
250 cm

Gymnuridae

Myliobatidae

RM/JR

gungen (Nekrosen) kommen. Allgemeine Symptome wie Übelkeit, Durchfall, Erbrechen, Schweißausbrüche, Kreislaufstörungen und Angstgefühle können auftreten. Besonders schwer sind Verletzungen, bei denen der Stachel in den Bauch- oder Brustraum eindringt. Gerade hierbei sind schon tödliche Verletzungen registriert worden.

Arten und Verbreitung
Stachelrochen verteilen sich auf mehrere Familien. Über 100 Rochenarten aus 10 Familien haben Stacheln. Tiere aus 5 Familien können Menschen gefährlich werden. Dazu gehören:

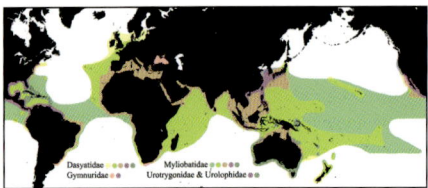

Verbreitung von 5 Stachelrochenfamilien: Dasyatidae, Urotrygonidae, Urolophidae, Gymnuridae und Myliobatidae

Peitschenschwanz-Stechrochen, *Dasyatidae*
Es gibt ca. 70 Arten. Sie kommen vorwiegend an Kontinentalhängen in tropischen und gemäßigten Meeren und Flussmündungen vor. Sie sind an schweren, auch tödlichen Unfällen beteiligt.

Amerikanische Rundrochen, *Urotrygonidae*
Es gibt ungefähr 15 Arten. Klein, aber gefährlich. Sie leben in Küstennähe und in Flussmündungen der amerikanischen Tropen.

Falterrochen, *Gymnuridae*
Die ca. 11 Arten bewohnen Kontinentalhänge und angrenzende tropische und gemäßigte Meere. Können gefährlich sein.

Adlerrochen, *Myliobatidae*
Die ca. 15 Arten schwimmen die meiste Zeit über dem Meeresboden. Sie kommen in allen tropischen und gemäßigten Meeren und in Flussmündungen vor. Manche der größeren Arten, wie der Manta oder der Teufelsrochen, haben keinen Stachel mehr.

Weitere gefährliche Rochen:
Rundrochen, *Urolophidae*, Süßwasser-Stechrochen, *Potamotrygonidae*, und Kuhnasenrochen, *Rhinopteridae*.

Fallbeispiel

1) In Manado, Indonesien, wurde ein Taucher von einem Schwarzpunkt-Stechrochen tödlich verletzt. Der Taucher befand sich mit einem ortskundigen Guide in 15 m Tiefe, als sie einen großen schwarzen Rochen entdeckten, der ca. 3 m oberhalb des Meeresbodens schwamm. Der Taucher trennte sich von seinem Guide und schwamm von hinten auf den Rochen zu. Mit ausgestreckten Armen bekam er die vordere Ecke einer der „Flügel" zu fassen. Der Rochen schlug mit dem Schwanz nach dem Taucher aus und traf diesen mit seinem Stachel auf der linken Seite unterhalb des Schulterblattes. Er durchbohrte dessen Herz und wahrscheinlich einen Lungenflügel. Der Guide vermutete, der Taucher habe den Rochen mit einem Manta verwechselt. Es sei so viel Blut im Wasser gewesen, dass er kaum sehen konnte und selber Angst bekam. Der Taucher war wahrscheinlich schon tot, bevor sie die Oberfläche erreichten. 2) Der von einem Stechrochen verursachte Tod des Australiers Steve Irwin, bekannt durch TV-Produktionen über Wildtiere, ging weltweit durch die Presse. Ein Augenzeuge und Videoaufnahmen berichten von dem Vorfall. Steve schwamm nahe

neben dem Rochen, sein Fotograf schwamm von vorn auf sie zu, um ein besonders eindrucksvolles Bild zu bekommen. Anscheinend fühlte der Rochen sich davon in die Enge gedrängt. Als Reaktion schlug er nach der Person in seiner unmittelbaren Nähe, in diesem Fall Steve Irwin. Er reagierte wie viele andere Arten, mit denen Steve schon Kontakt hatte. Offensichtlich hatte Steve in diesem Fall die Reaktion des Rochen falsch eingeschätzt. Es ist auch möglich, dass die Verständigung zwischen Steve und seinem Fotografen gestört wurde und der Fotograf den Angriff aus Versehen provozierte. Auch wenn es vielleicht keinen Unterschied gemacht hätte, verblutete Steve Irwin wahrscheinlich, bevor Hilfe eintraf, weil der den Stachel aus seiner Brust zog. Die Rochenart wird von Ortsansässigen als „Bull Ray" bezeichnet. Sehr oft handelt es sich dabei um einen Schwarzpunkt-Stechrochen, es können aber auch der Federschwanz-Stechrochen oder andere große Rochenarten gemeint sein. Leider wurde das Video zerstört, bevor ein Experte den Rochen genau bestimmen konnte.

Stachelrochen
Dasyatidae

Amerika-Stechrochen　　150 cm
Dasyatis americana

Rhomboide Form; Schwanz mit einem oder mehr Stacheln sowie unterseitig mit Hautfalte. **Biologie:** In flachen Küstengewässern, vom Seichtwasser bis über 25 m. Häufig auf Sandflächen von Korallenriffen. Frisst Muscheln, Würmer, Krebse und kleine Fische. Aktiver Schwimmer. Männchen werden mit 51 cm Breite geschlechtsreif, Weibchen mit 75–80 cm. Pro Wurf 3–5 Junge von etwa 17 cm Breite. **Verbreitung:** Chesapeake Bay und Bermudas bis Südostbrasilien, gesamte Karibik.

Dornen-Stechrochen　　210 cm
Dasyatis centroura

Rhomboide Form; Rückenmitte und Schwanz mit dornähnlichen Tuberkeln. **Biologie:** Bewohnt Deltas und Küstengewässer, 1–274 m. Frisst Krebstiere, Kopffüßer und kleine Fische, darunter auch kleine Haie. Fortpflanzung einmal jährlich mit 2–4 Jungen bei einem Wurf. **Verbreitung:** Cape Cod bis Südflorida und Bahamas; Uruguay; Mittelmeer, Ostatlantik von der Biskaya bis Angora, Kanaren und Kapverden.

Stumpfnasen-Stechrochen　100 cm
Dasyatis say

Körperecken abgerundet; Schwanz ober- und unterseitig mit Hautfalten. **Biologie:** Küstengewässer und Flussmündungen, 1–9 m. Selten in klaren Korallenriff-Gewässern. **Verbreitung:** New Jersey bis Argentinien, Antillen.

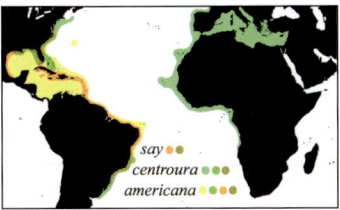

Grauer Stechrochen · 50 cm
Dasyatis kuhlii

Rhomboide Form; Schwanz ober- und unterseitig mit niedrigen Hautfalten; braun bis grau mit einigen bläulichen Rückenflecken; Schwanzende kann gebändert sein. **Biologie**: Bewohnt Sandflächen von Lagunen und Außenriffen, vom Seichtwasser bis 90 m. Häufige Art. Bedeckt sich oftmals mit Sand. Frisst im Sand lebende Wirbellose. Neugeborene 16 cm breit. **Verbreitung**: Südafrika bis Samoa, nördl. bis Südjapan, südl. bis Südostaustralien und Neukaledonien.

Fais-Stechrochen · >150 cm
Himantura fai

Rhomboider Körper, einheitlich hellgrau bis bräunlich; der Schwanz hat etwa 3-fache Körperlänge; ein Stachel. **Biologie**: Bewohnt Sandflächen in Lagunen und Außenriffen, vom Seichtwasser bis mindestens 200 m. Gelegentlich in großen Ansammlungen zum Fressen und evtl. auch zur Paarung. **Verbreitung**: Südafrika und Indien bis Tuamotus, nördl. bis Mariannen, südl. bis Nordwestaustralien und Neukaledonien.

Jenkins Stechrochen · 105 cm
Himantura jenkinsi

Rhomboider Körper; Reihen von dornartigen Tuberkeln entlang der Rückenmitte und auf dem Schwanz; gewöhnlich ein Stachel; olivbraun. **Biologie**: Auf ausgedehnten Sandflächen nahe bei Korallenriffen; mindestens bis 30 m. Gelegentlich in Gruppen, möglicherweise zur Paarung. Häufig in der Andamanen-See. **Verbreitung**: Südafrika bis PNG, jedoch fleckenhaftes Vorkommen.

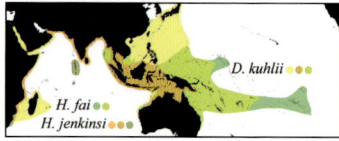

Mangroven-Stechrochen 97 cm
Himantura granulata

Kurzer Schwanz, Körper oval mit leicht vor-
ragender Schnauze; Oberseite mit Kör-
nung; schwarz mit weißen Punkten;
Schwanz am Ende überwiegend weiß. **Biologie:** Bewohnt Sand- und Geröllflächen
von Mangroven-gesäumten Küsten bis
85 m. **Verbreitung:** Seychellen bis Vanuatu,
nördl. bis Mariannen, südl. bis GBR.

Leopard-Stechrochen 150 cm
Himantura uarnak

Rhomboider Körper; hellbraun mit dunklen
Flecken, die sich im Alter auflösen. **Biologie:**
Lebt auf Sand- und Schlammflächen von
Deltas, Lagunen und riffnahen Außenhän-
gen, 0,5–50 m. Häufig bis auf die Augen
eingegraben. Frisst Weichtiere, Krebse und
Fische. Große, potenziell gefährliche Art. 1–5
Junge, Tragzeit 1 Jahr. **Verbreitung:** Rotes
Meer bis Frz.-Polynesien, n. bis Südjapan, ins
östl. Mittelmeer eingewandert.

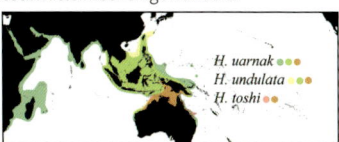

Federschwanz-Stechrochen 183 cm
Pastinachus sephen

Braun; Schwanz unterseitig mit breiter
Hautfalte. **Biologie:** Bewohnt Sand und
Schlamm von brackigen Küsten bis hin zu
Korallenriffen, 1–60 m. Selten in Süßwasser
vordringend. Frisst Fische, Krebse, Weich-
tiere und Würmer. Große, potenziell ge-
fährliche Art. **Verbreitung:** Rotes Meer bis
Mikronesien und Neukaledonien.

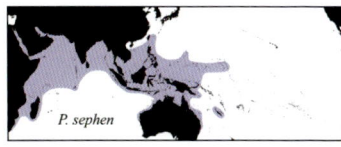

Schwarzpunkt-Stechrochen 164 cm
Taeniura meyeni

Körper rund; grau mit vielen schwarzen Flecken. **Biologie**: Auf Sand- und Geröll-flächen von Korallenriffen, 3–500 m. Frisst Wirbellose und Fische. Nicht aggressiv, aber fatale Unfälle durch grobe Belästigung von Tauchern bekannt (drei Tote). **Verbreitung**: Rotes Meer bis Galapagos, nördl. bis Süd-japan, südl. bis Südafrika und L. Howe.

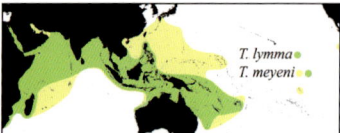

Blaupunkt-Stechrochen 30 cm
Taeniura lymma

Körper rund; olivbraun mit leuchtend blauen Punkten. **Biologie**: Bewohnt sand- und Ge-röllflächen von Korallenriffen, häufig unter Überhängen oder Tischkorallen sowie in Höhlen, 2–30 m. Tag- und nachtaktiv; be-sucht Putzerstationen; wühlt Weichtiere, Würmer und Garnelen aus dem Sand, dann häufig von Mitfressern wie Lippfischen um-ringt. Wenig scheu. **Verbreitung**: Rotes Meer bis Fidschi, nördl. bis Oman, südl. bis Südafri-ka und Ostaustralien.

Rundrochen
Urotrygonidae

Jamaika-Rundrochen 36 cm
Urobatis jamaicensis

Körper oval; dicker Schwanz mit 1–2 Sta-cheln und Flossensaum am Ende. **Biologie**: Bewohnt Küstengewässer, 1–20 m. Häufig in Seegras und Küstenriffen. Frisst Krebs-tiere und Fische; wölbt vordere Körper-scheibe hoch und lockt Beutetiere in den vermeintlichen Unterschlupf. Weibchen gebären in Brackwasser 6 cm breite Junge; werden geschlechtsreif mit 16 cm. **Verbrei-tung**: NC bis Südamerika, gesamte Karibik.

Adlerrochen
Myliobatidae

Gefleckter Adlerrochen 230 cm
Aetobatus narinari

Kopf mit Schnauze deutlich vorragend;
dunkelbrauner bis schwärzlicher Rücken
mit vielen hellen Punkten oder Ringen;
sehr langer Schwanz mit 1–5 Stacheln. **Biologie:** Besucht häufig Riff- und Sandflächen, schwimmt auch im Freiwasser, Oberfläche bis 80 m. Einzeln, in Paaren oder
Schulen bis 200 Tiere. Wühlt im Sand nach
Weichtieren und Krebsen. Aktiver Schwimmer, kann aus dem Wasser springen; hat
beim Landen in Booten Verletzungen und
Todesfälle verursacht. Scheu. Wird von
Haien gejagt. **Verbreitung:** Zirkumtropisch.

A. narinari

„Welsball": Jungtiere des Gestreiften Korallenwelses bilden kompakte ballförmige Schulen.

Korallenwelse
Plotosidae

Über 3 000 Welsarten gibt es, aufgeteilt in über 30 Familien. Die weitaus meisten sind Süßwasserbewohner. Nur bei zwei Familien gibt es überwiegend oder zumindest teilweise Meeresbewohner. Dies sind die Meerwelse (Familie *Ariidae*) und die Korallenwelse (Familie *Plotosidae*). Die 37 bekannten Arten der Korallenwelse bewohnen tropische und subtropische Meere und Flussmündungen in Indopazifik, Südaustralien und Süßwasser in Australien und Neuguinea. Für Vergiftungen dürfte vor allem der Gestreifte Korallenwels, *Plotosus lineatus*, von Bedeutung sein, da er nicht nur giftige Flossenstrahlen besitzt, sondern auch in Korallenriffen gebietsweise häufig ist. Im Folgenden wird diese Art vorgestellt.

Biologie
Korallenwelse sind typische Grundfische und ernähren sich von Kleintieren des Bodens. Auf ihrem Speisezettel stehen Krebse und Weichtiere, aber auch Fische. Beim Aufstöbern der Nahrung helfen ihnen die Barteln. Diese Tastorgane sind besonders reich an Geschmacksknospen und dienen vor allem der Wahrnehmung chemischer Reize. Während erwachsene Tiere ein einzelgängerisches und verstecktes Leben führen, fallen die Jungfische durch ihre spektakulären Schulen auf. Dabei bewegen sich zahlreiche Tiere äußerst dicht aneinandergedrängt als kompakte Masse vor-

Giftapparat

Der erste Strahl der ersten Rückenflosse sowie der erste der Brustflossen sind als spitz zulaufender, sägeartig gezahnter Giftstachel ausgebildet. Die Giftdrüsen liegen den Stachelstrahlen beidseitig auf und sind von der Flossenhaut bedeckt. Beim Eindringen des Stachels reißt die Hautscheide, und das Gift wird durch den Druck ausgepresst. Da die Zähnchen an den Stacheln nach hinten weisen, wird das Gewebe beim Herausziehen des Stachels aufgerissen. Dies erleichtert das Eindringen des Giftes und begünstigt Sekundärinfektionen.

wärts. Solche „Welsbälle" sind besonders über Sand und Seegrasböden anzutreffen. Das Bilden dichter Schulen dürfte Räuber verwirren und wegen des beeindruckenden Walls giftiger Stacheln recht abschreckend wirken.

Merkmale

Der lang gestreckte Körper ist hinten seitlich stark zusammengedrückt zu einem bandförmigen Schwanz. Die erste Rückenflosse ist sehr kurz, vor ihr befindet sich ein Stachel. Die zweite Rückenflosse sowie Schwanz- und Afterflosse bilden einen durchgehenden langen Flossensaum. Vor jeder Brustflosse befindet sich ebenfalls ein Stachel. Das Maul ist von acht Barteln umstanden. Jungtiere zeigen ein auffälliges Streifenmuster: eine braune bis schwärzliche Rückenpartie mit zwei weißlichen bis gelblichen Längsstreifen auf jeder Seite. Erwachsene Tiere sind einfarbig dunkelbraun. Länge bis ca. 30 cm.

Unfälle

Die dichten Knäuel aus vielen Jungtieren sind auch schon in sehr flachem Wasser anzutreffen.

Sie können praktisch gefahrlos aus nächster Nähe beobachtet werden. Korallenwelse greifen von sich aus nicht an. Zu Unfällen kommt es fast ausschließlich bei Anglern, Fischern oder Aquarianern und bei Tauchern, die neugierig in einen „Welsball" greifen. Solche Versuche haben eigentlich immer einen Stich zur Folge.

Vorsichtsmaßnahmen

Taucher, Schnorchler, Schwimmer oder im Flachwasser Watende sollten vermeiden, in einen „Welsball" hineinzugeraten. Angler und Fischer sollten umsichtig mit den Tieren hantieren. Vorsicht beim Abnehmen von der Angel und beim Lösen aus dem Netz.

Das Gift

Über das Gift gibt es wenige Informationen. Wie bei den meisten Fischgiften scheint es sich um Eiweiße zu handeln. Aus den Giftdrüsen wurde das sogenannte Plototoxin extrahiert und Versuchstieren injiziert, die darauf schnell starben. Das Gift zeigte in Laborversuchen eine zersetzende Wirkung auf die roten Blutkörperchen.

Fallbeispiele

1) Ein Fischexperte wurde beim Präparieren eines frischen Exemplars in den Daumen gestochen. Das Tier sollte für ein Foto vorbereitet werden. Der Stachel konnte nur mit Mühe herausgezogen werden. Nachdem der Daumen in heißes Wasser getaucht worden war, wurde der Schmerz fast unerträglich. Der Daumen wurde vier Stunden in dem Wasser gelassen. Danach wurde die Wunde mit Pethidine behandelt. Der Finger konnte zwei Tage lang nicht benutzt werden.
Ein anderer Fischkundler, der ein ähnliches Erleb-

nis hatte, konnte seinen Daumen fünf Monate lang nicht benutzen.

2) Rob Myers, einer der Autoren, wurde im Alter von 15 Jahren von einem 2 cm großen Jungfisch gestochen, den er mit den Händen eingefangen hatte. Es setzte sofort ein heftiges Brennen ein, ähnlich wie bei einem Wespenstich. Innerhalb von Minuten schwoll der Daumen ziemlich an. Ein starker pulsierender Schmerz hielt über eine Stunde an und der Finger war einen Tag lang berührungsempfindlich.

Symptome

Unmittelbar mit dem Stich setzt ein stechender Schmerz ein. Dieser kann stundenlang, teils bis über einen Tag anhalten. Der Bereich um die Einstichstelle schwillt an und erscheint gerötet bis bläulich. Die Schwellung kann die gesamte Extremität erfassen. Begleitsymptome wie Schwäche, Übelkeit, Erbrechen oder Kreislaufstörungen oder andere Schocksymptome sind selten. Wenige Unfälle verliefen tödlich.

Es kann zum Schock kommen, angezeigt durch Benommenheit, Schwächegefühl, Übelkeit, schnell absinkenden Puls, niedrigen Blutdruck, kalten Schweiß, Atemnot und Bewusstlosigkeit.

Arten und Verbreitung

Vom Roten Meer bis zum Pazifik. Die 37 bekannten Arten der Korallenwelse bewohnen tropische und subtropische Meere und Flussmündungen in Indopazifik, Südaustralien und Süßwasser in Australien und Neuguinea.

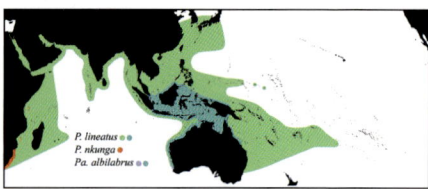

P. lineatus
P. nkunga
Pa. albilabris

Gestreifter Korallenwels   33 cm
Plotosus lineatus

Aalförmiger Körper; 8 Barteln; braun mit 2 weißen Streifen. **Biologie:** Bewohnt Deltas, Seegraswiesen, Lagunen und Küstenriffe, 1–60 m. Juvenile bilden dichte, kugelförmige Schulen. Adulte am Tag einzeln oder in kleinen Gruppen unter Überhängen, nachts im Freien. Ernährt sich von kleinen Krebs- und Weichtieren sowie Fischen. Zur Fortpflanzung in den wärmeren Monaten legen die Männchen Nester unter Felsen an und bewachen die Eier (über 3 mm). **Verbreitung:** Rotes Meer bis Samoa, nördl. bis Südkorea, südl. bis Afrika und Südostaustralien. **Ähnlich:** *P. nkunga* hat blasse Streifen, andere Arten ohne Streifen.

Weißlippen-Küstenwels   134 cm
Paraplotusus albilabris

Aalförmiger Körper; 8 Barteln; dunkelbraun mit weißen Lippen. **Biologie:** Bewohnt küstennahe Riffe und offene Küsten. Adulte unter Überhängen oder in Felsnischen, einzeln oder in kleinen Gruppen. **Verbreitung:** Westindonesien bis Papua-Neuguinea, nördl. bis Philippinen, südl. bis Südwestaustralien und südliches GBR. **Ähnlich:** Viele braune Arten in Brackwasser.

Meerwelse
Ariidae

Meerwelse bewohnen die Kontinentalschelfe und unteren Flussabschnitte vorwiegend in den Tropen. Die meisten der schätzungsweise 122 Arten bewohnen schlammige Küstengewässer und Flussmündungen. Die größte Art erreicht eine Länge von 185 cm.

Biologie
Meerwelse ernähren sich von kleinen Bodenbewohnern, die sie mithilfe ihrer Barteln aufstöbern. Weibliche Meerwelse legen bis zu 55 Eier, die einen Durchmesser von 25 mm haben können. Bis zu zwei Monaten brütet das Männchen die Eier in seinem Maul. Die frisch geschlüpften Jungen finden für bis zu zwei Wochen im Maul des Männchens noch weiteren Schutz. Taucher sehen diese Tiere nur sehr selten. Fischer jedoch fangen sie häufig mit Leinen und Haken oder mit Netzen, da viele Arten als Speisefische genutzt werden.

Merkmale
Die Färbung der Meerwelse reicht von einem dunklen Silber bis zu einem bräunlichen Grau. Ihre große Schwanzflosse ist gegabelt. Jeweils der vordere stacheltörmige Strahl der Rücken- und der Brustflossen ist groß, gesägt und giftig. Obwohl das Gift nicht besonders stark ist, sind Verletzungen sehr schmerzhaft und anfällig für Sekundärinfektionen. Dauerhafte Folgeschäden durch Stiche sind möglich.

Der Giftapparat

Der Giftapparat besteht aus drei großen gezackten Stacheln (rot), die mit Drüsengewebe, Achseldrüsen (blau) und einem Schließmechanismus verbunden sind. Das giftproduzierende Drüsengewebe liegt vorwiegend auf der äußeren Seite des Stachels. Der lange zweite Stachel der Rückenflosse ist an seiner vorderen und hinteren Kante gezackt und mit einem Schließmechanismus ausgestattet, der sich aus einem abgewandelten ersten Stachel gebildet hat. Bei einigen Arten, wie dem *Sciades felis*, ist die Spitze länglich, biegbar und oft beschädigt. Jeder Stachel der Brustflosse hat eine Achseldrüse über seiner Wurzel, die sich als Pore nach außen öffnet. Durch jeden Stachel verläuft eine kleine Röhre, die aber anscheinend nicht mit Gift in Verbindung steht.

Was ist zu tun?

Erste Hilfe

Die Wunde säubern und desinfizieren. Falls die Wunde blutet, einen Verband anlegen. Falls Fremdkörper in der Wunde verbleiben oder der Schmerz länger als ein paar Stunden anhält, sollte ein Arzt aufgesucht werden.

Achtung

Die Wunde in Ruhe lassen. Keine Heißwassermethode anwenden.

Weiterführende Behandlung

Alle Fremdkörper sollten aus der Wunde entfernt werden. Antibiotika und eine Tetanusprophylaxe sind ratsam, um Folgeinfektionen zu vermeiden.

Das Gift

Das Gift ist nicht sehr stark. Genauere Untersuchungen gibt es keine.

Symptome

Das Gift ruft einen Schmerz hervor, der innerhalb von 30 Minuten abklingt. Große Meerwelse sind jedoch in der Lage, Menschen ernsthafte und sehr schmerzhafte Fleischwunden und Stichverletzungen zuzufügen. Die Wunden entzünden sich leicht. Todesfälle im Zusammenhang mit Meerwelsen sind nicht bekannt.

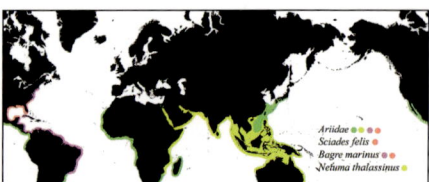

Ariidae ● ● ●
Sciades felis ●
Bagre marinus ● ●
Netuma thalassinus ●

Hartkopf-Meerwels	35 cm
Sciades felis	

Dunkelblaugrau bis braun, Unterseite blass; 2 Paar Kinnbarteln. **Biologie:** NC bis Nordyucatan; ersetzt durch *S. assimilis* von Ostyucatan bis Panama und durch *S. bonillai* in Kolumbien. **Ähnlich:** Die meisten anderen Arten haben 3 Paar Kinnbarteln und leben an tropischen und warm temperierten Küsten. *Bagre marinus* hat 1 Paar Kinnbarteln und filamentartig lange Rücken- und Brustflossenstacheln (North Carolina bis Süd-Brasilien einschl. Westkuba; 100 cm).

Riesen-Meerwels	170 cm
Netuma thalassinus	

3 Paar Kinnbarteln. **Biologie:** Frisst vorwiegend Krebstiere, gelegentlich auch Kopffüßer, Fische, Seeigel und Detritus. Guter Speisefisch. **Verbreitung:** Rotes Meer bis Papua-Neuguinea, nördl. bis Südostaustralien. **Ähnlich:** Viele *Arius*-Arten, genaue Bestimmung oft nur durch Experten.

Beim Waten tritt man leicht auf diesen Fisch: Ein Sapo-Krötenfisch verschmilzt optisch mit dem Untergrund.

Krötenfische
Batrachoididae
Thalassophryninae

Krötenfische sind Bodenbewohner. Sie alle haben einen sehr großen Kopf und ein großes Maul. Sie besitzen zwei oder drei kräftige Stacheln in der Rückenflosse und beidseitig je einen bis drei Stacheln auf dem Kiemen- oder Vorderkiemendeckel. Bei Mitgliedern der Unterfamilie Thalassophryninae sind diese Stacheln hohl und giftführend. Die giftigen Arten der Krötenfische sind auf Mittel- und Südamerika beschränkt. Einige der ungiftigen Arten sind ebenfalls in der Lage, einem Menschen schmerzhafte Verletzungen beizubringen, oder sie verfügen über giftigen Schleim. In einigen Gegenden werden sie als Speisefische genutzt.

Biologie
Giftige Krötenfische sind Lauerräuber, die ihre Beute aus einem Versteck heraus angreifen. Die meiste Zeit verbringen sie im Sediment eingegraben. Krötenfische legen ein paar Hundert relativ große Eier (5–6 mm), die das Männchen bewacht. Die neu geschlüpften Jungen bleiben in der Nähe eines Alttieres, was auf elterliche Fürsorge schließen lässt.

Merkmale
Giftige Krötenfische haben große, leicht abgeflachte Köpfe. Sie haben keine Schuppen, ihre Augen liegen oben auf dem Kopf, ihr Maul ist groß und sie haben fächerförmige Brustflossen. Damit sind sie gut gerüstet, um Beutetiere von unten anzugreifen. Auf welche Weise ihnen diese Körpermerkmale von Nutzen sind, ist in den Kapiteln Himmelsgucker und Steinfische beschrieben. Ihre Waffen bestehen aus zwei oder drei kräftigen Rückenflossenstacheln und einem Paar Kiemendeckelstacheln. Die Stacheln sind hohl und mit großen Giftdrüsen verbunden.

Was ist zu tun?

Erste Hilfe
Die Wunde säubern und desinfizieren. Falls die Wunde blutet, einen Verband anlegen. Wenn Fremdkörper in der Wunde verbleiben oder der Schmerz länger als ein paar Stunden anhält, sollte ein Arzt aufgesucht werden.

Achtung
Keine Heißwassermethode anwenden und die Wunde möglichst in Ruhe lassen.

Weiterführende Behandlung
Die Wunde sollte sorgfältig gereinigt werden. Sämtliche Fremdkörper müssen entfernt werden. Antibiotika sind empfehlenswert, um Folgeinfektionen zu vermeiden.

Unfälle
Die meisten Unfälle passieren, wenn Menschen beim Waten im Flachwasser auf einen eingegrabenen Fisch treten. Hin und wieder kommt es vor, dass jemand, der einen Krötenfisch aus einem Netz holt, in die Hand gestochen wird.

Wie gelangt das Gift in die Wunde?

Die festen Stacheln der Rückenflosse und der Stachel an den Kiemendeckeln (rot) sind hohl. Sie sind mit sehr großen Giftdrüsen (blau) verbunden. Durch Druck auf die Drüsen wird das Gift durch den Stachel gepresst. Zu sehen sind die Stacheln der Rückenflosse, der Stachel am linken Kiemendeckel und die Giftdrüsen.

Vorsichtsmaßnahmen
In Gebieten, in denen giftige Krötenfische vorkommen, sollte man beim Laufen im Wasser feste Schuhe tragen. Im seichten Wasser mit sandigem oder schlammigem Untergrund schlurfend laufen und dabei Sand oder Schlamm mit den Füßen aufwirbeln.

Das Gift
Das Gift hat proteolytische und neurotoxische Eigenschaften. Es gibt kein Gegengift.

Symptome
Der Schmerz breitet sich strahlenförmig aus und wird schnell stärker. Die Einstichstelle wird rot und schwillt an. Bakterielle Folgeinfektionen sind möglich.

Arten und Verbreitung
Mitglieder der Unterfamilie Thalassophrynidae kommen nur in Mittel- und Südamerika vor.

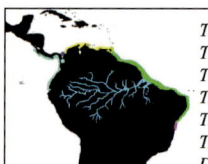

- *T. maculosa*
- *T. megalops*
- *T. montevidensis*
- *T. nattereri*
- *T. punctata*
- *T. amazonica*
- *Deactor* spp.

Sapo-Krötenfisch   **18 cm**
Thalassophryne maculosa

Braun mit dunklen Flecken und Marmorierungen; blasse, diffuse Sattelflecken; passt sich farblich dem Untergrund an. **Biologie:** Bewohnt Sand- und Schlammböden, vom Seichtwasser bis 200 m. Häufig teilweise eingraben. Frisst kleine Schnecken. **Verbreitung:** Kolumbien bis Trinidad und küstennahe Inseln einschließlich Aruba, Curacao, Isla Margarita und Tobago. **Ähnlich:** *T. nattereri* hat 3 dunkle Sattelflecken (17 cm; Tobago bis Südbrasilien). *T. megalops* hat dunkle Flecken (8 cm, Golf v. Darien, Panama in 73-183 m).

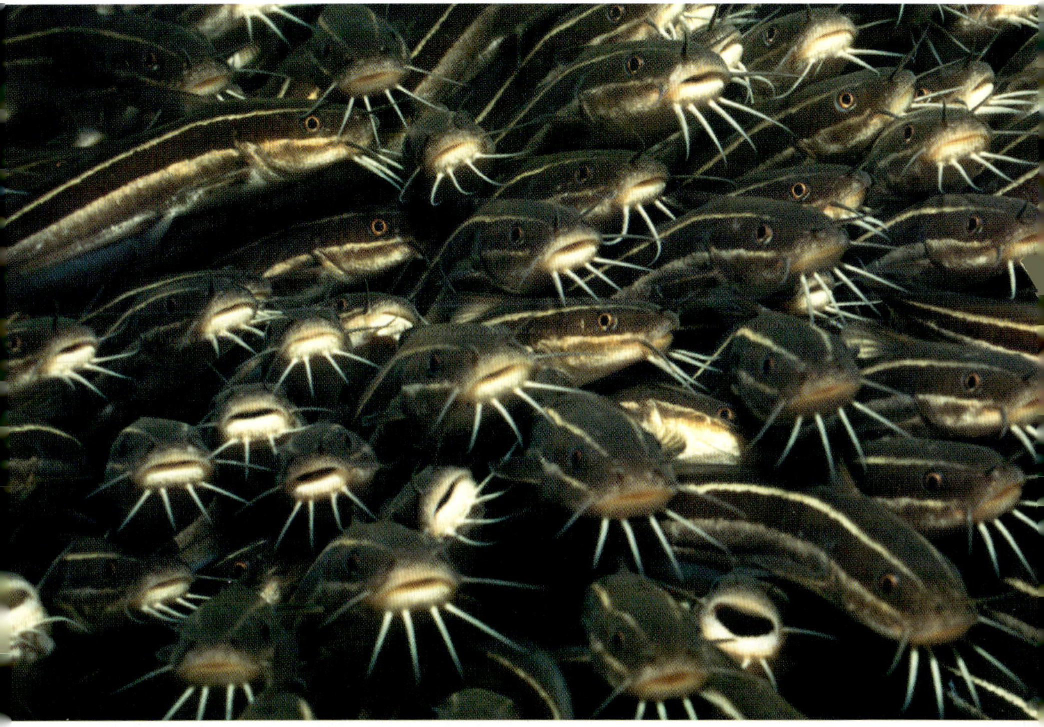

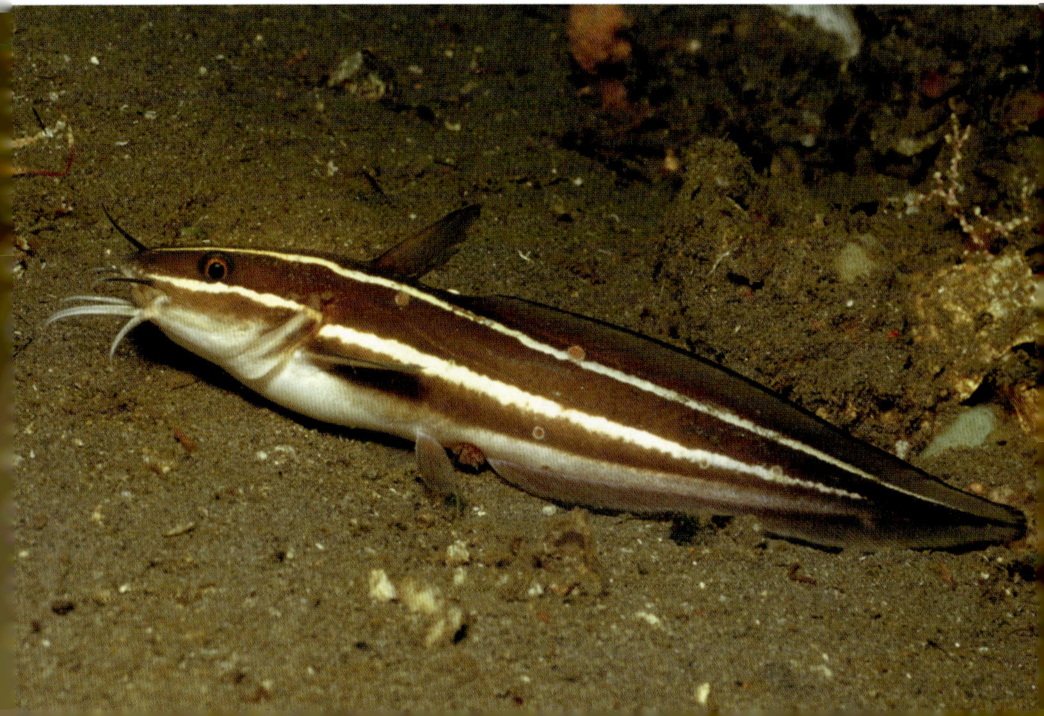

Skorpionfische und ihre Verwandten
Scorpaeniformes

Was ist ein Skorpionfisch? Für die meisten Taucher ist er ein gut getarnter Bodenbewohner mit giftigen Stacheln. Doch in Wirklichkeit stimmen viele Skorpionfische nicht mit dieser Beschreibung überein. Der Name „Skorpionfisch" wird auf fast alle Fische der ungefähr 400 giftigen Arten der Unterordnung Scorpaenoidei angewandt, aber nicht auf die ca. 800 nicht giftigen Arten in der Ordnung der Scorpaeniformes. Früher wurden die meisten giftigen Arten in der Familie Scorpaenoidae zusammengefasst. Inzwischen sind sie in mehrere Familien aufgeteilt. Es ist deshalb genauer, den Namen Skorpionfisch für die Scorpaenoidei aufzuheben. Giftige Scorpaenoid-Arten reichen von getarnten Bodenbewohnern zu farbenfrohen, pelagischen Schwimmern und kommen in allen Meeren bis zu Tiefen von über 2200 m vor. Die meisten haben große, knochige, mit scharfen Stacheln bewehrte Köpfe und dicke, giftige Stacheln an den Flossen. Alle sind Fleischfresser. Diejenigen, die warme, flache Gewässer aufsuchen und für Menschen potenziell gefährlich sind, werden in sieben Familien eingeteilt.

STACHELKÖPFE (*Sebastidae*)
Gedrungene, robuste Fische mit großem Kopf und Maul. Hauptsächlich in gemäßigtem und kaltem Wasser, schließt viele wichtige Speisefische mit ein. Nicht besonders wirkungsvolles Gift, aber Wunden können schmerzhaft sein. Nur *Sebastictus marmoratus* kommt an Korallenriffen vor. Er reicht von Japan bis zu den n. Philippinen. Er wird als Speisefisch in Japan gezüchtet.

DRACHENKÖPFE (*Scorpaenidae*)
Oft gedrungene Bodenbewohner mit großen, knochigen Köpfen. Die meisten Arten sind mit vielen Hautfalten und Auswüchsen sehr gut getarnt. Schließen die farbigen und auffälligen Feuerfische (Unterfamilie Pteroinae; p.---) mit ein. Um die 140 Arten, die meisten leben an steinigen Riffen und Korallenriffen, andere auf weichen Böden. Viele hochgiftig.

STEINFISCHE (*Synancaiidae*)
Körperform reicht von sehr gut getarnt und unförmig bis typisch fischartig. Schließt Steinfische, Teufelsfische (Unterfamilie Choridactylinae, S.---) und Stingfishes mit ein. Ungefähr 34 Arten, die meisten in flachem Küstengewässer und Flussmündungen auf weichen Böden, manche in Korallenriffen. Die meisten sind hochgiftig.

LANGFLOSSENSTIRNFLOSSER (*Apistidae*)
Typische fischartige Form mit langen, flügelartigen Brustflossen, 3 Kinnbarteln, kleinen Schuppen und keinen Quasten. Drei hochgiftige Arten auf weichen Böden.

STIRNFLOSSER (*Tetrarogidae*)
Stark zusammengedrückt, mit einer Rückenflosse, die vor oder über den Augen beginnt, und winzigen, tief eingebetteten, stachelartigen Schuppen. Bewohnen Korallenriffe, flache Küstengewässer und Flussmündungen. Einige in Süßwasser. Um die 43 Arten, viele davon hochgiftig.

SAMTFISCHE (*Aploactinidae*)
Ähnlich wie Wespenfische, haben Borsten anstelle von Schuppen und unverzweigte Flossenstrahlen.

PELZGROPPEN (*Caracanthidae*)
Eiförmige Fische, die mit winzigen Knötchen übersät sind.

Beispiele von Skorpionfischen und nah verwandten Familien, die für Menschen potenziell gefährlich sind, auf Seite 41. Die Fische sind zu der Maximalgröße dieser Gattung proportionsgemäß skaliert. Die kleinen Pelzgroppen (*Caracanthidae*) sind vermutlich giftig, aber das ist noch nicht bewiesen.

Gut getarnt wartet er auf vorbeikommende Beutetiere.

Drachenköpfe
Scorpaeninae

Biologie

Die meisten der 140 Arten leben auf steinigen Riffen und zwischen Korallen. Wenige Arten bewohnen weiche Böden oder leben weit draußen im Ozean.

Drachenköpfe sind schlechte Schwimmer. Die meiste Zeit liegen sie reglos und gut getarnt auf dem Untergrund. Sie schwimmen nur sehr selten und dann nur einige Meter weit. Dabei sind sie in der Lage, aus dem Stand heraus sehr schnell zu beschleunigen. Als Lauerräuber warten sie geduldig auf nah vorbeikommende Fische und Krebstiere, die sie durch blitzschnelles Aufreißen ihres großen Mauls einsaugen. Ihre Giftstacheln setzen sie nur zur Verteidigung ein.

Merkmale

Drachenköpfe haben einen stämmigen Körper mit großen Brustflossen und einen großen breiten Kopf mit hoch liegenden Augen. Ihre Körperfärbung ist oft rötlich braun mit unregelmäßigen Flecken, Sprenkeln oder Marmorierungen. Sie

Der Wassersog beim blitzschnellen Maulaufreißen des Fransen-Drachenkopfs, *Scorpaenopsis oxycephala*, saugt Beute ein.

kann der Umgebung teils in wenigen Sekunden angepasst werden. Manche Arten haben auffallend bunte Brustflossen, die sie als Warnung vor Fressfeinden ausbreiten. Die unterschiedlichen Arten der Drachenköpfe werden zwischen 3 cm und 50 cm groß.

Unfälle

Drachenköpfe vertrauen auf ihre Tarnung und schwimmen bei Annäherung eines Tauchers oft erst im letzten Augenblick davon. Manchmal bleiben sie auch einfach liegen und stellen zur Verteidigung die Rückenstacheln auf. Auf diese Stacheln kann man beim Waten im Flachwasser oder beim Hineinspringen treten oder Taucher kommen damit am Grund in Berührung. Drachenköpfe sind in vielen Regionen beliebte Speisefische. So geschehen die meisten Unfälle beim Lösen eines Tieres vom Angelhaken oder aus dem Netz. Auch beim Verarbeiten toter Fische ist Vorsicht geboten. Das Gift behält seine Wirksamkeit, vor allem bei Kühlung, noch etwa zwei Tage. Verletzt man sich in dieser Zeit an den Stacheln, kann es zu Vergiftungen kommen. Die dornenartigen Auswüchse der Kiemendeckel besitzen zwar keine Giftdrüsen, können jedoch blutende Verletzungen verursachen.

Vorbeugende Maßnahmen

Beim Hantieren mit den Tieren sind dicht, feste Handschuhe ein guter Schutz. Vorsicht, die spitzen Stacheln können selbst Lederhandschuhe durchdringen. Jeder Kontakt mit den Stachelstrahlen sollte vermieden werden. Beim Tauchen gilt: Erst hinschauen, bevor man irgendwo hinfasst oder sich auf den Grund sinken lässt.

Das Gift

Das Gift ist ein Gemisch. Es besteht vorwiegend aus verschiedenen Eiweißen. In Laborversuchen wurde die Wirkung des Gifts untersucht. Die Wirkung umfasste einen raschen Blutdruckabfall, Lungenödeme, aber auch einen Blutdruckanstieg in Lungenarterien. Möglicherweise setzt es auch körpereigene Stoffe wie Acetylcholin frei, das Muskelkrämpfe hervorruft.

Der Giftapparat

Abhängig von der Art hat der Drachenkopf 13 bis 18 Stacheln an der Rückenflosse, normalerweise drei an der Afterflosse und einen an jeder Bauchflosse. Die Stacheln befinden sich alle vorn an den Flossen. Giftführend sind die vorderen harten Strahlen der Rückenflosse sowie die ersten drei Strahlen der After- und die ersten zwei Strahlen der Bauchflossen (rot). Jeder dieser spitz zulaufenden Stacheln besitzt zwei Längsrinnen, in denen die Giftdrüsen eingebettet sind. Stacheln und Giftdrüsen sind zusammen von einer Haut umgeben. Beim Eindringen des Stachels in das Gewebe des Opfers reißt diese Haut ein, und das Gift wird in die Wunde gepresst. Von den meisten Skorpionfischarten ist nicht bekannt, wie giftig sie sind.

Die giftigen Rückenstacheln sind zwischen den Hautfetzen gut verborgen.

Symptome

Der sofort einsetzende Schmerz beim Eindringen des Giftstachels kann sich in den folgenden Stunden massiv verstärken. Die stets auftretende Gewebsschwellung im Bereich der Einstichstelle kann sich über die gesamte Extremität ausdehnen und mehrere Tage anhalten. Sekundärinfektionen der Wunde sind möglich, aber selten. Ebenfalls selten sind allgemeine Vergiftungssymptome wie Übelkeit, Schweißausbrüche und Herzklopfen. Todesfälle durch Drachenkopfvergiftungen sind nicht bekannt.

Arten und Verbreitung

Drachenköpfe kommen in allen Weltmeeren, in tropischen, aber auch in kühleren Gewässern vor. Im flachen Wasser finden sich zwei Unterfamilien, die Skorpionfische und die Feuerfische.

Tipps zur Identifizierung der Arten

Sogar für Fachleute ist das genaue Bestimmen der einzelnen Drachenkopfarten schwierig. Viele haben gut erkennbare Merkmale oder können mithilfe von Fotos genau bestimmt werden. Dazu muss aber der genaue Ort der Aufnahme bekannt sein. Gattungen unterscheiden sich darin, ob sie Zähne im Oberkiefer haben oder nicht. Die Anzahl der Stacheln in der Rückenflosse und die Art der Stacheln am Kopf, an Flossenabschnitten und Schuppenreihen und proportionale Größen können zur Bestimmung einer Art beitragen. Aber oft ist eine endgültige Bestimmung nur durch die Kombination mehrerer Merkmale möglich.

Taenianotus

Rhinopias

Sebastictus

SEBASTIDAE

Sebastapistes

Scorpaenopsis

Scorpaenodes

Pterois

Dendrochirus

SCORPAENIDAE

Apistus
APISTIDAE

Ablabys
TETRAROGIDAE

Synanceia

Caracanthus
CARACANTHIDAE

Paraploactis
APLOACTINIDAE

SYNANCEIIDAE

JR/RM

Hautfransen tragen durch ihre gestaltauflösende Wirkung zur Tarnung bei.

Was ist zu tun?

Erste Hilfe
Wasser verlassen. Bei stärkeren Schmerzen oder auftretenden Allgemeinsymptomen, aber auch zur Vermeidung von Sekundärinfektionen einen Arzt aufsuchen.

Achtung!
Wunde nicht ein- oder gar ausschneiden. Keine Staubinde anlegen, und keine Heißwassermethode anwenden.

Weiterführende Behandlung
Komplikationen sind selten und können nur symptomatisch behandelt werden. Schmerzstillende Mittel wie Lidocain zeigen nur sehr kurzfristige Wirkung. Wunde reinigen und desinfizieren, um Sekundärinfektionen vorzubeugen. Falls erforderlich, Tetanusprophylaxe durchführen.

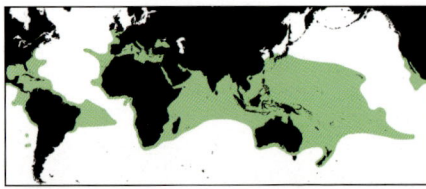

Plakative Warnmuster auf den Brustflossen helfen auch bei der Artbestimmung – wie bei diesem Drachenkopf.

Westatlantische Skorpionfische

16 der 26 Arten leben in Tiefen von weniger als 100 m.

Gebänderter Drachenkopf 45 cm
Scorpaena plumieri

Innenseite der Brustflossen an der Basis schwarz mit weißen Flecken, zum Außenrand hin orange und rot. **Biologie**: Lebt auf Sand, Geröll, toten Korallen oder zwischen Algen; in geschützten ebenso wie exponierten Riffen, 1–55 m. Der häufigste Skorpionfisch der Karibik. Zeigt bei Störung die prächtig gefärbte Innenseite seiner Brustflosse. Gift relativ stark. **Verbreitung**: New York und Bermudas, über Golf von Mexiko, Karibik bis Südostbrasilien.

Brasilien-Drachenkopf 25 cm
Scorpaena brasiliensis

Lange, verzweigte Tentakel über den Augen; großer dunkler Fleck oberhalb der Brustflosse, oft noch ein zweiter dahinter; Färbung variabel, von Rot über Braun bis Gelb. **Biologie**: Bewohnt Sand- und Geröllflächen geschützter Innen- und Außenriffe, 1–90 m. Frisst Krebse und Fische. Stich schmerzhaft. **Verbreitung**: Virginia über Golf von Mexiko und Karibik bis Südbrasilien; evtl. auch Bahamas. **Ähnlich**: *S. grandicornis* fehlt dunkler Fleck über Brustflosse.

Pilz-Drachenkopf 7,5 cm
Scorpaena inermis

Hellbraun bis rot mit blassen Sprenkeln; rötliche Querstreifen auf der Schwanzflosse; Hautlappen über dem Auge. **Biologie**: Lebt auf Sand-, Geröll- und Seegrasflächen, Seichtwasser bis 73 m. Manchmal teilweise im Sand eingegraben. Frisst Garnelen, daneben andere Krebse und Fische. **Verbreitung**: Florida Keys, Bahamas, Karibik.

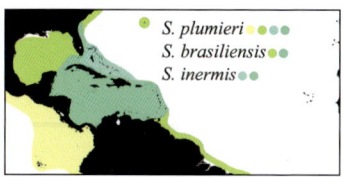

S. plumieri ● ● ●
S. brasiliensis ● ●
S. inermis ● ●

Mittelmeer-Skorpionfische

Großer Drachenkopf   50 cm
Scorpaena scrofa

Vordere Rückenstachel, besonders 2.–4., sehr lang und mit tief eingeschnittener Membran. Rosa bräunlich bis kräftig rot, mit unregelmäßigen Flecken. **Biologie:** Auf Fels-, Sand- und Weichböden, 10–300 m. Ad. meist unterhalb 20 m. Nachts zum Fressen auf Sandf. Wichtiger Bestandteil der französischen Fischsuppe Bouillabaisse. Größte Art im Mittelmeer. **Verbreitung:** Mittelmeer, Ostatlantik vom Ärmelkanal bis Senegal, Azoren, Madeira, Kanaren, Kapverden.

Kleiner Drachenkopf   20 cm
Scorpaena notata

Über den Augen nur je ein sehr kurzer Tentakel; keine Hautlappen am Kinn; im hartstrahligen Teil der Rückenflosse befindet sich ein schwarzer (manchmal nur blasser) Fleck. **Biologie:** Häufig auf Felsgrund, auch auf Sand- und Schlammböden sowie zwischen Seegras, 5–700 m. Ernährt sich von Krebstieren und kleinen Fischen. **Verbreitung:** Mittelmeer, Schwarzes Meer, im Ostatlantik von der Biskaya bis Senegal; Azoren, Madeira, Kanaren.

Brauner Drachenkopf   25 cm
Scorpaena porcus

Große, gefiederte Überaugen-Tentakel. **Biologie:** Auf Felsböden, oft auch auf Sand- und Schlammgrund, 5–800 m. Frisst vorwiegend nachts. Häufig auf Fischmärkten, wichtiger Bestandteil der Fischsuppe Bouillabaisse. **Verbreitung:** Mittelmeer, Schwarzes Meer, Südirland bis Senegal, Azoren, Madeira, Kanaren.

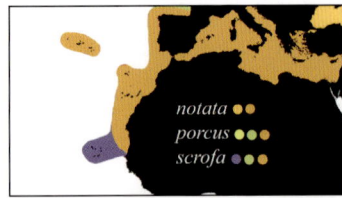

notata ●●
porcus ●●●
scrofa ●●●

Indopazifische Skorpionfische

Mehr als 100 Arten, mit Ausnahme der Feuerfische. Die großen, rötlichen Skorpionfische, die meistens von Tauchern an gut entwickelten Korallenriffen gefunden werden, gehören zu den Scorpaenopsis. Im Roten Meer bis nach Papua-Neuguinea findet man den *S. oxycephala* und von großen Teilen Mikronesiens bis Französisch-Polynesien trifft man auf den *S. possi*. An küstennahen Korallenriffen des westlichen Pazifiks können mehrere Arten an der gleichen Stelle vorkommen.

Fransen-Drachenkopf	36 cm
Scorpaenopsis oxycephala	

Zahlreiche Hautfransen an Kopf und Kinn, lange Schnauze; Färbung sehr variabel. **Biologie:** Bewohnt Lagunen, geschützte Buchten und Außenriffe, 1–43 m. Ruht auf hartem Untergrund von lebenden Korallen, Geröll, Fels oder zwischen Weichkorallen und Schwämmen. Meist in korallenreichen Riffen mit klarem Wasser. Der häufigste größere Skorpionfisch in seinem Verbreitungsgebiet. **Verbreitung:** Rotes Meer bis GBR, nördl. bis Taiwan.

Riesen-Drachenkopf	51 cm
Scorpaenopsis cacopsis	

Zahlreiche Hautfransen am Kopf; lange Schnauze; variable Färbung, doch meistens rötlich braun; größte Art seiner Gattung. **Biologie:** Bewohnt Fels- und Korallenriffe, bevorzugt in oder nahe bei schützenden Unterständen, 4–61 m. Frisst Fische. Hochpreisiger Speisefisch. Wegen Überfischung vor den Hauptinseln von Hawaii inzwischen selten. **Verbreitung:** Nur bei Hawaii.

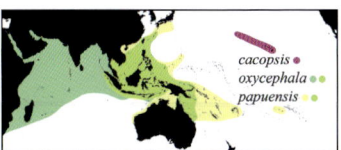

cacopsis •
oxycephala ••
papuensis ••

Papua-Drachenkopf   25 cm
Scorpaenopsis papuensis

Zahlreiche Hautfransen am Kopf; lange
Schnauze; Brustflosse meist mit 19 Strahlen; oft mit weißem Fleck in einer Grube
hinter den Augen. **Biologie**: Bewohnt Fels-
und Korallenriffe vom Flachbereich bis
über 40 m. **Verbreitung**: Indonesien bis
Gesellschaftsinseln, nordl. bis Ryukyus.

Fetzen-Drachenkopf   24 cm
Scorpaenopsis venosa

Zahlreiche Hautfransen am Kopf; kurze
Schnauze; über dem Auge gewöhnlich ein
langer, verzweigter Tentakel; tiefe Grube
hinter den Augen; große Rückenstacheln;
meist 17 Brustflossenstrahlen. **Biologie**:
Gewöhnlich auf offenen, riffnahen Sandflächen in geschützten Arealen, 2–72 m.
Verbreitung: Südostafrika bis Ostaustralien, nördl. bis Südjapan; kontinental, nicht
vor ozeanischen Inseln.

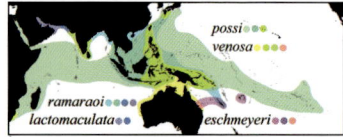

Kronen-Drachenkopf   25 cm
Scorpaenopsis possi

Zahlreiche Hautfransen am Kopf; kurze
Schnauze; meist 17 Brustflossenstrahlen.
Biologie: Bewohnt Fels- und Korallenareale
von Kanälen und Außenriffen, 1–40 m.
Ernährt sich vorwiegend von Fischen.
Regelmäßig anzutreffen zwischen den
Marinas und Frz.-Polynesien. **Verbreitung**:
Rotes Meer und Ostafrika bis Pitcairn-
Inseln; nördl. bis Ryukyus; ersetzt durch *S.
eschmeyeri* zwischen GBR und Fidschi.

Bärtiger Drachenkopf 25 cm
Scorpaenopsis barbata

Kurze Schnauze, etwa so lang wie der Augendurchmesser. **Biologie**: Lebt auf Fels- und Korallenriffen, 3–42 m. In Gebieten mit gemischtem Sand und Korallen. Erbeutet Fische und Krabben. **Verbreitung**: Rotes Meer bis Arabischer Golf, südl. bis Somalia.

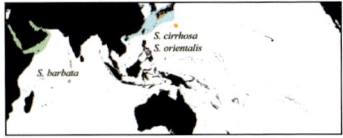

Glotzaugen-Drachenkopf 13 cm
Scorpaenopsis macrochir

Rücken leicht buckelig; Färbung variabel, kann farbintensive Flecken aufweisen; Innenseite der Brustflossen gelb mit orange bis rot gesäumtem schwarzen Band nahe der Außenkante. **Biologie**: Bewohnt gemischte Sand- und Geröllareale von Riffen, ab dem Seichtwasser bis 80 m regelmäßig anzutreffen.  Dringt auch in Brackwasser vor. Kann bei Störung den Kopf auf und ab bewegen. **Verbreitung**: Mauritius bis Tuamotus, n. bis Ryukyus.

Achselfleck-Drachenkopf 15 cm
Scorpaenopsis neglecta

Rücken leicht hoch gebogen; Innenseite der Brustflossen mit roten Außenkanten und schwarzen Flecken an der Flossenbasis. **Biologie**: Bewohnt offene Sand- und Schlammböden von Küstenriffen; bis 40 m. **Verbreitung**: Indonesien bis Nordwestaustralien, nördl. bis Südjapan.

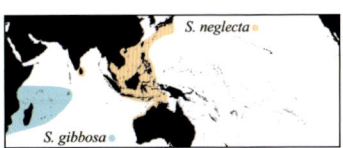

Buckel-Drachenkopf 30 cm
Scorpaenopsis diabolus

Rücken mit auffallendem, hohen Buckel; Innenseite der Brustflossen mit orangen und gelben Bändern, bei Hawaii zusätzlich mit vielen schwarzen Flecken. **Biologie**: Auf Geröll, Sand oder Korallen in Lagunen und Außenriffen, 1–70 m. Ernährt sich von kleinen Fischen. Bei Belastigung zeigt er die leuchtend gefärbten Innenseiten der Brustflossen. Dies ist eine wirksame Warnung mit Lerneffekt für potenzielle Räuber. Wird in Taucherkreisen häufig mit einem Steinfisch verwechselt. **Verbreitung**: Rotes Meer bis Hawaii und Frz.-Polynesien, nördl. bis Südjapan.

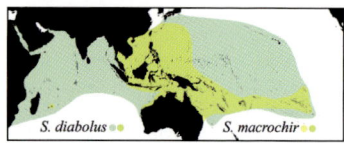

Köderfisch-Drachenkopf 13 cm
Iracundus signifer

Vorderer Bereich der Rückenflosse ähnelt kleinem Fisch. **Biologie**: Bewohnt Außenriffe, 10–110 m. Auf Sand und Geröll, oft unter Überhängen, meist unterhalb 20 m. Setzt seine Rückenflosse als Köder ein. Bewegt er die Flossenstacheln, ähnelt der gefärbte Bereich einem kleinen Fisch und lockt Räuber an, die vom Skorpionfisch gefressen werden. **Verbreitung**: Südafrika, Mauritius, Taiwan, Ryukyus, Hawaii; Coral Sea bis Pitcairn.

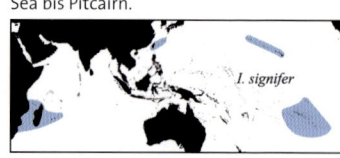

Tentakel-Drachenkopf 23 cm
Rhinopias frondosa

Alle *Rhinopias*-Arten haben einen hoch-rückigen, seitlich stark abgeflachten Körper; exponiert stehende Augen und ein schräg nach oben gerichtetes Maul. Hautfransen und Färbung sind variabel, von Gelbbraun über Rot bis Lavendel, mit oder ohne auffälligem kreisförmigen Muster. **Biologie**: Auf Fels oder Korallenköpfen, 2–90 m. Kriecht auf seinen Brust- und Beckenflossen über den Boden, kann von einer zur anderen Seite schaukeln. Stößt Haut etwa alle 13 Tage ab. **Verbreitung**: Ostafrika bis Neukaledonien, nördl. bis Südjapan.

Algen-Drachenkopf 23,5 cm
Rhinopias aphanes

Komplex verzweigte Hauttentakel; variable Färbung: Grün bis Braun, auch mit prächtig goldenem Fleckmuster. **Biologie**: Bewohnt Außenriffe, 3–30 m. Kann durch Farbmuster Federsternen ähneln. **Verbreitung**: PNG bis Nordostaustralien und Neukaledonien.

R. frondosa ●●
R. aphanes ●●

Eschmeyers Drachenkopf 21 cm
Rhinopias eschmeyeri

Große, paddelförmige Tentakel über dem Auge; Rückenflosse nicht eingeschnitten, wenige Hautfransen; Färbung variabel: Gelb, Rot oder Lavendel. **Biologie**: Auf Sand- oder Geröll, auch zwischen Algen an Außenriffen, 3–55 m. **Verbreitung**: Mauritius bis Indonesien, nördl. bis Philippinen.

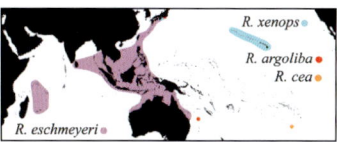

R. xenops ●
R. argoliba ●
R. cea ●
R. eschmeyeri ●

Xenop-Drachenkopf 20 cm
Rhinopias xenop

Kurze und nur wenige Hautfransen; Färbung variabel: Rot bis Gelb mit versprenkelten blassen und dunklen Flecken; Rückenflosse vorn leicht eingeschnitten. **Biologie**: Bewohnt Außenriffe, unterhalb 15 m in Südjapan und 36 m bei den Midway-Inseln, bei den Hauptinseln von Hawaii zwischen 50 und mindestens 124 m. **Verbreitung**: Im Bereich von Südjapan und Hawaii.

Ambon-Drachenkopf 12 cm
Pteroidichthys amboinensis

Riesiger Hauttentakel über dem Auge; exponiert und hoch auf dem Kopf stehende Augen; Maul schräg nach oben gerichtet, viele verzweigte Hautfransen, Färbung variabel, von Gelb über Rot bis Braun. **Biologie**: Auf Sand- und Schlammböden, 3–50 m. Kriecht mit Brust- und Beckenflossen über den Grund. **Verbreitung**: Rotes Meer; Westindonesien bis Fidschi, nördl. bis Ryukyus, südl. bis Korallenmeer.

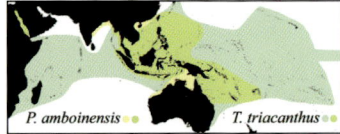

P. amboinensis   T. triacanthus

Schaukelfisch 12 cm
Taenianotus triacanthus

Hochrückiger und seitlich stark abgeflachter Körper, Haut mit kleinen körnchenartigen Papillen statt Schuppen; Rückenflossenstacheln sehr schwach entwickelt; Färbung stark der Umgebung angepasst: Creme, Gelb, Grünlich, Braun, auch Weiß, Rot oder Pink. **Biologie**: Auf Korallen, Fels oder Geröll von geschützten und exponierten Riffen, 1–134 m. Ahmt durch seitliches Schwanken ein in der Dünung schaukelndes Blatt nach. Erneuert regelmäßig seine äußere Hautschicht. Stacheln sind kaum in der Lage, eine Wunde zu verursachen; möglicherweise ungiftig. **Verbreitung**: Ostafrika bis Galapagos, n. bis Ryukyus und Hawaii.

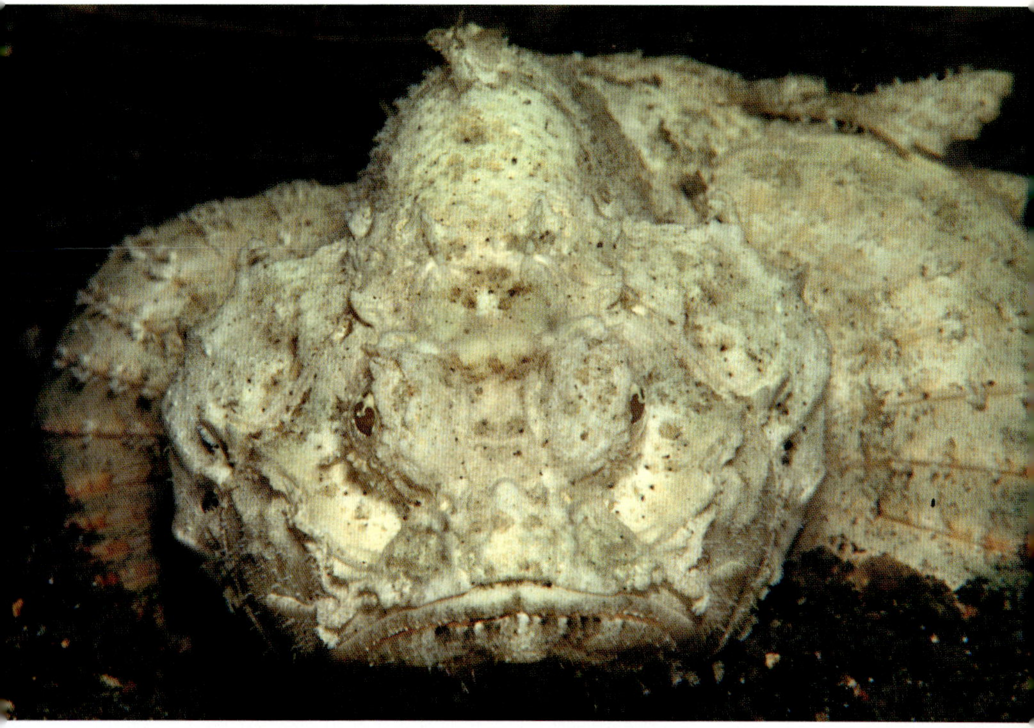

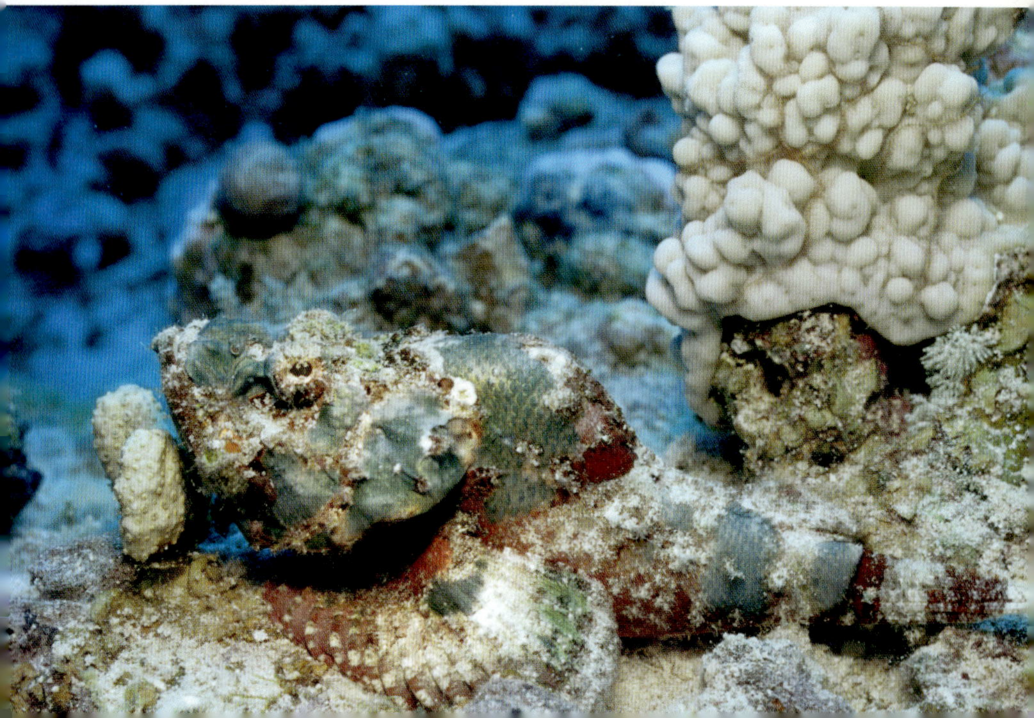

Feuerfische
Pteroinae

Biologie

Feuerfische sind auffallend prächtige Fische, mit weit aufgefächerten Brustflossen, langen Flossenstrahlen und teils fahnenartigen Flossenmembranen. Auch in ihrer Lebensweise heben sie sich deutlich von ihren nächsten Verwandten, den Drachenköpfen, Steinfischen und Teufelsfischen ab. Diese liegen bestens getarnt und reglos auf dem Grund. Feuerfische dagegen sind aktiver. Oft ziehen sie langsam, geradezu majestätisch über das Riff oder schweben gelassen, mit sparsamen Flossenbewegungen auf der Stelle. An geschützten Standorten wie vor Höhlungen und Spalten oder unter Überhängen sind sie stellenweise auch in kleinen Gruppen anzutreffen. Mit Einbruch der Dämmerung gehen sie auf Jagd. Mit ihrer typischen Jagdtechnik treiben sie kleinere Fische in die Enge, wobei sie geschickt ihre übergroßen Brustflossen wie Sperrnetze einsetzen. Schließlich wird das Opfer durch blitzschnelles Aufreißen des Mauls eingesaugt. Bei Nachttauchgängen werden Taucher gelegentlich von Feuerfischen begleitet. Die Fische nutzen das Licht der Taucherlampen, durch das ihre Beutetiere irritiert werden. An häufig besuchten Tauchplätzen haben die ansässigen Feuerfische sich oft an diese „Unterstützung" bei der abendlichen Jagd gewöhnt.

Merkmale

Die auffallend prächtigen Fische mit weit aufgefächerten, großen Brust- und Rückenflossen sind zwischen 10 cm und 40 cm lang. Insbesondere die Rückenflossen, bei den einzelnen Arten auch die Brustflossen, haben tief eingebuchtete oder nur fahnenartige Flossenmembranen, sodass die überlangen Flossenstrahlen fast frei stehen. Sie haben hoch liegende Augen und eine große Mundöffnung. Die meisten Arten sind rötlich braun gefärbt; meist mit helleren und dunkleren Querbändern und weißlichen Streifen.

Unfälle

Feuerfische nutzen ihre giftigen Flossenstacheln wie alle Skorpionfische ausschließlich zur Verteidigung. Sie zeigen keine Scheu. Gelegentlich schwimmen sie nicht selten bis auf Berührungsdistanz auf ruhig an einer Stelle verharrende Taucher zu. Bei dem Versuch, diese Feuerfische zu verscheuchen, verletzt man sich leicht an den Stacheln. Wenn sich die Tiere in die Enge getrieben fühlen, können sie sogar angreifen. Dabei stoßen sie ruckartig mit den nach vorn gerichteten Stachelstrahlen ihrer Rückenflosse auf den vermeintlichen Angreifer zu. Wesentlich öfter kommt es jedoch zu Unfällen mit Aquarienfischen. Beim Hantieren im Becken fühlen sich die Tiere schnell bedroht und können die Hand des Pflegers angreifen.

Vorbeugende Maßnahmen

Bester Schutz ist ein respektvoller Abstand. Schwimmt ein Feuerfisch allzu nah heran, sollte man sich mit vorsichtigen Bewegungen entfernen. Wird in einem Aquarium hantiert, sollten die Giftfische vorher mit einem Netz daraus entfernt oder durch eine Glasscheibe abgeschirmt werden.

Feuerfische sind nicht scheu. Sie nähern sich oft auch Tauchern.

Mit seinen ausgebreiteten Brustflossen versperrt der Feuerfisch seiner Beute den Fluchtweg.

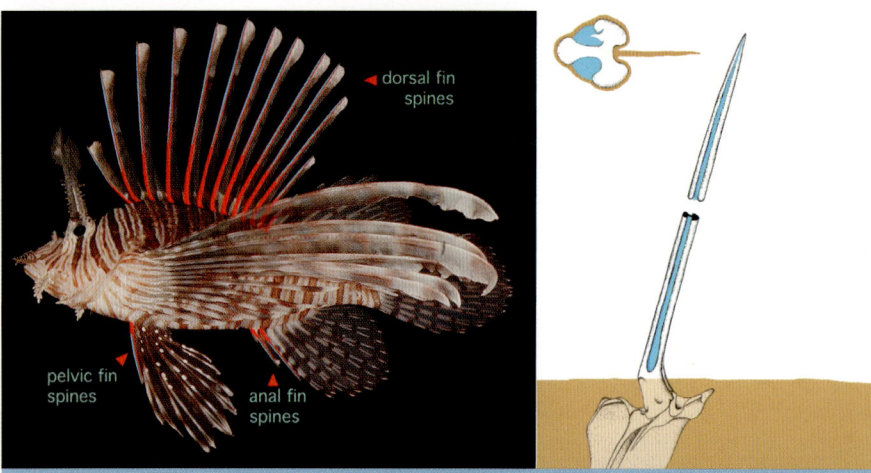

dorsal fin spines

pelvic fin spines

anal fin spines

Der Giftapparat

Giftführend sind die 12–13 Stachelstrahlen der Rückenflosse, die ersten drei der After- und die ersten zwei der Bauchflosse. Die Brustflossen besitzen keine Giftdrüsen. Vor allem die Stachelstrahlen der Rückenflosse sind sehr lang und frei stehend. Die dünnen, spitz zulaufenden Stachelstrahlen besitzen jeweils zwei durchgehende Längsfurchen, die in den oberen zwei Dritteln des Stachels mit giftproduzierendem Drüsengewebe ausgekleidet sind. Stacheln und Drüsengewebe sind zusammen von einer dünnen Hautmembran umhüllt, die beim Eindringen in das Gewebe des Opfers aufreißt. Dabei wird das Gift aus den Drüsen herausgepresst und in die Stichwunde injiziert.

Was ist zu tun?

Erste Hilfe

Wasser verlassen, beruhigend auf den Verunfallten einwirken. Ängste oder gar Panik vermeiden: Vergiftungen sind meist nicht so schwer wie angenommen. Arzt aufsuchen.

Achtung!

Keine Heißwassermethode, keine Staubinde anlegen, Wunde nicht einschneiden.

Weiterführende Behandlung

Zur Beruhigung kann eine Behandlung mit einem Benzodiazepin angezeigt sein. Eine lokale Schmerzbehandlung durch Lidocain-Injektionen bringt meist nur eine kurzfristige Erleichterung. Wegen der meist nur punktförmigen Stichverletzung ist eine Wundreinigung kaum effektiv möglich. Bei Anzeichen einer Sekundärinfektion wird die Verabreichung von Antibiotika empfohlen.

Das Gift

Das Gift enthält in hohen Konzentrationen den Neurotransmitter Acetylcholin. Zudem enthält es ein Toxin, offenbar ein Protein, das an der Verbindungsstelle zwischen Nerv und Muskel Acetylcholin freisetzt und so Muskelzuckungen hervorruft.

Symptome

Eine Vergiftung verursacht einen sofort einsetzenden, brennenden Schmerz, der sich schnell ausbreitet und die gesamte Extremität erfassen kann. Der Bereich um die Einstichstelle schwillt an, die Schwellung (Ödem) kann über mehrere Tage andauern. Es kommt zur Hautrötung und evtl. auch zu Bläschenbildung. Allgemeinsymptome wie Übelkeit, Erbrechen, Herzklopfen und Schwächegefühl sind selten. Sie sind eher die Folge einer psychischen Reaktion auf die Schmerzsymptomatik. Sekundärinfektionen können eintreten, sind aber ebenfalls selten. Eine Vergiftung kann zwar sehr schmerzhaft sein, ist aber nicht so gefährlich wie häufig angenommen. Todesfälle sind nicht bekannt.

Feuerfische schwimmen in Ufernähe oft dicht unter der Wasseroberfläche.

Fallbeispiele

1) Ein Unterwasserfotograf hatte sich zwei Meter von einem Korallenpfeiler entfernt auf einer freien Sandfläche zum Fotografieren niedergelassen. Er blieb dort fast regungslos sit?zen, als er Fotos machte. Drei Feuerfische, die sich an dem Korallenblock aufgehalten hatten, schwammen neugierig an den Fotografen heran und verharrten schwebend in wenigen Zentimetern Entfernung. Einen vorsichtigen Versuch, einen der Feuerfische mit einer leichten, ruhigen Handbewegung zu vertreiben, quittierte dieser mit einem raschen, kurzen Vorstoß. Dabei stieß er einen vorderen Rückenstachel in den Oberschenkel des Tauchers. Der augenblicklich einsetzende Schmerz war nicht sehr stark, sodass der Taucher in Ruhe auftauchen konnte. Der Schmerz war bereits nach wenigen Stunden vollständig abgeklungen und die Röt?ung der Haut verschwand nach ein oder zwei Tagen. Die Vergiftung blieb unbehandelt, die rasche Heilung verlief ohne Komplikationen.

2) In einem anderen Fall wurde eine Frau in den Zeigefinger gestochen, als sie mit der Hand in ein Aquarium griff, um einen Feuerfisch aufzuscheuchen. Der brennende Schmerz veranlasste sie, ein Krankenhaus aufzusuchen. Der Finger wurde mit Eis gekühlt. Etwa 13 Stunden später, die Hand war geschwollen und schmerzte, schnitt ein Chirurg den Finger über die gesamte Länge auf und spülte die Wunde mehrfach. Später trat als Folge einer Gelenkfibrose eine Versteifung der Fingergelenke auf, die auch mithilfe von Physiotherapie nicht vollständig behoben werden konnte. Der chirurgische Eingriff beruhte auf der falschen Annahme, dadurch das Gift ausschwemmen zu können. Selbst unbehandelte Stichverletzungen heilen in der Regel völlig problemlos aus.

Der Indische Feuerfisch, *P. miles,* und der Rotfeuerfisch, *P. volitans,* haben gelegentlich Augenflecken auf den blattartigen Tentakelenden über ihren Augen.

Arten und Verbreitung

Indischer Ozean einschließlich des Roten Meers sowie wärmere Gewässer des westlichen und mittleren Pazifiks.

Eindringlinge im Mittelmeer und Nordamerika

Der Indische Rotfeuerfisch, Pterois miles, konnte durch die Öffnung des Sueskanals in das westliche Mittelmeer einwandern und ist seitdem auch in steinigen Bereichen der israelischen Küste ansässig.

Der Gewöhnliche Rotfeuerfisch, Pterois volitans, ist seit über 40 Jahren in den USA ein beliebter Aquarienfisch. Die meisten Tiere wurden aus den Philippinen importiert. Der Gewöhnliche Rotfeuerfisch ist nun in den Gewässern im Südosten der USA heimisch geworden (rote Punkte). Als 1992 in Biscayne Bay, Miami, die am Meer liegenden Häuser durch den Hurrikan Andrew zerstört wurden, wurden die ersten Tiere beobachtet. Wenig später wurden sie auch an Tauchplätzen vor Palm Beach gesehen. 2004 bestätigten Fischereien die festen Bestände von Feuerfischen. Sie hatten sich in Wracks vor der Küste etabliert und bis North Carolina nach Norden ausgebreitet. Hier beträgt die Wassertemperatur auch im Winter über 15 °C. Bedingt durch den Golfstrom

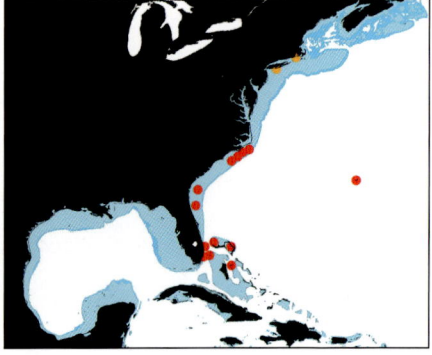

hat sich die Art inzwischen bis zu den Bermudas und den Bahamas im Nordwesten der USA ausgebreitet und ist inzwischen dort heimisch geworden. Junge Feuerfische wurden am Ende des Sommers schon vor Long Island und Rhode Island gesehen (orange Punkte). Doch hier haben die Tiere durch die im Herbst fallenden Wassertemperaturen keine Überlebenschancen.

Rotfeuerfisch   43 cm
Pterois volitans

Rote bis schwarze Bänder sowie Paare weißer Bänder; Brustflosse mit 14 Stachelstrahlen, überwiegend frei stehend und fahnenartig. **Biologie**: Bewohnt Lagunen und Außenriffe von trüben Küstengewässern bis Offshore-Riffen; vom Seichtwasser bis über 50 m. Häufige Art. Am Tage oft unter Überhängen schwebend, kann aber auch aktiv auf Nahrungssuche gehen. Jagt vorwiegend nachts, ernährt sich von kleinen Fischen, Garnelen und Krabben. Benutzt die großen Brustflossen, um Beutetiere in die Enge zu treiben. Wird nachts vom Schein der Taucherlampen angezogen, weil das Licht potenzielle Beutetiere irritiert. Nicht scheu, nähert sich nicht selten sogar Tauchern. Weicht meist auch nicht bei Belästigung oder dem Versuch, ihn zu verscheuchen; kann Taucher dann vielmehr mit vorwärtsgerichteten Rückenstacheln angreifen. Stichverletzungen können trotz ihrer nur nadelfeinen Größe aufgrund des Giftes äußerst schmerzhaft sein. **Verbreitung**: Golf von Thailand bis Marquesas- und Pitcairn-Inseln, nördl. bis Südkorea, südl. bis Neuseeland; eingeführt und etabliert in Südost-USA, Bahamas und Bermudas.

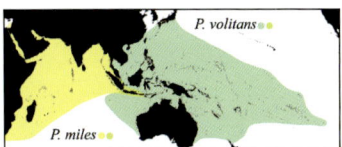

Indischer Rotfeuerfisch   38 cm
Pterois miles

Rote bis schwarze und Paare weißer Bänder; Brustflosse mit 14 Stachelstrahlen, frei stehend und fahnenartig. **Biologie**: Bewohnt Lagunen, Buchten und Außenriffe; vom Seichtwasser bis 60 m. Oft im Bereich von Überhängen, Höhlungen und in Wracks. Jagt bei Sonnenuntergang und nachts Fische, Krabben und Garnelen. Treibt Beute mit aufgefächerten Brustflossen in die Enge. Lässt sich nicht verscheuchen. Kann Taucher mit Rückenflossenstacheln angreifen. Stichverletzungen sehr schmerzhaft. **Verbreitung**: Rotes Meer bis Sumbawa, südl. bis Südafrika; über Sueskanal ins Mittelmeer.

Langstachel-Feuerfisch 40 cm
Pterois sp.

Hintere Stacheln der Rückenflosse länger als bei anderen Arten; 13 Brustflossenstacheln; einige kleine dunkle Flecken im weichstrahligen Teil der Rücken-, After- und Schwanzflosse. **Biologie:** Weich- und Sandböden von Küstengewässern, 3–30 m. Häufig nahe bei Pfählen und Abfall. Diese Art wartet zurzeit noch auf eine formelle Bestimmung mit wissenschaftlicher Namensgebung. **Verbreitung:** Flores, Bandasee und Molukken in Indonesien.

Kodipungi-Feuerfisch 35 cm
Pterois kodipungi

13 Brustflossenstacheln; weichstrahliger Teil der Rücken-, After- und Schwanzflosse mit wenigen oder keinen dunklen Flecken. **Biologie:** Auf feinen Sand- und Schlammböden von Küstengewässern, 3–35 m. **Verbreitung:** Sumatra bis Bali.

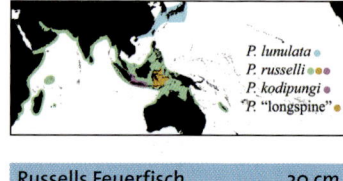

Russells Feuerfisch 30 cm
Pterois russellii

Rötlich braune und blasse Querbänder; Brustflosse mit rötlich braunen Flecken und meist 13 Stachelstrahlen; keine Flecken im weichstrahligen Teil der Rückenflosse, der After- und Schwanzflosse. **Biologie:** Auf freien Sand- und Schlammböden, 5–60 m. **Verbreitung:** Rotes Meer bis Nordaustralien, nördl. bis Philippinen.

Japan-Feuerfisch 30 cm
Pterois lunulata

Braune und blasse Querbänder, blasse Bauchseite; Schuppen gut sichtbar, meist 13 Brustflossenstrahlen; weichstrahlige vertikale Flossen nur bei großen Adulten mit dunklen Flecken. **Biologie:** Auf Felsriffen und freien Sand- oder Schlammböden, 10–42 m. Wird nach Entfernung der Stacheln als Speisefisch angeboten. **Verbreitung:** Südchina bis Korea und Nordjapan, evtl. bis Indonesien und Neukaledonien.

Strahlenfeuerfisch 24 cm
Pterois radiata

Lange weiße Brustflossenstrahlen, weitgehend frei stehend; Schwanzstil mit zwei feinen weißen Linien. **Biologie:** Lebt auf Riffdächern, in Lagunen und an Außenriffen, 1–25 m. Einzeln oder in kleinen Gruppen, tagsüber versteckt in Spalten, Höhlen und unter Überhängen, manchmal gemeinsam mit *P. antennata*. Jagt vorwiegend nachts, ernährt sich überwiegend von Garnelen und Krabben. Im Roten Meer häufig, in anderen Gebieten weniger. **Verbreitung:** Rotes Meer bis Gesellschaftsinseln, n. bis Ryukyus, s. bis Südafrika.

Antennen-Feuerfisch 20 cm
Pterois antennata

Lange Brustflossenstrahlen, verbunden an der Basis mit einer schwarz gepunkteten Membran. **Biologie:** Lebt in Lagunen und Außenriffen, 1–50 m. Gewöhnlich unter Überhängen und in Höhlungen, einzeln oder in kleinen Gruppen. Tagsüber meist inaktiv: Jagt am späten Nachmittag und nachts Garnelen und Krabben. Häufig. **Verbreitung:** Ostafrika bis Frz.-Polynesien, nördl. bis Südjapan und Südostaustralien.

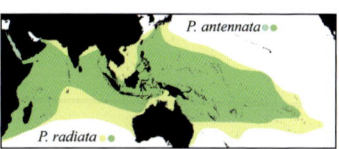

P. antennata

P. radiata

Mombasa-Feuerfisch   19 cm
Pterois mombasae

Dunkle Flecken auf der Membran der Brustflossen. **Biologie:** Lebt auf hartem Untergrund von tiefen Außenriffen, 10–60 m. Bevorzugt Gebiete mit Weichkorallen und Schwämmen, selten oberhalb 20 m. **Verbreitung:** Rotes Meer (selten) bis PNG, südl. bis Südafrika und Nordwestaustralien.

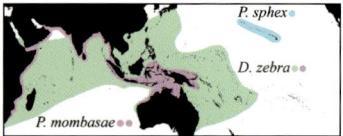

Hawaii-Feuerfisch   21 cm
Pterois sphex

Äußerer, frei stehender Teil der Brustflossenstrahlen filamentartig, Membran bei Juvenilen mit Punkten, bei Adulten mit konzentrischen Bändern. **Biologie:** Bewohnt Lagunen und Außenriffe; am Tage in Höhlungen und unter Überhängen, streift nachts auf Nahrungssuche durchs Riff, frisst vorwiegend Krabben und Garnelen. Einzige *Pterois*-Art bei Hawaii. Ein Stich in die Hand wurde als äußerst schmerzhaft beschrieben. **Verbreitung:** Nur vor den Hawaii-Inseln.

Zebra-Feuerfisch   20 cm
Dendrochirus zebra

Durch Membran verwachsene Brustflossenstrahlen, Innenseite der Brustflossen mit dunklen radialen Streifen. **Biologie:** Bewohnt geschützte Küstenriffe, 1–73 m. Typischerweise an einzeln stehenden Korallenköpfen, Schwämmen oder bewachsenen Felsen. Frisst Krabben, Garnelen und kleine Fische, beginnt etwa drei Stunden vor Sonnenuntergang mit der Jagd. Männchen verteidigt aggressiv sein Revier mit mehreren Haremsweibchen. Paarung findet nachts statt, gelatinöse Ballen von 2000 bis 15 000 Eier treiben pelagisch mit der Strömung. **Verbreitung:** Vom zentralen Roten Meer und Ostafrika bis Samoa, nördl. bis Ryukyus.

Kurzflossen-Feuerfisch　　15 cm
Dendrochirus brachypterus

Brustflossenstrahlen vollständig durch
Membran verwachsen, fächerartig mit
etwa 10 konzentrischen Bändern auf der
Innenseite. **Biologie:** Bewohnt flache Lagunen und Küstenriffe, 2–80 m. Typischerweise an einzeln stehenden Korallenköpfen und mit Algen oder Schwämmen
bewachsenen Felsen. In sedimentreichen
Küstenriffen. Hängt kopfüber an Überhängen oder lauert an der Basis von Felsen
oder Korallen. Einzeln oder in Harems mit
bis zu 10 Weibchen. Macht nachts Jagd auf
kleine Krebstiere. **Verbreitung:** Rotes Meer
bis Samoa, nördl. bis Ryukyus.

Hawaii-Zwergfeuerfisch　　16,5 cm
Dendrochirus barberi

Brustflossen fächerartig; grünlich braun,
Augen rot. **Biologie:** Bewohnt flache, geschützte Riffe, 1 bis über 9 m. Häufig auf
geschützten Innenriff-Ebenen. Gewöhnlich
an der Basis von Korallenköpfen und
bewachsenen Felsen lauernd, oft kopfüber
hängend. Stiche wurden als äußerst
schmerzhaft beschrieben. **Verbreitung:**
Hawaii-Inseln.

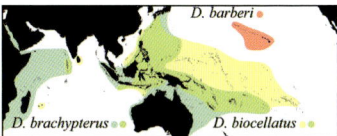

Zweifleck-Feuerfisch　　10,5 cm
Dendrochirus biocellatus

Weichstrahliger Teil der Rückenflosse mit
zwei auffälligen Augenflecken; Innenseite
der Brustflossen mit drei dunklen, konzentrischen Bändern; lange Tentakel an den
Ecken der Oberlippe; Rückenflossenstacheln
kürzer als Körperhöhe; wird in Südjapan bis
16 cm groß. **Biologie:** Bewohnt korallenreiche Riffe mit klarem Wasser, 1 bis mindestens 40 m. Tagsüber sehr versteckt. Nachtaktiv und meist auch nur dann zu sehen.
Verbreitung: Mauritius bis Gesellschaftsinseln, nördl. bis Südjapan, südl. bis Nordwestaustralien.

Filament-Zwergfeuerfisch 23 cm
Parapterois heturura

Brustflossen fächerförmig, Innenseite überwiegend schwarz mit leuchtend blauen Strichen; Rückenflossenstacheln mit Filamenten. **Biologie**: Bewohnt Sand- und Schlammböden, 3–300 m. Manchmal teilweise im Sediment eingegraben. **Verbreitung**: Golf von Aden bis Südostafrika; Indonesien bis Südjapan.

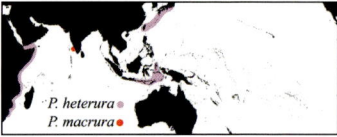

Bleekers Zwergfeuerfisch 22 cm
Ebosia bleekeri

In den weißen Querbändern manchmal je zwei dunkle Flecken; Brustflossen fächerförmig, durch Membran verbunden; Adulte mit Knochenhöcker hinter den Augen, kann bis hinter den ersten Rückenflossenstachel reichen. **Biologie**: Lebt auf Sand- und Schlammböden in Gebieten mit mäßiger Strömung, 10–85 m. Bevorzugt warm-gemäßigte Areale, besonders in tropischen Gegenden mit kühlen Aufwärtsströmungen. **Verbreitung**: Indonesien bis Ostaustralien, nördl. bis Zentraljapan.

Zwergfeuerfisch 12 cm
Brachypterois serrulata

Brustflossen fächerförmig, doch kleiner als bei anderen Feuerfischen; Rückenflosse niedrig; tarnfarben gesprenkelt mit leicht diffusen Querbändern. Zeigt sich in seiner Körperform als Verbindungsglied zwischen Feuerfischen und anderen Skorpionfischen. **Biologie**: Bewohnt feinsandige und schlammige Böden geschützter Küstenriffe, 3–40 m. Ruht gern in Bodenmulden. **Verbreitung**: Südl. Rotes Meer bis PNG, nördl. bis Südjapan, südl. bis Nordwestaustralien.

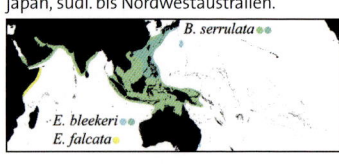

Stirnflosser
Tetrarogidae

Stirnflosser unterscheiden sich von Skorpionfischen durch die Position der Rückenflosse, die
vor oder über dem Auge beginnt, und durch ihre
winzigen, tief eingebetteten dornenartigen
Schuppen. Viele der Arten sind hochgiftig. Stirnflosser bewohnen oft weiche Böden und fressen
kleine Fische und Krustentiere. Mindestens 28
Arten kommen in flachen, tropischen Gewässern des Indopazifik vor. Einige andere sind in
Tiefen von mehr als 200 m oder in gemäßigten
Gebieten Südafrikas, Australiens und Asiens verbreitet; einige leben auch im Süßwasser. Stirnflosser stellen vor allem für Fischer eine Gefahr
dar. Ein paar Arten sind als Aquariumfische
beliebt. Manche Experten zählen Stirnflosser zu
der Skorpionfischfamilie. Der Giftapparat und
das Gift sind ähnlich. Typische Unfälle, Symptome und Behandlung sind ebenfalls identisch.

Wie viele Stirnflosser zeigt der Kakadu-Stirnflosser eine variable
Färbung, manchmal mit kontrastierendem Gesicht.

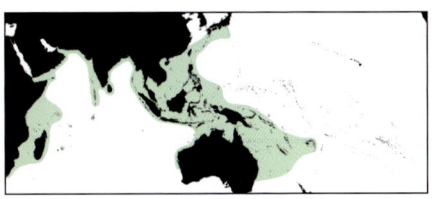

Schaukel-Stirnflosser   15 cm
Ablabys taenianotus

Rückenflosse segelartig mit 17–18 Stacheln.
Afterflosse mit 4–5 Hartstrahlen; Färbung
variabel, Gelb bis Dunkelbraun, Gesicht
manchmal kontrastierend. **Biologie**:
Bewohnt geschützte Sand-, Schlamm- und
Geröllböden, 1–80 m. Einzeln oder paarweise. Schaukelt seitwärts, um ein totes Blatt
nachzuahmen. **Verbreitung**: Andamanensee
bis Fidschi, nördl. bis Südjapan, südl. bis
Südostaustralien.

Stachel-Stirnflosser   18 cm
Ablabys macracanthus

Rückenflosse segelartig mit 15–16 Stacheln,
Afterflosse mit 7–8 Hartstrahlen; Färbung
variabel, von Dunkelbraun bis Weiß mit
dunklem Gesicht und Kinn. **Biologie**: Lebt
auf Sand- und Schlammböden in geschützten Küstengewässern, 8–50 m. Einzeln oder in Paaren. Schaukelt seitwärts,
um ein totes Blatt nachzuahmen.
Verbreitung: Malediven bis Molukken,
nördl. bis Ryukyus.

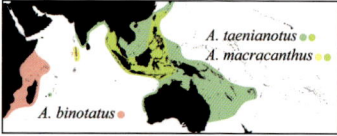

A. taenianotus ●●
A. macracanthus ●●
A. binotatus ●

Langstachel-Stirnflosser   10 cm
Paracentropogon longispinis

Rückenflosse zwischen den Stacheln tief
eingeschnitten; Reihe aus drei Stacheln auf
der Wange, die beiden letzten groß; Färbung variabel, erdfarben mit feinen Sprenkeln und Flecken, Gesicht kann plötzlich
blass werden. **Biologie**: Bewohnt Sand- und
Geröllböden, auch Seegraswiesen; in Küstenriffen, vom Seichtwasser bis 70 m.
Verbreitung: Südindien bis Neukaledonien,
nördl. bis Taiwan.

Kakadu-Stirnflosser 8 cm
Richardsonichthys leucogaster

Rückenflosse zwischen den Stacheln tief eingeschnitten, besonders im vorderen Bereich; große Augen, zwei Paar Stacheln über den Oberlippen, vertikale Reihe großer Stacheln auf dem Vorderkiemendeckel. **Biologie:** Auf Sand- und Schlammböden von Küstenriffen, 3–90 m. Einzelgänger. Manchmal teilweise im Sediment eingegraben. **Verbreitung:** Ostafrika bis Neukaledonien.

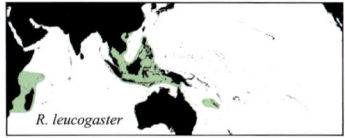

R. leucogaster

Wespenfische
Apistidae

Wespenfische benutzen ihre Barteln, um versteckte Beutetiere aufzuspüren. Oft graben sie sich zum Teil ein.

Wespenfische sind ungewöhnliche Drachenköpfe. Sie haben eine typische Fischform, kleine Schuppen und drei Barteln am Kinn. Ihre großen Brustflossen können sie zur Warnung blitzschnell ausbreiten. Tagsüber vergraben sie sich fast ganz im Boden, in der Dämmerung gehen sie auf Jagd. Die drei bekannten Arten sind hochgiftig.

Der Giftapparat und auch die Zusammensetzung des Gifts sind dem der Skorpionfische ähnlich. Unfälle, Symptome und die Behandlung sind gleich.

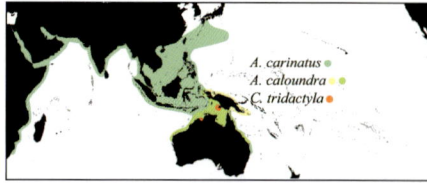

A. carinatus
A. caloundra
C. tridactyla

Bart-Wespenfisch 18 cm
Apistus carinatus

Kiefer an der Vorderseite mit drei Barteln; vertikale Flossen mit Schwarz-Weiß-Muster; ein großer Augenfleck hinten auf der Rückenflosse; Brustflossen groß und innen hellgrün. **Biologie:** Lebt auf feinsandigen und schlammigen Böden, vom Seichtwasser bis 60 m. Ruht oft teilweise im Sediment eingegraben. Sehr giftig. **Verbreitung:** Rotes Meer bis Papua-Neuguinea, nördl. bis Japan, südl. bis Ostaustralien.

Steinfische
Synanceidae

Biologie

Steinfische machen ihrem Namen alle Ehre. Mit unendlicher Geduld können sie gleich einem Stein vollkommen bewegungslos manchmal tagelang perfekt getarnt an derselben Stelle ausharren und auf Beute lauern. Irgendwann kommt ein Fisch, eine Garnele oder eine Krabbe nahe genug am Maul vorbei. Dann geht alles blitzschnell. Nur 15 tausendstel Sekunden benötigt der Steinfisch, sein riesiges Maul aufzureißen und das Opfer mit dem entstehenden Wassersog einzusaugen. Dann liegt er wieder reglos ohne sichtbare Lebenszeichen. Seine giftigen Flossenstrahlen dienen nur der Verteidigung. Sie werden nur aufgestellt, wenn der Fisch sich bedroht fühlt.

Merkmale

Steinfische haben einen gedrungenen plumpen Körper und einen großen breiten Kopf. Die kleinen Augen liegen sehr hoch. Charakteristisch ist eine sehr große, senkrecht nach oben gerichtete Mundspalte, ein Unterscheidungsmerkmal zu den Drachenköpfen, deren Mundspalte schräg nach oben zeigt. Auffallend groß und fleischig sind die Brustflossen. Die dicke schuppenlose Haut ist unregelmäßig mit warzigen Erhebungen übersät. Der vordere Teil der Rückenflosse hat 13 bis 14 Hartstrahlen, die jeweils von einer warzigen Hautscheide ummantelt sind. Durch die klumpenförmige Gestalt, die unregelmäßige Hautoberfläche und die an die Umgebung angepasste Färbung sind Steinfische hervorragend getarnt. Neben Steinen, die mit Grünalgen bewachsen sind, nehmen sie eine grünliche Färbung an. Sie können aber in anderer Umgebung auch rotbräunlichocker gescheckt sein. Sie graben sich gern im Sand ein und lassen nur die Augen herausschauen. Besonders gern mögen sie den Schutz einer Riffkante. Gelegentlich kommen sie auch zwischen Seegras vor.

Unfälle

Steinfische entdeckt man meist zufällig. Vor Menschen zeigen sie keinerlei Scheu, kennen weder Furcht noch Fluchtdistanz. Auf ihre Tarnung vertrauend, bleiben sie liegen und sind kaum aufzuscheuchen. Höchstens grobe Berührung und andauernde Belästigung kann sie veranlassen, widerwillig ein kleines Stück von ihrem Platz wegzurücken. Wenn sie aufgrund solcher Störungen davonschwimmen, dann höchstens einige Meter weit. Steinfische kommen ab dem Seichtwasser vor. Beim Waten im flachen Wasser oder beim Gehen über ein Riffdach kann man leicht in die aufgestellten Rückenstachel treten. Oft wird der betroffene Fuß dabei mit so viel Gewicht belastet, dass der Druck den Stachel tief in das Gewebe treibt und die gesamte Giftmenge injiziert wird. Auch beim leichtsinnigen Hantieren mit den Tieren, etwa im Aquarium, kommt es öfter zu Unfällen. Taucher begeben sich in Gefahr, wenn sie die Tiere aufscheuchen wollen.

Vorbeugende Maßnahmen

Die Stacheln eines Steinfisches durchdringen selbst Sohlen von Strandschuhen. Daher besonders aufmerksam hinschauen, bevor man als Taucher, Schnorchler oder Schwimmer den Boden berührt oder etwas anfasst! Man sollte die scheinbar trägen Tiere nicht provozieren. Sie können überraschend schnell vorstoßen! Beim Waten im Flachwasser sollte man, mit den Füßen schlurfend gehend, den Sand aufwirbeln. Auf diese Weise tritt man nicht von oben auf einen Steinfisch – und damit auf die gefährlichen Rückenstacheln – sondern stößt ihn von der Seite an.

Echter Steinfisch: Wie aus Stein gemeißelt und mit Algen bewachsen – Steinfische sind Meister der Tarnung.

Der nächste Schritt könnte tödlich sein. Ein Echter Steinfisch im flachen Wasser einer Badebucht (Rotes Meer).

13 dorsal fin spines

3 anal fin spines

1 pair of pelvic fin spines

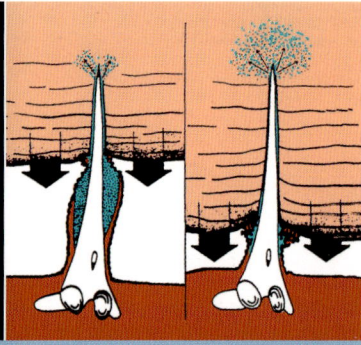

Giftapparat

Im Vergleich zu den verwandten Feuer- und Skorpionfischen ist der Giftapparat bei Steinfischen ausgesprochen stark entwickelt. Vor allem zeigt sich das in den sehr kräftigen, kurzen Stachelstrahlen der Rückenflossen, die zudem besonders große Giftdrüsenpakete tragen. Daneben sind auch die ersten drei Strahlen der After- und die ersten zwei der Bauchflossen giftführend. Jeder Stachelstrahl ist mit zwei Längsrinnen versehen und von einer dicken Hautscheide umhüllt. In den Längsrillen liegt jeweils ein Drüsenpaket. Jeder Rückenstachel enthält etwa 0,03 Milliliter Giftflüssigkeit. Ein feiner Ausführgang leitet das Gift zur Stachelspitze. Dringt ein Stachel in das Gewebe eines Opfers ein, werden die Drüsenpakete durch den entstehenden Druck ausgequetscht und das Gift in die Wunde injiziert. *Abb. o. r.= Blau = Giftflüssigkeit*

IM NOTFALL

Was ist zu tun?

Erste Hilfe
Sofort das Wasser verlassen, den Verletzten umgehend in ärztliche Behandlung bringen.

Achtung
Keine Staubinde anlegen, kein Ein- oder Ausschneiden und kein Ausbrennen der Wunde. Nicht versuchen, den Stachel selbst zu entfernen.

Weiterführende Behandlung
Für Steinfischvergiftungen steht ein Antiserum zur Verfügung, das jedoch nur in Australien und nur unter Umständen zu erhalten ist. Das Antiserum darf nur von einem Arzt verabreicht werden. Ob und in welcher Menge es verabreicht wird, hängt von der Schwere und dem Verlauf der Vergiftung ab. Eine Antiserum-Einheit soll 0,01 Milligramm Steinfischgift neutralisieren. Die beiden Giftdrüsen eines Stachels sollen zusammen etwa 5 bis 10 Milligramm Gift enthalten. Eine Ampulle Antiserum enthält 2 Milliliter mit 2000 Einheiten, kann also 20 Milligramm Gift neutralisieren, was einer Verletzung an zwei bis vier Stachelstrahlen entspricht.

Das Gift
Das Gift ist ein Gemisch aus hochmolekularen Eiweißen. Aus dem Gift des Warzen-Steinfisches isolierte man als eine Einzelkomponente das sogenannte Stonus-Toxin. Es zeigt in seiner Aminosäuresequenz (molekulare Bausteine) keine Ähnlichkeit mit anderen bekannten Eiweißen. In Versuchen verursachte das Stonus-Toxin ebenso wie das Rohgift einen schnellen Blutdruckabfall, der für die tödliche Wirkung verantwortlich gemacht wird. Bei Versuchstieren bewirkte das Gift am Herzen Kammerflimmern und einen atrio-ventrikulären Block. Eine weitere Komponente im Steinfischgift ist das Enzym Hyaluronidase. Es erweitert äußerst effektiv die Zellzwischenräume und sorgt so für eine rasche Ausbreitung des Giftes.

Symptome
Eine Steinfischvergiftung bewirkt zunächst einen rasch eintretenden, stark brennenden Schmerz im Bereich der Einstichstelle. Der Schmerz steigert sich im weiteren Verlauf und kann Stunden bis Tage anhalten. Die stets auftretende Schwellung an der Einstichstelle dehnt sich meist weitflächig aus. Es kann zur Bildung von Hautblasen kommen, ebenso zum Absterben kleiner Gewebebereiche. Als Begleitsymptome können unter anderem Übelkeit, Erbrechen, Durchfall sowie Störungen der Herz-Kreislauf-Funktionen bis hin zum Kollaps

Fallbeispiele

Auf dem Rückweg von einem Tauchgang lief ein 49-jähriger Mann 20 m vom Ufer entfernt in knietiefem Wasser. Dabei trat er auf einen scharfen Stachel. Er wurde aus dem Wasser geholt und in das örtliche Krankenhaus gebracht. Bei seiner Ankunft dort, 40 Minuten später, waren Fuß und Unterschenkel rot und stark geschwollen. Er klagte über unerträgliche Schmerzen und ein Stechen, das sich das ganze Bein heraufzog. An seinem Fuß waren drei Einstiche und ein großer Bluterguss zu sehen. Ein Taubheitsgefühl breitete sich über den Fuß aus und er konnte das Bein kaum bewegen. Sein Puls lag bei 108 Schlägen pro Minute. Der Blutdruck war bei 100/64 mm Hg und die Temperatur im Mittelohr betrug 37,2 °C. Er blieb bei Bewusstsein, hatte aber Beschwerden beim Schlucken. Die diensthabende Schwester hatte keine Erfahrung und injizierte 5 ml Lidocain mit Adrenalin (1 : 1000), was für eine kreislaufschädigende Vergiftung nicht geeignet ist und die Durchblutung behindern kann. Der Arzt verabreichte dem Patienten alle 6 Stunden intravenös 50 ml Kochsalzlösung und 1 g Penicillin. Auch dadurch wurde der Patient einer zusätzlichen Gefahr ausgesetzt, da viele Menschen allergisch auf Penicillin reagieren. Ein junger Arzt, der auf seiner Visite vorbeikam, zog Standardwerke der Medizin zurate und ließ den Fuß sofort für 30 bis 90 Minuten in heißem Wasser (45°C) baden. Nach weiteren zwei Tagen konnte der Mann sein Bein unterhalb des Knies nicht mehr bewegen und seine Körpertemperatur lag bei 38,5 °C. Der Fuß wies zahlreiche, mit Flüssigkeit gefüllte Blasen (Ödeme) auf. Eine schwache rote Linie verlief an der Oberfläche aufwärts. Es entwickelte sich eine makroskopische Hämaturie (Blut im Urin), die mit einem Anstieg der weißen Blutkörperchen einherging. Der Patient wurde dann nach Port Villa gebracht, wo er die gleiche intravenöse Therapie erhielt. 24 Stunden später wurde er in Brisbane in Australien eingeliefert. Für eine Behandlung mit einem Antiserum war es zu spät. Der Patient erhielt daher nur ein Antibiotikum. Fünf Tage später konnte er entlassen werden. Die Schwellung war zurückgegangen, der Fuß konnte jedoch noch nicht belastet werden. Er blieb für weitere 26 Tage wegen eines 4 cm großen Geschwürs in ärztlicher Behandlung, bis er danach in seine Heimat in Brasilien zurückkehrte. Wenige Tage später konnte er wieder laufen und erholte sich schließlich vollständig.

auftreten. Es wurden Fälle beschrieben, bei denen eine Vergiftung innerhalb von Stunden zum Tode führte. Tatsächlich ist eine Steinfischvergiftung, so gefährlich diese auch ist, nicht so häufig tödlich wie allgemein angenommen.

Arten und Verbreitung

Es gibt mehrere Steinfischarten, von denen ist der Echte Steinfisch, *Synanceia verrucosa*, der häufigste. Ebenfalls häufig sind der Warzen-Steinfisch, *S. horrida*, und der Kleine Steinfisch, *S. nana*. Das größte Verbreitungsgebiet – es schließt das der

Minous 16 cm

Trachycephalus 11 cm

Synanceia 38 cm

Choridactylus 13 cm

Leptosynanceia 15 cm

Erosa 19 cm

Pseudosynanceia 23 cm

Inimicus 26 cm

JR/RM

beiden anderen Arten ein – hat der Echte Steinfisch: Vom Roten Meer über den Indischen Ozean bis zu den Ryukyu-Inseln vor Südjapan und nach Mangareva im südpazifischen Tuamotu-Archipel. Steinfische kommen vom Seichtwasser bis etwa 45 Meter Tiefe auf Sand-, Geröll-, Fels- und Korallengrund vor.

Fortpflanzung

Hin und wieder kommen Steinfische auch in Gruppen vor. In Australien wurden auf einer Fläche von nur 16 Quadratmetern 25 bis 30 Warzen-Steinfische gefunden. Außer einem, lagen alle Fische deutlich sichtbar auf dem lehmigen Boden.

Ganz offensichtlich hatten sie sich zum Laichen zusammengefunden. Einige der Tiere wurden gefangen, die kleineren Tiere waren alles Männchen, die größeren Weibchen. Alle waren bereit für die Eiablage. Im Aquarium legten sie über Nacht ihre Eier ab. Die Eier waren relativ groß (1,6 mm) und lassen auf ebenfalls große Larven schließen. Sie sind eine Voraussetzung für die Aquakultur der Fische. Aber wer möchte einen Fisch mit einem so gefährlichen Gift in großer Anzahl aufziehen?

Steinfische auf der Speisekarte

Chinesische Feinschmecker bezahlen hohe Summen für ein Steinfischgericht. Das Fleisch der Tiere ist sehr schmackhaft, hat aber, entgegen der Meinung vieler, keine aphrodisierende Wirkung. In Hongkong werden sowohl vom Echten Steinfisch als auch vom Warzen-Steinfisch lebende Tiere verkauft. Aquakultur ist die beste Möglichkeit, einer Überfischung vorzubeugen. Warzen-Steinfische sind dem Salzgehalt des Wassers gegenüber sehr tolerant. Auch mit mehreren Artgenossen zusammen haben sie keine Probleme.

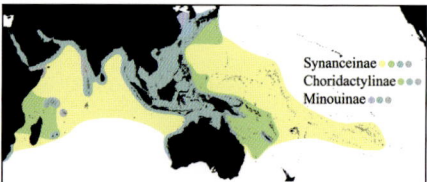

Synanceinae
Choridactylinae
Minouinae

Steinfische
Synanceinae

Echter Steinfisch	38 cm
Synanceia verrucosa	

Klumpenförmige Gestalt, senkrechte Maulstellung, kleine Augen, große fleischige Brustflossen; giftige Rückenstacheln in angelegter Stellung, versteckt unter warziger Haut. **Biologie**: Lebt gewöhnlich auf Sand- und Geröllflächen im Riff, auch auf Felsgrund; in Lagunen und Außenriffen, Gezeitenzone bis 45 m. Oft teilweise eingegraben oder geschützt ruhend zwischen Riffgestein; kann Stammplatz monatelang besetzen. Ernährt sich von kleinen Fischen und Krebsen. Steinfische können Hautstücke abstoßen, wohl um sich Aufwuchsorganismen zu entledigen; danach haben sie meist kräftigere Farben. Stiche dieser Art, auch von S. horrida, sind von extrem schmerzhaft und ohne medizinische Behandlung prinzipiell lebensgefährlich. **Verbreitung**: Rotes Meer bis Französisch-Polynesien, nördlich bis Südjapan, südlich bis Südafrika.

Das ausgewachsene Exemplar eines Echten Steinfisches (unten rechts) ist nur auf der Nahaufnahme leicht zu erkennen. Das Tier verharrte mindestens fünf Tage auf demselben Fleck am Südplateau des Elphinstone-Riffs. Allein an einem Tag schwammen mehrere Tauchergruppen unmittelbar vorbei, ohne dass jemand den attraktiv rötlichen Steinfisch bemerkt hätte. Wenn überhaupt bewusst wahrgenommen, wurde er wohl für ein Stück mit Kalkrotalgen überzogenen Korallengesteins gehalten.

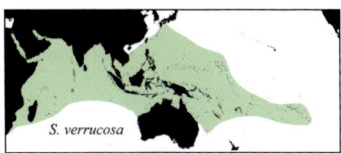

S. verrucosa

Warzen-Steinfisch 30 cm
Synanceia horrida

Augen hochragend, mit knochigen Klümpchen darüber, tiefer Grube dahinter und verbunden mit einem knöchernen Grad. **Biologie**: Auf Sand-, Schlamm- oder Geröllgrund im Brackwasser oder an Küstenriffen, 1–40 m. Häufig eingegraben. Lebensweise ähnlich wie Echter Steinfisch, bevorzugt jedoch eher trübe Gewässer. Verantwortlich für die meisten Steinfischvergiftungen in Australien.
Verbreitung: Indien bis Neukaledonien, südl. bis Südqueensland, nördl. bis Ryukyus.

Kurzflossen-Steinfisch 10 cm
Synanceia alula

Im Erscheinungsbild zwischen *S. horrida* und *S. verrucosa*; kleinere Brustflossen mit 11–12 Strahlen (gegenüber 15–19 bei den beiden anderen); Augen relativ dicht stehend. **Biologie**: Auf toten Korallen und Sand, 1–18 m. Selten; wenig bekannte Art.
Verbreitung: Nicobaren, Nordsulawesi, Flores, Hermit-Inseln (nördl. PNG) und Solomonen; wahrscheinlich auch Indonesien und Neuguinea.

Zwerg-Steinfisch 13,5 cm
Synanceia nana

Flache Einbuchtung hinter den Augen; weichstrahlige Flossenteile mit breiten dunklen Säumen; meist 14 Rückenstacheln, 14 Brustflossenstacheln. **Biologie**: Auf Sand und toten Korallen, 3–10 m. Wenig bekannte und als selten angesehene Art, wurde jedoch vielleicht häufig wegen Verwechslung mit *S. verrucosa* übersehen. **Verbreitung**: Rotes Meer, rund um Arabische Halbinsel bis Arabischer Golf.

Keulen-Steinfisch 13 cm
Erosa daruma

Großer runder Kopf, samtige Haut mit kleinen Warzen; variable Färbung, oft mit gebänderten Brustflossen und unregelmäßigen blassen Flecken, die aussehen wie krustiger Bewuchs. **Biologie**: Auf Schlamm- und Sandböden von Küstenriffen, Seichtwasser bis 15 m. **Verbreitung**: Nur Nordwestaustralien.

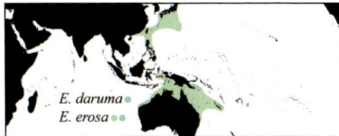

E. daruma
E. erosa

Affenfisch 19 cm
Erosa erosa

Großer runder Kopf mit stacheligen Wangen; keulenförmiger Körper; große Brustflossen mit blassen Flecken. **Biologie**: Lebt auf Weichböden in Küstengewässern; kommt vor Japan und China bis in den 10-Meter-Bereich hoch, anderswo gewöhnlich tiefer als 60–85 m. Wird in Japan als Speisefisch gehandelt. **Verbreitung**: Südchina bis Südjapan; Ambon; Nordwestaustralien bis Neukaledonien und Tonga.

Ein Teufelsfisch zeigt seine Warnfarben. Sekunden zuvor war er noch nahezu unsichtbar.

Teufelsfische
Choridactylinae

Biologie

Teufelsfische leben auf Sand- und Geröllgrund und graben sich oft so tief ein, dass fast nur noch ihre Augen sichtbar sind. So lauern sie kleinen Fischen und anderen Beutetieren auf, die zu nah an sie herankommen. Mithilfe der beiden unteren, frei stehenden und krallenartigen Brustflossenstrahlen kriechen sie über den Grund und hinterlassen dabei häufig charakteristische Schleifspuren durch ihre Schwanzflosse. In Ruhestellung legen die Tiere ihre Brustflossen an und falten die Schwanzflosse zum Körper hin. In dieser Stellung und gut getarnt durch ihre Farbe sind sie nur schwer zu entdecken. Bei Bedrohung breiten sie die Brustflossen aus und richten ihre Schwanzflosse auf. Dadurch werden deren leuchtende Farben als Warnung sichtbar. Teufelsfische sind vom Seichtwasser bis zu einer Tiefe von über 100 Metern anzutreffen.

Merkmale

Teufelsfische haben sehr hoch am Kopf liegende, nah beieinanderstehende, teleskopartige Augen. Die Mundspalte ist steil nach oben gerichtet. Ihre Rückenflosse ist mit 15 bis 17 nahezu frei stehenden Stachelstrahlen besetzt. Nur die ersten drei sind durch eine Membran miteinander verbunden. Teufelsfische klappen die Rückenstacheln häufig in verschiedene Richtungen, wodurch ihre Silhouette nur schwer zu erkennen ist. Sie haben große Brustflossen, ihre beiden unteren Strahlen sind frei stehend und krallenartig. Die Schwanzflosse und die Innenseite der Brustflossen leuchten in vielfältigen Farbkombinationen, meist in Gelb, Orange und Weiß. Jede Art hat ein ganz typisches Muster. Die größten Arten werden bis zu 26 cm lang. Teufelsfische sind nicht nur kleiner, sondern auch von deutlich schlankerer Form als ihre nächsten Verwandten, die Steinfische.

Unfälle

Teufelsfische schwimmen auch bei Annäherung eines Menschen nicht davon, sondern richten, wenn sie sich bedroht fühlen oder berührt wer-

Ein laichbereites Weibchen kann mehrere Männchen anlocken. Die Männchen sind kleiner und zeigen manchmal ihre Warnfärbung, um dem Weibchen zu imponieren.

den, ihre Rückenstacheln auf. Sie kommen auf Sandgrund schon ab dem Flachwasser vor. Man kann also beim Waten in die aufgerichteten Rückenstacheln treten. Taucher sind gefährdet, wenn sie sich auf den Grund niederlassen, das Zeigen der Warnfarben missachten oder die Tiere provozieren. Teufelsfische sind flink und können eine potenzielle Gefahr direkt angreifen.

Was ist zu tun?

Erste Hilfe
Wasser verlassen. Arzt aufsuchen.

Achtung
Keine Staubinde anlegen. Die Wunde in Ruhe lassen. Nicht einschneiden oder ausbrennen.

Weiterführende Behandlung
Die Behandlung richtet sich nach den Symptomen. Zur Vermeidung von Sekundärinfektionen die Wunde reinigen und desinfizieren. Falls erforderlich, Tetanusphrophylaxe geben.

So eingegraben ist ein Teufelsfisch kaum zu entdecken.

Giftapparat

Die giftigen Stachelstrahlen der Rückenflosse sind besonders lang und sehr kräftig. In seiner Ausprägung ist der Giftapparat der Teufelsfische annähernd vergleichbar mit dem der Steinfische. Teufelsfische haben 15 bis 18 Stacheln an der Rückenflosse, 3 an der Afterflosse und einen vor jeder Bauchflosse. Da vermehrt Vergiftungsfälle bekannt werden, könnte eine eindeutige Bestimmung anhand von Fotos oder Musterexemplaren helfen. Eine angemessene Behandlung ist abhängig von der Giftmenge.

Vorbeugende Maßnahmen

Nicht den Grund berühren, ohne vorher genau hinzuschauen. Besonders auf sandigen Flächen muss mit eingegrabenen Teufelsfischen gerechnet werden.

Da die Stacheln der Teufelsfische dünne Schuhsohlen durchstechen können, ist es ratsam, beim Waten feste Schuhe zu tragen. Beim Laufen durch den Sand schlurfen und ihn mit den Füßen aufwirbeln. Dafür die Füße flach über den Meeresboden schieben. Auf diese Weise kann ein Teufelsfisch gefühlt werden, ohne direkt auf den Fisch zu treten und damit in Kontakt mit dem aufgestellten Rückenstachel zu kommen. Teufelsfische nicht stören und auf Warnverhalten mit Respekt reagieren.

Das Gift

Obwohl Teufelsfische in ihrem Verbreitungsgebiet nicht selten, stellenweise sogar sehr regelmäßig anzutreffen sind, gibt es kaum Informationen über ihr Gift und dessen Wirkungsweise.

Fallbeispiel

Auf den Salomonen beobachtete einer der Autoren folgenden Zwischenfall: Ein einheimischer Fischer sprang beim Anlanden seines Boots ins Wasser, um es zu sichern. Im knietiefen Wasser trat er dabei auf einen Teufelsfisch, der sich im Sand vergraben hatte. Er wurde von einem der Rückenstacheln in die linke Ferse gestochen. Augenblicklich fühlte er einen stechenden, brennenden Schmerz. In den nächsten Stunden schwoll der Fuß stark an. Die Schwellung dehnte sich innerhalb des Tages über das ganze Bein aus. Der Mann litt starke Schmerzen, hatte jedoch, abgesehen von einem leichten Schwächegefühl, keine Allgemeinsymptome. Ein Arzt reinigte und desinfizierte die Wunde. Nach drei Tagen konnte er seine Arbeit auf dem Boot wieder aufnehmen. Der Verletzte schaffte es trotz der Schmerzen, den hier abgebildeten Teufelsfisch mit dem Paddel zu töten. Ein anderer Fall ereignete sich auf Sulawesi. Ein Taucher legte sich zum Fotografieren eines Tieres auf den sandig-schlammigen Grund in etwa zehn Meter Tiefe.

Dabei übersah er einen eingegrabenen Teufelsfisch, von dem er in den rechten Oberschenkel gestochen wurde. Symptomatik und Verlauf waren vergleichbar mit den vorher geschilderten. An Allgemeinsymptomen traten noch Schweißausbrüche und Blässe hinzu. Die Wunde wurde desinfiziert und heilte problemlos.

Finger-Teufelsfisch   19 cm
Inimicus didactylus

Innenseite der Brustflossen variabel, von Weiß bis Gelb, Orange oder Rosa; obere 1–2 Strahlen fadenförmig bei Juvenilen. **Biologie**: Bewohnt freie Sand-, Schlamm- und Seegrasböden, 1 bis mindestens 80 m. Liegt häufig bis zu den Augen eingegraben, wartend auf kleine vorbeischwimmende Beutefische. Bei Störung zeigt er die prächtig gefärbten Innenseiten seiner Brustflossen. Die häufigste und am weitesten verbreitete Art unter den Teufelsfischen. **Verbreitung**: Andamenen-See bis Vanuatu, nördl. bis Südjapan, südl. bis Nordwestaustralien und Neukaledonien.

Filament-Teufelsfisch   25 cm
Inimicus filamentosus

Die 1–2 oberen Strahlen der Brustflossen sind filamentartig verlängert (gut sichtbar auf dem unteren Foto). Innenseite der Brustflossen mit leuchtendem Muster aus Gelb bis Gelborange und Schwarz. **Biologie**: Lebt auf Schlamm-, Sand- und Geröllböden von Lagunen, geschützten Buchten und tieferen Außenriffhängen, 3–55 m. Sitzt auf dem Boden oder ist zum Teil eingegraben. Mithilfe der unteren, krallenartigen Brustflossenstrahlen kriecht er wie andere Teufelsfische auch über den Grund, wobei die hinterherschleifende Schwanzflosse eine charakteristische Furche im Sand hinterlässt. Einzige *Inimicus*-Art im westlichen Indischen Ozean. **Verbreitung**: Rotes Meer bis Malediven, südl. bis Mauritius.

I. didactylus

I. filamentosus

Kaledonien-Teufelsfisch 22 cm
Inimicus caledonicus

Innenseite der Brustflossen mit dunklen Streifen, die zwei breite Bänder bilden können. **Biologie:** Auf offenem Sandgrund und zwischen licht stehendem Seegras in geschützten Flachbereichen bis tieferen Außenhängen, 1–60 m. **Verbreitung:** Andamanen und Nicobaren, GBR bis Neukaledonien.

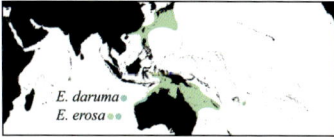

China-Teufelsfisch 19 cm
Inimicus sinensis

Innenseite der Brustflossen schwarz mit großen blassen bis gelben Flecken, die oberen zwei Strahlen bei Juvenilen fadenförmig; Schnauze leicht verlängert. **Biologie:** Auf Schlamm, Sand oder Geröll, 5–90 m. Wenig bekannte Art. **Verbreitung:** Westindien bis Nordaustralien, südl. bis Westaustralien.

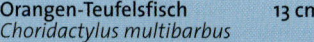

Orangen-Teufelsfisch 13 cm
Choridactylus multibarbus

Große vorstehende Augen; stumpfe Schnauze; die unteren drei Brustflossenstrahlen frei stehend; Färbung variabel von Braun bis Orange, einfarbig oder gefleckt; Innenseite der Brustflossen leuchtend gelb-schwarz. **Biologie:** Auf Sand und Schlamm, 1–50 m. **Verbreitung:** Rotes Meer bis Philippinen, nördl. bis Südchina.

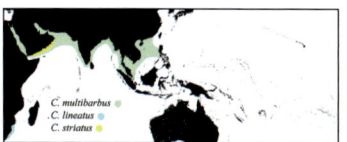

Stechfische
Minoinae

Stechfische haben markante Stacheln oberhalb ihres Mauls und der Wangen, große Augen und kurze Kinnbarteln. Sie haben keine Schuppen oder Quasten, sind aber oft mit Polypen übersät. Den untersten Brustflossenstrahl benutzen sie als Laufhilfe. Bei manchen Arten ist die Innenseite der Flosse farbenprächtig und kann als Warnung aufgezeigt werden. Stechfische bewohnen weiche Küstenböden. Bei Tag graben sie sich häufig im Boden ein, nachts jagen sie auf dem Meeresgrund. Sie stellen hauptsächlich für Fischer eine Gefahr dar. Es gibt 12 bekannte Arten, hier ist der Blauäugige Stechfisch abgebildet.

Rauer Stechfisch	9 cm
Minous trachycephalus	

Rote Wangen, Außenseite der Brustflosse gebändert, Innenseite mit dicht stehenden blassgelben Flecken an der Basis. **Biologie**: Auf Schlamm und Feinsand in Küstengewässern, 5–164 m. **Verbreitung**: Sri Lanka bis Neukaledonien, nördl. bis Taiwan.

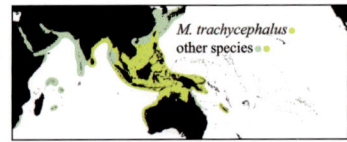

M. trachycephalus
other species

Samtfische
Aploactinidae

Samtfische haben keine Schuppen, sondern kleine Borsten und Flossen mit unverzweigten Weichstrahlen. Ihre Haut sieht aus wie Samt, fühlt sich aber wie Sandpapier an. Die Rückenflosse beginnt direkt über den Augen. Sie ist entweder durchgehend, eingekerbt oder in einzelne Flossenstacheln aufgeteilt. Die Flossenstacheln einiger Arten sind giftig. Viele Arten haben stumpfe Stacheln, die vermutlich nicht geeignet sind, Gift zu injizieren. Im Indopazifik gibt es 40 Arten. Sie erreichen eine Länge von 1 cm bis 15 cm. Die meisten sind selten und leben sehr verborgen. Für den Menschen geht nur eine sehr geringe Gefahr von Samtfischen aus. Vorsicht beim Anfassen der Tiere.

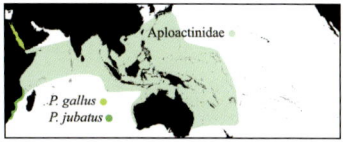

Blatt-Samtfisch   10 cm
Ptarmus gallus

Seitlich stark zusammengedrückter Körper; Kopf ohne gut sichtbare Stacheln; olivbraun mit kleinen, dunkelrandigen blassen Flecken; Schwanzflosse mit dunklem Fleck in Ecken. **Biologie**: Auf Geröll und Sand in Lagunen und Buchten, 10–30 m. Einzeln oder paarweise, ruht bewegungslos auf dem Grund. **Verbreitung**: Nur Rotes Meer.

Pelzgroppen
Caracanthidae

Rotfleck-Pelzgroppe   5,5 cm
Caracanthus maculatus

Blassgrau mit kleinen rötlich braunen Flecken. **Biologie**: Lebt zwischen den Zweigen ästiger Steinkorallen wie *Pocillopora eydouxi*, *Stylophora mordax* und einigen *Acropora*-Arten, 3–15 m. Häufig. **Verbreitung**: Indonesischer Archipel bis Frz.-Polynesien, nördl. bis Südjapan. **Ähnlich**: Ersetzt durch *C. madagascariensis* im Indischen Ozean und *C. typicus* in Hawaii.

Pelzgroppen sind kleine, gedrungene, eiförmige Fische, die von kleinen Knötchen bedeckt sind. Die Flossenstacheln sind vermutlich giftig, sind aber wahrscheinlich nicht in der Lage zu stechen. Die fünf Arten kommen nur in Steinkorallen der Gattungen *Pocillopora*, *Stylophora* und *Acropora* vor. Werden die Tiere gestört, keilen sie sich fest ein. Für Taucher oder Schwimmer stellen sie kaum eine Gefahr dar.

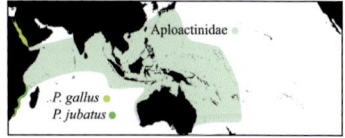

Stachelmakrelen
Carangidae

Nur wenige Menschen würden Mitglieder dieser Fischfamilie als gefährlich einstufen. Zwei Gattungen dieser Familie jedoch, die *Scomberoides* und die *Oligoplites*, haben in der Rücken- und der Afterflosse Giftstacheln, die schmerzhafte Verletzungen verursachen können. Dadurch können sie Fischern und anderen Menschen, die mit ihnen hantieren, gefährlich werden. Das ist auch der Grund, weshalb sie in diesem Buch erwähnt werden. Sie sind zwar genießbar, werden aber als Speisefische nicht so geschätzt wie andere Makrelen.

Biologie
Ausgewachsene Stachelmakrelen sind normalerweise in der Nähe der Wasseroberfläche entlang von Sandstränden zu finden. Die juvenilen Fische vieler Arten ernähren sich von den Schuppen kleiner, schwarmbildender Fische. Dafür rammen sie die Fische mit ihrem Maul und fressen die losgelösten Partikel. Es kommt auch vor, dass Stachelmakrelen Beutetiere mit den Giftstacheln ihrer Afterflosse attackieren – ein ungewöhnlich offensiver Gebrauch des Giftes. Die juvenilen Fische einer Art, *Oligoplites saurus*, ernähren sich durch das Putzen größerer Fische.

Merkmale
Stachelmakrelen haben eine stromlinienförmige Gestalt mit seitlich zusammengedrücktem oder rundlichem Querschnitt und haben meist eine silbrige Farbe. Sie haben kleine, oft eingeschlossene Schuppen. Die Schwanzwurzel ist schlank und die Schwanzflosse weist eine ausgeprägte Gabelung auf. Im Unterschied zu anderen Makrelen sind die hinteren Strahlen der zweiten Rückenflosse und der Afterflossen kleine, allein stehende Flossen. Die Stacheln der ersten Rückenflosse und der Afterflossen liegen weit auseinander und stehen jeweils für sich allein.

Das Gift
Im Vergleich zum Gift vieler anderer Fische ist das Gift der Stachelmakrelen eher schwach. Über seine chemische Zusammensetzung, Toxikologie oder Pharmakologie ist nichts bekannt.

Symptome
Erwachsene Fische verursachen stark schmerzende Wunden. Der Schmerz kann bis zu vier Stunden anhalten. Der Stich von juvenilen Fischen ähnelt einem Bienenstich. Der Schmerz klingt nach 30 Minuten ab.

Der Giftapparat

Der Giftapparat besteht aus fünf bis sieben isoliert stehenden kurzen Stacheln (rot) der Rückenflosse. Die zwei Stacheln (rot) der Afterflosse sind durch eine Membrane verbunden. Der hintere Teil ist hohl, und damit sind giftbildende Zellen in der dünnen Hautschicht um die Stacheln verbunden. Gut ausgebildete Muskeln halten die Stacheln aufrecht. In den Afterflossen kommt noch ein Arretiermechanismus hinzu. Im Bild ist die detaillierte Ansicht des vierten Rückenstachels und beider Stacheln der Afterflosse zu sehen (nach Halstread, 1970).

Arten und Verbreitung

Im Indopazifik sind Stachelmakrelen, Scomberoides, weitverbreitet und kommen in Küstennähe und an Korallenriffen vor. Mitglieder der Gattung *Oligoplites* kommen in der Karibik vor. Sie sind außerdem in den tropischen und subtropischen Küstengewässern vor Amerika und im östlichen Pazifik zu finden.

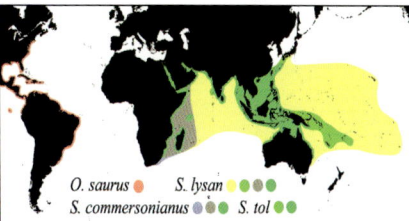

O. saurus ● S. lysan ●●●
S. commersonianus ●●● S. tol ●●

Doppelpunkt-Makrele   70 cm
Scomberoides lysan

Doppelpunktreihe aus 6–8 Fleckenpaaren auf den Seiten. **Biologie**: Bewohnt flache Lagunen, Buchten und Außenriffe, 1–100 m. Juv. in geschützten Küstengewässern und Flussdeltas. Adulte einzeln, häufig an flachen Küstenabschnitten. Juv. beißen Schuppen aus der Haut anderer Schwarmfische, Adulte fressen kleine Fische und Krebse. **Verbreitung**: Rotes Meer bis Französisch-Polynesien, n. bis Südjapan.

Talang-Stachelmakrele   120 cm
Scomberoides commersianus

Einfache Reihe großer Flecken oberhalb der Seitenline. Stachelen von Rücken- und Afterflosse giftig. **Biologie**: Meist in kleinen Gruppen in Riffnähe, bis 30 m. **Verbreitung**: Rotes Meer und Arabischer Golf bis Ostaustralien. **Ähnlich**: Andere Arten der Gattung haben kleinere Flecken.

Lederjacken-Makrele   30 cm
Oligoplites saurus

Schwanz gelblich; die ersten fünf Stachelen der Rückenflosse frei stehend. **Biologie**: Vom Oberflächenwassser bis in mittlere Tiefen, vor sandigen Küsten und in Flussdeltas, häufig in trüben Gewässern. **Verbreitung**: Massachusetts bis Uruguay, gesamte Karibik außer Bahamas; Golf v. Kalifornien bis Panama. **Ähnlich**: Bei *O. palometa* meist vier frei stehende Stachelen in der Rückenflosse.

Das Strahlen-Petermännchen gräbt sich häufig in den Meeresboden ein. Oft sind nur noch die Augen zu sehen.

Petermännchen
Trachinidae

Alle Petermännchen sind Grundfische. Sie bewohnen Schlick- und Sandböden vom Flachwasser bis in große Tiefe. Tagsüber graben sie sich zur besseren Tarnung manchmal so tief ein, dass nur noch der obere Teil des Kopfes mit den hoch liegenden Augen hervorschaut.

Biologie
Petermännchen leben von kleinen Fischen und Krebsen, denen sie bewegungslos und gut getarnt auflauern. Kommt ein Beutetier in ihre Reichweite, wird es im blitzschnellen Vorstoß gepackt.

Merkmale
Der Körper der Petermännchen ist gestreckt und seitlich abgeflacht. Sie haben eine weite, schräg nach oben gerichtete Mundspalte. Ihre Augen liegen hoch am Kopf, und auf dem Kiemendeckel befindet sich ein Dorn. Petermännchen haben zwei Rückenflossen, von denen die zweite, ebenso wie die Afterflosse, sehr lang ist. Die vordere Rückenflosse ist mit fünf bis sieben festen Giftstacheln ausgerüstet. Die Bauchflossen liegen vor den Brustflossen. Es gibt vier Arten: Das Gewöhnliche Petermännchen, *Trachinus draco*, das bis 40 cm lang wird. Das Gefleckte Peter-männchen oder Spinnenqueise, *T. araneus*, wird bis 50 cm lang. Das Strahlen-Petermännchen, *T. radiatus*, kann bis 40 cm lang werden. Das Kleine Petermännchen oder Viperqueise, *Echiichthys vipera*, erreicht eine Länge von 15 cm.

Unfälle
Petermännchen kommen – vor allem im Frühsommer – bereits ab dem Flachwasser vor. Zu dieser Zeit suchen sie dort sandige Böden auf, um zu laichen. Die Tiere sind gut getarnt und schwimmen oft nicht davon, wenn man sich ihnen nähert. Auf diese Weise kann die drohend aufgerichtete erste Rückenflosse leicht übersehen werden. So sind besonders Strandwanderer und Badende gefährdet. Fühlen sie sich gestört, können sie sehr schnell und zielsicher angreifen. Im Mittelmeerraum, vor allem in Frankreich, sind Petermännchen geschätzte Speisefische. Beim Loslösen von der Angel können sich Fischer leicht an den Giftstacheln verletzen.

Vorbeugende Maßnahmen
Angler oder Fischer sollten vorsichtig mit den Tieren hantieren, dicke Handschuhe tragen oder eine Zange benutzen. Feste Strandschuhe sind ein guter Schutz, um im Wasser zu laufen. Tau-

cher sollten sich Petermännchen nur vorsichtig nähern und insbesondere bei offensichtlichem Revierverhalten genügend Abstand halten. Vorsicht: Das Gift wird nur durch Kochen unwirksam, daher kann man sich auch an toten Petermännchen verletzen und eine Vergiftung zuziehen.

Das Gift

Bei dem Gift handelt sich um ein Gemisch aus verschiedenen Substanzen. Es enthält Eiweiße, die offenbar für die toxische Wirkung verantwortlich sind. Daneben kommen das Hormon Serotonin und eine weitere Substanz, die wahrscheinlich aus Körperzellen Histamin freisetzt, vor. Diese niedermolekularen Substanzen des Giftes sollen für den entstehenden Schmerz verantwortlich sein.

In dem Gift der Viperqueise, *Echiichthys vipera*, wurde ein Trachinin genanntes Eiweißtoxin gefunden. Aus dem Gift des Gewöhnlichen Petermännchens, *Trachinus draco*, wurde das sogenannte Dracotoxin isoliert, dessen Wirkung sich offenbar gegen Zellmembranen richtet.

Das Antiserum für das Gift von *E. draco* konnte in über zwei Dutzend Vergiftungsfällen mit Erfolg angewendet werden.

Was ist zu tun?

Erste Hilfe

Wasser verlassen, in der Wunde verbliebene Stachelreste entfernen und die Wunde desinfizieren (40- bis 70%iger Alkohol). Insbesondere bei stärkeren Beschwerden und problematischer Wundheilung einen Arzt aufsuchen.

Achtung

Die Einstichstelle in Ruhe lassen, keine Heißwasserbehandlung anwenden. Besonders das früher empfohlene Ausbrennen mit einer Zigarette ist zu unterlassen. Keine Schmierseife oder andere Mittel in die Wunde reiben.

Weiterführende Behandlung

Die weitergehende Behandlung richtet sich nach den Symptomen. Die Wunde ist zur Vermeidung von Sekundärinfektionen zu säubern. Auch eine Tetanusprophylaxe ist gegebenenfalls angezeigt. Die schmerzlindernde Wirkung von Lidocain ist nur von kurzer Dauer. Auch starke Analgetika wie Morphinderivate zeigen praktisch keine Wirkung. Bei überreagierenden Patienten erwiesen sich Benzodiazepine oft als hilfreich.

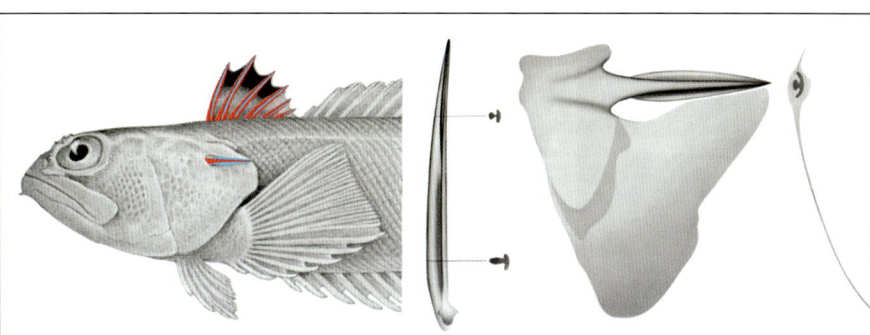

Giftapparat

Giftig sind die fünf bis sieben harten Strahlen der kurzen ersten Rückenflosse sowie der lange, nach hinten gerichtete Stachel auf dem Kiemendeckel. Die von einer dünnen Haut überzogenen Stachel (rot) sind T-förmig und weisen jeweils zwei seitliche Längsrinnen auf. In sie ist das Drüsengewebe (blau) eingebettet.

Die operkulären Stachel haben eine breiter gekrümmte T-Oberfläche mit dickeren Giftdrüsen und können bis zu 40° vom Körper abgespreizt werden. Verletzt man sich an den Stacheln, reißt die Hautscheide auf und das Gift wird in die Wunde gedrückt.

Fallbeispiele

1) Sizilien: Beim Waten im knietiefen Wasser an einem Sandstrand trat ein 45-jähriger Mann auf ein Petermännchen. Er verspürte einen sofortigen starken Schmerz, und die Einstichstelle an der linken Ferse blutete leicht. Im Laufe der nächsten zwei bis drei Stunden schwoll das Bein bis zum Knie an, und der Schmerz strahlte in das ganze Bein. Nach etwa sechs Stunden klang der Schmerz allmählich ab, das Abklingen der Schwellung zog sich jedoch über mehrere Tage. Ohne weitere Behandlung besserte sich sein Zustand in den nächsten drei bis vier Tagen, bis er sich vollständig erholt hatte.

In älterer Literatur gibt es Berichte über tödlich verlaufene Vergiftungen durch Petermännchen. Diese Todesfälle dürften jedoch die Folgen schwerer Sekundärinfektionen gewesen sein. Besonders die Anwendung von unsinnigen und gefährlichen Hausmitteln kann zu solchen Infektionen führen. Im Zusammenhang mit Petermännchen gab es beispielsweise den gefährlichen Rat, die Wunde mit Schmierseife einzureiben. So ein „Heilmittel" kann durchaus für schwere und tödliche Sekundärinfektionen verantwortlich sein.

2) In der Nähe von Neapel näherte sich ein 31-jähriger Taucher einem ungewöhnlich großen Petermännchen, das teilweise im Sand vergraben war. Der Fisch fühlte sich zunächst nicht gestört. Als der Mann den Fisch anfasste, drehte das Petermännchen sich plötzlich um, schlug mit seinen Flossen und stach den Taucher ohne Warnung in die rechte Seite des Kiefers. Zuerst blutete die Wunde stark, aber schmerzfrei. Kurz darauf stoppte die Blutung und ein heftiger Schmerz setzte ein, der den Taucher auf seinem Rückweg behinderte. Schmerzlindernde Morphiuminjektionen zeigten keine Wirkung. Nach fünf Stunden verspürte er einen brennenden Schmerz auf der Brust. Zwei Tage später zog sich ein großes Hämatom über Teile seines Kopfs, Gesichts und Oberkörpers. Am vierten Tag wurde der Verletzte in ein größeres Krankenhaus eingeliefert, wo er sich nach weiteren zwei Tagen erholte. Die Behandlung war symptomatisch: Während der ersten 48 Stunden bekam er reinen Sauerstoff, kalte feuchte Kompressen für die geschwollenen Bereiche und intravenöse Vitamin-, Calcium- und Glukoselösungen. Nach zehn Tagen wurde der Mann entlassen und die weitere Heilung verlief unproblematisch.

Symptome

Unmittelbarer starker lokaler Schmerz, der sich rasch auf die gesamte Extremität ausdehnt und bis zu 24 Stunden anhalten kann. Danach fühlt sich die Wundregion oft taub an. Die Einstichstelle kann anfangs leicht bluten und die Region schwillt häufig rasch an. Die Schwellung bleibt mehrere Tage bestehen. Allgemeine Symptome:

Gewöhnliches Petermännchen, *Trachinus draco*

erhöhte Temperatur, Schweißausbrüche, Brechreiz, Sekundärinfektionen.

Arten und Verbreitung

Gesamtes Mittelmeer, im Nordostatlantik von Marokko bis Norwegen, in der Nordsee, in der westlichen Ostsee und im Schwarzen Meer.

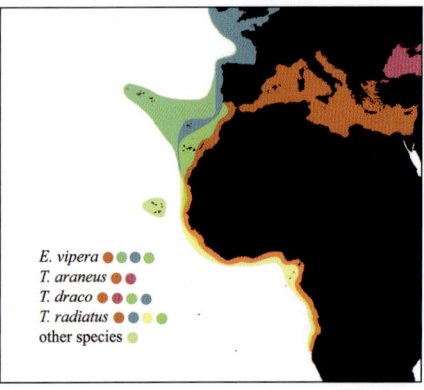

E. vipera ●●●●
T. araneus ●●●
T. draco ●●●●
T. radiatus ●●●●
other species ●

Strahlen-Petermännchen 50 cm
Trachinus radiatus

Gelblich braun bis gräulich mit zahlreichen dunkelbraunen Flecken. Erste Rückenflosse mit sechs Stachelstrahlen. **Biologie**: Bewohnt Sand- und Weichböden, vom Seichtwasser bis 150 m. Tagsüber häufig größtenteils eingegraben, nicht selten aber auch frei liegend. Im Mittelmeer sind Petermännchen gebietsweise, etwa in Frankreich, als Speisefische geschätzt. **Verbreitung**: Gesamtes Mittelmeer, Ostatlantik von Angola bis Südportugal, Kanaren.

Gewöhnliches Petermännchen 40 cm
Trachinus draco

Grünlich grau bis gelblich braun, mit zahlreichen kurzen, schrägen, gelblichen und dunklen Linen. Erste Rückenflosse mit 5–7 Stachelstrahlen. **Biologie**: Auf Sand- und Weichböden. Vom Seichtwasser bis 150 m. Tagsüber häufig eingegraben, sodass nur die Kopfoberseite herausschaut. Überwiegend nachtaktiv. Laichzeit Frühjahr bis Sommer, Eier treiben planktisch im Freiwasser. **Verbreitung**: Gesamtes Mittelmeer, Schwarzes Meer, Ostatlantik von Marokko bis Norwegen einschl. Kanaren und Madeira, Nordsee und Kattegatt.

Dreistreifen-Säbelzahnschleimfisch, *Meiacanthus grammistes*

Schleimfische
Blenniidae Tribus Nemophini

Schleimfische sind kleine längliche Fische ohne Schuppen mit sehr kleinen Kiemenöffnungen und einem kleinen Maul. Sie besitzen auf beiden Seiten des Unterkiefers einen gekrümmten Eckzahn. Bei den Mitgliedern der Gattung *Meiacanthus* stehen diese in Verbindung mit Giftdrüsen. Diese Fische besitzen also ein Paar Giftzähne, stellen dennoch praktisch keine Gefahr dar. Ihre ungiftigen Verwandten der Gattung *Plagiotremus* dagegen sind nicht so harmlos. Sie ernähren sich von Flossenstückchen, Haut- und Schuppenteilen, die sie von anderen Fischen abbeißen. Dabei nehmen sie keine Rücksicht auf die Größe und greifen daher auch Taucher an. Ein Biss mit ihren winzigen Zähnen ist für Menschen jedoch kaum schmerzhaft. Viele *Plagiotremus*-Arten ahmen die giftigen *Meiacanthus*-Arten nach, die sich lediglich von kleinen Wirbellosen ernähren. So kommen sie näher an große Fische heran und können ungehindert von ihnen abbeißen. Als Taucher kann man daraus die grobe Regel ableiten: Wenn der Fisch angreift, ist er nicht giftig. Schleimfische kommen im gesamten Indopazifik vor. Die größten werden bis zu 12 cm groß.

Giftige Fangzähne

Der Unterkiefer besitzt ein Paar säbelartiger Eckzähne (rot). Sie sind an ihrer Basis teilweise umgeben von giftigem Drüsengewebe (blau). Der Druck bei einem Biss presst das Gift durch eine Rinne auf der Vorderseite des Zahns in die Wunde hinein. Jeder Giftzahn kann durch einen hinter ihm liegenden Reservezahn ersetzt werden. Selbst größere Raubfische spucken einen ergriffenen Meiacanthus sofort wieder aus, wenn sie von diesem gebissen werden. Beim Menschen ähneln die Symptome nach einem Biss denen eines Wespenstiches.

Überlebensstrategie Mimikry

Zum interessantesten Kapitel aus dem Leben der Säbelzahn-Schleimfische gehört die Mimikry. Die meisten *Meiacanthus*-Arten werden im Aussehen von ungiftigen Verwandten und weiteren Fischen nachgeahmt. Bei dieser Mimikry fungieren sie als Vorbild. Sie ernähren sich teils von Zooplankton, teils von kleinen wirbellosen Bodentieren. Ihre Giftzähne werden wohl nur zur Verteidigung gegenüber Räubern eingesetzt. Für andere Fische sind *Meiacanthus*-Arten harmlos und werden entsprechend kaum beachtet. Das machen sich Nachahmer zunutze: Ungiftige, doch täuschend ähnliche Säbelzahn-Schleimfische der Gattung *Plagiotremus* kommen dank ihrer „Verkleidung" sehr nah an andere Fische heran und beißen ihnen Schuppen, Flossenstücke und Hautfetzen ab. Mit List und Tücke, als „Wolf im Schafspelz" gehen sie also ihrer speziellen Ernährung nach. Dies wird **aggressive Mimikry** genannt. Bei einer anderen Form von Mimikry dient die Nachahmung dem Schutz des Nachahmers vor Fressfeinden. Räuber, die sich einmal an einem giftigen *Meiacanthus* versucht haben und gebissen wurden, vergessen die schmerzhafte Erfahrung nicht. In Zukunft meiden sie den Giftfisch, aber auch den fast identisch aussehenden Nachahmer. Diese Schutzmimikry wird nach ihrem Entdecker **Bates'sche Mimikry** genannt. Nachahmer in diesem Sinne finden sich bei Säbelzahn-Schleimfischen der Gattung *Petroscirtes*-, bei Kammzähner-Schleimfischen der Gattung *Escenius* sowie bei einigen Kardinalsfischen. Eine weitere Form ist die **Müller'sche Mimikry.** Hier passen sich wehrhafte Arten aus unterschiedlichen Gattungen gegenseitig in ihrem Farbkleid an. Dies können zwei, aber auch mehrere Arten sein.

Von oben nach unten: Gelber Säbelzähner, *Meiacanthus oualanensis*; die Fidschi-Rasse des Falschen Säbelzähners, *Plagiotremus laudandus flavus*; der Schärpen-Scheinschnapper *Scolopsis bilineatus*; ein mögliches Müller'sches Mimikry von Dreistreifen-Säbelzähner, *Meiacanthus grammistes* und Stumpfkopf-Säbelzähner, *Petroscirtes breviceps*; Mimikry von *M. grammistes* und dem Kardinalbarsch, *Cheilodipterus nigrotaeniatus*.

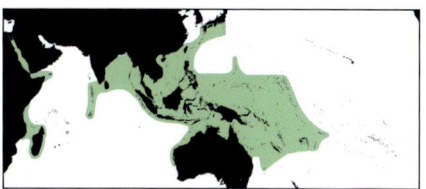

Verbreitungsgebiet der *Meiacanthus*-Arten

Augenstreif-Säbelzähner   11 cm
Meiacanthus atrodorsalis

Grau, nach hinten hin in Gelb übergehend; dunkles Band auf der Rückenflosse; 5 Rassen, einige davon mit dunkler Linie durch das Auge. **Biologie:** Bewohnt Lagunen und Außenriffe unterhalb der Brandungszone, 1–30 m. Schwebt bis zu 1 m über dem Grund. **Verbreitung:** Philippinen und Bali, nördl. bis Ryukyus.

Gelber Säbelzähner   10 cm
Meiacanthus oualanensis

Einheitlich gelb. **Biologie:** Bewohnt Lagunen und Außenriffe unterhalb der Brandungszone, 1–30 m. Schwebt bis zu einem Meter über dem Grund. Frisst Zooplankton und kleine bodenlebende Wirbellose. **Verbreitung:** Fidschi. **Ähnlich:** Fidschirasse von *Plagiotremus laudandus*; juv. *Scolopsis bilineatus*.

Dreistreifen-Säbelzähner   12 cm
Meiacanthus grammistes

Kopf gelblich; weiß mit 3 schwarzen Streifen; schwarze Flecken in der Rückenflosse bilden ein unterbrochenes Band. **Biologie:** Einigermaßen häufig auf geschützten Riffhängen, 1–25 m. **Verbreitung:** Indochina bis Papua-Neuguinea und GBR. **Ähnlich:** *M. lineatus* hat mehr Gelbanteile und keine schwarzen Flecken in der Rückenflosse.

Zebra-Säbelzähner   6,5 cm
Meiacanthus crinitus

Weiß mit 3 schwarzen Streifen. **Biologie:** Bewohnt geschützte Küstenriffe, 1–20 m. **Verbreitung:** Raja-Ampat-Inseln, Westpapua. **Ähnlich:** Der Nachahmer *Cheilodipterus nigrovittatus*; andere Säbelzahn-Schleimfische.

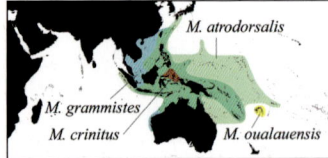

Argusfische
Scatophagidae

Argusfische sind im Profil fast rechteckig und seitlich abgeflacht. Sie haben kleine Schuppen, ein kleines Maul und eine durchgehende Rückenflosse. Bei Juvenilen sind die Flossenstacheln giftig. Der Name *Scatophagus* bedeutet Fäkalienesser. Die Fische sind durch ihre Angewohnheit, menschliche Fäkalien zu fressen, zu ihrem Namen gekommen. Argusfische kommen in Flussmündungen und in geschützten Küstenbereichen vor. In vielen Gebieten werden sie als Speisefische geschätzt. Die farbigeren Jungtiere werden in Aquarien gehalten. Menschen können sich nur an Argusfischen verletzen, wenn sie unvorsichtig mit ihnen hantieren. Der Stich verursacht einen starken stechenden Schmerz, der meist nach kurzer Zeit abklingt.

Der Giftapparat

Juvenile Fische haben in den Rücken-, After- und Bauchflossen Giftstacheln, an denen jeweils zwei Rillen mit sehr dünnem Drüsengewebe verlaufen. Bei älteren Fischen bildet sich das Drüsengewebe zurück.

Gemeiner Argusfisch · 30 cm
Scatophagus argus

Rechteckiges Körperprofil mit konkavem Kopfprofil. Silbrig bis dunkelgrau mit verstreuten schwarzen Flecken. Juvenile fast schwarz bis goldbraun mit schwarzen Flecken und roten Rändern. **Biologie**: Juvenile in Brack- und Süßwasser, Adulte in flachen Lagunen und Küstengewässern, bis 5 m Tiefe. **Verbreitung**: Kuwait bis Fidschi und Tonga, n. bis Südjapan, s. bis Neukaledonien; mindestens 3 geografische Rassen, die evtl. eigenständige Arten darstellen.

Gestreifter Argusfisch · 40 cm
Selenotoca multifasciata

Silbrig mit Querstreifen am Rücken, die bauchseits in Flecken übergehen. **Biologie**: Bewohnt Brackwasser und Flussmündungen. **Verbreitung**: Sulawesi bis Neukaledonien, s. bis Südostaustralien.

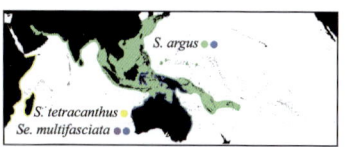

Kaninchenfische
Siganidae

Biologie

Kaninchenfische bewohnen Korallenriffe und Lagunen im Indopazifik. Ins Mittelmeer vorgedrungene Arten sind dort meist auf algenbewachsenen Felsböden anzutreffen. Die Tiere sind tagaktiv und ziehen je nach Art meist paarweise oder in kleinen, teils auch größeren Gruppen umher. Sie weiden Aufwuchsalgen und Seegras ab, nehmen daneben aber auch tierische Nahrung wie zum Beispiel Seescheiden zu sich. Zur Nachtruhe legen sie sich einfach auf den Boden, ohne dabei eine geschützte Stelle aufzusuchen. Zum Schlafen oder bei Bedrohung nehmen sie eine Tarn- bzw. Schreckfärbung an. Das Farbkleid wird dann diffuser, es erscheinen Marmorierungen und Sprenkel mit hellen und dunklen graubräunlichen Tönen. Kaninchenfische laichen in Abhängigkeit von den Mondphasen. Die Eiablage geschieht während der Nacht oder den frühen Morgenstunden bei einsetzender Ebbe. In einem Post-Larven-Stadium formieren sich manche Arten zu riesigen Gruppen, die mehrere Meter Durchmesser erreichen können. In diesen Formationen bewegen sie sich dann erstmals auf flache Riffe und Flussmündungen zu. Die Tiere sind in diesem Stadium durchscheinend und harmlos. Erst nach ein paar Tagen bekommen sie ihre Färbung, und ihre Stacheln werden hart und giftig. Kaninchenfische benutzen ihren Giftstachel ausschließlich zum passiven Schutz gegenüber Fressfeinden.

Merkmale

Der Körper ist oval und seitlich stark abgeflacht mit kleinen Schuppen. Kopf und Mundspalte sind relativ klein. Hinter der verdickten Oberlippe liegt eine Reihe kleiner, eng stehender Schneidezähne. Den mümmelnden Mundbewegungen beim Fressen sollen sie ihren Populärnamen verdanken. Ihre Rückenflosse ist durchgehend mit vorderen Hart- und hinteren Weichstrahlen. Einige Arten sind eher unauffällig gefärbt, die meisten jedoch sind bunt. Je nach Art erreichen sie eine Länge bis etwa 50 Zentimeter.

Viele Kaninchenfische, wie auch der Masken-Kaninchenfisch *Siganus puellus*, sind oft paarweise anzutreffen.
Oben: Gefleckter Kaninchenfisch

Was ist zu tun?

Erste Hilfe
Wunde desinfizieren; bei auftretenden Allgemeinsymptomen Arzt aufsuchen.

Achtung
Keine Manipulationen an der Einstichstelle.

Weiterführende Behandlung
In der Regel nicht nötig. Unter Umständen ist zur Vermeidung von Sekundärinfektionen eine Gabe von Antibiotika empfehlenswert.

Unfälle
Da Kaninchenfische recht scheu sind, besteht im natürlichen Lebensraum praktisch keine Gefahr, sich an den Stachelstrahlen zu verletzen. In vielen tropischen Gebieten sind sie jedoch geschätzte Speisefische. Einige attraktiv gefärbte Arten sind zudem beliebte Aquarienfische. So sind hauptsächlich Angler, Fischer und Aquarianer von Unfällen betroffen. Nachts besteht die Gefahr, auf die gut getarnten, am Boden schlafenden Tieren zu treten. Auch Taucher können dann versehentlich mit den Tieren in Kontakt kommen. Größere Arten sind in der Lage, mit ihren kräftigen Schneidezähnen schmerzhaft zu beißen.

Vorbeugende Maßnahmen
Nachts am Boden schlafende Tiere nicht anfassen, am besten nicht mit dem Boden in Kontakt kommen. Beim Baden bei flachen Riffen

Giftapparat

Kaninchenfische sind reichlich und rundum mit giftigen Stachelstrahlen (rot) bewehrt: 13 aufrichtbare Stacheln in der Rückenflosse, sieben in der After- und zwei äußere und zwei innere in den Bauchflossen. Jeder Stachel besitzt zwei Längsrinnen, die jeweils in ihrem oberen Drittel bis nahe der Spitze mit Giftdrüsen (blau) ausgelegt sind. Stacheln und Drüsengewebe sind von einer Haut umhüllt. Diese reißt bei Druck auf und das Gift wird in die Wunde gepresst. Jeder Stachel in der Rückenflosse hat zwei seitliche, scharfkantige Verbindungen zu den Giftdrüsen (A). Die

Stacheln in der Afterflosse haben einen deutlichen scharfen Kiel. Er liegt an der hinteren Kante (B). Der Stachel in den Bauchflossen (C) hat einen Kiel auf der Innenseite. Der eingeschlossene Stachel vor der Rückenflosse ist zylindrisch und sehr scharf. In Verbindung zu ihm konnten keine Giftdrüsen gefunden werden. Sein Stich ist jedoch genauso schmerzhaft wie der Stich der giftführenden Stacheln.
Die Zusammensetzung des Giftes ist nicht näher bekannt. Der Aufbau des Giftapparates ist bei allen Arten gleich.
(Zeichnungen von Halstead)

Durch seine Tarnfärbung wird dieser schlafende Silber-Kaninchenfisch, Siganus argenteus, leicht übersehen.

Eine große Schule Grüner Kaninchenfische, Siganus fuscenscens, zwei Tage nach ihrer Ankunft am Riff.

sollte man feste Schuhe tragen. Angler, Fischer und Aquarianer sollten umsichtig mit den Fischen hantieren und zum Beispiel dicke Handschuhe benutzen.

Symptome

Der anfänglich starke brennende Schmerz nach einer Verletzung hält meist nicht lange an. Begleitsymptome, wie absterbendes Gewebe und Folgeinfektionen, sind selten. Der Schmerz kann sich auf den gesamten Körperteil ausweiten und wird häufig von einer örtlich begrenzten Schwellung begleitet. In einigen Teilen des westlichen Pazifiks sind Verletzungen durch Kaninchenfische gefürchtet. In anderen Gebieten hingegen wird berichtet, dass der Schmerz nach kurzer Zeit nachlässt. Das lässt sich eventuell durch das unterschiedliche Giftpotenzial der einzelnen Arten erklären.

Arten und Verbreitung

Alle 31 bekannten Arten sind im Indopazifik einschließlich des Roten Meers zu finden. Die Silber-Kaninchenfische haben das längste Larvenstadium aller Kaninchenfische und sind daher am weitesten verbreitet. Der Braune Kaninchenfisch und der Rotmeer-Kaninchenfisch sind durch den Sueskanal ins östliche Mittelmeer eingewandert.

Überfall der Algenfresser

Kaninchenfischlarven verbringen ihre Larvenzeit von drei bis vier Wochen im offenen Meer. Wenn die Larven der Silber-Kaninchenfische eine Größe

von ca. 2 cm erreicht haben, treten sie in ein Stadium vor dem Jugendalter. Sie sind dann länglich und leicht gefärbt, haben aber noch keine Schuppen und kein Gift. Bei einer Größe von 6 cm bilden sie die oben erwähnten Gruppen. Dieses Verhalten kann bei mehreren Arten beobachtet werden. Sie ernähren sich von Algen und innerhalb von ein paar Tagen entwickeln sie ihre endgültige Farbe. Ihre Stacheln werden hart und in den Giftdrüsen bildet sich das Gift. Die periodisch auftretenden riesigen Gruppen, die sich über die Algen hermachen, sind ein Festessen für Fressfeinde. Doch das Auftreten in riesigen Gruppen garantiert das Überleben weniger. In manchen Jahren ist die Anzahl der jungen Kaninchenfische so groß, dass sie das Riff leer fressen und keine fädigen Algen mehr übrig bleiben. Auf den Philippinen und den Marianen werden die jungen Kaninchenfische in großer Zahl gefangen und in Salzlake konserviert. Sie werden als Beilage und als Gewürz verwendet.

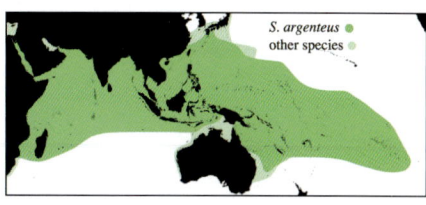

S. argenteus ●
other species ●

Rotmeer-Kaninchenfisch 30 cm
Siganus rivulatus

Helloliv bis unregelmäßig braun gefleckt, blassorange Bauchlinien. **Biologie**: Häufiger Bewohner flacher Lagunen und geschützter Außenriffe, 1–15 m. In herumstreifenden Trupps über Sand oder totem Korallengestein. **Verbreitung**: Rotes Meer bis Golf v. Aden; ins östl. Mittelmeer eingewandert.

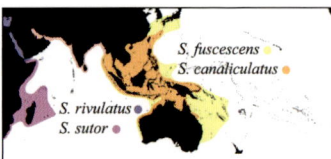

Wellenlinien-Kaninchenfisch 43 cm
Siganus lineatus

Blassbläulich grau mit orangen Streifen, die sich besonders an den Körperrändern zu Flecken auflösen. Großer gelber Fleck hinten unter der Rückenflosse. **Biologie**: Leben in Gruppen an geschützten Riffhängen, 1–25 m. Bilden zur Laichzeit Ansammlungen vor Riffkanälen. Das Ablaichen geschieht 9–10 Tage nach Neumond, besonders von März bis Juni und im November. Subadulte leben zwischen Mangroven oder Seegras. Adulte grasen Algen und Schwämme von totem Korallengestein ab. Legen sich nachts auf freie Sand- oder Geröllflächen zum Schlafen. **Verbreitung**: Malediven und Lakkadiven bis Sri Lanka; Philip. bis Vanuatu und NK.

Indischer Kaninchenfisch 42,7 cm
Siganus guttatus

Blassbläulich grau mit kleinen, dicht stehenden gelben Flecken; großer gelber Fleck hinten unter der Rückenflosse. **Biologie**: Bewohnt Küstenriffe und Brackwasser, bis 12 m. Juvenile zwischen Seegras, Adulte bilden Schulen an Küstenriffen, zwischen Mangroven und in Flussmündungen. **Verbreitung**: Anamanen-Inseln bis West-PNG, n. bis Ryukyus.

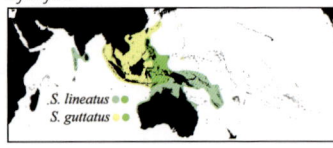

Korallen-Kaninchenfisch 30,5 cm
Siganus corallinus

Gelb mit kaum wahrnehmbaren blauen
Punkten, Ausmaß der Punkte variabel. **Biologie**: Adulte gewöhnlich paarweise in korallenbewachsenen Lagunen und Küstenriffen,
mindestens bis 6 m. Juvenile grasen
Aufwuchs von Seegras ab, wechseln im
Laufe des Wachtums auf Algen als Nahrung.
Verbreitung: Aldabra bis Vanuatu, n. bis
Ryukyus; in Nordwestaustralien ersetzt
durch *S. trispilos*.

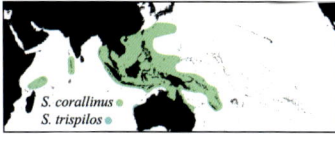

Masken-Kaninchenfisch 38 cm
Siganus puellus

Gelb mit unregelmäßigen blauen Quer- und
Längslinien; schräg über den Kopf verläuft
eine breite dunkle Augenbinde. **Biologie**:
Bewohnt flache, korallenreiche Lagunen
und Außenriffe, bis 30 m. Juvenile in Gruppen zwischen Korallenästen. Adulte paarweise an exponierten Riffhängen, wo sie
Algen und Schwämme abgrasen. **Verbreitung**: Cocos-Keeling bis Gilbert-Inseln und
Neukaledonien, n. bis Ryukyus. Im Indischen
Ozean ersetzt durch *S. puelloides*.

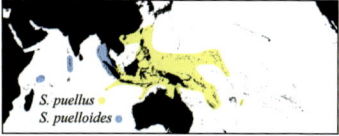

Zweiband-Kaninchenfisch 33 cm
Siganus virgatus

Gelb im Bereich vom Schwanzstiel und hinterem Rücken; kleine blaue Punkte und Linien; zwei schräge dunkle Bänder am Kopf,
eines davon über dem Auge. **Biologie**:
Bewohnt flache Küstengewässer mit Korallenbewuchs oder Sandflächen mit fleckenhaften Fels- oder Korallenformationen.
Dringt auch in Süßwasser vor. Meist in
Paaren. Frisst Algen. **Verbreitung**: Südindien
bis Westpapua und Northern Territory, Australien, n. bis Ryukyus. **Ähnlich:** *S. doliatus*
hat dünne gelbe Querlinien.

Punkt-Kaninchenfisch 45 cm
Siganus punctatus

Blassgrau bis dunkelbraun mit kleinen, dicht stehenden orangen Punkten mit dunklem Rand. **Biologie**: Vorzugsweise in klaren Lagunen und an Außenriffen, 1–50 m. Juvenile einzeln oder in kleinen Gruppen in flachen Riffzonen. Adulte gewöhnlich paarweise. Laichen das ganze Jahr über um Neu- oder Vollmond. In Palau laichen sie zur Ebbe an Riffdächern landwärts hinter dem Wellenkamm. **Verbreitung**: Cocos-Keeling und Westsumatra bis Samoa, n. bis Ryukyus; ersetzt durch *S. stellatus* im Indischen Ozean und *S. laqueus* im Roten Meer.

Tüpfel-Kaninchenfisch 40 cm
Siganus stellatus

Blassgrau mit dicht stehenden schwarzen Punkten; Nacken olivgrün, Ränder der Schwanzflosse gelblich. **Biologie**: Bewohnt korallenreiche Lagunen und Außenriffe, 1–40 m. Häufig, wenig scheu. Adulte in Paaren, Subadulte in Gruppen. Streift durch große Reviere auf der Suche nach Fadenalgen und Seetang. **Verbreitung**: Rotes Meer und Golf von Aden.

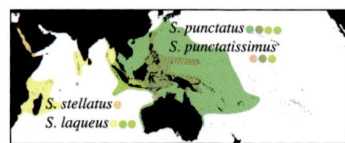

Gefleckter Kaninchenfisch 40 cm
Siganus laqueus

Blassgrau mit dicht stehenden braunen bis schwarzen Flecken; Schwanzflosse mit schmalem gelben Saum. **Biologie**: Bewohnt korallenreiche Lagunen und Außenriffe, 1–40 m. Gewöhnlich in weniger als 10 m, auch in Bereichen mit Strömung. Häufig. Adulte immer in Paaren, Subadulte in Gruppen. Patrouilliert durch großes Revier auf der Suche nach Fadenalgen und Seetang. **Verbreitung**: Ostafrika bis Bali, s. bis Madagaskar. Ersetzt durch *S. stellatus* (Schwanzflosse mit mehr Gelb) im Roten Meer und Golf von Aden.

Java-Kaninchenfisch   40 cm
Siganus javus

Dunkelbraun mir kleinen, dicht stehenden blassen Flecken, Streifen an der Bauchseite (können sich auch bis fast zum Rücken erstrecken); Körperprofil wie ein American football. **Biologie**: Fels- und Korallenriffe, auch Brackwasser, 1–40 m. Oft in Schulen. **Verbreitung**: Arabischer Golf bis Westaustralien, n. bis Taiwan.

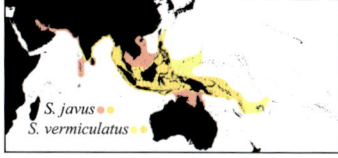

Gelbes Dachsgesicht   23,7 cm
Siganus vulpinus

Lange Schnauze; gelb, mit weißlichem Kopf, breiter schwarzer Augenbinde und schwarzem Kehlfleck. **Biologie**: Bewohnt korallenreiche Areale in Lagunen und Außenriffen, bis 30 m. Juvenile und Subadulte in größeren Gruppen zwischen Astkorallen. Bildet ab 10 cm Paare und besetzt kleine Heimreviere entlang oberer Riffhänge. **Verbreitung**: Sumatra bis Gilbert-Inseln und Neukaledonien, n. bis Philippinen. **Ähnlich**: *S. unimaculatus* mit großem schwarzen Seitenfleck (22 cm; Ryukyus und Ogasawara, s. bis Rowley Shoals).

Andamanen-Dachsgesicht   23 cm
Siganus magnificus

Lange Schnauze; Kopf mit breiter schwarzer Augenbinde, Rand der Rückenflosse rot, andere Flossen gelb. **Biologie**: Bewohnt offene Areale in geschützten Korallenriffen, 2–20 m. Adulte schwimmen paarweise. **Verbreitung**: Andamanensee.

Haie und Haiangriffe –
Mythos und Realität

Kein anderes Meerestier ist so gefürchtet wie der Hai. Nicht zuletzt sind reißerische Filme und Berichte für sein denkbar schlechtes Image verantwortlich. Gegen Haie als vermeintliche Killermaschinen fanden regelrechte Feldzüge statt, die von den Medien als publikumswirksames Thema entsprechend ausgeschlachtet wurden. Das Bild, das auf diese Weise vermittelt wird, steht im krassen Gegensatz zu den äußerst wenigen Unfällen mit Haien. Das Shark Research Institute in Princeton, USA, erfasst mit seinem Global Shark Attack File (GSAF) die weltweit gemeldeten Zwischenfälle mit Haien. Pro Jahr kommt es danach lediglich zu 70 bis etwa 100 Unfällen. Eine ganze Reihe davon sind Bagatell-Ereignisse. Nur etwa fünf bis sieben Unfälle pro Jahr enden tödlich. Damit ist die Gefahr, durch einen Hai umzukommen, wesentlich geringer als die, durch einen Blitzschlag oder herabfallende Kokosnüsse zu Tode zu kommen. Die Wahrscheinlichkeit, von einem Hai angegriffen zu werden, ist dreimal niedriger, als die Gefahr zu ertrinken, und zehnmal niedriger, als bei einem Flugzeugabsturz ums Leben zu kommen. Da über jeden einzelnen, ernsthafteren Zwischenfall meist in reißerischer und Ängste schürender Weise in den Medien berichtet wird, erscheint die von Haien ausgehende Gefahr unverhältnismäßig groß. Im Jahr 2000 gab es in den Gewässern um die USA nur 54 nicht provozierte Haiangriffe, von denen nur einer tödlich endete. Bedenkt man, dass jährlich Millionen Menschen im Meer baden, schwimmen, surfen und tauchen, wird die außerordentlich geringe Gefährdung durch Haie noch deutlicher. Abgesehen von wenigen Ausnahmen sollte die Angst vor Haien kein Grund sein, das Wasser zu meiden. Glücklicherweise setzte, was die Natur der Haie betrifft, in den letzten Jahren bei vielen ein Umdenken ein. Sie gelten inzwischen nicht mehr als Monster und Killermaschinen, sondern als stark gefährdete, faszinierende Räuber, denen eine besonders wichtige Rolle im Ökosystem Meer zukommt. Jährlich werden Millionen Haie von Fischfangflotten abgeschlachtet, und so kommen auf einen von einem Hai getöteten Menschen zehn Millionen durch den Menschen getöteter Haie. Ein Restrisiko bleibt jedoch immer bestehen. Daher

müssen einige Haiarten zu Recht als gefährliche Meerestiere eingestuft werden und man sollte ihnen mit Respekt begegnen.

Es gibt etwa 350 Haiarten. Wie viele von ihnen dem Menschen gefährlich werden können, kann nicht mit Sicherheit gesagt werden. Die Literaturangaben hierüber weichen voneinander ab. Doch selbst bei einer großzügigen Auslegung der Gefährlichkeit sind es deutlich weniger als zehn Prozent. Diese Haiarten gehören vor allem zu den beiden Familien Grundhaie, auch Menschenhaie genannt, wissenschaftlich: *Carcharhinidae*, und Heringshaie, *Lamnidae*. Zu den potenziell gefährlichen Arten gerechnet werden der Weiße Hai, *Carcharodon carcharias*, der Bullenhai, auch Stierhai genannt, *Carcharhinus leucas*, der Makohai, *Isurus oxyrinchus*, und der Tigerhai, *Galeocerdo cuvier*. Daneben können weitere große Haie wie der Weißspitzen-Hochseehai, *Carcharhinus longimanus*, und der Große Hammerhai, *sphyrna mokarran*, dem Menschen gefährlich werden. Für den Menschen gefährliche Haiarten ernähren sich vorzugsweise von großen Beutetieren, die sie in Stücke zerreißen, um sie zu verschlingen. Viele Haiarten jedoch, von denen keine Angriffe auf Menschen dokumentiert sind, können aufgrund ihrer Größe, ihrer Anatomie und ihres aggressiven Verhaltens als potenziell gefährlich eingestuft werden.

Biologie

Haie, die für den Menschen gefährlich werden können, gehören alle zu den großen kräftigen Arten. Sie sind länger als zwei Meter und verfügen über Zähne, die Gliedmaßen abbeißen oder zumindest ernsthafte Fleischwunden verursachen können. Die Sinne der Haie sind hoch entwickelt: Haie besitzen ein sehr gutes Sehvermögen und mit ihrem ausgezeichneten Geruchssinn nehmen sie Blut noch in sehr hoher Verdünnung, bis zu $1:1\,000\,000$, also noch über große Entfernungen wahr. Sie sind in der Lage, den Ursprung von Schwingungen, die durch zappelnde Fische oder Schwimmer in einer Entfernung von bis zu 3 km verursacht werden, zu orten. Zusätzlich verfügen sie über einen beim Menschen nicht vorhandenen Sinn, mit dem sie elektrische Felder erkennen. Die sogenannten Lorenzin'schen Ampullen sind mit einer gallertartigen Masse gefüllte Organe, die sich im vorderen Kopfbereich befinden. Mit ihrer Hilfe können sie im trüben Wasser oder im Sand versteckte Beute aufspüren. Mit diesen Organen nehmen sie auch die elektro-

Der hammerförmige Kopf erhöht die Fähigkeit des Großen Hammerhais *Sphyrna mokarran*, elektromagnetische Felder wahrzunehmen und äußerst schwache Geruchsspuren zu verfolgen.

magnetischen Schwingungen der Erde wahr und können sich damit in den Weiten der Ozeane orientieren. Am weitesten ist dieser Sinn bei Hammerhaien entwickelt. Auf seinem breiten Kopfbereich sind diese Ampullen besonders großflächig verteilt. Hammerhaie nehmen daher elektromagnetische Schwingungen, leichteste Wasserbewegungen und hochverdünnte Gerüche besonders gut wahr. Die meisten Haie, die dem Menschen gefährlich werden können, leben im offenen Wasser und sind nur gelegentlich in unmittelbarer Küstennähe anzutreffen. Diese Haiarten müssen zum Atmen ständig in Bewegung sein. Einige für den Menschen nicht ungefährliche Arten dringen gelegentlich in Flüsse vor und leben in Küstennähe.

Für die Paarung beißt sich der männliche Hai am Weibchen fest und dreht sich in eine Position, die es ihm ermöglicht, durch seinen Clasper, einem penisartigen Organ, das Sperma direkt in das Weibchen zu leiten. Die meisten Haie bringen wenige lebende Junge zur Welt. Diese wachsen langsam heran und brauchen mehrere Jahre, bis sie geschlechtsreif sind.

Merkmale

Unter Wasser können viele Haie nur von Fachleuten sicher bestimmt werden. Die meisten Arten, darunter die für den Menschen gefährlichen, be-

sitzen die bekannte stromlinienförmige Haigestalt mit gut ausgebildeten Flossen und einem massiven Gebiss, in dem sich große, mehrfach gezackte Zähne befinden. Heringshaie – zu denen der Weiße Hai gehört – erkennt man an der konisch zulaufenden Schnauze, der sichelförmigen Schwanzflosse mit einem Paar seitlicher Kielflossen. Grundhaie haben eine abgeflachte runde Schnauze und einen lang gestreckten oberen Lappen an der Schwanzflosse. Nur wenige Arten, wie zum Beispiel der Weiße Hai oder der Blauhai, sind relativ leicht zu identifizieren. Der Tigerhai kann durch seine typischen Merkmale gut bestimmt werden. Der gefährlich aussehende Sandtigerhai fällt durch seine langen gebogenen Zähne, die auch bei geschlossenem Maul sichtbar bleiben, auf. Hammerhaie als Gruppe sind an dem unverwechselbaren, abgeflachten, hammerförmigen Kopf zu erkennen.

Haifischfleischvergiftungen

Dass die Zahl der Haiangriffe zunimmt, liegt vor allem daran, dass immer mehr Menschen im Meer schwimmen, angeln oder tauchen. Die Orte, an denen regelmäßig Menschen von Haien angegriffen werden, sind die, wo die meisten Menschen im Wasser sind. Verbesserte Erste-Hilfe-Möglichkeiten haben für höhere Überlebenschancen gesorgt. Besonders gefährlich sind Gegenden, in denen

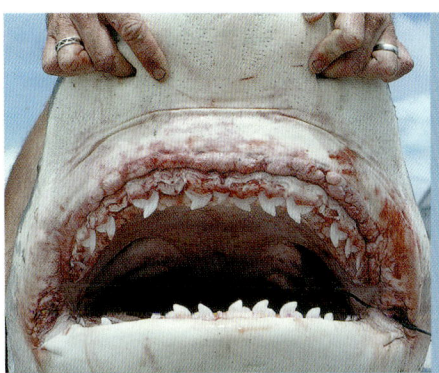

Tigerhai *Galeoverdo cuvier*

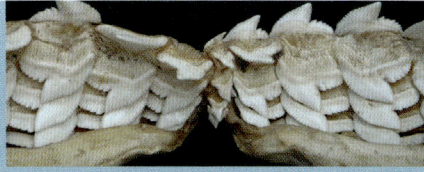

Ersatzzähne in Querreihen

Tigerhai *Galeoverdo cuvier*

Zahnkunde

Haie können ihren Kiefer zum Fressen vorstülpen. Sie besitzen ein „Revolvergebiss", bei dem die Zähne kontinuierlich ersetzt werden: Hinter den in Funktion befindlichen Zähnen warten gleich mehrere Querreihen von zurückgeklappt liegenden Ersatzzähnen auf ihren Einsatz. Fällt ein Zahn aus, rückt der dahinterliegende Reservezahn vor, richtet sich auf und schließt die Lücke. Haie erfreuen sich also eines lebenslangen ständigen Zahnersatzes. Haizähne sind in Form und Größe an ihre jeweiligen Beutetiere angepasst, nach dem Motto: Zeige mir deine Zähne, und ich sage dir, was du frisst. Die großen Zähne mit mehr oder weniger grob gesägten Kanten, die ein durchgehendes „Sägeblatt" bilden, ermöglichen dem Weißen Hai, maulgerechte Stücke aus großen Beutetieren herauszuschneiden. Schlanke, spitz zulaufende Reißzähne, wie die der Sandtigerhaie, sind sehr gut zum Packen und Festhalten schlüpfriger Beute, wie Fische und Kalmare, geeignet, die anschließend als Ganzes verschlungen werden. Andere, wie Katzen- und Ammenhaie, verfügen über zahlreiche kleine, teils vielfach gespitzte Zähne zum Greifen unterschiedlicher Beutetiere wie glitschige Fische, aber auch hartschalige Krebse, die unzerlegt verschlungen werden. Wieder andere, wie Glatthaie, haben in ganz dichten Reihen angeordnete pflastersteinartige Zähne, ideal zum Zermalen von hartschaligen Wirbellosen, aber auch von Fischen oder Kopffüßern. Tigerhaie haben sehr charakteristisch geformte, tief eingeschnittene Zähne, mit denen sie für ihr großes Beutespektrum bestens ausgerüstet sind und selbst den Panzer einer Schildkröte durchschneiden können. Der Graue Riffhai trägt im

Grauer Riffhai *Carcharinus amblyrhynchos*

Weißspitzen-Riffhai *Triaenodon obesus*

Oberkiefer gesägte Zähne zum Schneiden und im Unterkiefer schmalere Zähne zum Festhalten. Damit kann er zwar ein größeres Stück Muskelgewebe herausbeißen, aber nicht etwa ein Bein abbeißen. Mit diesen Haien sind auch keine tödlichen Zwischenfälle bekannt.

Der Schwarzspitzen-Riffhai *Carcharhinus melanopterus* kann im flachen Wasser gelegentlich Menschen beißen. Schwere Verletzungen entstehen hierbei nicht.

IM NOTFALL

Was ist zu tun?

Erste Hilfe

Erstversorgung der Bisswunden wie alle blutenden Wunden. Den Verletzten, sofern er bei Bewusstsein ist, mit tief gelagertem Kopf und hochgelegten Beinen lagern (Schocklagerung). Atmung und Kreislauf überwachen, ggf. Beatmung und Wiederbelebungsmaßnahmen durchführen. Den Verletzten so schnell wie möglich in eine Klinik bzw. zum Arzt transportieren.

Achtung

Wenn möglich, den Verletzten nicht selbst transportieren, sondern auf professionelle Hilfe warten.

Weiterführende Behandlung

Abhängig von der Art und Schwere der Bissverletzung.

große Arten ihre natürlichen, ständigen Jagdgebiete haben. Dort finden sie ihre Beutetiere oder Futter, das ungewollt von Menschen bereitgestellt wird.

Wer geht ein Risiko ein?

Ein kleines Risiko geht jeder Mensch ein, der sich in Gewässer begibt, in denen Haie vorkommen. Statistiken der ISAF (International Shark Attack File) belegen, dass im vergangenen Jahrhundert 51% der unprovozierten Angriffe Schwimmer betrafen, 31% der Angriffe gegen Surfer gingen und 13% sich gegen Taucher richteten. Opfer von Schiffsunglücken sind in diesen Zahlen nicht mit eingeschlossen. Natürlich gibt es keine zuverlässigen Zahlen darüber, wie viele Schwimmer, Surfer oder Taucher jedes Jahr ins Wasser gehen. Daher können keine Angaben gemacht werden, wie groß das Risiko für die jeweilige Gruppe ist. Für Taucher ist die Wahrscheinlichkeit am höchsten, einen sich nähernden Hai rechtzeitig zu bemerken. Dadurch können sie sich die natürliche Vorsicht der Tiere zunutze machen. Haie greifen ihre Beute aus dem Hinterhalt an, weil ein überraschtes Beutetier weniger Gegenwehr zeigt. Außerdem reagieren Haie sehr gut auf Augenkontakt.

Haie sind jedoch sehr geschickte Jäger, daher ist es nicht verwunderlich, dass über die Hälfte der ange

Normale Schwimmbewegungen   Drohverhalten

Das Drohverhalten des Grauen Riffhais *Carcharhinus amblyrhynchos*. Gewöhnlich schwimmen Haie sehr entspannt. Das Drohverhalten äußert sich in übertriebenen und ruckartigen Bewegungen. Das Schwimmen einer Acht muss für einen Taucher das deutliche Signal sein, sich zurückzuziehen. *(Illustration von Ewald Lieske)*

griffenen Taucher den sich nähernden Hai vorher nicht bemerkt haben.

Ein mitgeführter, verwundeter Fisch lockt Haie an und erhöht die Wahrscheinlichkeit, mit einem gefährlichen Hai zusammenzutreffen. Dennoch hatten 63 % der angegriffenen Taucher keine Fische dabei, die das Interesse eines Hais hätten wecken können.

Unfälle

Haiangriffe, oder allgemeiner Unfälle mit Haien, können äußerst verschieden verlaufen. Schreckt ein Mensch beim Waten im knietiefen Wasser einen jungen, kaum mehr als 50 cm großen Schwarzspitzen-Riffhai auf und wird gebissen, zählt das in der Statistik als Haiangriff, auch wenn es nur zu einer Bagatellverletzung am Fuß gekommen ist. Hantiert jemand im trüben Wasser stehend mit Fischködern, kann ein dadurch angelockter Hai nicht nur den Köder, sondern auch den Menschen beißen. Solch ein Unfall, der auf einer Verwechslung beruht, ist vergleichbar mit Unfällen bei der Fütterung von Tieren, die statt nur in das dargebotene Futter zugleich noch in die reichende Hand beißen. Gleiches gilt für Schnorchler oder Taucher, die harpunierte Fische am Körper tragen und deshalb gebissen werden. Durch Gaumenbisse testet der Hai über seine

Geschmackssensoren im Maul, ob er etwas Fressbares vor sich hat. Oft bleibt es bei diesem „Probebiss", der allerdings bei großen Arten wie dem Weißen Hai unter Umständen bereits fatal ausfallen kann. Doch auch ganz unterschiedliche, nicht provozierte Angriffe und viele weitere Formen von Zwischenfällen kommen vor, wie zum Beispiel das sogenannte Anrempeln (bump), bei dem der Hai den Menschen nur anrempelt und nicht beißt und anschließend wegschwimmt. Auch das Zubeißen und Fliehen (hit and run) ist eine bekannte Verhaltensweise, ebenso wie das gezielte Anschleichen (sneak), das einen Angriff zur Folge hat. Tatsächlich gleicht kaum ein Angriff oder Unfall dem anderen. Bei einem Zwischenfall kommen viele Faktoren – äußere Umstände, Verhalten des Menschen, Motivation des Hais – zusammen. Es gibt kein berechenbares Angriffsmuster und auch nicht den typischen Unfall. In manchen Gewässern sind Haiangriffe oder Unfälle mit Haien häufiger als in anderen. Sie können zu jeder Tages- und Jahreszeit, sowohl im Flachwasser als auch in größeren Tauchtiefen erfolgen. Das komplexe Zusammenspiel der einzelnen Faktoren macht es kaum möglich, wirklich typische Unfallsituationen zu benennen. Es bedarf noch vieler Studien an Haien, Verhaltensforschungen und Auswertungen von Unfällen und

Sicherheitshinweise, die das Risiko eines Haiangriffs verringern:

Schwimmer und Surfer

In Gruppen bleiben, weil Haie gern abgesonderte Beutetiere angreifen.

In der Nähe des Ufers bleiben. Dadurch wirkt man nicht abgesondert und im Notfall benötigte Hilfe ist schneller vor Ort.

Das Wasser in der Nacht und während der Abend- und Morgendämmerung meiden. In diesen Zeiten kommen Haie bei der Jagd näher ans Ufer und sind durch ihre ausgeprägten Sinne zusätzlich im Vorteil.

Mit blutenden Wunden nicht ins Wasser gehen. Vermieden werden sollten: ungewöhnlich trübes Wasser, die Nähe von Häfen, Kanäle, Flussmündungen, Abflüsse nach Stürmen und Abwässer. Letztere vor allem nach starken Regenfällen. Haie durchsuchen solche Gebiete häufig nach toten Tieren und Abfällen, die ins Meer gespült werden.

Stellen, an denen einen Fischfang betrieben wird – gleich ob von Menschen oder von Tieren – sollte man aus dem Weg gehen. Vor allem wenn fressende Fische, tauchende Seevögel oder unberechenbares Verhalten von Meerestieren beobachtet werden kann, ist Vorsicht geboten. Glitzernder Schmuck könnte mit silbrigen Fischen verwechselt werden und die Aufmerksamkeit eines Hais auf sich ziehen.

Heftiges Klatschen auf die Wasseroberfläche lockt in der Nähe befindliche Haie offenbar eher an, statt sie zu vertreiben.

An Steilwänden ist besondere Vorsicht geboten. Wenn möglich, an bewachten Stränden baden oder surfen.

Taucher und Schnorchler

Harpunierte Fische, Hummer und tote oder verletzte Meerestiere jeglicher Art in sicherer Entfernung anbinden und so bald wie möglich aus dem Wasser entfernen.

Auch bei leicht blutenden Verletzungen das Wasser verlassen.

Bei übermäßiger Neugier eines Hais das Wasser verlassen. Der Rückzug sollte zügig, aber nicht hektisch erfolgen. Dabei nach Möglichkeit nicht ins freie Wasser schwimmen, sondern in Deckung bleiben.

Zeigt ein Hai Drohgebärden, sollte man sich sofort von ihm entfernen. Dabei sollte jedoch der Augenkontakt aufrechterhalten werden.

Am Boden ruhende Haie, auch kleine Arten, nicht anfassen und nicht bedrängen.

Haie nicht füttern oder reizen.

Wenn man Haie beobachten möchte, sollte man sich über die örtlichen Gegebenheiten und die dort lebenden Haiarten gut informieren. Haie mit Vorsicht und Respekt behandeln. Wenn man nahe an Haie herankommen möchte, sollte man diesen Tauchgang mit einem zuverlässigen, ortsansässigen Tauchführer unternehmen.

Harpunieren lockt oftmals Haie an.

Keine erlegten oder toten Fische mitführen.

Keine Essensabfälle vom Tauchboot werfen, wenn getaucht oder geschnorchelt wird.

Bootfahrer

Bevor man ins Wasser geht, sollte man nach Haien Ausschau halten.

Möglichst nahe beim Boot und in der Gruppe zusammenbleiben.

So hoch wie möglich einen Ausguck nach Haien aufstellen.

Möglichst nicht in tiefem oder trübem Wasser schwimmen.

Kein Essen oder Abfälle ins Wasser werfen.

Menschen, die im offenen Wasser treiben

Als Gruppe zusammenbleiben und mit dem Gesicht nach außen schauen.

Wenn man von einem Hai angerempelt wird, den Hai mit einem harten Gegenstand schlagen. Die raue Haihaut kann blutende Verletzungen hervorrufen, daher möglichst den Hai nicht berühren.

Auf der Suche nach Beute kommt der Tigerhai auch in flacheres Wasser. Dieser hat einen toten Wal gefunden.

Angriffen, um ein genaueres Verständnis über das Zustandekommen von Haiunfällen zu erhalten.

Haie anlocken

Es gibt Faktoren, die einen Haiangriff begünstigen. Fischer wurden von normalerweise gutmütigen Haien angegriffen, weil diese durch das Blut der gefangenen Fische stimuliert wurden und dadurch ihre natürliche Scheu verloren. Dabei wollten die Haie nur den harpunierten Fisch stehlen. Doch der Auslöser eines Haiangriffes ist nicht immer so eindeutig. Vor Kurzem kam es in Recife in Brasilien zu einem anhaltenden Anstieg der Haiangriffe auf Surfer. Innerhalb von 14 Jahren wurden 34 Surfer mit der Bump-and-bite-Methode angegriffen, 17 von ihnen starben. Durch die in den Surfbrettern zurückgelassenen Zähne wurden die Angreifer als Bullenhaie identifiziert. Die Angriffe konnten schließlich auf ein schlecht geführtes Schlachthaus zurückgeführt werden, das 10 km flussaufwärts seine Abfälle in den Fluss entsorgte. Das Schlachthaus wurde geschlossen und die Angriffe hörten auf. Eine für einen Hafen ausgebaggerte Flussmündung stand ebenfalls im Verdacht, da sie eine natürliche Wanderroute der Haie blockierte.

Unprovozierte Angriffe nach Häufigkeit sortiert

ARTEN	Angriffe – alle Aktivitäten				Angriffe auf Taucher	
	Zahl	%	Zahl d. Toten	%	Zahl	%
Weißer Hai *Carcharodon carcharias*	232	37,3	63	46,3	48	33,8
Tigerhai *Galeocerdo cuvier*	86	13,8	28	20,1	21	14,8
Bullenhai *Carcharhinus leucas*	75	12,1	23	16,9	7	4,9
Grundhai *Carcharhinus* spp.*	30	4,8	8	5,9	8	5,6
Sandtigerhai *Carcharias taurus*	30	4,8	2	1,5	5	3,5
Schwarzspitzenhai *Carcharhinus limbatus*	28	4,5	1	0,7	5	3,5
Hammerhai *Sphyrna* spp.	17	2,7	1	0,7	1	0,7
Bronzehai *Carcharhinus brachyurus*	15	2,4			1	0,7
Langnasenhai *Carcharhinus brevipinna*	15	2,4				
Blauhai *Prionace glauca*	13	2,1	4	2,9	3	2,1
Schwarzspitzen-Riffhai *C. melanopterus*	11	1,7			2	1,4
Ammenhai *Ginglymostoma cirratum*	10	1,6			5	3,5
Zitronenhai *Negaprion brevirostris*	9	1,4			3	2,1
Kurzflossen-Mako *Isurus oxyrinchus*	9	1,4	2	1,5	3	2,1
Grauer Riffhai *Carcharhinus amblyrhynchos*	6	1,0			5	3,5
Karibik-Riffhai *Carcharhinus perezi*	6	1,0			4	2,8
Seidenhai *Carcharhinus falciformis*	6	1,0			2	1,4
Weißspitzen-Hochseehai *C. longimanus*	5	0,8	1	0,7	4	2,8
Sandbankhai *Carcharhinus plumbeus*	5	0,8	1	0,7	2	1,4
Siebenkiemerhai *Notorhinchus cepedianus*	5	0,8			2	1,4
Mako *Isurus* spp.	3	0,5			1	0,7
Düsterer Hai *Carcharhinus obscurus*	3	0,5	1	0,7	1	0,7
Gepunkteter Wobbegong *Orecto. maculatus*	2	0,3			1	0,7
Weißspitzen-Riffhai *Triaenodon obesus*	2	0,3			1	0,7
Galapagoshai *Carcharhinus galapagensis*	1	0,2	1	0,7		
Marderhai *Triakis semifasciata*	1	0,2			1	0,7
Heringshai *Lamna nasus*	1	0,2			1	0,7
Hundshai *Galeorhinus galeus*	1	0,2			1	0,7
Wobbegong *Orectolobus* spp.*	–	–			2	1,4
Silberspitzenhai *Carchar. albimarginatus***	–	–			–	–
Alle	622		136		140	

* Umfasst wahrscheinlich auch andere Arten in der Liste.

** Taucher aggressiv belästigt. Daten basieren auf ISAF-Statistiken vom 10.01.2007.

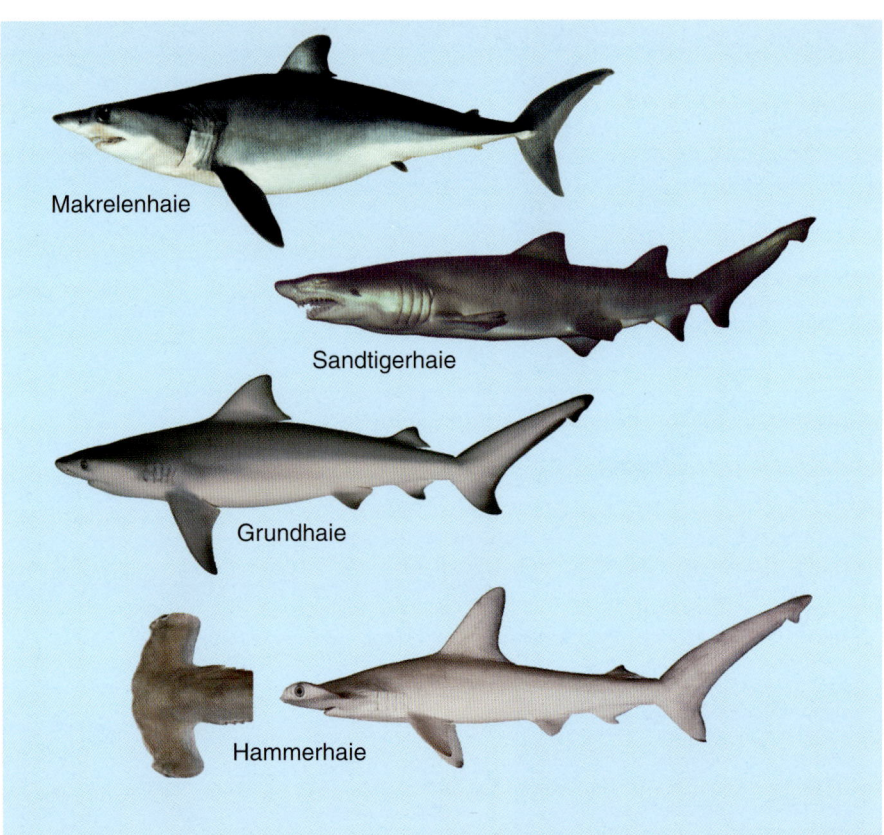

Makrelenhaie

Sandtigerhaie

Grundhaie

Hammerhaie

Haie aus diesen vier Familien waren an tödlichen Angriffen auf Menschen beteiligt. Sie alle haben längliche Körper, gut entwickelte Flossen und ein großes Gebiss mit großen Zähnen.

Vorbeugende Maßnahmen

Seit Langem werden verschiedenste Mittel zur Verhinderung von Unfällen mit Haien erprobt. Absolut verlässlich und gleichzeitig sicher zu handhaben ist bislang keines. Am ehesten bemerken Taucher und Schnorchler einen sich nähernden Hai, aber in der Mehrzahl der schweren Fälle hat der Hai sich seinem Opfer unbemerkt genähert.

Sind sich Taucher oder Schwimmer aber bewusst darüber, wo Haie häufig auftreten und jagen, oder welche Verhaltensweisen einen Angriff begünstigen können, kann das Risiko erheblich verringert werden. Die hier aufgeführten Verhaltensregeln sind keine festen Gesetzmäßigkeiten, sondern eher Hinweise, bei denen es durch lokale Gegebenheiten zu großen Abweichungen kommen kann.

Symptome

Die meisten Unfälle mit Haien enden nicht tödlich. Die Rate beträgt ca. 23 %, Tendenz ständig fallend. Bei Bissen von größeren Haien beträgt sie 33 % (Tigerhaie), bei Bissen von kleinen Haien ist sie niedriger. Bissverletzungen durch Haie können von kleinen bis hin zu schwersten, auch tödlichen Wunden reichen. Meistens treten, wie häufig bei schweren Verletzungen, bedrohliche Schocksymptome auf. Durch Blutverlust und Schock kann es leicht zur Bewusstlosigkeit kommen.

Arten und Verbreitung

Gefährliche Haiarten kommen in allen Meeren vor. Die nördlichsten bekannt gewordenen Haiangriffe ereigneten sich vor den Britischen Inseln, die südlichsten im Süden Neuseelands.

Fallbeispiele

Jensen Beach in Florida. Juni 2002
Eine Gruppe von 20 Kindern spielte am Mittag in hüfttiefem Wasser. Ein 10-jähriger Junge dachte, ein Freund würde ihn am Bein ziehen, bemerkte aber dann, dass er von einem Hai gebissen worden war. Hilfe schreiend rannte er aus dem Wasser. Die Rettungsschwimmer am Strand beruhigten den Jungen und holten die Menschen aus dem Wasser. Der Junge war bei Bewusstsein, und mit einem Hubschrauber wurde er ins nächste Krankenhaus gebracht und behandelt. Es war ein typischer Hit-and-run-Angriff eines kleinen Hais, vielleicht einem Schwarzspitzen-Riffhai.
(Zeitungsmeldung)

Maui, Hawaii. Januar 2002
In klarem und ruhigem Wasser, ca. 100 m vom Ufer entfernt, wurden ein 34-jähriger Mann und seine Freundin von einem Tigerhai angegriffen. Das Paar schnorchelte in 12 m tiefem Wasser. Sie beobachteten eine Gruppe Meeresschildkröten, als sie einen 2 m großen Tigerhai in 8 m Entfernung sahen. Der Hai schwamm mit großer Geschwindigkeit direkt auf sie zu. Der Mann formte sich im Wasser zur Kugel, der Hai biss ihn in die Pobacken, ließ ihn aber sofort wieder los. Der Mann schlug ihm auf die Schnauze, und der Hai schwamm weg. Der Mann fühlte keinen Schmerz, sondern eher ein Stechen, als er zum Ufer zurückschwamm. Er blutete aus sechs Wunden, die mit mehr als 50 Stichen genäht werden mussten.
(Zeitungsmeldung)

Golf von Mexiko, Alabama. Juni 2002
Zwei Männer schwammen morgens in 25–30 m Entfernung zum Ufer, als der eine Mann etwas unter sich spürte. Unmittelbar danach biss ein großer Hai in seine rechte Hand und seinen Unterarm. Er riss sich los und konnte sich an das nahe Ufer retten. Der andere Mann sah seinen Freund aus dem Wasser eilen und kurz darauf rammte der Hai auch ihn. Er biss ihn in die rechte Hüfte. Der Mann wehrte sich und schlug auf das Tier ein. Es ließ von ihm ab, kam aber immer wieder zurück, während der Mann ans Ufer schwamm. Bei jedem Angriff gelang es dem Mann, die Nase des Hais zu packen und ihn zu schlagen. Jedes Mal schwamm der Hai jedoch nur einen kleinen Kreis und griff wieder an. Der Hai verfolgte ihn bis an den Strand. Der Arm des ersten Opfers musste oberhalb des Ellbogens amputiert werden. Der zweite Mann erholte

sich von seinen Verletzungen. Dieses Verhalten des Hais war ein typischer Bump-and-bite-Angriff. Das Opfer wird zunächst angerempelt, der Biss folgt. Der Hai konnte nicht genau bestimmt werden, vermutlich handelte es sich jedoch um einen Bullenhai.
(Zeitungsmeldung)

Enewetak Atoll, Marschallinseln. 1978
Zwei Angestellte einer Meeresstation schnorchelten mittags an der Außenseite einer Lagune. Ein 1,5 m großer Grauer Riffhai kam auf sie zu. Er schwamm sehr aufgeregt hin und her. Der eine Mann fotografierte den Hai mit einer geschlossenen Kamera mit Blitz. Der Hai griff sofort an, schlug ihm die Kamera aus der Hand, biss ihn in den rechten Unterarm und schüttelte ihn. Der andere Mann hielt einen stabförmigen Speer dabei und versuchte die Aufmerksamkeit des Hais zu erlangen. Daraufhin griff der Hai ihn an und biss in die Hand, die den Speer gehalten hatte. Den verletzten Männern gelang es, in ihr Boot zurückzukehren und Hilfe über Funk zu holen. In der örtlichen Apotheke konnte Erste Hilfe geleistet werden, am folgenden Tag wurden die Männer in das Marine-Krankenhaus auf Guam geflogen und dort operiert. Der Arm heilte danach gut. Auch die schwächeren Wunden des anderen Mannes heilten. Zurückblickend mussten die Männer zugeben, dass sie eine typische Drohgebärde nicht erkannt hatten. Sie hätten sich sofort zurückziehen müssen und den Hai nicht zusätzlich mit dem Blitzlicht reizen dürfen.
(Interview mit einem der Opfer)

Cactus Beach in Westaustralien. September 2000
Um 7.30 Uhr wurde ein 4–5 m großer Weißer Hai beobachtet, der einen Surfer angriff. Der Hai umkreiste den Mann auf seinem Surfbrett und attackierte ihn wiederholte Male. Er schien sich auf den Rücken zu rollen, griff wieder an und schien dann von dem Surfbrett abzulassen – von dem Mann war ab diesem Moment nichts mehr zu sehen, auch Körperteile wurden später nicht gefunden.
Ein anderer Augenzeuge meinte, der Hai habe einen Abwärtsstrudel erzeugt, der den Surfer nach unten zog.
Der Angriff wurde als besonders hartnäckig beschrieben. Die Zeugen hatten den Eindruck, dass der Hai unter keinen Umständen von seinem Opfer abgelassen hätte. Der Angriff dauerte 90 Sekunden Das war ein typischer Sneak-Angriff, bei dem der Hai sein Opfer wirklich fressen wollte.
(Zeitungsmeldung)

Der Weiße Hai *Carcharodon carcharias* ist einer der größten und der wohl am meisten gefürchtete Meeresräuber.

Makrelenhaie
Lamnidae

Diese Familie umfasst fünf Arten. Alle sind Warmblüter. Sie haben einen stromlinienförmigen Körper, eine konische Schnauze und eine halbmond-
förmige Schwanzflosse mit einem Kiel auf beiden
Seiten. Ihre großen Zähne stehen weit auseinander.
Sie bewohnen den offenen Ozean und sind sehr
gewandte Schwimmer. Der gefährlichste Hai in
dieser Familie ist der Weiße Hai, der ein Gewicht von
3220 kg erreichen kann.
Er kommt eher in kälteren Gewässern (10–20 °C) vor
und benötigt fetthaltige Beutetiere, um seinen Stoffwechsel aufrechtzuerhalten. Obwohl ihm die meisten tödlich endenden Angriffe zugeschrieben werden müssen, gehören Menschen nicht in sein
Beutespektrum. Eine andere Art dieser Familie, die
ebenfalls für Todesfälle verantwortlich ist, ist der
Kurzflossenmako. Er bewohnt Gewässer mit einer
Wassertemperatur über 16 °C in tropischen und
gemäßigten Zonen und geht im offenen Ozean auf
die Jagd nach Fischen.

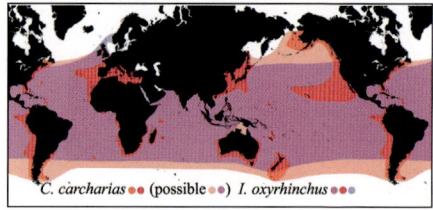

C. càrcharias ●● (possible ●●) *I. oxyrhinchus* ●●●

Weißer Hai 6,2 m
Carcharodon carcharias

Grau mit weißem Bauch. Spitze Schnauze.
Biologie: Küstennahe und ozeanische
Tiefengewässer, oberflächennah bis in 1300
m Tiefe. Warmblüter, der 10–20 °C
Wassertemperaturen bevorzugt, wobei die
Körpertemperatur konstant bleibt. Intelli-
gent mit komplexer Sozialstruktur. Sehr
effektive Jäger von Fischen und Säugern.
Machen große Wanderungen (z. B. Mexiko
nach Hawaii, Südafrika nach Westaustralien). Versammeln sich oft in der Nähe
von Seehundkolonien. Greifen Opfer von
unten an. Können dabei weit aus dem Wasser ragen. Nach 12 Monaten Tragzeit werden
2–10 Junge geboren (ab 1,1 m lang). Selten,
starke Abnahme durch Beifang und Sport-
fischerei. Käfigbeobachtungen wichtig für
Tauchtourismus. **Verbreitung**: zirkumglobal,
Wassertemperatur: 10–24 Grad. **Ähnlich**:
Makos zeigen keine Trennlinie zwischen
Rücken- und Bauchfarbe.

Sandhaie
Odontaspididae

Diese Familie besteht nur aus drei Arten. Sie haben
kleine Augen und eine spitze Schnauze. Ihre gebogenen Zähne, mit denen sie ihre Beute schnappen,
sind auch bei geschlossenem Maul deutlich zu

erkennen. Die Rückenflossen sind ungefähr gleich
groß, die Schwanzflosse hat einen kleineren unteren
Lappen. Sandhaie gelten als friedlich, doch der
Gewöhnliche Sandhai hat schon Taucher angegriffen. Zwei Todesfälle werden ihm zugeschrieben,
doch normalerweise sind die Verletzungen nicht
lebensbedrohlich. Die ungeborenen Jungen des
Sandhais fressen sich gegenseitig auf, sodass
schließlich immer nur ein Junges geboren wird.

Sandtigerhai 4,3 m
Carcharias taurus

Hellbraun mit langen gebogenen Zähnen.
Biologie: Bewohnt Küstengewässer, von der
Brandungszone bis küstenferne Riffe, 1–190
m. Bodennah; in der Nähe von Höhlen,
Schluchten, Wracks und Riffen. Träge wir-
kender, aber starker Schwimmer. Verschluckt Luft, um besser im Gleichgewicht
zu schweben. Fressschulen von 20–80 Ex.
Wichtig für Ökotauchtourismus. **Verbreitung**: Subtropen und Tropen, nicht Zentral-
und Ostpazifik.

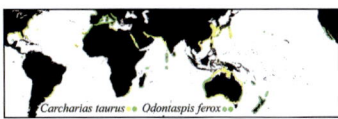

Carcharias taurus • Odontaspis ferox •

Der Tigerhai *Galeocerdo cuvier* ist der gefährlichste Hai tropischer Gewässer. Auf der Suche nach Beute kommt er auch in flachere Bereiche.

Grundhaie
Carcharhinidae

Grundhaie haben ein weites Verbreitungsgebiet. Sie kommen in allen tropischen und gemäßigten Meeren vor. Die meisten Arten leben in Küstennähe, doch einige Arten findet man auch im offenen Meer. Einige wenige Arten leben nur im Süßwasser. Diese große Familie umfasst die gefährlichsten Haiarten. Mindestens acht der 54 Arten waren in tödliche Angriffe auf Menschen verwickelt, und 15 Mitglieder dieser Familie haben Taucher angegriffen. Grundhaie sind an dem großen oberen Lappen der Schwanzflosse und der breiten runden Schnauze zu erkennen. Ihre messerartigen Zähne stehen im Unterkiefer enger zusammen. Sie sind gewandte und schnelle Schwimmer. Bei vielen Haien, so auch bei Grundhaien, ist die Bestimmung der Art schwierig. Dennoch sind einige Arten leicht zu erkennen. Zu ihnen gehört die größte Art dieser Familie, der Tigerhai. In tropischen Gewässern ist der Tigerhai der gefährlichste Hai. Ihm werden viele tödliche Angriffe, sowohl in Ufernähe als auch im offenen Wasser, zugeschrieben. Der Bullenhai steht weltweit an dritter Stelle in der Rangliste der für den Menschen gefährlichen Haie. Auch ihm werden Angriffe mit Todesfolge zugeschrieben. Vor allem Schwimmer und Surfer gehören zu seinen Opfern. Er bewohnt tropische Küstenregionen, kommt aber auch im Süßwasser im Inland vor. Abhängig von den Jahreszeiten kann der Bullenhai auch in den gemäßigten Breiten angetroffen werden. Man hat Bullenhaie schon 2896 km flussaufwärts im Mississippi und 3540 km flussaufwärts im Amazonas gefunden. Der Ozeanische Weißspitzen-Hochseehai ist der gefährlichste Hai im offenen Wasser der Tropen.

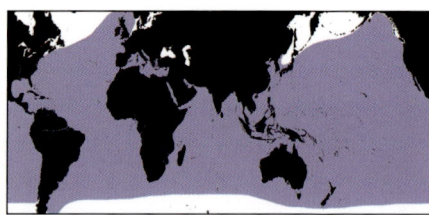

Tigerhai 5,5 m
Galeocerdo cuvier

Oberseite mit grauen Querstreifen. Breiter, stumpfer Kopf, Schnauze fast rechteckig. **Biologie**: Lebt in tiefen Lagunen, Buchten, Außenriffhängen und Offshore-Riffen, 1–300 m. Meist tagsüber im Tiefenwasser, nachts flacher und küstennah, häufig in trüben Gewässern nahe von Flussmündungen. Hat sehr große, lockere Reviere. Kann weite Wanderungen bis etwa 3400 km unternehmen. Ernährt sich von verschiedenen Tieren, wie Meeresschildkröten, Delfinen, Seevögeln, Haien, Rochen, Knochenfischen, Aas und Abfall. Der gefährlichste tropische Hai! Jedoch selten aggressiv gegenüber Tauchern. Pro Wurf 10–80 Junge. Nach 4–6 Jahren geschlechtsreif, Männchen mit spätestens 2,9 m, Weibchen mit 3,5 m. Schnellwüchsig, wird bis etwa 50 Jahre alt. **Verbreitung**: In allen tropischen Meeren, saisonal auch in Subtropen.

Bullenhai 3,4 m
Carcharhinus leucas

Robuster Körper mit breiter runder Schnauze. Rückenflosse dreieckig. **Biologie**: Bewohnt Salz- und Süßwassergebiete von Flüssen, Seen, Deltas und Küsten, 1–152 m Tiefe. Gewöhnlich bodennah. Wandert im Sommer in gemäßigte Zonen. Breites Nahrungsspektrum: Knochenfische, Haie, Rochen, Wirbellose, Schildkröten, Säugetiere, Seevögel, Wale und Abfälle. Sehr gefährlich: steht an dritter Stelle der tödlichen Unfälle bei Menschen. Allgemein Tauchern gegenüber nicht aggressiv, aber Vorsicht bei Begegnungen. Bis zu 13 Junge (51–81 cm lang). Wurf in Deltas und Flüssen. Geschlechtsreif zwischen 15–20 Jahren und 157–230 cm Länge. Alter bis etwa 25 Jahre. **Verbreitung**: Zirkumtropisch.

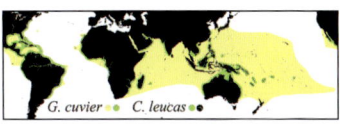

G. cuvier   C. leucas

Weißspitzen-Hochseehai 3,5 m
Carcharhinus longimanus

Kräftiger Körper mit abgerundeter Schnauze, auffallend großen, abgerundeten Rü-
cken- und Brustflossen mit weißen Spitzen.
Biologie: Pelagisch, im Oberflächenwasser
von tiefen Meeren, selten in Küstennähe,
0–150 m. Sehr häufig begleitet von Pilotfi-
schen und manchmal von Pilotwalen. Zu
seiner Nahrung gehören Knochenfische,
Rochen, Kalmare, Seevögel, Schildkröten,
Meeressäuger, Aas und Abfälle. Potenziell
gefährlich, fatale Angriffe sind bekannt.
Furchtlos, kann Taucher ausdauernd und
neugierig umkreisen. **Verbreitung**:
Zirkumtropisch, bevorzugt in über 18 Grad
warmem Wasser.

Seidenhai 3,3 m
Carcharhinus falciformis

Schlanker Körper, kleine Rückenflosse.
Biologie: Pelagisch, im Oberflächenwasser
von tiefen Meeren, 3–500 m. Besucht seltener auch steile Außenriffhänge, Offshore-
Riffe und Unterwasserrücken. Schnell und
unerschrocken, kann Drohgebaren zeigen,
jedoch gewöhnlich indifferent gegenüber
Tauchern. **Verbreitung**: Zirkumtropisch.

C. longimanus ● ● C. falciformis ●

Silberspitzenhai 3,0 m
Carcharhinus albimarginatus

Weiße Spitzen und Hinterränder an
Schwanz-, Rücken- und Brustflossen. **Biologie**: Lebt an tiefen Steilhängen und küstenfernen Riffen, manchmal in tiefen Lagunen
oder in Kanälen, 2 bis über 600 m. Einzeln
oder in Gruppen. Frisst Knochenfische,
Adlerrochen und Kraken. Generell vorsichtig,
kann jedoch aufdringlich werden. Ein Biss-
unfall bekannt. **Vorkommen**: Rotes Meer bis
Ekuador, n. bis Südjapan.

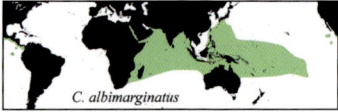

C. albimarginatus

Schwarzspitzenhai 2,55 m
Carcharhinus limbatus

Spitze Schnauze. Weißes, kurzes Seitenband.
Biologie: Bewohnt Küstengewässer,
ufernah bis >30 m. Selten an Ozeaninseln.
Weibchen wandern zu küstennahen
Laichgewässern. Frisst vorwiegend
Schwarmfische. Gewöhnlich nicht aggressiv,
aber mindestens ein tödlicher Angriff auf
Schwimmer. Kann Speerfischer belästigen.
Wurf nach 10–12 Monaten, 1–10 Junge und
38–72 cm lang. Geschlechtsreif mit 120–190
cm. **Verbreitung**: Zirkumglobal in Tropen
und Subtropen.

Galapagos-Hai 3,7 m
Carcharhinus galapagensis

Hohe Rückenflosse. Braungrauer Körper.
Biologie: Bewohnt Fels- und Korallenriffe
von Ozeaninseln, 2–180 m. Auch am Kontinentalschelf. Gewöhnlich in Gruppen in
Bodennähe. Frisst vorwiegend Fische, gelegentlich Wirbellose und Abfälle. Neugierig,
zeigt Drohverhalten. Ein fataler Angriff auf
Schwimmer bekannt, beißt gelegentlich zu.
Stark befischt. **Verbreitung**: Zirkumtropisch,
jedoch fleckenhaft.

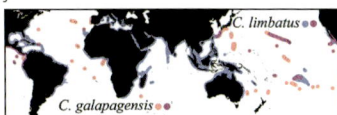

Sandbankhai 2,4 m
Carcharhinus plumbeus

Erste Rückenflosse sehr hoch. **Biologie**: Lebt
vorwiegend in Küstengewässern in 2–280
m. Meist nah über dem Grund, Paarung im
Frühjahr und Sommer. Jungtiere halten sich
in Gruppen im Flachwasser auf. Frisst
Bodenfische, gelegentlich Tintenfische und
Krebse. Einzeln oder in Schulen. Friedlich, ein
Unfall mit tödlichem Ausgang bekannt.
Wird bis 30 Jahre alt. **Verbreitung**: Zirkum-
global, verstreutes Vorkommen.

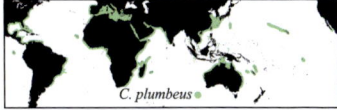

Grauer Riffhai — 1,8 m
Carcharhinus amblyrhynchos

Hinterer Rand der Schwanzflosse dunkel, Spitze und Hinterrand der Rückenflosse oft weiß. **Biologie**: Bewohnt tiefere Atoll-Lagunen, Kanäle und Außenriffe, 1–275 m. Gewöhnlich in Kanälen oder entlang von steilen, seewärtigen Riffhängen. Kann tagsüber lockere Gruppen bilden. Territorial, mit einem großen Heimrevier, kann sich auf Ausflügen mehrere Kilometer von der Küste entfernen. Ernährt sich überwiegend von Riff-Fischen, Kopffüßern und Krebsen. Steht in der Hierarchie über Weißspitzen- und Schwarzspitzen-Riffhai. Gebietsweise bekannt für sein Drohverhalten. Von pazifischen Inseln wurden einige Bissattacken auf Menschen berichtet, doch sind keine tödlichen Bisse bekannt. Kann durch Speerfischerei zu aggressiverem Verhalten stimuliert werden. Die Population im Indischen Ozean scheint weniger aggressiv zu sein als die im Pazifik. Regelmäßiger Kontakt mit Menschen scheint eine Gewöhnung und geringere Aggressivität zu bewirken. 1–6 Junge, Geschlechtsreife mit etwa 7 Jahren. Lebenserwartung mindestens 25 Jahre. **Verbreitung**: Rotes Meer und Südafrika bis Osterinseln, n. bis Taiwan und Hawaii, s. bis Natal.

C. melanopterus

Schwarzspitzen-Riffhai — 1,8 m
Carcharhinus melanopterus

Flossen und Schwanz mit schwarzen Spitzen, Flanken mit hellem Längsstreifen. **Biologie**: Bewohnt Riffdächer, flache Lagunen und Außenriffe, 0–75 m. Flinker Räuber, ernährt sich von Riff- und Tintenfischen. Schwimmt einzeln oder in Gruppen. Scheu, gewöhnlich ungefährlich. Hat offenbar aus Verwechslung gelegentlich im Flachwasser watende Menschen in Fuß oder Bein gebissen, jedoch ohne schwere Verletzungen zu verusachen. Pro Wurf 2–4 Junge. **Verbreitung**: Rotes Meer bis Frz.-Polynesien, Hawaii und Pitcairn-Inseln, n. bis Südjapan. Ist in jüngster Zeit über den Sueskanal auch ins Mittelmeer vorgedrungen (Israel, Tunesien).

Karibik-Riffhai   2,9 m
Carcharhinus perezi

Graubraun, heller Bauch und dunkler
Schwanzrand. **Biologie**: Bewohnt Korallen-
riffe und klare Küstengewässer, 1–45 m.
Auch in schlammigen Deltas. Häufigster
Karibikhai. Bodennah in schlafähnlichen
Ruhepausen oder an Außenriffhängen.
Gelehrig und nahbar. Hat aber Taucher
gebissen. Wird oft angefüttert. Wurf alle
zwei Jahre: 3–6 Junge, 70 cm lang.
Geschlechtsreif mit 152 cm.
Verbreitung: Bermudas, Florida bis Süd-
brasilien; gesamte Karibik.

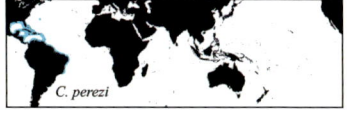

Zitronen-Hai   3,4 m
Negaprion brevirostris

Rückenflossen gleich lang. Gelbbraun bis
grau. **Biologie**: Bewohnt Deltas, Lagunen,
Mangrovenbuchten und Außenriffe, 1–92 m.
Kurze Flussaufstiege. An sauerstoffarmes
Wasser angepasst, kann auf dem Boden
liegen. Einzeln oder in kleinen losen Gruppen, bis 20 Tiere. Größte Aktivität morgens
und abends. Jungtiere in Mangroven- und
Flachwasserzonen. Adulte haben große
Heimreviere. Einige Populationen zeigen
Wanderungen: im Winter in Ansammlungen östlich von Florida.
Bei Provokationen aggressiv. Hat Taucher
angegriffen und gebissen, aber nicht
getötet. Geschlechtsreif mit 6,5 Jahren und
ca. 225 cm Länge. Tragzeit: 10–12 Monate.
Wurf: 4–17 Junge. **Verbreitung**: Karibik, n. bis
N. Y. und s. bis Brasilien, Westafrika, Mexiko
bis Kolumbien.

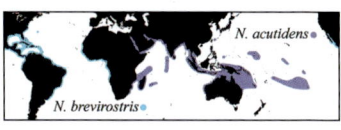

Weißspitzen-Riffhai 1,75 m
Triaenodon obesus

Schlanker Körper, weiße Spitzen auf Rücken-
und Schwanzflosse. Nasallappen. **Biologie:**
Bewohnt Lagunen und Außenriffe, 1–330 m.
Ruht tagsüber häufig auf dem Boden
liegend in Höhlen, unter Überhängen, aber
auch auf freien Sand- oder Geröllflächen
wie zum Beispiel in Kanälen. Gelegentlich
liegen mehrere Tiere beieinander. Geht vorwiegend nachts auf die Jagd, manchmal
auch in Gruppen. Ernährt sich von Riff- und
Tintenfischen. Zwängt sich auf der Beutesuche selbst in kleine Riffspalten. Kehrt am
Tage zu Stammplätzen zurück. Jungtiere
leben sehr versteckt. Ungefährlich, solange
er nicht provoziert wird. Eher scheu, doch
ausgewachsene Tiere zeigten in Situationen
mit Speerfischerei schon mal aufgeregte,
aggressive Reaktionen. 1–5 Junge, bei der
Geburt 50–60 cm lang. Geschlechtsreife mit
rund 5 Jahren und gut 100 cm Länge. Können bis mindestens 25 Jahre alt werden. **Verbreitung**: Rotes Meer bis Panama, n. bis Südjapan und Hawaii, s. bis Südafrika und Natal.

Blauhai 3,8 m
Prionace glauca

Eleganter, schlanker Schwimmer. Blaue
Oberseite, weißer Bauch. Lange Schnauze.
Weibchen oft mit Bisswunden. **Biologie:**
Pelagisch in tiefem Ozeanwasser am Konti-
nentalschelf; unterhalb der Sprungschicht
in den Tropen. Wandert mit Fischzügen und
Krillansammlungen. Im Oberflächenwasser,
dabei Schwanz- und Rückenflossen sichtbar.
Kann aggressiv sein: Bevor er zubeißt,
umkreist er Schwimmer und Taucher. Alter
bis 20 Jahre. **Verbreitung**: Zirkumglobal,
Wassertemperaturen: 7–25 °C.

Hammerhaie
Sphyrnidae

Hammerhaie sind weitverbreitet und kommen in allen tropischen und gemäßigten Meeren vor. Sie leben meistens in Küstennähe, einige leben nomadisch und schwimmen bei ihren Wanderungen im offenen Ozean. Die acht Arten dieser Familie ähneln im Körperbau den Grundhaien, nur haben sie den typischen hammerförmigen Kopf. Dadurch liegen ihre Nasen und Augen weit auseinander und bieten mehr Platz für die Lorenzin'schen Ampullen. Das räumliche Sehvermögen der Haie wird dadurch verbessert und ihre Fähigkeit, Gerüche und Magnetfelder wahrzunehmen, erhöht. Der Bogenstirn-Hammerhai benutzt seinen „Hammer" auch, um Stechrochen in den Sand zu pressen, die zu ihren Beutetieren gehören. Zumindest ein tödlicher Angriff eines Hammerhais ist bekannt. Der Große Hammerhai und der Glatte Hammerhai haben schon Taucher angegriffen und Menschen gebissen.

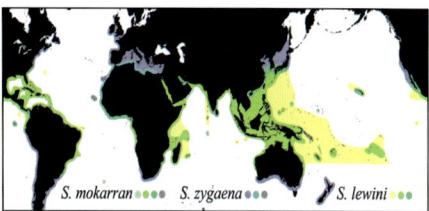

S. mokarran ●●●● S. zygaena ●●● S. lewini ●●●

Großer Hammerhai   6,1 m
Sphyrna mokarran

Hohe, gebogene 1. Rückenflosse. Vorderer Hammerrand fast gerade. **Biologie**: Küstennahe und küstenferne Zonen, am Kontinentalschelf, an Inselterrassen, in tiefen Lagunen und in Passagen von Korallenatollen sowie auf Korallenriffen, ufernah bis >80 m Tiefe. Bevorzugt Stechrochen, Zackenbarsche und Welse als Nahrung. Nicht aggressiv, kann aber gelegentlich Menschen beißen. Nicht häufig. Saisonale Wanderungen. 11 Monate Tragzeit; 6–42 Junge. **Verbreitung**: Zirkumglobal; Tropen und Subtropen.

Bogenstirn Hammerhai   4,0 m
Sphyrna lewini

Stirnrand leicht gebogen und mit Einkerbungen. **Biologie**: Bewohnt Kontinentalhänge, steile Riffhänge von Offshore-Inseln und Unterwasserrücken, 1–275 m. Jungtiere küstennäher, Erwachsene bevorzugt in kühlerem Wasser unterhalb der Sprungschicht, auch pelagisch. Frisst vorwiegend Fische, besonders auch Stechrochen, gelegentlich Wirbellose. Nicht aggressiv, wenn nicht zum Beispiel durch zappelnde Fische erregt. Zeigt gelegentlich Drohverhalten. Gilt als potenziell gefährlich, doch Angriffe sind nicht belegt. 13–31 Junge. **Verbreitung**: Zirkumtropisch. **Ähnlich**: Glatter Hammerhai *S. zygaena*, ohne zentrale Stirnkerbe.

Der Fransen-Wobbegong, *Eucrossorhinus dasypogon*, hat schon Taucher gebissen. Die weißen Augenflecken liegen hinter den richtigen Augen. Sie sollen Angreifer und Beutetiere täuschen.

Ammenhaie und ihre Verwandten
Orectolobiformes

Diese Haie leben ausschließlich auf dem Meeresboden. Ihre Zähne sind nicht groß genug, dass sie einen Menschen töten können, aber manche Arten fühlen sich schnell gestört und können einem Menschen schmerzhafte Verletzungen zufügen. Ihr Maul ist klein bis mittelgroß und sie haben ein kräftiges Gebiss mit nadelförmigen Zähnen. Sowohl Ammenhaie als auch Wobbegongs haben schon Menschen angegriffen. Die einzige Art der Leopardenhaie, *Stegostomatidae*, sollte wegen der Größe ihres Mauls und ihrer Zähne sehr respektvoll behandelt werden. Kleinere Arten, wie die Lippenhaie, *Hemiscylliidae*, können auch beißen, aber sie sind zu klein, um ernsthafte Verletzungen zu verursachen.

Biologie
Ammenhaiartige Haie sind typische Bodenbewohner. Sie liegen auf Sand oder Kies in Vertiefungen und unter Riffkanten. Gelegentlich legen sie beachtliche Strecken zurück, halten sich dabei jedoch immer in unmittelbarer Nähe des Bodens auf. Sie ernähren sich von kleinen Tieren, wie Schalentieren, Muscheln und kleinen Fischen. Einige Arten fressen sogar Seeigel und Seeschlangen. Die Beute wird angesaugt und mit den nadelförmigen Zähnen geschnappt. Alle Haie dieser Familie sind friedlich und für den Menschen ungefährlich, wenn sie nicht gereizt werden. Wobbegongs sind standorttreu. Ihre schützende Tarnung ermöglicht ihnen, Beutetiere aus dem Hinterhalt anzugreifen. Dadurch können sie bei Tauchgängen leicht übersehen werden und zubeißen, wenn sie versehentlich berührt werden. Einige Arten sind leicht reizbar und können zubeißen, wenn sie belästigt werden. Wobbegongs und die meisten Ammenhaie bringen lebende, voll entwickelte Jungen zur Welt. Der Leopardenhai dagegen legt Eikapseln ab.

Merkmale
Alle Arten dieser Gruppe sind lang gestreckt mit stumpfer Schnauze und kleinem Maul. Sie haben breite Brustflossen, zwei gleich große Rückenflossen im hinteren Teil des Körpers und eine lange Schwanzflosse, die nur einen oberen Lappen besitzt.

Kleines Maul, kleine Zähne – aber ein Griff wie eine Schraubzwinge

Das Maul der Wobbegongs ist ganz vorn am Kopf und kann überraschend weit geöffnet werden. Die Zähne sind schmal und spitz (unten). Ammenhaie (oben) und Leopardenhaie haben ein kleineres Maul, das an der Unterseite der Schnauze liegt. Ihre Zähne sind relativ klein und spitz und liegen weit auseinander. Wie die meisten Haie, haben sie mehrere, voll funktionstüchtige Reihen Zähne. Diese Haiarten haben einen Griff wie eine Schraubzwinge und lassen oft nicht mehr los, wenn sie sich verbissen haben, selbst wenn sie nicht mehr im Wasser sind. Sie können an Land noch mehrere Stunden überleben.

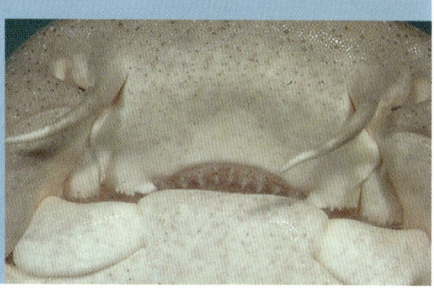

Teppichhaie haben eine Tarnfärbung und Hautfransen, die einem Algenbewuchs ähneln. Dies erreichen sie durch ein komplexes Muster aus kleinen Punkten und größeren Flecken. Bei manchen Arten vervollständigt ein Augenfleck hinter den eigentlichen Augen die Täuschung. Ihr Maul befindet sich vorn an der Schnauze und ist von verzweigten Hautfransen umgeben. Viele Wobbegongs haben ihren Schwanz eingerollt, wenn sie auf dem Boden liegen. Ammenhaie sind im Durchmesser nahezu zylindrisch und haben ein kleines Maul unterhalb der Schnauze. Sie sind zwischen hellbraun und grau gefärbt.

Der Leopardenhai unterscheidet sich vom Ammenhai dadurch, dass fünf Längskanten auf seiner oberen Körperhälfte verlaufen. Seine Schwanzflosse ist so lang wie sein Körper. Die Jungen sind fast weiß und haben schwarze Streifen. Mit zunehmendem Alter werden die Streifen zu Punkten.

Unfälle

Bisse von Wobbegongs sind fast immer provoziert, etwa wenn ein Taucher die Tiere anfasst oder belästigt. Fischer werden manchmal gebissen, wenn sie versuchen, einen Hai vom Haken loszumachen oder ihn aus einem Langustenkäfig zu befreien. Man ist von der Schnelligkeit und Wendigkeit der Haie überrascht. Auch ihre Hartnäckigkeit verblüfft. In vielen Fällen kann der sich festbeißende Hai nicht abgeschüttelt werden. Oft muss das Opfer das Wasser verlassen und ist auf Hilfe angewiesen.

Fallbeispiele

Palm Beach in Florida. März 2002
Ungefähr 270 m vom Ufer entfernt und einer Wassertiefe von 5 m wurde ein 39-jähriger Mann von einem Ammenhai angegriffen. Er schnorchelte über eine Fischschule, als der Hai sich auf ihn stürzte und an seinem linken Arm festbiss. Nur mit Mühe konnte der Mann sich an der Oberfläche halten. Nach 5 Minuten kamen ihm Menschen in einem Boot zu Hilfe. Selbst nachdem der Hai aus dem Wasser gezogen worden war, hielt er noch an dem Arm fest und der Notarzt musste ihm den Kiefer aufbrechen. Man gab dem Verletzten, der während des Unfalls und der Behandlung bei Bewusstsein blieb, Lachgas, um den Schmerz zu lindern. Nur die Gefahr einer Infektion konnte nicht sofort ausgeschlossen werden. Im Krankenhaus wurde er kurz behandelt und konnte dann entlassen werden. Wahrscheinlich war der Mann mit seinem Arm in die Fischschule geraten, sodass der Hai ihn mit der Beute verwechselte. Oder der Hai hatte sich durch eine Armbewegung bedroht gefühlt.

Gewöhnliche Ammenhaie, *Nebrius ferrugineus*, schlafen tagsüber. Oft teilen sie sich einen festen Schlafplatz.

Vorbeugende Maßnahmen

Taucher sollten Teppich-, Ammen- und Leopardenhaie nicht anfassen oder belästigen. Das gilt für alle Arten dieser Familien. Um Unfälle zu vermeiden, sollte man in Bodennähe besonders vorsichtig sein, vor allem in Gegenden, wo diese Haie vorkommen. Fischer sollten wissen, wie beweglich und hartnäckig diese Haie sind, und entsprechend vorsichtig sein, wenn sie einen Hai vom Haken lösen oder aus einer Falle befreien. Am besten ist es, dabei immer zu zweit zu sein.

Was ist zu tun?

Erste Hilfe

Blutungen durch Druckverband stoppen. Verletzten ruhig halten. Wenn der Verletzte bei Bewusstsein ist, auf Schocksymptome achten. Warm halten. Atem und Herzschlag beobachten und gegebenenfalls Wiederbelebungsmaßnahmen einleiten. So schnell wie möglich medizinische Hilfe anfordern. Auch sehr kleine Wunden sollten medizinisch versorgt werden, um Infektionen zu vermeiden.

Achtung

Wenn möglich, den Verletzten nicht selbst transportieren, sondern den Notarzt rufen.

Weiterführende Behandlung

Abhängig von der Art der Verletzung.

Symptome

Bisse von Teppich-, Ammen- oder Leopardenhaien hinterlassen gewöhnlich leichte Verletzungen, wie Quetschungen oder kleine Einstiche. Eventuell können Antibiotika nötig sein. Für Schnorchler besteht ein geringes Risiko zu ertrinken, wenn sie von einem großen Exemplar gepackt werden.

Arten und Verbreitung

Die Ordnung der Ammenhaiartigen besteht aus sieben Familien, die in insgesamt 35 Arten unterteilt sind. Außer dem Walhai leben alle Arten auf dem Meeresboden. Sie haben Barteln an der Nase, ein kleines Maul, das vor den Augen liegt, zwei Rückenflossen und eine Schwanzflosse, die entweder keinen oder nur einen sehr kleinen unteren Lappen hat. Einige der neun Teppichhaiarten und drei Ammenhaiarten haben schon Menschen angegriffen.

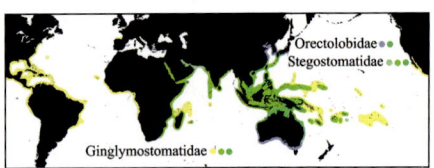

Wobbegongs
Orectolobidae

Indonesien-Wobbegong >1,25 m
Orectolobus sp.

Verzweigte Hautfransen ums Maul und an den Kopfseiten. **Biologie**: Bewohnt Korallenriffe mit aufströmendem, kühlem Tiefenwasser (15–23 °C). Unbeschriebene Art, bisher nur von Fotos bekannt geworden. Nah verwandt mit dem Gefleckten Wobbegong *O. maculatus*, 3,2 m. Südaustralien. Bekannt für Beißfreude bei Provokation. **Verbreitung**: Komodo, Bali, Westpapua und wahrscheinlich Philippinen.

Fransen-Wobbegong >1,25 m
Eucrossorhinus dasypogon

Fransenartige Hautlappen an Maul und Kopf. Breite Brustflossen. **Biologie**: Bewohnt flache Korallenriffe, 1–40 m. Tagsüber auf Sand nahe oder unter Korallenköpfen ruhend. Oft in Riffkanälen und Höhlen. Nachtaktiv. Ernährt sich von kleinen Bodenfischen und Wirbellosen. Wahrscheinlich einzeln lebend. Harmlos, kann aber zubeißen. Junge bei Geburt 20 cm lang. **Verbreitung:** Nordaustralien bis Neuguinea.

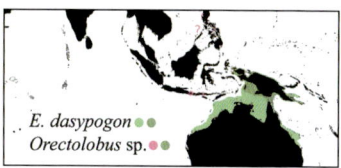

E. dasypogon ●●
Orectolobus sp. ●●

Ammenhaie
Ginglymostomatidiae

Gewöhnlicher Ammenhai 3,2 m
Nebrius ferrugineus

Grau bis braun. Kleines Maul mit Barteln.
Biologie: Bewohnt Lagunen und Außenriffe,
1–70 m. Gewöhnlich auf Sand unter oder
nahe von Korallenköpfen und Spalten von
Außenriffen ruhend. Auch in Kanälen, Lagunen und an flachen Stränden. Vorwiegend
nachtaktiver Jäger, der seine Beute aus Spalten „saugt". Ernährt sich von Tintenfischen,
Krebsen, Bodenfischen, Seeschlangen und
sogar Seeigeln. Träge und harmlos. Bei Provokation kann er sich zäh wie eine Dogge
festbeißen. **Verbreitung**: Rotes Meer, Südafrika bis Frz.-Polynesien, Südjapan.

Karibik-Ammenhai 3 m
Ginglymostoma cirratum

Gelblich bis graubraun. Junge mit dunklen
Flecken. Kleines Maul mit langen Barteln.
Biologie: Bewohnt Mangrovenkanäle, Sand-
bänke, Seegraswiesen, Fels- und Korallenriffe, 1–40, selten bis 130 m. Juvenile zwischen Mangroven und auf Seegras. Besetzt
kleine Heimreviere. Nachtaktiv. Tagsüber in
Gruppen auf Sand, in Höhlen oder unter
Überhängen ruhend. Ernährt sich von Wirbellosen, kleinen Fischen sowie Rochen, die
eingesaugt werden. Harmlos, kann sich aber
bei Provokation festbeißen. Bei der Balz
treten synchrones Parallelschwimmen mit
Berührung auf und Männchen verbeißen
sich in die weibliche Brustflosse und fallen
dann vor der Kopulation rücklings zu Boden.
Jährlicher Wurf: 20–30 Junge mit großem
Dottersack, Geburt im Frühling/Sommer
nach ca. 6 Monaten Tragzeit. Alter 20–30
Jahre. Oft in Schauaquarien oder in Schau-
becken von Hotels. **Verbreitung**: Baja California bis Peru; North Carolina bis Südbrasilien,
östlich bis Bermuda-Insel. (Siehe auch Bild
rechts unten.)

C. albimarginatus

Leopardenhai
Stegostomatidae

Leopardenhai	2,35 m
Stegostoma varium	

Jungtiere weiß mit schwarzen Streifen (daher engl. Name: zebra shark), Erwachsene
hell mit zahlreichen leopardenartigen
Flecken. 5 Längsgrate entlang des Rückens.
Sehr lange Schwanzflosse. **Biologie**: Bewohnt Sand-, Geröll- oder Korallengrund
von Lagunen und Kanälen, 5–65 m. Träger
Bodenbewohner, ruht tagsüber auf dem
Grund mit dem Kopf zur Strömung, geht
nachts auf Beutesuche. Frisst vor allem Weichtiere, gelegentlich auch Krebse und
kleine Fische. Harmlos, kann bei Belästigung
jedoch gefährlich werden. Jungtiere messen
beim Schlüpfen aus den Eikapseln 20–26
cm. **Verbreitung**: Rotes Meer und Südafrika
bis Neukaledonien, n. bis Japan.

Muränen
Muraenidae

Muränen sind vorwiegend dämmerungs- und nachtaktive Räuber. Ihre Wohnhöhlen finden sie in den Löchern und Spalten des Riffs. Dort verbringen sie in der Regel den Tag. Nicht selten schauen sie mit dem Kopf oder dem Vorderkörper aus ihren Schlupflöchern hervor. Nachts durchstreifen sie die Rifflandschaft nach Beutetieren. Dabei orientieren sie sich vor allem mithilfe ihres feinen Geruchssinns, mit dem sie Fische, Krebse und Kraken aufspüren

Biologie
Einige Arten besitzen kurze stumpfe Zähne, mit denen sie auch Krebspanzer knacken können. Viele Arten, die sich von Fischen und Kraken ernähren, haben spitze nadelförmige Fangzähne, die ausgezeichnet zum Festhalten glitschiger Beute geeignet sind. Muränen öffnen und schließen regelmäßig das Maul, was Taucher und Schnorchler oft als Drohgebärde deuten. Tatsächlich dient dieses Verhalten jedoch der Atmung, denn Muränen besitzen keine Kiemendeckel und müssen mit diesen Maulbewegungen sauerstoffreiches Wasser durch den engen langen Kiemengang pumpen. Dagegen ist ein weit aufgesperrt gehaltenes Maul tatsächlich eine Drohgebärde.

Merkmale
Der Körper ist lang gestreckt und schlangenförmig, jedoch im Gegensatz zu Schlangen seitlich durchgehend abgeflacht, auch der Kopf. Brust- und Bauchflossen fehlen, anders als bei Aalen, die hinter den Kiemenöffnungen kleine Brustflossen haben. Rücken-, Schwanz- und Afterflosse sind bei Muränen zu einem langen Flossensaum verwachsen. Weit hinten am Kopf liegt eine kleine rundliche Kiemenöffnung. Die Haut ist ohne Schuppen, fest und von einer schützenden Schleimschicht bedeckt. Man kann Muränen durch ihre seitlich abgeflachte Körperform, ihre schuppenlose glatte Haut und den Flossensaum sicher von Seeschlangen mit deutlich erkennbaren Schuppen und fehlenden Flossen unterscheiden.

Die Riesenmuräne, *Gymnothorax javanicus*, ist friedlich, sollte aber nicht gestört werden. Mit 2,4 m und über 50 kg ist sie die größte und massigste Art.

Muränen können erstaunlich große Beutetiere verschlingen. Die Grüne Muräne, *Gymnothorax funebris*, ist nachtaktiv und ernährt sich von Fischen und Tintenfischen. Sie ist die größte Art in der Karibik.

Unfälle
Muränen stellen im Gegensatz zur weitverbreiteten Meinung fast keine Gefahr dar. Nur sehr wenige Arten wie die Bartmuräne *Gymnothorax breedeni* können sich Tauchern gegenüber aggressiv zeigen, wenn diese ihr zu nahe kommen. Sie greift Kameragehäuse, Hände und Arme an, auch wenn der Taucher sich in einer Entfernung befindet, die für andere Arten ähnlicher Größe noch als sicher gelten kann.
Aufgrund ihrer Größe könnten einige Muränenarten Menschen schlimme Verletzungen zufügen. Beschriebene Unfälle beruhen nahezu immer auf leichtsinnigem, falschem Verhalten. So kann man gebissen werden, wenn man eine Muräne anfasst oder versucht sie festzuhalten. Muränen und Langusten teilen sich oft eine Höhle. Daher passiert es immer wieder, dass Menschen auf der Suche nach Langusten in die Wohnhöhle einer Muräne fassen und gebissen werden. Natürlich beißt eine Muräne in Todesangst um sich, wenn sie von einer Harpune getroffen wird. In manchen Gebieten werden Muränen angefüttert, um Tauchern als besondere Attraktion vorgeführt zu werden. Diese angefütterten Muränen verlieren ihre Scheu gegenüber dem Menschen und zeigen

Nur der Vorderkörper dieser Riesenmuräne schaut aus dem Versteck hervor. Taucher sollten bei Muränen immer den nötigen Sicherheitsabstand einhalten – wie hier der Koautor (Matthias Bergbauer).

auch sonst veränderte Verhaltensweisen: Sie sind oft tagsüber aktiv, schwimmen Tauchern auch im freien Wasser entgegen und können regelrecht aufdringlich werden. In solchen Situationen wurden Menschen schon gebissen. Auch beim Füttern kann es passieren, dass eine Muräne die Hand mit dem Futter verwechselt. Werden Muränen jedoch in Ruhe gelassen und größere Arten, die Tauchern gegenüber ein natürliches Revierverhalten zeigen, mit dem nötigen Respekt behandelt, stellen diese Tiere normalerweise keine Gefahr dar.

Vorbeugende Maßnahmen
Man sollte Muränen mit Vorsicht behandeln, sie nicht anfassen und auch nicht anfüttern. Das gilt vor allem für Muränen, die sich im freien Wasser bewegen. Erst nach sorgfältiger Überprüfung in Höhlen greifen. Keine toten oder verletzten Fische in der Hand oder am Körper mit sich tragen. Nie versuchen, einen Haken aus dem Maul einer noch lebenden Muräne zu entfernen.

Symptome
Muränen können schmerzhaft zubeißen und mit ihren spitzen Zähnen stark blutende Wunden reißen. Nachfolgend kann es leicht zu Sekundärinfektionen kommen. Lebensbedrohliche Verletzungen, abgebissene Finger und durchtrennte Sehnen sind bekannt. Bisse von kleinen Tieren können sehr schmerzhaft sein.

Arten und Verbreitung
Muränen bilden eine große Familie mit 185 Arten, die sich auf zwei Unterfamilien mit mehreren Gattungen verteilen. Die Gattungen unterscheiden sich durch Typ und Position der Zähne sowie durch die Position der Flossen und die Form von Kiefer, Kopf und Körper. Die meisten Muränen, die man als Taucher oder Schnorchler zu sehen bekommt, gehören zur Unterfamilie *Muräninae*. Hierzu gehören die Gattungen *Gymnothorax* , mit einigen sehr großen Arten wie Riesenmuräne, Grüne Muräne, Große Netzmuräne, *Muraena*, wie die Mit-

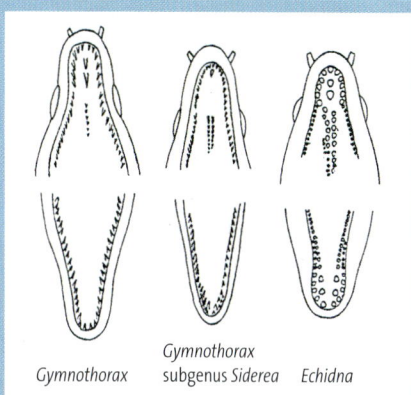

Gymnothorax   Gymnothorax subgenus *Siderea*   Echidna

Gefleckte Muräne *Gymnothorax moringa*

Ein Maul voll Dolche

Die meisten Muränen haben dolchartige, scharfe, seitlich abgeflachte und leicht nach hinten, manchmal nach innen gebogene Zähne. Ihre Anordnung und Form ist abhängig von der Art. Teilweise verändern sie ihre Form während des Wachstums. Die längsten Zähne befinden sich vorn und an der Mittellinie des Oberkiefers. Die Zähne im seitlichen und hinteren Bereich der Mundhöhle können wie eine Säge angeordnet sein. In einigen Fällen gibt es zusätzliche Reihen kleinerer Zähne, die es der Muräne ermöglichen, sich windende Beute zu packen und in den Schlund zu schieben. Obwohl diese Muränen die meisten ihrer Beutetiere als Ganzes verschlingen, hinterlassen ihre Zähne tiefe Wunden in weichem Gewebe. Einige Arten mit stumpfer Schnauze, wie die Graue Muräne, *Gymnothorax griseus* (Untergattung *Siderea*), und die Ketten-

Graue Muräne   Ketten-Muräne
Gymnothorax griseus   *Echidna catenata*

Muräne, *Echidna catenata,* haben kurze, konische Zähne. Damit können diese Arten Schalentiere aufbrechen. Die Zebramuräne, *Gymnomuraena zebra*, zu deren Nahrung zweischalige Muscheln, Seeigel und Schalentiere gehören, hat kieselsteinartige Zähne, deren Anordnung an ein Kopfsteinpflaster erinnert. Muränen können ihr Maul sehr weit öffnen und so erstaunlich große Beutetiere fressen.

Giftig oder ungiftig?

Bisse der Weißrand-Muräne, *Gymnothorax albimarginatus*, sind viel schmerzhafter, als der Schaden vermuten lässt. Ein Grund dafür könnte ein Gift oder eine giftähnliche Substanz sein. Die Gelbmaul-Muräne, *G. nudivomer*, besitzt toxische Haut und giftigen Schleim.

Gymnothorax albimarginatus

Fallbeispiele

Ein Riesen-Drückerfisch, ein Sägebarsch und eine Riesenmuräne wurden von einem jungen Taucher gefüttert. Die Muräne war offensichtlich sehr an der Fütterung interessiert. Sie schwamm frei herum und suchte bei dem Taucher, seinem Tauchpartner und dem Fotografen nach der Futterquelle. Die Plastiktüte war undurchsichtig und so groß, dass der Taucher die Brocken nicht bequem herausholen konnte. Offensichtlich verlor die Muräne die Geduld. Sie schnappte nach dem Daumen des Tauchers und hielt ihn fest. Kurz darauf riss der Daumen ab und eine riesige Blutwolke verteilte sich im Wasser. Die Wunde wurde genäht und heilte.

Gibt es unprovozierte Angriffe?

Ein Mann schnorchelte mit einem Freund in einer kleinen Lagune. Auf dem Rückweg zu ihrem Boot begegneten sie einer großen Muräne, die offensichtlich einen Sandkanal bewachte. Sie bewegte sich über den freien Sandboden. Die Schnorchler schwammen über die Muräne hinweg zu ihrem Boot, wurden aber von der Muräne verfolgt. Kurz bevor sie das Boot erreichten, wurde einer der Männer in die Flosse gebissen. Dieses aggressive Verhalten lässt sich vielleicht erklären: Bei der Muräne könnte es sich um ein männliches Tier gehandelt haben, das sich in Paarungsstimmung befunden hat. Der hohe Testosteronspiegel könnte zu der Aggressivität geführt haben.

Kein Gift!

Der unbegründet schlechte Ruf von Muränen rührt nicht nur von ihrem Furcht einflößenden Aussehen her, sondern auch von dem jahrhundertelang gepflegten Irrglauben, ihr Biss sei giftig. Sorgfältige Untersuchungen haben jedoch gezeigt, dass ihre Zähne nicht über Giftkanäle verfügen und in der Mundhöhle weder Giftdrüsen noch ähnliches Gewebe vorhanden ist. Die Gelbmaul-Muräne, *G. nudivomer*, zum Beispiel schützt sich durch giftigen Schleim und giftige Haut. Der Verzehr von Muränen ist weitverbreitet. Dass die einzigen Todesfälle im Zusammenhang mit Muränen nach dem Verzehr der Tiere eingetreten sind, kommt daher, dass manche Muränen das Gift Ciguatera enthalten. Außerdem können Keime und Verunreinigungen in der Wunde grundsätzlich zu Sekundärinfektionen führen. Ungeklärt bleiben die Bisse der Weißrand-Muräne, *G. albimarginatus*, die besonders schmerzhaft sind. Dieser Schmerz könnte von einem Gift oder einer giftartigen Substanz herrühren. Untersuchungen, die diesen Verdacht bestätigen könnten, gibt es jedoch noch keine.

Was ist zu tun?

Erste Hilfe

Verletzungen wie jede blutende Wunde versorgen. Arzt aufsuchen, da bei unsachgemäßer Behandlung die hohe Gefahr einer Sekundärinfektion besteht.

Achtung

Wunde in Ruhe lassen. Besonders kein Aus- oder gar Einschneiden vornehmen.

Weiterführende Behandlung

Wunde reinigen und desinfizieren, Antibiotikum und ggf. Tetanusprophylaxe verabreichen.

telmeer-Muräne, und *Enchelychore,* wie die Panthermuräne. Die Arten dieser Gattungen besitzen, von wenigen Ausnahmen abgesehen, dolchförmige, nadelspitze Zähne. Bei fast allen – der insgesamt sehr wenigen – Zwischenfällen mit Muränen handelt es sich um Mitglieder dieser Gattungen. Ebenfalls zu dieser Unterfamilie gehören *Gymnomuraena, Echidna, Rhinomuraena, Pseudochidna* und *Strophidon.* Die Schlangenmuränen, *Uropterygiinae,* bilden die zweite Unterfamilie. Sie sind extrem lang gestreckt und haben einen fast kreisrunden Querschnitt, und nur an der Schwanzspitze zeigen sie einen stark reduzierten Flossensaum. Die Arten der Schlangenmuränen leben versteckt und können nur selten beobachtet werden. Die meisten Muränen bewohnen tropische Küstengewässer. Einige leben in gemäßigten Meeren, manche in Tiefen bis über 200 Meter. Wenige dringen auch in Süßgewässer vor. Da Muränen lange Larvenstadien besitzen, haben die meisten ein großes Verbreitungsgebiet.

Die auffällig gefärbte Perlenmuräne lugt neugierig aus ihrer Wohnhöhle hervor.

Wie groß können Muränen werden?

Die Riesen-Deltamuräne, *Strophidon sathete*, ist die längste Muräne der Welt. Ihr Körper ist schmal und ihr Schwanz macht bereits zwei Drittel ihrer beachtlichen Länge aus. Das größte gemessene Tier hatte eine Länge von 374 cm. Doch im Vergleich zu ihrer Größe sind diese Tiere echte Leicht-

gewichte. Ein 255 cm großes Tier wog nur 4,5 kg. Ganz anders die Riesenmuräne *Gymnothorax javanicus*. Hier wurde ein Tier mit einem Gewicht von 35,4 kg gefangen. Wissenschaftler, die von Exemplaren mit 210 cm Länge und einem Gewicht von 29 kg berichten können, gehen davon aus, dass Tiere mit einer Länge von mindestens 250 cm vorkommen. Die Riesenmuräne ist für eine Muräne ungewöhnlich massig. Da sie bei Längen von über 150 cm unverhältnismäßig dick werden, ist ein Gewicht von über 50 kg denkbar. Die größte Muräne der Karibik ist die Grüne Muräne, *Gymnothorax funebris*. Sie wird bis zu 189 cm groß und kann ein Gewicht von 15,2 kg erreichen. Der massige Körper der *Muraena robusta* erreicht eine Länge von 186 cm, wird aber schwerer als die Grüne Muräne. Sie hat ihr Revier in den flachen Gewässern des kühleren östlichen Atlantiks und dem Südosten der USA.

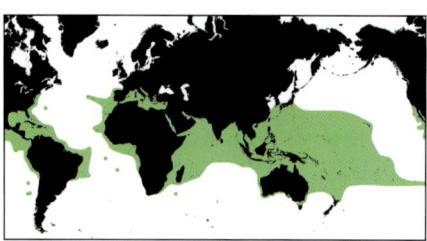

Weltweite Verbreitung der Muränen

Atlantische Muränen

Grüne Muräne   230 cm; 28 kg
Gymnothorax funebris

Einfarbig grün. Juv. können braun bis schwärzlich sein. **Biologie**: Bewohnt Fels- und Korallenriffe sowie brackige Tidengewässer, 1–40 m. Versteckt in Spalten und Höhlen lebend, vermeidet offenes Schwimmen. Ernährt sich nachts von Fischen und Tintenfischen. Seltene Fälle unprovozierter territorialer Angriffe. Die größte karibische Muräne. Relativ häufig. **Verbreitung**: Südflorida, Bahamas bis Südbrasilien, ö. bis Bermudas.

Gefleckte Muräne   100 cm
Gymnothorax moringa

Braunschwarze Flecken auf weißem Untergrund. **Biologie**: Bewohnt kleine Felspartien von Innenriffen, Seegraswiesen sowie Fels- und Korallenriffe, 1–50 m. Häufigste karibische Muräne. Handgefütterte Tiere können aggressiv werden. Gelegentlich im offenen Wasser schwimmend. **Verbreitung**: Südcarolina bis Südbrasilien, ö. bis Bermudas und Kapverden.

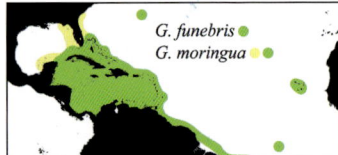

G. funebris ●
G. moringua ● ●

Gelbaugen-Muräne   84 cm
Gymnothorax vicinus

Grünbraune Flecken. Schwarze Ränder an Rücken- und Afterflossen. Gelbes Auge. Violettes Maul. **Biologie**: Lebt auf Fels- und Korallenriffen, 1–75 m. Nachtaktiv, tagsüber versteckt – nur der Kopf ragt aus dem Versteck. Kannibalismus. Häufig. **Verbreitung**: Bermudas und Bahamas bis Südbrasilien.

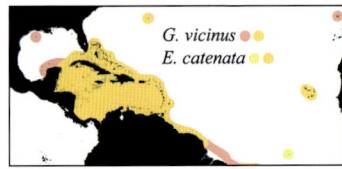

G. vicinus ● ●
E. catenata ● ●

Ketten-Muräne 71 cm
Echidna catenata

Breite dunkle Bänder. **Biologie**: Bewohnt flache Fels- und Korallenriffe, 0–20 m. Besonders in Tidenbecken, an kleinen Korallenköpfen und zerstreuten ufernahen Fels- und Korallenblöcken. Nachtaktiv. Frisst vorwiegend Krabben, die auch auf dem Strand verfolgt werden. **Verbreitung**: Südflorida bis Südbrasilien, ö. bis Bermudas, Ascension Is.

Mittelmeer-Muräne 150 cm
Muraena helena

Färbung variabel: Bläulich (besonders jüngere Exemplare) hell- bis dunkelbraun, jeweils mit cremefarbenen bis gelblichen Flecken, die Ringe formen können. **Biologie**: Bewohnt Felsgebiete, 0–105 m. Häufig. Ernährt sich von Fischen und Tintenfischen. Bei den Kanaren häufiger im östlichen Teil mit kälteren Zonen. **Verbreitung**: Mittelmeer, im Ostatlantik vom Süden der Britischen Inseln bis Senegal, Kanaren, Madeira, Azoren. **Ähnlich**: Fangzahn-Muräne, *Enchelycore anatina*, mit starkem Hakenkiefer. Karibik bis Mittelmeer.

Augustus-Muräne 130 cm
Muraena augusti

Rotbraun mit kleinen hellen Flecken. Weißes Auge. **Biologie**: Bewohnt Felsgebiete, von der Tidenzone bis 100 m. Kann sich z. T. farblich dem Untergrund anpassen. **Verbreitung**: Nur Azoren, Madeira und Kanaren.

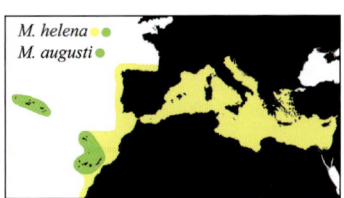

Indopazifische Muränen

Riesenmuräne 2,39 m
Gymnothorax javanicus

Braun mit kleinen schwarzen Flecken, die oftmals ein leopardenähnliches Muster bilden. Bezogen auf ihr Gewicht (bis über 35 kg) die größte Muränenart. **Biologie:** Lebt in flachen Lagunen und an Außenriffen, 1–46 m. Häufig. Frisst vorwiegend Fische, darunter auch juvenile Weißspitzen-Riffhaie, gelegentlich auch Krebstiere und Kraken. Normalerweise friedlich und sogar vielfach von Tauchern durch Fütterungen „gezähmt". Doch sind unprovozierte Angriffe mit ernsthaften Verletzungen nachgewiesen. Die Art ist häufig ciguatoxisch, Todesfälle in diesem Zusammenhang sind bekannt. **Verbreitung:** Rotes Meer bis Panama, s. bis Südafrika, n. bis Hawaii (dort selten).

Rußkopfmuräne 1,2 m
G. flavimarginatus

Braun, gesprenkelt mit zahlreichen gelben Flecken. Oranges Auge, Jungtiere mit gelb grünlichen Flossensäumen. **Biologie:** Bewohnt Riffdächer, Lagunen, Fels- und Korallenriffe, 0,3–150 m. Oft ragt nur der Kopf aus dem Versteck heraus. Jagt nachts kleine Fische und Krebse. In vielen Gebieten häufig. Oft ciguatoxisch. **Verbreitung:** Rotes Meer bis Panama, n. bis Ryukyus, s. bis Südafrika und Neukaledonien.

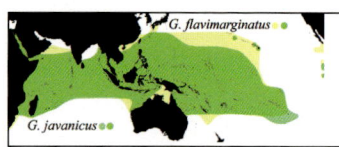

Bartmuräne 1,2 m
Gymnothorax breedeni

Großer dunkler Fleck unterm Auge.
Biologie: Lebt an klaren, strömungsreichen Außenriffen, 4–25 m. Oft in porösem Kalkgestein oder in spaltenreichem Geröll. Der herausragende Kopf wird oft von Fahnenbarschen umgeben (Malediven). Ungewöhnlich aggressiv: Bei zu starker Annäherung beißt sie blitzschnell zu. So wurde einmal ein Taucher auf den Malediven auf einer Strecke von 10 m von 5 Bartmuränen attackiert und auch gebissen.
Verbreitung: Komoren, Malediven, Seychellen bis Frz.-Polynesien.

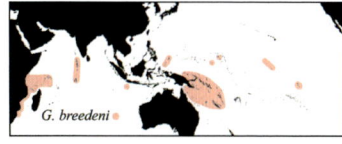

G. breedeni

Große Netzmuräne 2,2 m
Gymnothorax favagineus

Weiß mit zahlreichen schwarzen Flecken, wodurch ein waben- bis netzartiges Muster entsteht. **Biologie**: Bewohnt Außensaumriffe und Riffdächer, 1–150 m, gelegentlich auf offenen Seegraswiesen. Tag- und nachtaktiv, frisst Fische und Tintenfische. Nicht scheu, manchmal aggressiv.
Verbreitung: S. Rotes Meer bis Samoa, n. bis Taiwan, s. bis GBR.

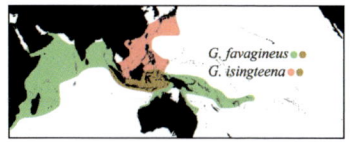

G. favagineus
G. isingteena

Perlenmuräne   1,2 m
Gymnothorax meleagris

Braun mit zahlreichen kleinen weißen Punkten, Innenseite des Mauls weiß. **Biologie**: Lebt in korallenreichen Gebieten von Lagunen und Außenriffen, 0,3–36 m. Tag- und nachtaktiv. Frisst vorwiegend Fische und Krebse. Ob der Mirakelbarsch, *Calloplesiops altivelis*, den Kopf dieser Muräne tatsächlich mit seinem Farbmuster nachahmt, ist zumindest nicht bewiesen. Häufig in Hawaii und Mauritius. Oft ciguatoxisch. **Verbreitung**: Rotes Meer bis Galapagos, n. bis Ryukyus und Hawaii, s. bis Südostaustralien.

Gelbmaulmuräne   1,2 m
Gymnothorax nudivomer

Braun mit kleinen weißen Punkten. Gelbe Maulinnenseite. **Biologie**: Bewohnt tiefe Lagunen und Außenriffe, 1–165 m. Tagsüber einzeln oder paarweise in Löchern. Jagt nachts Fische. Zeigt oft drohend die gelbe Maulinnenseite. Der Hautschleim ist giftig. **Verbreitung**: Rotes Meer bis Frz.-Polynesien und Hawaii, n. bis Ryukyus, s. bis Südafrika.

Gelbkopfmuräne   80 cm
Gymnothorax fimbriatus

Kopf gelbgrün. Körper fahl olivfarben mit schwarzen Flecken. **Biologie**: Lebt auf Riffdächern, in Lagunen und an Außenriffen, 1–50 m. Nachtaktiv und dabei Fische und Krebstiere jagend. Selten tagsüber zu sehen. Manchmal an Putzerstationen von Garnelen. **Verbreitung**: Seychellen bis Frz.-Polynesien, Südjapan.

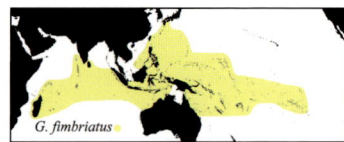

Marmormuräne 1,1 m
Gymnothorax undulatus

Dunkelbraun mit hellen Sprenkeln und kurzen Linien. Kopf olivgrün, bei Juvenilen gelblich. **Biologie**: Bewohnt Riffdächer, Lagunen und Außenriffe, 1–50 m. Juv. in Tidentümpeln. Versteckt zwischen Fels, Geröll oder Korallenschutt. Jagt nachts Fische, Kraken und Krebse. Nähert sich Tauchern und kann schnell zubeißen. Häufig. **Verbreitung**: Rotes Meer bis Panama, n. bis Südjapan, s. bis Südafrika und GBR.

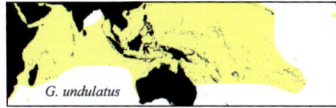

Graue Muräne 65 cm
Gymnothorax griseus

Weißlich, manchmal mit bläulichem Schimmer. Punktlinien auf dem Kopf. **Biologie**: Bewohnt Riffdächer, felsige Küsten und Korallenriffe, 1–30 m. Häufig. Oft auch tagsüber im Freien zwischen Seegras und Geröll. Jagt kleine Fische und Krebse, manchmal begleitet von Meerbarben und Zackenbarschen. Synchrone Zwitter, beim Ablaichen werden über 12 000 Eier ausgestoßen. **Verbreitung**: Rotes Meer bis Westindien, s. bis Südafrika.

Pfeffermuräne 1,2 m
Gymnothorax pictus

Weiß mit vielen kleinen dunklen „Pfefferkörnern". Stumpfe Schnauze. **Biologie**: Lebt auf Riffdächern und in flachen geschützten Lagunen, 0–20 m. Häufig an küstennahen Saumriffen. Jagt besonders im Flachwasser nach Krabben und Fischen, kann aus dem Wasser schnellen, um Strandkrabben zu erbeuten. **Verbreitung**: Rotes Meer bis Galapagos, n. Ryukyus, s. bis Südafrika und GBR.

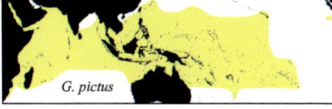

Weißaugenmuräne 66 cm
Gymnothorax thyrsoideus

Braun mit hellgelben Flecken. Auffällige
weiße Augen. **Biologie:** Bewohnt flache
Küstenriffe, von der Tidenzone bis 25 m. Häufig in Tidenbecken, in Korallenköpfen von
sedimentierten Lagunen sowie auf Sand-
und Schlammhängen. Paarweise, oft mit
anderen Muränenarten in Spalten vergesellschaftet. Nicht aggressiv.
Verbreitung: Malediven, Christmas I. bis
Frz-Polynesien.

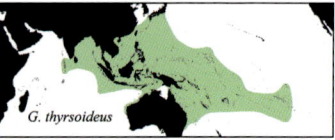

G. thyrsoideus

Ringelmuräne 60 cm
Echidna polyzona

Dunkle Querbänder gehen im Alter zurück.
Stumpfe Schnauze, konische Zähne.
Biologie: Bewohnt Riffdächer, klare Lagunen
und Küstenriffe, 0–15 m. Tagsüber versteckte
Lebensweise in Spalten. Jagt nachts Krabben
und Garnelen, prüft Beute vor dem Angriff.
Nicht aggressiv. **Verbreitung:** Rotes Meer bis
Hawaii und Frz.-Polynesien, n. bis Ryukyus,
s. bis Südafrika und GBR.

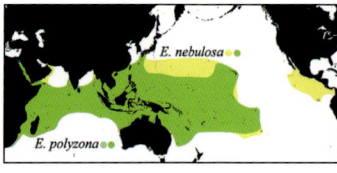

E. nebulosa

E. polyzona

Sternfleckenmuräne 75 cm
Echidna nebulosa

Cremefarben bis bräunlich mit gelben Flecken. **Biologie**: Bewohnt Riffdächer, flache Lagunen und Außenriffe, 0–30 m. Juv. häufig in Tidentümpeln. Vorwiegend nachtaktiv, kann das Wasser verlassen, um auf Strandfelsen Krabben zu jagen. Frisst vorwiegend Krabben und Fangschreckenkrebse, seltener kleine Fische und Tintenfische. Protogyne Folgezwitter. Häufig. **Verbreitung**: Rotes Meer bis Panama, n. bis Ryukyus und Hawaii, s. bis Südafrika und Frz.-Polynesien.

Panthermuräne 92 cm
Enchelycore pardalis

Lange, röhrenförmige Nasenöffnung, hakenförmige Kiefer, auffällige Fangzähne. Braun mit dunkelrandigen weißen Flecken. **Biologie**: Bewohnt Fels- und Korallenriffe, 12–50 m. Einzeln und versteckt lebend. Ernährt sich von Fischen und Kraken. Zeigt eindrucksvolles Imponierverhalten mit weit geöffnetem Maul und mit hochgestellter Rückenflosse. Selten in den Tropen, häufig in Südjapan. **Verbreitung**: Fleckenhaftes Vorkommen, vorwiegend antitropisch. Ostafrika bis Hawaii und Frz.-Polynesien, n. bis Südkorea, s. bis Réunion und Neukaledonien.

Vipermuräne 152 cm
Enchelynassa canina

Hakenkiefer mit weiter Mundspalte. Lange scharfe Zähne. Dunkelrotbraun. **Biologie**: Lebt auf flachen Korallenriffen von ozeanischen Inseln, vom Ufer bis 30 m. Vorwiegend in porösem Relief der Brandungszone. Äußerst versteckt lebend und selten tagsüber zu sehen. Ernährt sich nachts von schlafenden Bodenfischen und Tintenfischen. **Verbreitung**: Chagos Is., Mauritius bis Panama, Hawaii.

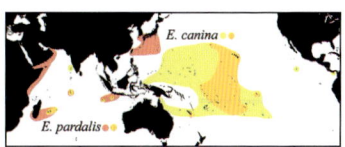

Mit seinem großen Gebiss packt der Großmaul-Schlangenaal, *Echiophis intertinctus,* erstaunlich große Fische und verschlingt sie.

Schlangenaale
Ophichthidae

Es gibt ungefähr 290 Arten von Schlangenaalen. Die meisten Arten sind sehr klein und Taucher treffen sie selten an. Einige der größeren könnten dennoch dem Menschen gefährlich werden. Die meisten Arten haben einen langen zylindrischen Körper mit kleinen Brustflossen hinter den Kiemenöffnungen und einer harten, schmal zulaufenden Schwanzspitze. Mit ihren langen Eckzähnen fangen sie kleine Fische und Schalentiere. Zwei Arten zeigen einen wurmartigen Hautfortsatz auf der Zunge, der wie ein „Köder" kleine Fische anlocken soll. Schlangenaale leben in allen tropischen Meeren auf sandigen und schlammigen Böden. Die meisten Schlangenaal-Arten verbringen ihre Zeit im Boden vergraben, und nur der Kopf oder die Augen ragen heraus. Sie können sich sogar unter dem Sand rückwärtsbewegen. Einige größere Arten jagen aus dem Hinterhalt. Sie haben dolchartige Zähne und können ihr Maul weit aufreißen. Sie erbeuten Fische, deren Durchmesser ihren eigenen übertrifft, ziehen sie unter den Sand und verschlingen sie dort in einem Stück.

Es gibt keine Berichte darüber, dass Schlangenaale Menschen verletzt haben. Die Möglichkeit besteht jedoch, wenn Fotografen sich für bessere Bilder in den Sand legen oder Taucher unvorsichtig sind. *Ophichthus rex* ist wahrscheinlich die größte Art im westlichen Atlantik. Sie erreicht eine Länge von 211 cm, bewohnt schlammige Höhlen in einer Tiefe von 16–366 m im Golf von Mexiko und wird von den Fischern gefürchtet.

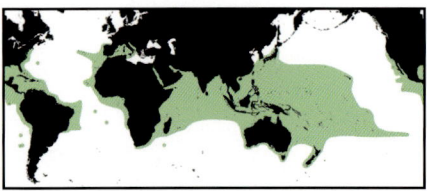

Verbreitung von Schlangenaalen

Sternengucker-Schlangenaal 156 cm
Brachysomophis cirrocheilos

Hellbräunlich mit dunklen Tupfen und Sattel. Augen weit vorn liegend und nach vorn gerichtet, weite Maulspalte, Lippen mit Fransen. **Biologie:** Lebt im feinen Sand von Küstenriffen, 0,5–38 m. Oft fast vollständig eingegraben. Vor allem nachts aktiv, manchmal mit Kopf aus dem Sand. Erbeutet Fische und Tintenfische. Kann bei Belästigung zubeißen. **Verbreitung:** Rotes Meer bis PNG, n. bis Südjapan, s. bis Mozambique. **Ähnlich:** *B. crocodilinus* und *B. henshawi*, haben Augen noch näher an der Schnauzenspitze.

Bonaparte-Schlangenaal 75 cm
Ophichthus bonaparti

Kopf hell mit dunkel geränderten, rotbraunen Flecken. Lange Nasenröhren. **Biologie:** Bewohnt feinen bis groben Sand von Küsten- und Außenriffen sowie Lagunen, 1–20 m. Gewöhnlich eingegraben, wobei Augen und Kopf herausragen. Gelegentlich nachts im offenen Wasser. Lauerräuber von kleinen Fischen und Tintenfischen. Beißt bei Selbstverteidigung. **Verbreitung:** Ostafrika bis Frz.-Polynesien, Südjapan.

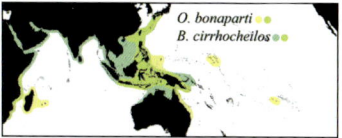

O. bonaparti
B. cirrhocheilos

Großmaul-Schlangenaal 110 cm
Echiophis intertinctus

Augen weit vorn, weites Maul, Pupillen als diagonale Schlitze, blass cremefarben mit dunklen Punkten und Flecken. **Biologie:** Bewohnt offene Sandflächen, oft nahe von Fleckriffen. Nächtlich aktiver Räuber. **Verbreitung:** North Carolina bis Ostbrasilien inkl. Golf von Mexiko und Antillen.

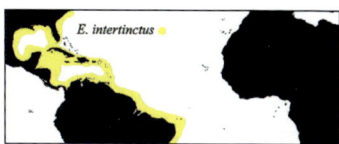

E. intertinctus

Großer Barrakuda: Schon das leicht geöffnete Maul lässt das imposante Gebiss erahnen.

Barrakudas
Sphyraenidae

Der schlechte Ruf der Barrakudas ist unbegründet. Es gibt kaum Berichte über unprovozierte Angriffe. Täglich verlaufen viele Begegnungen von Tauchern oder Schnorchlern mit Barrakudas ohne jeden Zwischenfall. Angriffe auf Menschen sind selten und beruhen fast immer auf Verwechslungen. Auch wenn die Fische sich bedroht fühlen, können sie zubeißen. Grundlose Attacken in klarem Wasser kommen jedoch nicht vor. Die seltenen Unfälle können allerdings schwere Verletzungen zur Folge haben. Die Gefahr, von einem Barrakuda angegriffen zu werden, ist wesentlich geringer als eine Vergiftung bei seinem Verzehr.

Biologie
Alle Barrakudas sind aktive, kräftige Räuber, die Jagd auf verschiedene Fische machen. Sie können stark beschleunigen und machen ihre Beute im blitzschnellen Vorstoß. Ihre Zähne sind scharf wie Rasierklingen und zerschneiden mühelos auch menschliches Gewebe. Ein großer Barrakuda kann einen Fisch, der so groß ist wie er selbst, leicht mit einem Biss in zwei Hälften zerteilen. Die größte Art unter den Barrakudas ist der Große Barrakuda, *Sphyraena barracuda*. Bei bis zu 2 m Länge erreicht er ein Gewicht von 46,7 kg. Nur der

Guinea Barrakuda, *Sphyraena afra*, wird gelegentlich sogar größer und schwerer – bis zu 2,05 m und 50 kg. Der Große Barrakuda kann sich Tauchern fast unbemerkt nähern und ihnen beim Tauchgang durch das Riff folgen – ein für Taucher manchmal sehr beunruhigendes Verhalten. Erwachsene Tiere leben hauptsächlich als Einzelgänger, kommen aber auch in Gruppen vor. Jungtiere halten sich gern in Küstennähe und in Flussmündungen auf, wo sie den nötigen Schutz finden. Wenn sie groß genug sind, ziehen sie in küstennahe Gewässer. Die meisten anderen Arten leben tagsüber in teils großen Schulen, die sich nachts auflösen, wenn die Fische auf die Jagd gehen.

Merkmale
Barrakudas haben einen lang gestreckten Körper, einen spitz zulaufenden Kopf mit sehr weitem Maul und vorstehendem Unterkiefer sowie große kräftige Zähne. Die kurzen Rückenflossen stehen weit auseinander, die Bauchflossen befinden sich unmittelbar hinter den Brustflossen, die Schwanzflosse ist gegabelt und die seitliche Linie am Körper ist deutlich zu erkennen.

Unfälle
Angriffe kommen vor, wenn ein Barrakuda einen harpunierten Fisch stehlen möchte oder wenn

Dunkelflossen-Barrakudas kommen in großen Schwärmen vor.

Zähne scharf wie Rasierklingen

Sie sind die Waffen des Großen Barrakuda: Seine messerartigen Zähne sind flach mit außerordentlich scharfen Kanten. Mit ihnen kann der Barrakuda leicht einen Fisch seines eigenen Durchmessers in zwei Hälften zerteilen. Die größten Zähne befinden sich in der Mitte des Oberkiefers. Mit ihrer Hilfe hält der Barrakuda seine Beute fest. Die seitlichen Zähne in seinem Gebiss formen eine durchgehende Sägelinie zum Durchtrennen der Beutetiere.

Fallbeispiele

In einem Jachthafen in Florida wurde eine Taucherin von einem Großen Barrakuda angegriffen. Die Frau wollte den Rumpf eines der Boote reinigen. Unmittelbar nachdem sie ins Wasser gesprungen war, griff sie der Fisch an und biss ihr in den Arm, ließ den Arm aber gleich darauf wieder los. Der Blutverlust war so groß, dass Lebensgefahr bestand. Die Frau musste sich einer aufwendigen Operation unterziehen. Die Heilung nahm mehrere Monate in Anspruch, und es dauerte lange, bis sie den Arm wieder benutzen konnte. Über Jahre hatte sie in diesem Hafen ohne Zwischenfälle Schiffe gereinigt.

In manchen Tauchgebieten haben die Tauchguides Techniken entwickelt, wie sie Barrakudas füttern können, aber auch dort kommt es immer wieder zu Zwischenfällen, vor allem mit unerfahrenen Tauchern und Touristen.

Fischer mit noch lebenden, gefangenen Barrakudas hantieren. Andere Zwischenfälle werden berichtet, bei denen Barrakudas in trübem Wasser silbrig glänzende Objekte wie Uhren oder andere Schmuckstücke für einen zappelnden Fisch gehalten hatten. Nicht ungefährlich sind Gebiete, in denen Barrakudas von Hand gefüttert werden. Dort können sie nach allem schnappen, was sie für Futter halten. Grundsätzlich ist es auch möglich, durch den Verzehr eines Barrakuda eine Ciguatera-Vergiftung zu bekommen.

Vorbeugende Maßnahmen
Barrakudas nicht anfüttern und nicht anfassen. Keinen glitzernden Schmuck oder Tauchausrüstung tragen. Vorsichtiger Umgang mit großen Barrakudas aller Arten. Besondere Vorsicht ist in trübem Wasser geboten.

Symptome
Barrakudas sind mit ihren kräftigen, dolchartigen Zähnen in der Lage, tiefe Wunden zu reißen, meistens an Hand oder Arm.

Arten und Verbreitung
Barrakudas kommen weltweit in allen tropischen und subtropischen Meeren vor. Mindestens 21 Arten gehören der Gattung *Sphyraena* an. Am weitesten verbreitet ist der Große Barrakuda. Er kommt in allen tropischen Meeren vor, ist aber im Ostpazifik eher selten. Alle anderen Arten sind auf einzelne biogeografische Regionen beschränkt. Mittelgroße Arten können winkelförmige Markierungen auf der Oberseite tragen. Kleinere Arten haben keine Längsstreifen, nur einen oder zwei schmale horizontale Streifen.

IM NOTFALL

Was ist zu tun?

Erste Hilfe
Verletzungen sind wie jede blutende Wunde zu behandeln. Anschließend einen Arzt aufsuchen.

Weiterführende Behandlung
Ist von der Art der Verletzung abhängig.

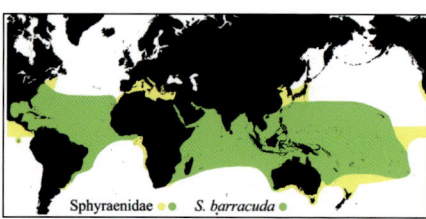

Sphyraenidae ● ●   *S. barracuda* ●

Großer Barrakuda   1,8 m; 46,7 kg
Sphyraena barracuda

Oberer und unterer Lappen der Schwanzflosse häufig mit je einem schwarzen Fleck
und weißer Spitze. **Biologie**: Bewohnt
Lagunen, Buchten, Außenriffe und Flussdeltas, 1–198 m. Juvenile häufig in Gruppen
und im Brackwasser. Adulte sind gewöhnlich Einzelgänger, nur gelegentlich in Gruppen. Steht oft unbeweglich im Freiwasser
vor oder über dem Riff. Neugierig, kann
sich Tauchern nähern. Nicht gefährlich,
wenn nicht provoziert oder im trüben Wasser durch glänzende Objekte angelockt.
Kann sehr ernsthafte Bisswunden zufügen.
Große Exemplare in der Karibik häufig
ciguatoxisch, anderswo beliebter Speisefisch, auch wenn sie in manchen Gebieten
gelegentlich ebenfalls toxisch sein sollen.
Vorkommen: In allen tropischen Meeren,
nur im Ostpazifik recht selten.

Dunkelflossen-Barrakuda   1,4 m
Sphyraena qenie

Seiten mit dunklen, winkelförmigen
Markierungen. Schwanz dunkel und mit
schwarzem Saum. **Biologie**: Tagsüber in
großen, halbstationären Schulen,
bevorzugt an strömungsreichen Vorsprün-
gen, in tiefen Lagunen oder Kanaleingän-
gen, 1–50 m. Manchmal monatelang orts-
treu. Schwärme lösen sich wahrscheinlich
zur nächtlichen Nahrungssuche auf. Wurde
schon im offenen Meer Hunderte Kilometer von der Küste entfernt gefangen.
Vorkommen: Rotes Meer bis Panama, n. bis
Mikronesien, s. bis Südafrika und Frz.-Poly-
nesien.

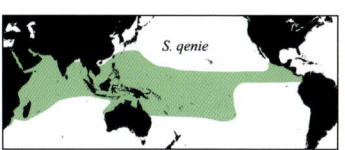

Der Riesen-Drückerfisch, *Balistoides viridescens,* frisst Seeigel, Korallen, Krebse und andere Wirbellose. Mit seinem Maul hebt er Steine und Korallenbruch auf, um darunter nach Beute zu suchen. Das lockt viele andere Fische an.

Drückerfische
Balistidae

Drückerfische sind eigentlich friedfertig. Nur beim Schutz ihres Nachwuchses kennen sie kein Pardon. Während der Brutzeit können einige größere Drückerfische auch Tauchern gegenüber ein ausgeprägtes Revierverhalten zeigen. Die Weibchen können angreifen, wenn jemand ihrer Nestmulde zu nah kommt. Besonders bekannt dafür ist der Riesen-Drückerfisch, *Balistoides viridescens.* Auch der Blaustreifen-Drücker, *Pseudobalistes fuscus,* und der Gelbsaum-Drückerfisch, *Pseudobalistes flavimarginatus,* können sich bei der Verteidigung ihres Nestes Tauchern gegenüber aggressiv verhalten.

Biologie
Alle Drückerfische sind tagaktiv und schwimmen mit der zweiten Rücken- und Afterflosse. Die Schwanzflosse dient nur als Seitenruder. Oft nehmen sie eine schräge oder gar waagrechte Körperhaltung ein. Nur wenn sie sich mit hoher Geschwindigkeit bewegen wollen, setzen Drückerfische die Schwanzflosse für den Vortrieb ein. Die erste Rückenflosse zeigt einen besonderen Mechanismus: Ihr erster Strahl kann aufgerichtet und durch den zweiten Strahl in dieser Stellung arretiert werden. Über einen Zugmechanismus, den „Drücker", kann der erste Strahl wieder entriegelt werden. Bei Gefahr flüchten Drückerfische gern in Felsspalten und verkeilen sich dort durch Aufrichten der Rückenflosse. Auch die Nacht verbringen sie so verankert in Höhlungen des Riffs.

Drückerfische jagen einzeln. Sie können mit dem Maul Steine oder Korallenbruch aufheben und einen Wasserstrahl erzeugen, um im Boden lebende Beute freizulegen. Mit ihren kräftigen Kiefern knacken sie selbst hartschalige Wirbellose, wie Stachelhäuter oder Muscheln. Andere ernähren sich

Riesen-Drückerfische greifen in Nestnähe auch Taucher an, wenn man ihren Nestern zu nahe kommt, und verfolgen sie bis zu 30 m.

Das Bewachen der Nester

Drückerfisch-Weibchen legen ihre Eier in flache, kraterförmige Nester aus Sand und Geröll. Bei großen Arten können die Nester einen Durchmesser von 1 m und eine Tiefe von 20 cm erreichen. Sie liegen an sandigen Hängen und auf Plateaus oder in Kanälen. In manchen Gebieten liegen die Nester mehrerer Weibchen innerhalb des Reviers eines einzelnen Männchens nahe beieinander. Die Laichzeit ist abhängig von den Mondphasen und die Larven schlüpfen zur Zeit der größten Gezeitenströmungen, die sie dann weit ins offene Meer hinaustragen. Die winzigen Eier – kleiner als 0,6 mm – hängen als schwammartige Masse zusammen und kleben an Geröll in der Mitte des Nestes. Die Jungen schlüpfen normalerweise einen Tag nach der Eiablage. Die Weibchen schwimmen 1–2 m über dem Nest und vertreiben jeden, der ihrem Nest zu nahe kommt. Von Zeit zu Zeit blasen sie sauerstoffreiches Wasser auf die Eier. Wenn sich Taucher dem Nest nähern, erfolgt ein Scheinangriff, der sehr ernst genommen werden sollte, denn der nächste Angriff kann ein schmerzhafter Biss oder zumindest ein Rempler sein. Es kommt vor, dass der Drückerfisch eine Weile fest zubeißt und zieht. Das ist vor allem bei Arten zu befürchten wie dem Riesen-Drückerfisch, dem Gelbsaum-Drückerfisch und dem Blaustreifen-Drückerfisch.

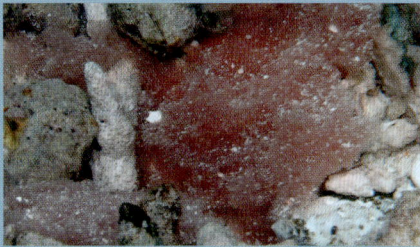

Die Eier des Gelbsaum-Drückerfischs, *Pseudobalistes flavimarginatus*, sind rosa und winzig klein.

Dieses Gelbsaum-Drückerfischweibchen greift die Kamera an.

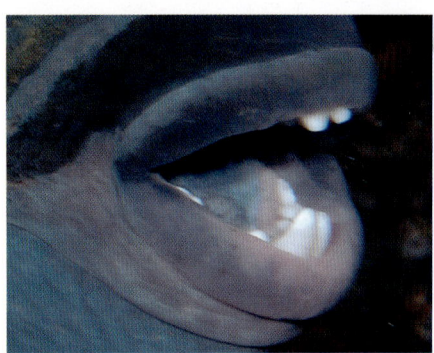

Kräftiges Gebiss und große Zähne

Das Maul des Drückerfisches ist klein, aber sein Gebiss ist kräftig und die Zähne vieler Arten unverhältnismäßig groß. Damit knacken sie die Panzer ihrer Beutetiere. In der Kiefermitte befinden sich die vier größten Zähne. Sie stehen leicht nach vorn und tragen zu dem typischen Aussehen der Drückerfische bei. Die Zähne des Riesen-Drückerfisches können 4 cm lang werden. Ihre volle Länge ist nur zu sehen, wenn man die Lippen des Fisches zurückzieht.

von Bodenalgen, tierischem Plankton und Tieren im freien Wasser, wie Salpen oder Quallen.
Männliche Drückerfische haben große Reviere, in denen die Reviere mehrerer Weibchen liegen. Die Eiablage ist abhängig von den Mondphasen. Alle Arten haben ein langes Larvenstadium; viele verbringen als Jungfische eine Zeit im offenen Meer. Dort verstecken sie sich in treibendem Seegras.

Was ist zu tun?

Erste Hilfe
Wunde mit Seewasser spülen, anschließend desinfizieren. Wegen der Gefahr einer Sekundärinfektion einen Arzt aufsuchen.

Achtung
Keine Manipulationen an der Wunde.

Weiterführende Behandlung
Wenn nötig, zur weiteren Wundversorgung einen Arzt aufsuchen. Zum Schutz vor Sekundärinfektion ist ggf. die Gabe von Antibiotika sowie eine Tetanusprophylaxe empfehlenswert.

Merkmale
Wie alle Drückerfische hat auch der Riesen-Drückerfisch einen seitlich abgeflachten, charakteristisch rhombenförmigen Körper und einen sehr großen Kopf mit kleiner Mundöffnung. Die Augen sind hochliegend, weit zurückgesetzt und unabhängig voneinander sehr beweglich. So sind sie vor zappelnder Beute geschützt und können gleichzeitig nach Beutetieren und Feinden Ausschau halten. Die erste Rückenflosse ist in einer Nut versenkbar, die zweite Rückenflosse und die Afterflosse sind annähernd gleich groß und geformt und liegen sich gegenüber. Der Riesen-Drückerfisch ist mit bis zu 75 cm Länge die größte Art dieser Familie.

Unfälle
Zur Fortpflanzung bauen die großen Drückerfischarten eine flache Sandmulde, in deren Mitte die winzigen Eier abgelegt werden. Das Gelege wird vehement gegen jeden Nesträuber verteidigt. Kommt ein Taucher dem Gelege zu nahe, erfolgt meist zuerst ein Scheinangriff. Der Fisch schießt auf den Taucher zu, dreht jedoch kurz vorher ab. Wer sich dennoch weiter nähert, wird gerammt oder schmerzhaft gebissen. Bei geringen Wassertiefen, etwa bis rund zehn Meter, können an der Wasseroberfläche schwimmende Schnorchler ebenfalls angegriffen werden.

Vorbeugende Maßnahmen
Taucher und Schnorchler sollten sich einem Drückerfisch, der offenkundig Revierverhalten zeigt, nicht weiter nähern. Ein Scheinangriff ist eine ernste Warnung, nach der man sich besser zurückziehen sollte. Wird ein Taucher von einem Drückerfisch angegriffen, sollte er versuchen, ein stabiles Objekt, z. B. die eigenen Flossen, zwischen sich und den Fisch zu halten. Niemals sollte man versuchen, einen Drückerfisch aus seiner Höhle zu ziehen. Er könnte sich blitzschnell umdrehen und zubeißen. Auch einem Drückerfisch, der andere Fische verjagt, sollte man nicht zu nahe kommen.

Symptome
Ein Biss ist sehr schmerzhaft. Es kann zwar bei einer Quetschung des Gewebes und Blutergüssen bleiben, aber ein Drückerfisch kann auch blutende Fleischwunden verursachen, die manchmal sogar genäht werden müssen. Aufgrund der geringen Größe der Mundöffnung bleiben alle Wunden jedoch kleinflächig. Manchmal werden Taucher auch von kleineren Arten angegriffen und schmerzhaft gebissen. Sie sind kräftig genug, um durch einen Handschuh zu beißen. Beim Verzehr der Fische besteht die Möglichkeit einer Ciguatoxin-Vergiftung.

Fallbeispiele

1) Blue Corner Palau: In einer Tiefe von 18 m beobachtete ein Taucher einen Gelbsaum-Drückerfisch, der einen kleineren Drückerfisch aus der Umgebung seines Nestes verjagte. Um ein Foto zu machen, schwamm der Taucher näher heran. Als er sich auf eine Entfernung von 3 m genähert hatte, griff der Gelbsaum-Drückerfisch die Kamera an und ging dann sofort auf die Flossen des Tauchers los. Später versuchte er, den Taucher in sein Bein zu beißen. Der Taucher trat sofort den Rückzug an, doch erst in einer Entfernung von 15 m und einer Wassertiefe von 9 m ließ der Fisch von ihm ab.

2) Oahu, Hawaii: Ein Witwen-Drückerfisch hatte sich in einer Höhle versteckt. Nur seine Schwanzflosse ragte heraus. Ein Taucher griff in das Loch, um an den „Drücker" zu gelangen und den Fisch aus seinem Versteck zu holen. Dem Fisch gelang es jedoch, sich umzudrehen. Er biss den Taucher durch einen Gartenhandschuh aus Baumwolle in den Daumen. Die Wunde blutete kurz, aber stark. Der Fisch hatte ein 8 mm großes Stück Gewebe abgerissen, das nur noch an einer kleinen Stelle am Finger hing. Der Taucher konnte mehrere Tage seinen Finger nicht benutzen, und die Wunde brauchte Wochen, um zu heilen.

3) Tumon Bay, Guam: Ein 9 Jahre altes Mädchen wurde beim Schnorcheln von einem ausgewachsenen Picasso-Drückerfisch angegriffen. Es bildete sich ein 1 cm breiter Bluterguss. Es ist nicht bekannt, ob sich in der Nähe ein Nest befunden hat. Hotelmanager in der Gegend berichten jedoch immer wieder davon, dass Gäste von Drückerfischen angegriffen wurden. Es ist daher wahrscheinlich, dass es sich bei diesen Angriffen um weibliche Tiere handelt, die ihre Nester beschützen wollen.

Arten und Verbreitung

Drückerfische sind mit 34 Arten weltweit in tropischen, aber auch kühleren Meeren verbreitet, eine Art auch im Mittelmeer. Das Vorkommen des Riesen-Drückerfisches erstreckt sich vom Roten Meer bis Französisch-Polynesien.

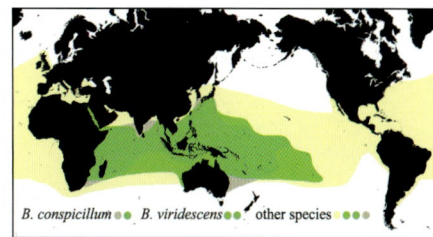

B. conspicillum ●● B. viridescens ●● other species ●●●

Leoparden-Drückerfisch   30 cm
Balistoides conspicillum

Schwarz mit auffälligen weißen Bauchflecken. Orange Schnauze. **Biologie**: Bewohnt klare Außenriffe, 1 – 75 m. Gewöhnlich in korallenreichen Riffrändern und Terrassen. Juvenile gewöhnlich in Höhlen unterhalb von 20 m Tiefe. Nicht häufig. Ernährt sich einzeln von verschiedenen Wirbellosen. Baut Nest auf exponierten Terrassen zwischen Sand und Geröll in kleinen Vertiefungen. Entfernt sich normalerweise vom belegten Nest bei Annäherung von Tauchern. Teurer – hingegen aggressiver und territorialer Aquariumsfisch. Ciguatoxisch an einigen Orten. **Verbreitung**: Ostafrika bis Frz.-Polynesien, Südjapan.

Riesen-Drückerfisch   75 cm, 11 kg
Balistoides viridescens

Grundfarbe olivgrün mit komplexem Muster und dunklem „Schnurrbart" über der Oberlippe. **Biologie:** Bewohnt Buchten, Lagunen und Außenriffe, 1–40 m. Gewöhnlich einzeln. Frisst Wirbellose, wie Seeigel, Korallen und Krebse. Paarweise Brutpflege der im Nest abgelegten Eier. Aggressiv gegenüber Tauchern in Nestnähe. Scheinangriffe, aber auch kräftige Rammstöße sowie Bisse mit schmerzhaften Verletzungen werden häufig beschrieben. In einigen Gebieten ciguatoxisch. **Vorkommen:** Rotes Meer bis Frz.-Polynesien, n. bis Südjapan.

Gelbsaum-Drückerfisch   60 cm
Pseudobalistes flavimarginatus

Meist pastellfarben, mit rosa Maul und gelben Flossenrändern. **Biologie:** Lebt in tiefen Buchten, Lagunen, Kanälen und Sandmulden von Außenriffen, 2–50 m. Seine Nester liegen oft in sandigen Kanälen oder Seegras. In Nestnähe aggressiv, Zusammenstöße dann möglich. Kann ciguatoxisch sein.
Vorkommen: Rotes Meer bis Frz.-Polynesien, n. bis Südjapan.

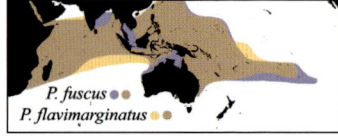

P. fuscus ● ●
P. flavimarginatus ● ●

Blaustreifen-Drückerfisch   55 cm
Pseudobalistes fuscus

Erwachsene vorwiegend dunkelblau mit kleinen gelben Flecken. **Biologie:** Bewohnt Lagunen, Buchten und Außenriffe, 1–50 m. Bevorzugt Areale mit Sand, Geröll oder Seegras in der Nähe von Fleckriffen oder an verstreuten Korallenköpfen. Frisst verschiedene Wirbellose und verbringt viel Zeit damit, diese aus dem Sand freizublasen. Oft begleiten ihn dabei Lippfische und andere Fische, um so einfach freigelegte Beute zu schnappen. Scheu, kann aber beim Nestbewachen gegenüber Tauchern in Nestnähe aggressiv werden. Häufig im Roten Meer und Indischen Ozean, selten in den meisten Gebieten des Westpazifiks. **Verbreitung:** Rotes Meer bis Frz.-Polynesien, n. bis Südjapan.

Atlantischer Drückerfisch 30 cm
Balistes capriscus

Atlantischer Drückerfisch, *Balistes capriscus*, 30 cm. Olivgrau mit feinen bräunlichen Flecken. Blauer Augenring. **Biologie**: Bewohnt Buchten, Deltas, Küstenriffe sowie küstenferne Fels- und Korallenriffe, 3–30 m. Ernährt sich von bodenlebenden Wirbellosen, besonders Mollusken. Aggressive Art, die Geschlechtsteile von Meeresschildkröten und menschliche Finger abgebissen hat. Einzeln oder in kleinen Gruppen. Juv. driften mit Sargassum-Seetang. Ciguatoxisch an einigen Orten. **Verbreitung**: Tropen und Subtropen; Atlantik bis Mittel- und Schwarzes Meer.

Königin-Drückerfisch 60 cm
Balistes vetula

Grundfarbe variabel: Grün, Blau und Gelblich mit blauen Linien am Kopf. Lange Schwanzfilamente. **Biologie**: Lebt auf Sand und Geröll von Korallenriffen, 2–53 m. Frisst Wirbellose – besonders Diadema-Seeigel, die durch Wasserstrahlen freigelegt werden. Manchmal ciguatoxisch. **Verbreitung**: Tropischer und gemäßigter Atlantik: Boston bis Argentinien, ö. bis Azoren.

B. capriscus ●● *B. vetula* ●●

Schwarzer Drückerfisch 35 cm
Melichthys niger

Fast schwarz mit zwei weißen Streifen an der Basis von Rücken- und Afterflosse, oft blaue Linien zwischen den Augen. **Biologie**: Lebt an Außenriffhängen, 1–75 m. Oft im Freiwasser hoch überm Boden. Ernährt sich von Zooplankton und abgerissenen Bodenalgen.
Sporadisch, in einigen Gebieten selten, doch besonders häufig an isolierten, küstenfernen Ozeaninseln. **Verbreitung**: Alle tropischen Meere.

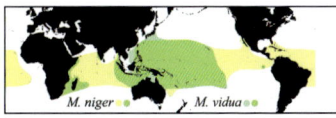

M. niger ●● *M. vidua* ●●

Witwen-Drückerfisch 35 cm
Melichthys vidua

Dunkeloliv. Heller Schwanz. Rücken- und Afterflosse mit schwarzem Rand. Larvenstadium bis 13 cm Länge. Juv. mit orangebraunen Flossen. **Biologie:** Bewohnt klare Außenriffhänge, 4–60 m. Gewöhnlich bis 3 m überm Boden im Freiwasser. Einzeln oder in losen Gruppen. Frisst Algen, Wirbellose und Fische. **Verbreitung:** Ostafrika bis Hawaii, Frz.-Polynesien. Ähnlich: Indischer Drückerfisch, *M. indicus*, 24 cm, mit weißem Schwanzsaum (Ostafrika bis Sumatra).

Orangestreifen-Drückerfisch 30 cm
Balistapus undulatus

Grün mit orangen Streifen, bei erwachsenen Männchen fehlen die Streifen auf der Schnauze. **Biologie:** Bewohnt korallenreiche Lagunen und Außenriffe, 1–50 m. Ernährt sich von Fischen, Korallen, Algen und bodenlebenden Wirbellosen. Gräbt flache Nestmulde in Sand oder Geröll, oft in Kanälen. Aggressiv in Gefangschaft. **Verbreitung:** Rotes Meer bis Frz.-Polynesien, n. bis Südjapan, s. bis Neukaledonien.

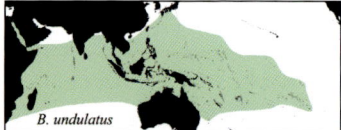

Gemeiner Picasso-Drücker 25 cm
Rhinecanthus aculeatus

Sandfarben mit charakteristischen Seitenstreifen. **Biologie:** Bewohnt Riffdächer und flache Lagunen, 1–4 m. Frisst bodenlebende Wirbellose, Fische und Algen. Gewöhnlich scheu, aber in Nestnähe kann er Taucher angreifen. Eiablage innerhalb eines Tages bei Vollmond. **Verbreitung:** Ostafrika bis Frz.-Polynesien, Südjapan. Ähnliche Arten: Keil-Picasso, *R. rectangulus* (s. Rotes Meer bis Frz.-Polynesien). Arabischer Drücker, *R. assasi* (Rotes Meer bis Arabischer Golf).

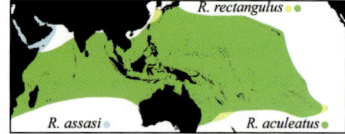

Der Blaupunkt-Kugelfisch, *Arothron caeruleopunctatus*, wird bis zu 70 cm lang. Seine großen Zähne sind deutlich zu erkennen.

Kugelfische
Tetraodontidae

Es ist schon lange bekannt, dass viele Kugel-fischarten giftig sind, aber die meisten Menschen halten sie für ungefährlich, wenn man ihnen unter Wasser begegnet. Im Indopazifik gibt es allerdings mindestens drei Kugelfischarten, die in Zwischenfälle mit Menschen verwickelt waren. Ihre Angriffe hinterließen ernsthafte Verletzungen, denn der Biss eines großen Kugelfisches verursacht eine tiefe, zackige Wunde. Kugelfische setzen ihre kräftigen Zähne zur Verteidigung ein. Manchmal versuchen sie ein Stück – Haut oder Gewebeteile – aus wesentlich größeren Beute-tieren herauszubeißen. Dies kann auch Tauchern, Schnorchlern oder Schwimmern passieren. Der in Nordaustralien beheimatete Zebra-Kugelfisch gilt als besonders aggressiv und hat mehrfach unprovoziert Menschen angegriffen. Die meisten Unfälle ereignen sich jedoch, wenn mit lebenden

Kugelfischen hantiert wird. Berichten aus dem frühen 20. Jahrhundert zufolge sollen aggressive Kugelfische Männer verstümmelt haben. In Sing-apur kursiert das Gerücht, dass daher die aphro-disierende Wirkung dieser Fische herrührt. Hier werden nur diese aggressiven Arten vorgestellt. Auf die Kugelfisch-Arten, die nicht angreifen, wird im Kapitel Tetrodotoxin genauer eingegangen (Seite 199).

Biologie
Kugelfische sind behäbige, aber sehr gewandte Schwimmer. Sie können sich einem Hubschrauber gleich auf der Stelle drehen, wenden und auch rück-wärts schwimmen. Sie bevorzugen ruhige, ge-schützte Bereiche und halten sich gern in Boden-nähe auf. Die meisten Kugelfische ernähren sich von einer großen Anzahl unterschiedlicher Pflanzen und

Ein kräftiger Schnabel

Die Zähne der Kugelfische sind zu einem beachtlichen Schnabel mit einer Spalte in der Mitte verwachsen. Der lateinische Name der Familie: Tetraondontide bedeutet „mit vier Zähnen". Kugelfische brechen mit ihrem Schnabel Futterstücke ab und knacken damit den Panzer von Beutetieren. Der Biss einiger größerer Arten, wie der des rechts abgebildeten Riesen-Kugelfischs, kann einen Schwimmer einen Finger oder eine Zehe kosten. Das Foto oben zeigt einen Mappa-Kugelfisch.

Tiere. Gepanzerte Beutetiere, wie am Boden lebende Krebse und Gehäuseschnecken, werden mit dem kräftigen Schnabel geknackt. Bei Gefahr können Kugelfische Wasser in eine besondere Seitenkammer des Magens saugen und sich so ballonartig aufblähen. Diese spektakuläre Drohgebärde soll Angreifer abschrecken und hat zudem den Effekt, dass die aufgeblasenen Fische nicht mehr ins Maul ihrer Fressfeinde passen. Ihr Gift und der bittere Geschmack machen sie zusätzlich ungenießbar.

Merkmale
Kugelfische besitzen ein kräftiges Schnabelgebiss aus zusammengewachsenen Zahnplatten. Ihre Haut ist zäh und ohne Schuppen, fühlt sich aber häufig rau an. Die größte Kugelfischart wird mindestens einen Meter lang.

Vorbeugende Maßnahmen
Lebenden Kugelfischen sollte man nicht zu nahe kommen. An abgelegenen tropischen Stränden sollten Schwimmer nur mit großer Wachsamkeit ins Wasser gehen. Das gilt besonders für die Gewässer nördlich von Australien. Viele Kugelfische sind auch nach der Dämmerung aktiv. Daher ist sowohl tagsüber als auch nachts Vorsicht geboten.

Kugelfische können dem Menschen nicht nur im Wasser gefährlich werden. Sie enthalten das Gift Tetrodotoxin, das für den Menschen tödlich wirken kann (siehe Kapitel: Tetrodotoxin).

IM NOTFALL

Was ist zu tun

Erste Hilfe
Die Wunde mit Salzwasser ausspülen und desinfizieren. Bei tiefen Wunden einen Arzt aufsuchen. Falls kleinere Wunden nicht angemessen heilen, ebenfalls einen Arzt aufsuchen.

Achtung
Die Wunde in Ruhe lassen.

Weiterführende Behandlung
Ist die Verletzung größer, kann es erforderlich sein, dass der Biss genäht wird. Antibiotika und eine Tetanusprophylaxe können Sekundärinfektionen verhindern.

Riesen-Kugelfisch   100 cm
Arothron stellatus

Weiß, übersät mit dicht stehenden schwarzen Flecken, kleine Juvenile orange mit dunklen Markierungen. **Biologie**: Bewohnt Lagunen und Außenriffe. 2–52 m. Ruht auf Sand oder gleitet im Freiwasser über oder nahe dem Riff. Juvenile in geschützten Innenriffen. Häufiger Einzelgänger. Frisst Seeigel, Seesterne, Krebse, Korallen, Algen und mehr. Kann beißen. **Verbreitung**: Rotes Meer bis Frz.-Polynesien, n. bis Südjapan, s. bis Südafrika und Neuseeland.

Zebra-Kugelfisch   90 cm
Feroxodon multistriatus

Sandfarben mit schrägen braunen Seitenstreifen, am Bauch mit braunen Flecken. **Biologie**: Bewohnt Küstenriffe und Sandzonen, vom Strand bis zu küstenfernem Tiefenwasser. Der gefährlichste und aggressivste Kugelfisch. Spontane Angriffe auf Schwimmer und Taucher. Hat mehrfach Zehen abgebissen! **Verbreitung**: Nordaustralien bis Queensland.

Silber-Kugelfisch   96 cm
Lagocephalus sceleratus

Hellolivgrün mit dunklen Flecken und einem silbrigem Seitenband. BIOLOGIE: Bewohnt Schlamm- und Sandböden, 18–>100 m. Juv. in flachen Uferzonen. Extrem giftig; kann Fischhaken und Knochen durchbeißen! **Biologie**: In flachen geschützten Zonen sowie an Außenriffhängen, 1–141 m. Tagsüber in Verstecken von Fels- oder Korallenriffen. Juv. leben pelagisch. **Verbreitung**: Zirkumglobal: Tropen und Subtropen. Zentralpazifik und Karibik.

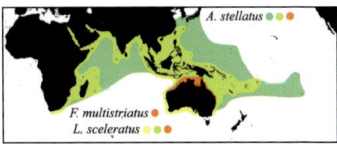

Igelfische
Diodontidae

Igelfische, die nächsten Verwandten der Kugelfische, sind mit auffälligen Stacheln bewehrt. Zwar besitzen auch manche Kugelfische Stacheln, doch sind diese so klein, dass sich nur ihre Haut rau anfühlt. In vielen Gegenden werden Igelfische gegessen oder getrocknet als Souvenir verkauft.

Biologie
Auch bei den Igelfischen sind die Zähne im Ober- und Unterkiefer zu je einer scharfkantigen Platte verwachsen. Bei Igelfischen fehlt aber der Mittelspalt. Diese Beißplatten sind ein ideales Werkzeug, um damit hartschalige Nahrung zu knacken. Die Zähne nutzen sich mit der Zeit ab, wachsen aber wieder nach. Igelfische können schmerzhafte Bisswunden zufügen! Wie Kugelfische können sie sich aufblasen. Dazu kommt noch der zusätzliche Schutz durch die Stacheln. Für die meisten Räuber eine fast uneinnehmbare Festung. Selbst ein großer Hai kann an einem Igelfisch ersticken. Im Vergleich zu den Kugelfischen sind Igelfische eher nachtaktiv und haben daher auch größere Augen.

Arten und Verbreitung
Die sechs bekannten Gattungen sind in 19 Arten unterteilt. Sie kommen in allen subtropischen und gemäßigten Meeren vor.

Unfälle
Aufgeblasene Igelfische können punktförmige Stiche verursachen. Sehr selten werden Schwimmer oder Taucher gebissen. Nachts, wenn die Igelfische schlechter gesehen werden können, ist die Unfallgefahr größer.

Vorbeugende Maßnahmen
Igelfische nicht ärgern oder ängstigen.

Was ist zu tun?

Erste Hilfe
Die Behandlung eventueller Bisswunden entspricht der bei den Kugelfischen. Sie sollte sich auf die Heilung der Wunde und der Vorbeugung von Infektionen richten.

Die Waffen der Igelfische

Die stabilen Zahnplatten sind die Angriffswaffen der Kugelfische und bilden in Kombination mit den Stacheln eine wirkungsvolle Abwehr. Die kurzen Stacheln sind für Menschen nur gefährlich, wenn man den Fisch anfasst. Die Stacheln mancher Igelfische haben drei Wurzeln und sind starr, wie zum Beispiel bei *Chilomycterus*- und *Cyclichthys*-Arten (links). Eine andere Form der Stacheln hat zwei Wurzeln und ist beweglich, wie bei den *Diodon*-Arten (rechts). Die beweglichen Stacheln werden gewöhnlich nach hinten gelegt. Sie richten sich nur auf, wenn sich der Fisch aufbläst. Die langen Stacheln eines großen Diodon sind nicht giftig, können aber tiefe Stiche verursachen.

Gepunkteter Igelfisch   80 cm
Diodon hystrix

Körper und Flossen mit kleinen schwarzen
Punkten. Die langen und beweglichen
Stacheln können am Körper angelegt oder
aufgerichtet werden. **Biologie**: Bewohnt Lagunen und Außenriffe, 2–50 m. Jungtiere
pelagisch. Erwachsene häufig entlang von
Riffrändern. Tagsüber gewöhnlich inaktiv,
unter Überhängen oder in Höhlen, ist bei
Tag gelegentlich auch im oberen Freiwasser
schwebend anzutreffen. Geht vorwiegend
nachts auf Nahrungssuche, frisst Mollusken,
Krabben, Einsiedlerkrebse und Seeigel.
Verbreitung: Zirkumtropisch.

Ballon-Igelfisch   29 cm
Diodon holocanthus

Cremefarben mit großen dunklen und kleinen schwarzen Flecken, deren Anzahl im
Alter abnimmt. Lange bewegliche Stacheln.
Biologie: Bewohnt Lagunen und Außenriffe,
1–100 m. Häufiger als andere Igelfische über
offenem Untergrund. Jungtiere bis mindestens 7 cm pelagisch. Häufiger in kühleren
subtropischen als in tropischen Gewässern.
Verbreitung: Zirkumglobal in tropischen
und warm-gemäßigten Meeren.

D. hystrix ●   other species ●

Masken-Igelfisch   50 cm
Diodon liturosus

Oliv bis ocker, mit großen, hell umrandeten
schwarzen Flecken. Bewegliche Stacheln.
Biologie: Bewohnt Küsten- und Außenriffe
sowie Offshore-Fleckriffe, häufiger an
küstennahen als an ozeanischen Inseln,
5–90 m. Tagsüber inaktiv unter Überhängen
oder in Spalten, geht nachts auf Nahrungssuche nach hartschaligen Wirbellosen. **Verbreitung**: Rotes Meer bis Frz.-Polynesien, n.
bis Südjapan. **Ähnlich**: *D. Holocanthus* hat
längere Stacheln und schwarze Flecken
zwischen den Augen.

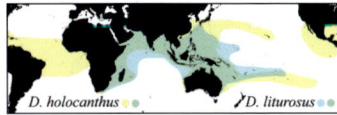

D. holocanthus ● ●   *D. liturosus* ● ●

Grauer Igelfisch 70 cm
Chilomycterus reticulatus

Hellbraun mit zerstreuten dunklen Punkten auf Körper und Flossen. Kurze starre Stacheln. **Biologie:** Lebt in flachen geschützten Zonen sowie an exponierten Außenriffhängen, 1–141 m. Tagsüber gewöhnlich in Verstecken von Fels- oder Korallenriffen. Juvenile leben pelagisch. **Verbreitung:** Zirkumglobal: Tropen und Subtropen. Fehlt im Roten Meer, Zentralpazifik und Karibik.

Gestreifter Igelfisch 25 cm
Chilomycterus schoepfi

Hellbraun mit dunkelbraunen Streifen und drei dunklen Scheinaugen. Gelbe starre Stacheln. **Biologie:** Bewohnt flache geschützte Zonen, 1–12 m. Scheint Schelfgebiete zu bevorzugen. Häufig in Seegraswiesen und küstennahen Lagunenriffen. **Verbreitung:** Südcarolina bis Nordbrasilien, fehlt in den West-Indies. **Ähnlich:** Netz-Igelfisch, *C. antillarum,* 25 cm, mit netzartigem Farbmuster. Zügel-Igelfisch, *C. antennatus,* 23 cm, mit kleinen dunklen Punkten. Beide Arten auf Seegraswiesen und geschützten Küstenriffen. **Verbreitung:** Florida bis Venezuela.

Kurzstachel-Igelfisch 15 cm
Cyclichthys orbicularis

Braun bis rotbraun, kleine dunkle, häufig zu Gruppen vereinten Flecken. Stacheln kurz und feststehend. **Biologie:** Lebt auf Küstenriffen mit Sand und Geröll, 2–20 m. Tagsüber inaktiv unter Korallen, Felsen oder in großen Schwämmen. Ernährt sich nachts von Krabben, Mollusken und Würmern. Nicht häufig. **Verbreitung:** Rotes Meer und Arabischer Golf bis Nordostaustralien, n. bis Südjapan.

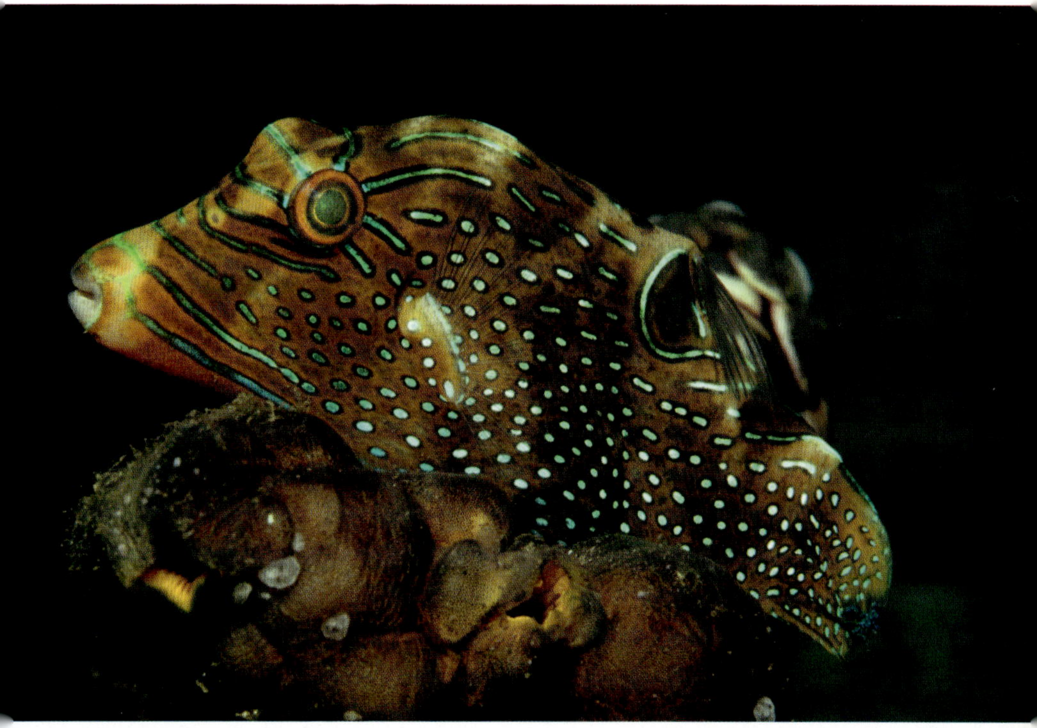

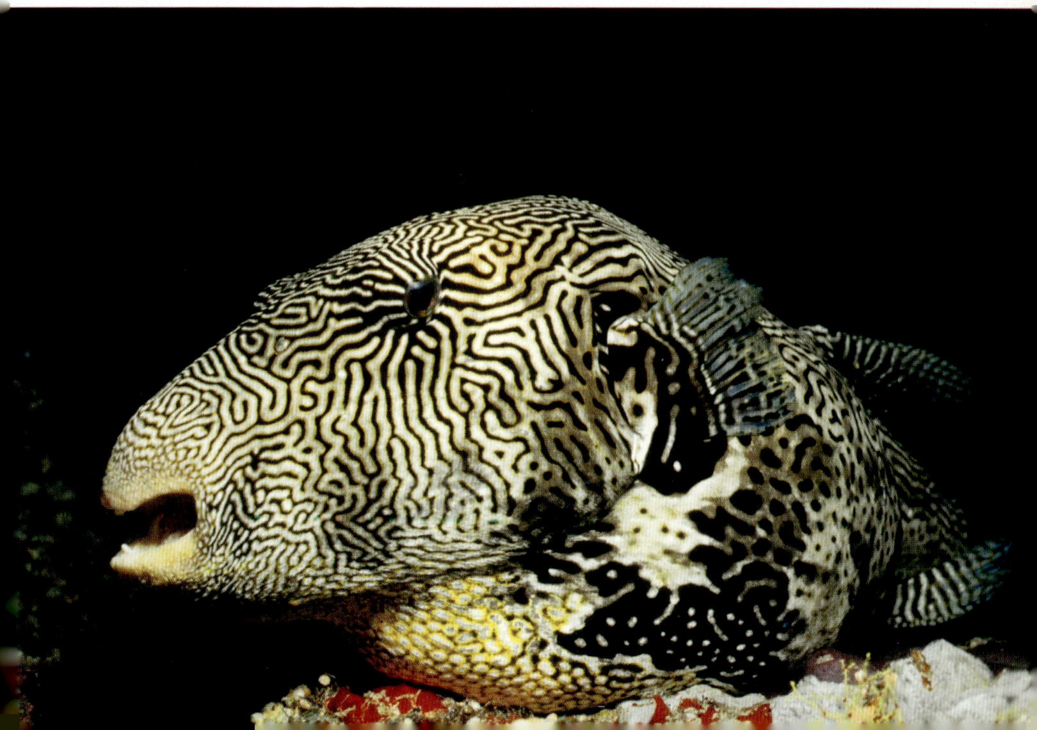

Der Krokodil-Hornhecht hält sich gern nahe der Wasseroberfläche auf.

Hornhechte
Belonidae

Was ist zu tun?

Erste Hilfe
Steckt der Fisch noch in der Wunde: Opfer und Fisch nicht bewegen und den Fisch hinter dem Kopf durchschneiden. Das verhindert weiteres Zappeln. Kleinere Wunden können sich entzünden und sollten daher medizinisch behandelt werden.

Achtung
Den Hornhecht nicht eigenständig aus der Wunde herausziehen. Den Fisch abschneiden und die verbleibenden Reste mit Salzwasser spülen. Die Wunde in Ruhe lassen und nicht unnötig berühren.

Weiterführende Behandlung
Die Reste des Fisches müssen sorgfältig operativ entfernt werden. Die Wunde muss gesäubert und entsprechend behandelt werden. Geeignete Antibiotika können eine Infektion verhindern.

Biologie
Hornhechte halten sich oft nahe der Wasseroberfläche auf. Diese obere Region verlassen sie nur, um eine Putzerstation zu besuchen oder um zu laichen. Sie befestigen ihre großen Eier an treibenden Pflanzen. Als Jäger haben sie es auf kleinere Fische abgesehen. Um Feinden zu entkommen, katapultieren sie sich mit unglaublicher Geschwindigkeit aus dem Wasser und schlittern mithilfe ihrer Schwanzflosse über die Oberfläche. Nachts stürzen sie sich gelegentlich auf Lichtquellen und haben dabei schon Angler und Fischer verletzt. Unter Wasser sind diese Fische friedlich. In manchen Tauchgebieten werden sie gefüttert. Ihre Zähne sind nadelförmig und haben keine scharfen Kanten, daher könnten Hornhechte mit ihren Zähnen nur kleine, stichförmige Wunden verursachen.

Merkmale
Hornhechte sind lang gestreckte, silbrige Fische. Ihr nadelförmiger Kopf gab ihnen den englischen Namen Needlefishes. Sie haben kleine Rücken- und

Ein Speer mit Flossen

Die speerförmige Verlängerung des Oberkiefers ist so scharf, dass sie bei hoher Geschwindigkeit einen Menschen durchbohren kann. Große Arten, wie der Krokodil-Hornhecht (rechts), haben auf diese Weise schon Menschen getötet.

Afterflossen, ihre Schwanzflosse ist gegabelt mit einem meist etwas längeren unteren Lappen. Der Krokodil-Hornhecht ist die größte Art dieser Familie. Er wird bis zu 135 cm lang und 7,1 kg schwer.

Unfälle
Unfälle mit Hornhechten sind selten, können aber tödlich enden. Sie geschehen meist nachts, wenn die Fische durch eine Lichtquelle erschreckt werden und sich aus dem Wasser schnellen. In einem Fall wurde ein 10-jähriger Junge ins Auge gestochen und starb. Er hatte einen Hornhecht in einem Netz gefangen und an den Strand gezogen.
Auf Oahu, Hawaii, wurde 2005 einem 19-jährigen Mann beim Harpunieren nachts die Brust durchstochen. Er überlebte den Unfall nur knapp.
Auf Guam ereignete sich einer der ganz seltenen Unfälle bei Tageslicht. Eine junge Frau wurde beim Wasserskifahren von einem kleinen Hornhecht in das Kinn gestochen.

Vorbeugende Maßnahmen
In kleinen Booten sollte man sich nachts nicht in unmittelbarer Nähe einer Lichtquelle aufhalten.

Symptome
Wenn ein Körperteil von einem Hornhecht durchstochen wird, sollte sofort ein Arzt aufgesucht werden. Durchsticht ein Hornhecht einem Menschen das Herz oder trifft er das Gehirn, kann das den sofortigen Tod zur Folge haben. Verletzungen wichtiger Organe können sehr schmerzhaft sein und lebensbedrohlich werden.

Arten und Verbreitung
Hornhechte kommen in allen tropischen und gemäßigten Meeren vor. Sie leben in der Nähe der Wasseroberfläche. Einige Arten halten sich dabei gern in Ufernähe über Riffen auf. Andere Arten sind im offenen Ozean zu finden. Hornhechte sind in 10 Familien mit insgesamt 34 Arten unterteilt. Ihre Länge reicht von 38 cm bis 135 cm.

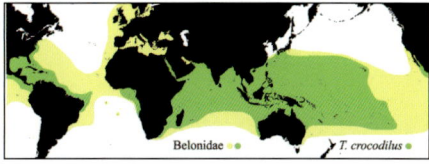

Belonidae ● ●   T. crocodilus ●

Krokodil-Hornhecht	135 cm
Tylosurus crocodilus	

Lange spitze Schnauze mit nadelähnlichen Zähnen. Silbrig, mit bläulichem Schimmer.
Biologie: Bewohnt Küstengewässer, gewöhnlich im Oberflächenwasser, teils sehr dicht unter der Wasseroberfläche. Kann nachts aus dem Wasser springen in Richtung Fischlampen; Fischer wurden dabei schon verletzt, in mindestens einem Fall tödlich. **Verbreitung**: Zirkumtropisch. **Ähnlich**: Agujon *T. acus* (Indopazifik; 100 cm) und Rotmeer-Hornhecht *T. choram* (Rotes Meer bis Oman; 120 cm) nahezu identisch; Gestreifter Hornhecht *Strongylura leirua* ist kleiner mit längerer Schnauze (Indopazifik; 80 cm); Gekielter Hornhecht *Platybelone argalus* (zirkumtropisch; 45 cm) mit seitlich abgeflachter Schwanzbasis, schwimmt oft in Gruppen.

Der Großdorn-Husar, *Sargocentron spiniferum*, hat einen kräftigen, spitzen Dorn auf dem Kiemendeckel.

Husarenfische
Holocentrinae

Biologie
Husarenfische sind Räuber, die nachts auf die Jagd gehen. Tagsüber halten sie sich oft in kleinen Gruppen in der Nähe der Riffkante auf. Abends verteilen sie sich über das Riff und suchen nach kleinen Wirbellosen, die auf dem Meeresboden leben. Zu ihren Beutetieren gehören vor allem Garnelen und Krabben, aber auch kleinere Fische. Nachts verändert sich auch oft ihre Färbung. Tagsüber können Taucher sehr nahe an sie herankommen. Nachts schwimmen sie schneller und meiden das Licht von Tauchern. Sie sind friedlich und ungefährlich, solange man sie nicht anfasst.

Merkmale
Husarenfische haben einen leicht gestreckten, seitlich abgeflachten Körper mit großen Schuppen und einem knochigen Kopf. An der unteren Ecke des Kiemendeckels tragen sie einen starken, nach hinten gerichteten Stachel. Den nah verwandten Husarenfischen der Unterfamilie Myripristinae fehlt ein solcher Stachel. Husarenfische sind überwiegend rot. Je nach Art sind sie mit unterschiedlichen Anteilen von Weiß, Silber und hellgelben Tönen gefärbt. Viele zeigen weiße bis silbrige Streifen.

Unfälle
Husarenfische sind geschätzte Speisefische und werden im Indopazifik stark bejagt. Die Fische werden

Was ist zu tun?

Erste Hilfe
Die Wunde mit Alkohol (40–70%) desinfizieren.

Achtung
Die Wunde so wenig wie möglich berühren.

Weiterführende Behandlung
Bei auftretenden Folgeinfektionen sollte ein Arzt aufgesucht werden. Eventuell ist eine Behandlung mit Antibiotika nötig.

Die Waffen der Husarenfische

Die kräftigen Kiemendeckelstacheln der Husarenfische sind ihre Verteidigungswaffe Nummer
eins. Am ausgeprägtesten sind sie bei dem Großdorn-Husar (rechts). Die Rücken-, After- und
Brustflossen haben ebenfalls Stacheln. Sie sind fest
und spitz und können schmerzhaft stechen.

harpuniert oder in Treibnetzen gefangen. Beim
Hantieren mit den gefangenen Fischen kann es zu
Stichen und Schnittwunden kommen. Die rauen
Schuppen können Abschürfungen verursachen.

Vorbeugende Maßnahmen
Husarenfische nur mit Handschuhen anfassen
und außer Reichweite der Kopfstacheln bleiben.
Stacheln, Rücken-, After- und Bauchflossen sollten
am Fisch anliegen.

Symptome
Der Großdorn-Husar, *Sargocentron spiniferum*, verfügt über einen Stachel oberhalb der Kiemendeckel. Die scharfen Kanten des Stachels können
größere Wunde reißen. Ein Einstich verursacht
einen stechenden Schmerz, der nach einiger Zeit
pochend wird und sich über den ganzen Körperteil
ausbreiten kann. Trotz des starken Schmerzes

fehlen Vergiftungsanzeichen. Die Stiche anderer
Arten verursachen wesentlich kleinere und weniger
schmerzhafte Verletzungen.

Arten und Verbreitung
Husarenfische aus der Unterfamilie Holocentrinae
kommen in allen tropischen und vielen subtropischen Meeren vor. Die 32 Arten sind auf drei Gattungen verteilt. Die verwandten Husarenfische
aus der Unterfamilie Myripristinae sind in fünf Gattungen mit insgesamt 36 Arten aufgeteilt.

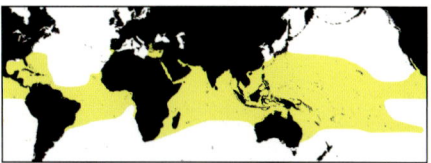

Weißsaum-Soldatenfische, *Myripristis murdjan*: Soldatenfische verstecken sich tagsüber gern in kleinen Gruppen unter Tischkorallen.

Großdorn-Husar   45 cm
Sargocentron spiniferum

Kiemendeckel mit sehr langem Dorn; rot mit weißen Schuppenrändern; erste Rückenflosse durchgehend rot, die anderen Flossen orange. **Biologie**: Bewohnt Lagunen und Außenriffe, 1–122 m. Schwebt tagsüber einzeln oder in kleinen Gruppen unter Überhängen oder in Höhlen. Jagt nachts Krabben, Garnelen und kleine Fische. **Verbreitung**: Rotes Meer u. Südafrika bis Hawaii, n. bis Südjapan, s. bis SO-Australien.

Silberfleck-Husar   25 cm
Sargocentron caudimaculatum

Rot mit weißen Schuppenrändern, weiße Schwanzwurzel. **Biologie**: Lebt in tiefen Lagunen und Außenriffen mit reichem Korallenbewuchs, 2–50 m. Einzeln oder in kleinen Gruppen in der Nähe von Löchern oder unter Überhängen. Die weiße Schwanzwurzel wird nachts rot, wenn er Jagd macht auf kleine Fische und Krabben. **Verbreitung**: Rotes Meer und Südoman bis Frz.-Polynesien, n. bis Südjapan, s. bis Südafrika und GBR.

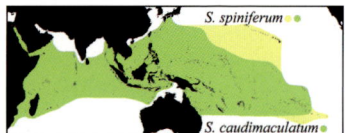

Diadem-Husar   17 cm
Sargocentron diadema

Rot mit weißen Streifen; erste Rückenflosse schwarz-rot. **Biologie**: Bewohnt etwas tiefer liegende Riffdächer, Lagunen und Außenriffe. Tagsüber regelmäßig einzeln oder in kleinen Gruppen unter Überhängen, in Spalten oder Höhlen. Streift nachts über offene Sandflächen auf der Jagd nach Schnecken, Würmern und kleinen Krebsen. Häufig und wenig scheu. **Verbreitung**: Rotes Meer und Oman bis Frz.-Polynesien, n. bis Ryukyus und Hawaii, s. bis Südostaustralien: ins östliche Mittelmeer eingewandert.

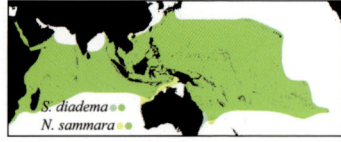

Blutfleck-Husar 32 cm
Neoniphon sammara

Silbrig mit schmalen rostroten Streifen; erste Rückenflosse vorn mit schwarz-rotem Fleck. **Biologie:** Bewohnt Riffdächer, geschützte Lagunen und Außenriffe, 2–45 m. Häufiger als andere Husarenfische. Schwebt tagsüber meist unter Überhängen, zwischen Felsen oder nahe bei ästigen Korallen. Jagt nachts Krabben und kleine Fische. **Verbreitung:** Rotes Meer bis Frz.-Polynesien, n. bis Südjapan, s. bis Südafrika und GBR.

Gelber Husar 22 cm
Neoniphon marianus

Auffällige gelbe Seitenstreifen; erste Rückenflosse gelb mit weißem Längsstreifen. **Biologie:** Bewohnt Außenriffhänge, 1–70 m. Selten im Flachwasser, bevorzugt Tiefenwasser ab 30 m. Tagsüber gewöhnlich unter Überhängen und in Höhlen. Verteilt sich nachts, um Garnelen und kleine Krebse zu jagen. **Verbreitung:** Florida Keys, Bahamas und Golf v. Mexiko über Karibik bis Trinidad.

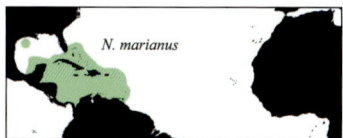

Gemeiner Husar 46 cm
Holocentrus adscensionis

Orange-rosa mit silbrigen Seitenstreifen. Erste Rückenflosse gelblich, zweite Rückenflosse mit Filament. **Biologie:** Lebt auf Küsten- und küstenfernen Riffen, 1–90 m. Am Tage gewöhnlich in Gruppen in Spalten und Löchern. Zerstreuen sich nachts, um kleine Krebstiere zu jagen. **Verbreitung:** Virginia bis Südbrasilien, ö. bis St. Helena. **Ähnlich:** Langstachel-Husar, *H. rufus*, 46 cm, erste Rückenflosse mit weißen Spitzen. (Verbreitung: siehe Karte).

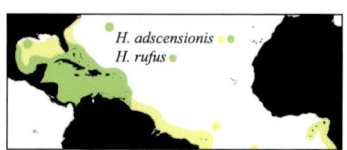

Sterngucker graben sich oft so tief in den Sand ein, dass nur noch ihre Augen und ihre Lippen zu sehen sind.

Sterngucker
Uranoscopidae

Biologie
Sterngucker sind Lauerräuber, die gut getarnt auf dem Boden liegend auf vorbeischwimmende

Beutefische warten. Sie graben sich oft so tief in den Sand ein, dass nur noch die Augen und die Lippen zu sehen sind. Sterngucker benutzen ihre vergrößerten Brustflossen, um sich an ihrem Platz zu verankern. Wenn sie ausgegraben werden, versuchen sie sofort sich wieder einzugraben. Auf der Innenseite des Unterkiefers besitzen sie einen wurmförmigen Fortsatz, den sie aus dem Maul strecken, um damit Beutetiere anzulocken. Einige Arten haben hinter den Augen Organe, mit denen sie Stromstöße austeilen können, um ihre Beute zu lähmen und sich zu verteidigen.

Merkmale
Der Körper ist lang gestreckt und plump mit großem Kopf und kleiner erster Rückenflosse. Die zweite Rückenflosse, die After-, Brust- und Schwanzflossen sind groß. Die kleinen Augen

IM NOTFALL

Was ist zu tun?

Erste Hilfe
Wunde mit Alkohol (40- bis 70-prozentig) desinfizieren.

Achtung
Keine Manipulationen an der Wunde.

Weiterführende Behandlung
Bei Sekundärinfektionen ist eine ärztlich verordnete Gabe von Antibiotika angezeigt.

Die Waffen

Die vordere Rückenflosse ist sehr klein. Oberhalb des Brustflossenansatzes, im Schulterbereich, trägt der Sterngucker auf jeder Seite einen kräftigen, nach hinten gerichteten langen Dorn (rot). Die Stachelstrahlen der Rückenflosse wurden schon früh als ungiftig erkannt. Der Dorn hat zwar zwei Längsrinnen, doch ist weder hier noch an der Stachelbasis typisches Giftdrüsengewebe zu finden. Bei Versuchen ergaben sich keine Vergiftungssymptome.

liegen auf der Kopfoberseite und sind ebenso wie das Maul nach oben gerichtet. Die fransigen Lippen sehen aus wie Zähne. Die kleinen Zähne hinter den Lippen halten die Beute fest, die als Ganzes verschluckt wird. Die meisten Arten haben oberhalb der Kiemen einen nach hinten gerichteten Dorn.

Arten und Verbreitung
Sterngucker bewohnen Kontinentalschelfe und Inselabhänge aller tropischen und gemäßigten Meere. Es gibt mehr als 50 Arten in 8 Gattungen.

Unfälle
Gefährdet sind fast ausschließlich Angler und Fischer, wenn sie Fische vom Haken lösen oder beim Entleeren von Netzen. Taucher, die sich beim Fotografieren versehentlich auf einen Fisch legen, werden sehr wahrscheinlich davon nichts merken, da der Fisch keine Reaktion zeigen wird.

Vorbeugende Maßnahmen
Beim Hantieren mit den Tieren feste Handschuhe tragen, zusätzlich darauf achten, sie nicht im Bereich der Dornen anzufassen. Sterngucker auch beim Tauchen nicht anfassen und nicht versuchen, sie aus dem Sand auszugraben.

Symptome
Schmerzhafter Stich ohne weitere Symptome.

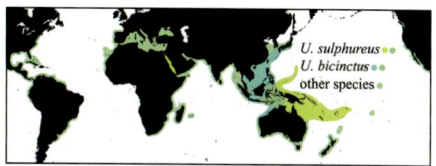

U. sulphureus
U. bicinctus
other species

Weißrand-Sterngucker   38 cm
Uranoscopus sulphureus

Schulterstacheln groß und freiliegend; bräunlich mit dunklen Flecken; kann zwei große, dunkle Sattelflecken haben; Brustflossen mit blassem Rand; roter Angelköder im Unterkiefer. **Biologie:** Bewohnt Sandböden von Küstengewässern, 1–150 m. Vorwiegend in kontinentalen Gewässern, selten vor ozeanischen Inseln. Dies ist die von Tauchern am häufigsten gesichtete Art. Über ihre Giftigkeit ist nichts bekannt. **Verbreitung:** Rotes Meer; Indonesien bis Samoa, nördl. bis Marianen, südl. bis GBR und Tonga. **Ähnlich:** Gefleckter Sterngucker mit zwei breiten, dunklen Bändern an den Seiten (Südjapan, Indonesien und Nordwestaustralien) 27 cm.

Monrovia-Doktorfische, *Acanthurus monrovia*, in einem typischen Schwarm vor den Kapverden.

Doktorfische
Acanthuridae

Die meisten Doktorfischarten haben an der Schwanzwurzel zwei ausklappbare Klingen. Diese „Skalpelle" haben den Fischen ihren Populärnamen gegeben. Wird der Schwanz des Fisches auf eine Seite gebogen, klappt die Klinge auf der gegenüberliegenden Seite auf. Andere Mitglieder dieser Familie, die Nasendoktorfische und die Sägedoktorfische, haben zwei oder mehr fest stehende Klingen. Einige Arten haben zusätzlich giftige Stacheln in manchen Flossen. Menschen werden diese Waffen jedoch nur gefährlich, wenn die Doktorfische gefangen werden oder mit ihnen hantiert wird. Dieser Gefahr sind sich sowohl Aquarianer bewusst, die die Tiere halten, als auch Fischer, die sie als Speisefisch fangen.

Ein Schwarm Grauer Doktorfische, *Acanthurus mata*, jagt im Freiwasser Zooplankton. Die Fische zeigen kaum Scheu und lassen Taucher nahe an sich heran.

Biologie

Doktorfische sind tagaktive und wendige, teils kräftige Schwimmer. Unscheinbar gefärbte und farbenprächtige Arten kommen vor. Die meisten Skalpelldoktorfische ernähren sich überwiegend von Algen, die sie vom Riffgestein abweiden. Sie sind daher auch im Flachwasserbereich anzutreffen, einige, wie der Arabische Doktorfisch, sogar bevorzugt auf dem Riffdach. Nasendoktorfische schwimmen dagegen meist im freien Wasser vor dem Riff, wo sie nach Plankton schnappen. Im Gegensatz zu diesen beiden Gruppen tropischer Rifffische bewohnen die sechs bekannten Arten der Sägedoktorfische weniger warme Meeresgebiete wie die vor Südostaustralien, Kalifornien oder um die Galapagosinseln. Doktorfische setzen ihre „Skalpelle" nur zur Verteidigung und bei innerartlichen Revierkämpfen ein. Einige Arten ernähren sich von toten organischen Stoffen im Detritus und fadenförmigen einzelligen Algen. Sie laichen in der

Die Waffen der Doktorfische

Die Stachel

Der Paletten-Doktorfisch, *Paracanthurus hapatus*, einige Nasendoktorfische und der Japanische Sägedoktor, *Prionurus scalprum*, sollen giftige Stachelstrahlen (rot) haben. Beim Sägedoktorfisch befinden sich die Stacheln zusammen mit dem Drüsengewebe in seitlichen Vertiefungen. Sie haben die Form eines umgekehrten T. Manche, wenn nicht sogar alle Arten, haben in ihrem späten Larvenstadium vergrößerte giftige Stacheln in der zweiten Rückenflosse, der zweiten Afterflosse und den Bauchflossen. Es wurde aber noch kein Gift isoliert.

Skalpelldoktorfische können die Klingen einklappen.

Die Klingen Den klingenförmigen Dornen, die scharf wie ein Skalpell sind, verdanken die Doktorfische ihren deutschen und englischen Populärnamen. Während Nasen- und Sägedoktorfische fest stehende Dornen besitzen, sind die Klingen der Skalpelldoktorfische auf ihrem Schwanzstiel und können wie durch ein Scharnier ausgeklappt werden. Dies geschieht nicht über Muskeln, sondern durch eine starke Krümmung des Schwanzes, wobei die Klinge auf der nach außen gebogenen Seite der Schwanzwurzel wie ein Taschenmesser herausklappt. Gelegentlich wird behauptet, dass die Skalpelle der Doktorfische giftig sind. Dies ist jedoch umstritten. In Untersuchungen konnte bisher kein typisches Giftdrüsengewebe im Bereich der Dornen festgestellt werden. Einige Sägedoktorfische, wie der Japanische Sägedoktor, *Prionurus scalprum*, sollen nach einer älteren japanischen Literaturangabe dagegen Giftdrüsen an Stacheln der Rücken-, Bauch- und Afterflosse besitzen.

Nasendoktorfische haben vier fest stehende Klingen.

Sägedoktorfische haben sechs bis acht fest stehende Klingen.

Sträflings-Doktorfische, *Acanthurus triostegus*, und andere kleine Doktorfischarten fallen im Schwarm in die Reviere größerer Arten ein, wie dem Blaustreifen-Doktorfisch, *A. lineatus* (Bildmitte) oder dem Arabischen Doktorfisch, *A. sohal* (Bild unten). Ihre Skalpelle kommen bei diesen Überfällen nur sehr selten zum Einsatz.

Abenddämmerung, abhängig von den Mondphasen. Ihr Larvenstadium kann bis zu 60 Tage dauern. In dieser Zeit erreichen sie eine Größe von 6 cm. Die Larven schützen sich mit verlängerten Flossendornen. Einige Doktorfische sind sehr standorttreu, während andere wandernde Schulen bilden, die in die Reviere stärkerer Arten einfallen. Doktorfische können mit 25 bis 45 Jahren sehr alt werden.

Merkmale
Der Körper ist seitlich stark abgeflacht und länglich oval. Die Mundöffnung ist klein, Rücken- und Afterflosse sind sehr lang. Charakteristisches Merkmal sind die scharfen klingenförmigen Dornen beidseits der Schwanzwurzel, anhand derer die insgesamt sechs Gattungen in drei Unterfamilien unterschieden werden: Skalpelldoktorfische, *Acanthurinae*, haben auf jeder Seite einen in einer Nut liegenden, ausklappbaren Dorn. Nasendoktorfische, *Nasinae*, tragen eine, meistens jedoch zwei und Sägedoktorfische, *Prionurinae*, zumeist je drei oder mehr fest stehende Klingen auf jeder Seite der Schwanzwurzel.

Die Männchen des Arabischen Doktorfisches, *Acanthurus sohal*, verteidigen kleine Fressreviere und die dort ansässigen Weibchen. Sie sind vom Roten Meer bis zum Arabischen Golf verbreitet *(Aufnahme in 1 m Wassertiefe)*.

Unfälle

Im Freiwasser kommen Unfälle praktisch nicht vor. Beim Anfüttern von Rifffischen durch Taucher kann es in Ausnahmefällen im Getümmel zu Schnittverletzungen kommen.

Vorbeugende Maßnahmen

Fische nicht anfüttern; beim Hantieren mit Doktor-

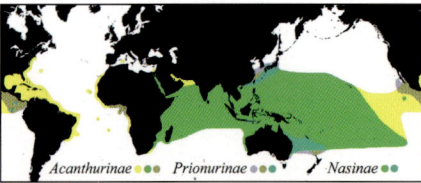

fischen (Fischer oder Aquarianer) am besten dicke Handschuhe tragen.

Symptome

Schnittwunden, die stärker schmerzen können, als zu erwarten wäre. Der Schmerz lässt innerhalb von 12 Stunden nach, kann sich aber auf den gesamten betroffenen Körperteil ausbreiten und mehrere Tage anhalten.

Arten und Verbreitung

Skalpelldoktorfische, *Acanthurinae*, kommen im Indopazifik einschließlich des Roten Meers und im tropischen Atlantik vor. Die 19 Arten der Nasendoktorfische, *Nasinae*, sind im Indopazifik einschließlich des Roten Meers heimisch. Sägedoktorfische, *Prionurinae*, sind in 7 Arten aufgeteilt. Sie sind nur im Pazifik zu finden.

Was ist zu tun?

Erste Hilfe

Blutung stillen, Wunde verbinden. Fremdkörper, wenn möglich, aus der Wunde entfernen.

Achtung

Schnittwunde nicht tiefer einschneiden oder ausbrennen.

Weiterführende Behandlung

Zur weiteren Wundversorgung und wegen der Gefahr von Sekundärinfektionen einen Arzt aufsuchen.

Fallbeispiele

Ein Fischer verletzte sich bei dem Versuch, einen Achselklappen-Doktorfisch von seinem Speer abzuziehen, an den Klingen des Fisches. Die Hand blutete und schwoll in der nächsten Stunde stark an. 10 Tage lang blieb die Hand geschwollen und die Wunde nässte. Als Gegenmaßnahme wurde die Hand täglich in warmem Wasser mit Bittersalz gebadet und mit einer bakteriziden Salbe behandelt. Es dauerte insgesamt drei Wochen, bis die Wunde vollständig heilte.

Doktorfische
Unterfamilie Acanthurinae

Blauer Doktorfisch   36 cm
Acanthurus coeruleus

Dunkelbraun bis blau mit dunklen Nadelstreifen; Juv. gelb. **Biologie:** Bewohnt Fels-
und Korallenriffe, 2–60 m. Einzeln oder in
großen Ansammlungen auf Seegraswiesen
sowie auf tiefen, schwammreichen Riffen.
Frisst Fadenalgen; oft mit anderen Doktor-
arten vergesellschaftet, um Algengärten
von Riffbarschen zu plündern. **Verbreitung:**
North Carolina bis Südbrasilien, ö. bis
Bermudas, Acension Is.

Ozean-Doktorfisch   36 cm
Acanthurus bahianus

Hell- bis dunkelbraun, oft mit orangen
Brustflossen und heller Schwanzwurzel.
Biologie: Fels- und Korallenriffe, 1–25 m. Oft
Fadenalgen von Sand oder Geröll abscha-
bend. Oft in Ansammlungen mit anderen
Doktorfischen Algengärten von Riffbarschen
plündernd. **Verbreitung:** North Carolina bis
Südbrasilien, ö. bis Bermudas, St. Helena.

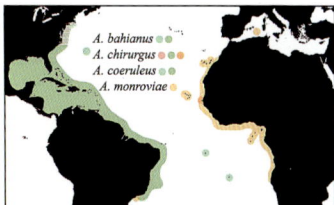

Streifen-Doktorfisch   35 cm
Acanthurus chirurgus

Bläulich bis braun mit dunklen Vertikalstreifen. Skalpell wird als giftig angesehen.
Biologie: Fels- und Korallenriffe sowie tiefe
Schwammzonen, 1–70 m. Juv. nutzen Seegraswiesen und Mangroven als „Kinder-
stuben". Weiden in Ansammlungen Algen
von Sand und Geröll ab. Vergesellschaften
sich mit anderen Doktorfischen, um in Territorien aggressiver Riffbarsche einzudringen.
Verbreitung: South Carolina bis Südbrasilien, ö. bis Westafrika.

Blaustreifen-Doktorfisch 38 cm
Acanthurus lineatus

Gelb mit blau-schwarzen Längsstreifen. Bauch lavendelfarben. **Biologie**: Häufiger Bewohner von Außenriffdächern und exponierten Riffrändern, 0–6 m. Sehr territorial und kontrollieren festes Revier mit Haremsweibchen. Kann Schwimmer mit dem (wohl) giftigen Skalpell streifen. Laichhöhepunkt im Sommer. Alter bis 45 Jahre! Wichtiger Speisefisch im Pazifik. **Verbreitung**: Ostafrika bis Frz.-Polynesien, Hawaii (vereinzelt), n. bis Südjapan.

Arabischer Doktorfisch 40 cm
Acanthurus sohal

Schmale schwarze und weiße Seitenstreifen, schwarze Mittelflossen mit blauen Rändern. **Biologie**: Häufiger Bewohner von äußeren Riffdächern und exponierten Außenriffen mit Wellengang, 0–10 m, meist oberhalb von 3 m. Männchen verteidigen kleine Fressreviere, in denen einige Weibchen leben. Laicht bei Neumond kurz nach Sonnenaufgang. **Verbreitung**: Rotes Meer bis Arabischer Golf.

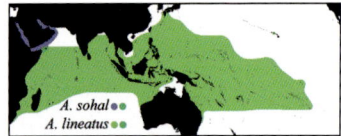

A. sohal ●●
A. lineatus ●●

Sträflings-Doktorfisch 27 cm
Acanthurus triostegus

Hellgrün mit sechs schmalen schwarzen Seitenstreifen. **Biologie**: Bewohnt harten Untergrund von Lagunen und Außenriffen, 1–90 m. Gewöhnlich in großen Ansammlungen, oft mit anderen kleinen Doktorfischen vergesellschaftet. Dadurch können sie in Territorien anderer Pflanzenfresser eindringen. **Verbreitung**: Ostafrika bis Panama, Südjapan. **Ähnlich**: *A. polyzona* (Komoren bis Mauritius) mit neun dunklen Seitenstreifen.

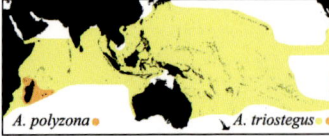

A. polyzona ●
A. triostegus ●

Achilles-Doktorfisch 25 cm
Acanthurus achilles

Schwarz mit orangerotem Fleck auf der
Schwanzwurzel. Weißer Kiemendeckelfleck.
Rote und weiße Schwanzränder. **Biologie:**
Besiedelt klare Außenriffe, vorwiegend in
der Brandungszone, 0–4 m. Territorial, gele-
gentlich in kleinen Gruppen. Frisst Faden-
algen und zarte Blattalgen. Hybridisiert mit
A. nigricans. **Verbreitung:** Mikronesien bis
Cabo San Lucas, Mexiko, n. bis Hawaii, s. bis
Neukaledonien und Ducie Is.

Goldrand-Doktorfisch 21 cm
Acanthurus nigricans

Dunkelbraun mit kleinem weißem Augen-
fleck. Goldgelbe Streifen in Rücken- und
Afterflosse. **Biologie:** Bewohnt geschützte
sowie exponierte Außenriffe, 1–67 m. Terri-
torial. In Gruppen Fadenalgen abweidend.
Juv. zwischen Astkorallen. Hybridisiert mit
A. achilles und *A. leucosternon*.
Verbreitung: Cocos-Keeling bis Panama,
Südjapan, Hawaii.

Weißkehl-Doktorfisch 23 cm
Acanthurus leucosternon

Blau mit schwarzem Kopf sowie gelber
Rückenflosse und weißer oder bläulicher Af-
terflosse. **Biologie:** Besiedelt klare Außen-
riffdächer und Riffkronen, 1–25 m. Einzeln,
Gruppen oder in großen Ansammlungen.
Verbreitung: Ostafrika bis Westindonesien,
Burma. Hybridisiert mit *A. nigricans*, dann
ohne weißen Kehlfleck.

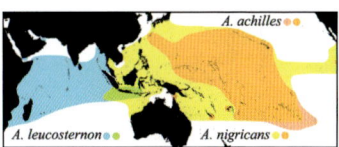

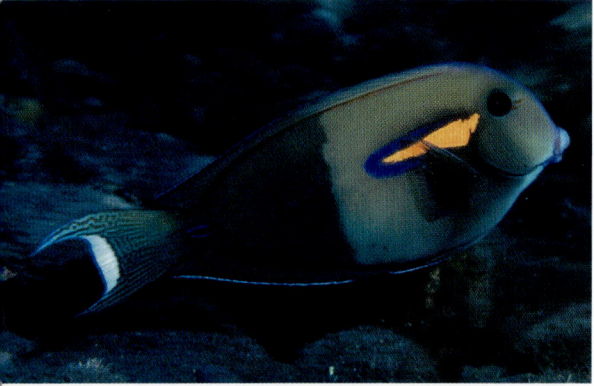

Achselfleck-Doktorfisch 35 cm
Acanthurus olivaceus

Grau bis schwarzbraun mit auffälligem orangem Achselfleck. Vorderteil oft heller gefärbt. Juv. gelb. **Biologie:** Bewohnt Lagunen und Außenriffe, 2–46 m. Oft in Gruppen über Sand und Geröll Fadenalgen abweidend. Skalpell soll giftig sein. Wenig scheu. **Verbreitung:** Cocos-Keeling bis Hawaii, Frz.-Polynesien, n. bis Südjapan, s. bis Lord Howe Is. Ersetzt durch *A. reversus* in Marquesas Is.

Blauring-Doktorfisch 31 cm
Acanthurus tennenti

Grau bis schwarz mit zwei schwarzen Achselflecken sowie hellblauem Ring um dunklen Skalpellfleck. **Biologie:** Bewohnt trübe Lagunen und Außenriffe, 1– >20 m. Gewöhnlich über Geröll mit Sandflecken. Oft in Gruppen über Sand, Geröll und Felsen Fadenalgen abweidend. **Verbreitung:** Ostafrika bis Bali, n. bis Burma. Hybridisiert in Bali mit *A. olivaceus*.

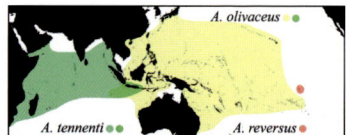

Schulterklappen-Doktorfisch 40 cm
Acanthurus nigricauda

Olivgrau mit schmalem schwarzem Schulterfleck. Brustflossenrand gelb. Weißlicher Schwanzansatz. **Biologie:** Bewohnt trübe sandige Lagunen sowie klare Außenriffe, 1–33 m. Gewöhnlich in Gruppen über Geröll- und Sandflecken Fadenalgen abweidend. Oft mit anderen dunklen Doktorfisch-Arten vergesellschaftet. **Verbreitung:** Ostafrika bis Frz.-Polynesien, n. bis Südjapan, s. bis GBR.

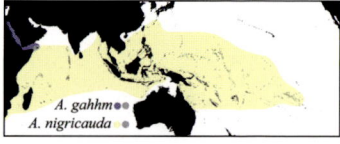

Gelbflossen-Doktorfisch 62,5 cm
Acanthurus xanthopterus

Größte Acanthurus-Art. Grau bis purpurbraun; gelbe Augenmaske und gelbe Brustflosse. Weißlicher Schwanzansatz. **Biologie:** Bewohnt Lagunen und Außenriffe, 3–90 m. Zeigt oft in Gruppen Farbwechsel. Weidet vorwiegend Fadenalgen, Diatomeen- und Detritusteppiche sowie gelegentlich Hydroiden von Sand und Geröll ab. **Verbreitung:** Ostafrika bis Hawaii, Panama, n. bis Südjapan.

Dussumiers-Doktorfisch 54 cm
Acanthurus dussumieri

Braun mit feinen blauen Nadelstreifen. Blauer Schwanz mit schwarzen Punkten. Weißes Skalpell. **Biologie:** Bewohnt Außenriffe, bevorzugt an steilen Felshängen, 4–131 m. Einzeln oder in kleinen Gruppen Algenteppiche auf Sand oder Fels abweidend. Juv. auf küstennahen Felsriffen. **Verbreitung:** Ostafrika bis Hawaii, n. bis Südjapan.

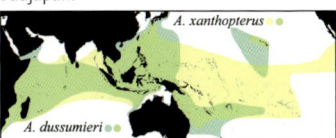

Pazifik-Mimikry-Doktorfisch 29 cm
Acanthurus pyroferus

Braun mit rötlicher Brust. Brustflossenspitzen und Schwanzrand gelb. Juv. gelb oder grau mit blauen Flossenrändern. **Biologie:** Besiedelt Lagunen und Außenriffe, 2–60 m. Einzeln oder in Gruppen mit anderen Doktorfischen bei der Nahrungssuche vergesellschaftet. Juv. ahmen Zwergkaiser nach: *Centropyge flavissima* und *C. vrolikii*. **Verbreitung:** Cocos-Keeling bis Frz.-Polynesien, n. bis Südjapan. Wird im Indik vom Indik-Mimikry-Doktor *A. tristis* ersetzt.

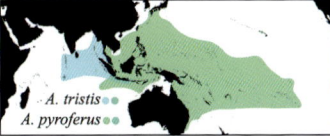

Rammkopf-Doktorfisch 42 cm
Acanthurus bariene

Größe der Stirnbeule nimmt im Alter zu. Rückenflosse gelb. Weiße Lippen. Dunkelblauer runder Fleck hinterm Auge. **Biologie:** Lebt an klaren Küstenriffen und Außenriffwänden, 6–50 m. Gewöhnlich einzeln oder in kleinen Gruppen Algen von festem Untergrund weidend. **Verbreitung:** Ostafrika bis Salomonen.

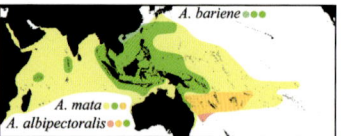

Grauer Doktorfisch 50 cm
Acanthurus mata

Blaubraun mit feinen Längsstreifen und gelber Augenmaske. Schwanzansatz oft weißlich. Skalpell soll giftig sein. **Biologie:** Lebt in Ansammlungen im offenen Wasser von tiefen Lagunen, Buchten und Außenriffhängen, 5–>30 m. Oft in bewegtem Wasser an Riffrändern mit Verstecken wie Höhlen oder Wracks. Frisst Zooplankton. Zeigt Farbwechsel an Putzerstationen. **Verbreitung:** s. Rotes Meer bis Frz.-Polynesien, n. bis Südjapan, s. bis Südafrika und GBR.

Brandungs-Doktorfisch 28 cm
Acanthurus guttatus

Braun mit zwei vertikalen weißen Bändern und weißen Punkten am Hinterkörper. **Biologie:** Bewohnt Brandungszonen von klaren Außenriffen und Felsküsten, 0,5– 6 m. Gewöhnlich in großen Ansammlungen in bewegtem Wasser, wo die weißen Punkte an Blasen erinnern (Tarnfärbung?). Ernährt sich von Faden- und Kalkalgen. **Verbreitung:** Seychellen bis Hawaii, Frz.-Polynesien, n. bis Ryukyus.

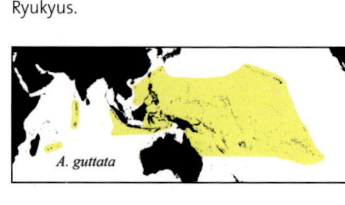

Brauner Borstenzahn-Doktor 26 cm
Ctenochaetus striatus

Braun mit grauen Nadelstreifen. Orange Punkte am Kopf. Skalpell soll giftig sein. **Biologie**: Häufiger Bewohner von Riffdächern, Lagunen und exponierten Außenriffen, 1–30 m. Einzeln oder in Schulen, oft mit anderen Doktorfischen vergesellschaftet. Weidet Blaugrüne Algen und Diatomeen von festem Grund oder Sand ab. Wichtiges Verbindungsglied in der Ciguatera-Nahrungskette. Gelegentlich giftig. **Verbreitung**: Rotes Meer bis Frz.-Polynesien, n. bis Südjapan, s. bis GBR.

Goldring-Borstenzahn-Doktor 24 cm
Ctenochaetus strigosus

Braun mit grauen Nadelstreifen. Gelber Augenring. Skalpell soll giftig sein. **Biologie**: Bewohnt Lagunen und Außenriffe unterhalb der Brandungszone, 1–113 m. Sehr häufig. **Verbreitung**: Hawaii und Johnston Atoll. Mehrere ähnliche Arten im Indopazifik.

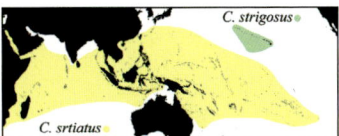

Paletten-Doktorfisch 26 cm
Paracanthurus hepatus

Leuchtend blau mit schwarzer „Palette". Indische Population mit gelblichem Bauch. Stachelstrahlen und Skalpell sollen giftig sein. **Biologie**: Bewohnt strömungsreiche klare Außenriffe und Plateaus, 2–40 m. Schwebt in losen Gruppen bis 3 m über dem Boden, dabei Zooplankton jagend. Bei Gefahr zwischen Zweigen von *Pocillopora*-Korallen oder in Spalten Zuflucht suchend. Weidet auch Algen ab. **Verbreitung**: Ostafrika bis Line Is., n. bis Südjapan.

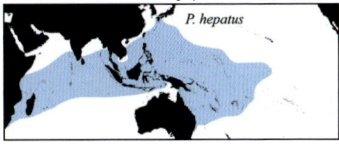

Pazifischer Segelflosser · 40 cm
Zebrasoma veliferum

Hoher Körper mit segelartigen Flossen. Braun mit hellen Vertikalstreifen. Gelber Schwanz. **Biologie:** Bewohnt tiefe Lagunen und halb geschützte Außenriffe mit mäßigem bis reichem Korallenbewuchs, 1–30 m. Gewöhnlich in Paaren oder in kleinen Gruppen. Juvenile einzeln und versteckt in Astkorallen-Dickichten. **Verbreitung:** Christmas Is. bis Hawaii, Frz.-Polynesien, n. bis Südjapan.

Indischer Segelflosser · 40 cm
Zebrasoma desjardinii

Braun mit blassen Streifen sowie schmalen orangen Streifen oberseits und orangen Punkten bauchseits. **Biologie:** Bewohnt tiefe Lagunen und halb geschütze Außenriffe mit mäßigem bis reichem Korallenbewuchs, 1–30 m. Gewöhnlich in Paaren oder kleinen Gruppen. Juvenile einzeln, oft versteckt zwischen Korallenästen. **Verbreitung:** Rotes Meer und Südafrika bis Java.

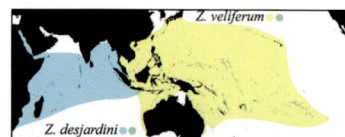

Sägedoktorfische
Prionurinae

Gelbschwanz-Nasendoktor 47,5 cm
Prionurus chrysurus

Dunkelbraun mit dunkelgrauen Bändern; Schwanz gelb. **Biologie:** Bewohnt Gebiete mit kalten, aufsteigenden Tiefenwasser (16–23 °C); hält sich häufig in starker Strömung auf, 12–30 m. Scheu. Alle anderen Arten dieser Gattung entweder aus kälteren warmgemäßigten oder tropischen Gebieten mit kalten Tiefenwasseraufstieg. **Verbreitung:** Komodo und Bali.

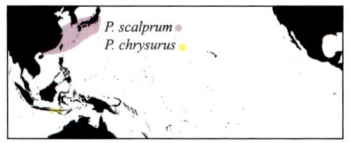

Nasendoktorfische
Nasinae

Ind. Gelbklingen-N.doktor   45 cm
Naso elegans

Grau mit gelber Rückenflosse, orange Knochenklingen; Männchen mit langen Schwanzfilamenten. **Biologie**: Bewohnt Riffdächer, Lagunen und Außenriffe, 1–90 m. Häufig, Erwachsene gelegentlich in Gruppen, große Männchen gelegentlich territorial. Frisst vorwiegend Braunalgen. **Verbreitung**: Rotes Meer bis Bali, n. bis Andamanensee, s. bis Südafrika. Im Pazifik durch Schwesterart *N. lituratus* ersetzt.

Paz. Gelbklingen-N.doktor   46 cm
Naso lituratus

Graubrauner Körper, gelbe Skalpelle und schwarze Rückenflosse. **Biologie**: Häufiger Bewohner von Riffdächern, Lagunen und Außenriffen, 1–90 m. In kleinen Gruppen oder Schulen. Große Adulte gelegentlich territorial. Frisst vorwiegend Blattalgen, einschließlich Sargassumalgen. **Verbreitung**: Golf v. Thailand bis Hawaii und Pitcairn-Inseln, n. bis Südjapan.

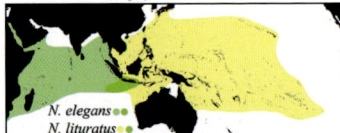

N. elegans ● ●
N. lituratus ● ●

Blauklingen-Nasendoktor   70 cm
Naso unicornis

Olivbraun mit blauen Knochenklingen. Horn und die Schwanzfilamente werden größer mit zunehmendem Alter. **Biologie**: Bewohnt flache Lagunen und Außenriffe, 1–80 m. Häufige Art, oft in exponierten Brandungszonen. Oft in Gruppen, frisst raue Blattalgen und Sargassumtang. Gebietsweise bedeutender Speisefisch. **Verbreitung**: Rotes Meer bis Frz.-Polynesien, n. bis Südjapan u. Hawaii, s. bis Südafrika und Südostaustralien.

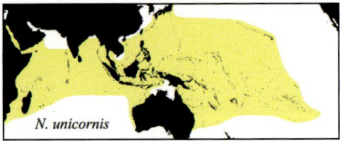

N. unicornis

Langnasen-Doktorfisch   100 cm
Naso annulatus

Grau bis schwarz. Schwanzrand weiß und beim Männchen mit langen Filamenten. Männchen mit sehr langem Horn. Juv. mit weißem Schwanzansatz. **Biologie:** Meist in kleinen Gruppen oder in großen Schulen im offenen, klaren Wasser an steilen Außenriffhängen, ab 25 m. Juv. in klaren Lagunen ab 1 m Tiefe. Frisst großes Zooplankton. **Verbreitung:** Ostafrika bis Frz.-Polynesien, n. bis Südjapan; Clipperton Is. (Ostpazifik).

Blauschwanz-Nasendoktor   75 cm
Naso hexacanthus

Grau mit hellem Bauch. Kiemendeckelrand schwarz. **Biologie:** Bewohnt tiefe Lagunen und Außenriffhänge, 6–137 m. Häufig, gewöhnlich in Gruppen, wenige Meter vom Riff entfernt, großes Zooplankton jagend. **Verbreitung:** Rotes Meer bis Frz.-Polynesien, n. bis Südjapan und Hawaii, s. bis Südostaustralien.

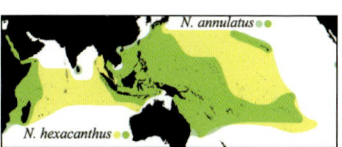

Masken-Nasendoktorfisch   75 cm
Naso vlamingi

Graubraun mit dunklen Seitenstreifen. Ad. mit Nasenbeule und langen Schwanzfilamenten. **Biologie:** Bewohnt tiefe Lagunen und Außenriffhänge, 4–50 m. Gewöhnlich in losen Gruppen an Riffkronen einige Meter über dem Boden nach großem Zooplankton jagend. Dramatischer schneller Farbwechsel an Putzerstationen und während der Balz: wird dabei hellblau. **Verbreitung:** Ostafrika bis Frz.-Polynesien, n. bis Südjapan.

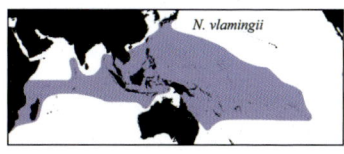

Der Goliath-Zackenbarsch hat oft eine feste Wohnhöhle oder einen Stammplatz in einem Wrack.

Große Zackenbarsche
Epinephelidae

Große Zackenbarsche haben kräftige Körper. Sie sind Bodenbewohner und ihr Lebensraum reicht vom Ufer bis zu einer Tiefe von über 400 m.

Der Riesen-Zackenbarsch, *Epinephelus lanceolatus*, und der Goliath-Zackenbarsch, *Epinephelus itajara*, erreichen ein Gewicht von über 320 kg. Sie sind groß genug, um einen erwachsenen Menschen zu verschlucken. Es ist bekannt, dass Zackenbarsche Menschen mit dem Maul gepackt haben. Bei Zwischenfällen mit anderen Zackenbarscharten, die ein Gewicht von 100 kg erreichen können, sind Menschen schon ertrunken.

Wesentlich höher ist jedoch die Gefahr einer Ciguateravergiftung durch den Verzehr von Zackenbarschen.

Biologie
Zackenbarsche sind Räuber, die ihren Beutetieren auflauern und sie im Ganzen verschlucken. Ihre Hauptnahrung besteht aus Schalentieren, Fischen und Tintenfischen. Größere Arten greifen auch Stechrochen, kleine Meeresschildkröten und Haie an. Manche Wissenschaftler behaupten, dass Zackenbarsche alles fressen, was sich bewegt und geschluckt werden kann.

Die meisten Zackenbarsche sind Zwitter, die Tiere größerer Arten behalten jedoch ihr Leben lang ein Geschlecht bei. Sie brauchen vier bis sieben Jahre, um geschlechtsreif zu werden, kleinere Arten nur ein Jahr. Große Zackenbarscharten wachsen sehr schnell und werden mit einer Lebenserwartung von 20 bis 40 Jahren sehr alt. Viele Zackenbarsche wandern zu bekannten Laichplätzen, wo sie zu Tausenden zusammen kommen. Ihre kleinen Eier (1 mm) schwimmen im Freiwasser. Die Larven verbringen dort mehrere Wochen und gehören zum Zooplankton.

Zackenbarsche werden mit Ködern an Haken gefangen. Die großen Arten reagieren sehr empfindlich auf die Überfischung.

Die Waffen eines Zackenbarsches

Die größte Gefahr geht von dem riesigen Maul aus, mit dem Zackenbarsche große Beutetiere im Ganzen verschlucken. Die Beute wird mit mehreren Reihen kleiner spitzer Zähne festgehalten und in Position gebracht. Menschen laufen vor allem Gefahr zu ertrinken, wenn sie von einem großen Zackenbarsch festgehalten oder angerempelt und dadurch ohnmächtig werden. Zudem kann man durch die vielen Zähne eines Zackenbarsches verletzt werden. Die wenigen Menschen, die von einem Zackenbarsch gepackt wurden und sich befreien konnten, erlitten Schnitte und Kratzer an ihrem Körper und an ihrer Ausrüstung.

Merkmale

Zackenbarsche haben einen großen abgerundeten Kopf mit einem großen breiten Maul und kleinen Augen. Ihre durchgehende Rückenflosse ist im vorderen Bereich hart-, im hinteren weichstrahlig. Die meisten Arten sind seitlich nur leicht abgeflacht, mit ovalem Querschnitt, was ihnen ein kräftiges, bulliges Aussehen verleiht. Der Körper ist mit kleinen Kammschuppen bedeckt. An den Hauptkiemendeckeln tragen sie zwei bis drei abgeflachte, dornartige Stacheln oder Zacken. Neben Reihen zahlreicher kleiner scharfer Zähne besitzen Mitglieder einiger Gattungen wie *Plectropomus*, *Mycteroperca* und *Epinephelus* ein oder mehrere Paare starker Fangzähne.

Unfälle

Es gibt viele Berichte darüber, dass Menschen in abgelegenen Gebieten von Zackenbarschen gefressen wurden, aber diese Begebenheiten können nicht belegt werden. Zwei zuverlässige Berichte besagen jedoch, dass Menschen von einem Goliath-Zackenbarsch, *Epinephelus itajara*, mit dem Maul gepackt wurden, sich aber befreien konnten. Ein Kartoffel-Zackenbarsch, *Epinephelus tukula*, stieß mit einem Taucher zusammen, der eine Tüte mit Fischresten an sich gedrückt hatte. Der Taucher wurde durch den Schlag bewusstlos und sank auf den Meeresboden in 12 m Tiefe, wo er ertrank.

2006 ertrank ein Mann, der illegal einen Goliath-Zackenbarsch mit einem Speer gejagt hatte. Sein Handgelenk verfing sich in der Fangleine des Speers und der Fisch zog ihn nach unten. Sein Körper wurde am Eingang der Höhle gefunden, in die sich der Zackenbarsch geflüchtet hatte.

Vorbeugende Maßnahmen

Die erste Regel ist: Gesunden Menschenverstand einsetzen. Einen Fisch, der so groß ist, dass er einen verschlucken kann, sollte man nicht in die Enge treiben und ihm besser aus dem Weg gehen.

Bei einer Begegnung ist ein zügiger Rückzug und die Nähe zu anderen Tauchern angeraten. Es gibt keinen Bericht darüber, dass Zackenbarsche sich an eine Gruppe von Menschen angeschlichen haben. Große Fische sollte man grundsätzlich nicht füttern. Ausnahmen bilden nur Gebiete, in denen das ausdrücklich erlaubt ist und überwacht wird.

Wird man von einem großen Zackenbarsch gepackt, sollte man alle Kräfte aufwenden, um sich zu befreien. Hilfreich ist es, dem Fisch mit dem Finger ins Auge zu drücken.

Was ist zu tun?

Erste Hilfe

Menschen, die bewusstlos an die Oberfläche gebracht werden, müssen beatmet werden. Eine Herz-Lungen-Reanimation kann notwendig sein. Schnittwunden sollten mit Alkohol (40–70 %) desinfiziert werden.

Weiterführende Behandlung

Menschen, die fast ertrunken sind, sollten für 24 Stunden unter ärztlicher Beobachtung bleiben. Folgeinfektionen können unter ärztlicher Aufsicht mit Antibiotika behandelt werden.

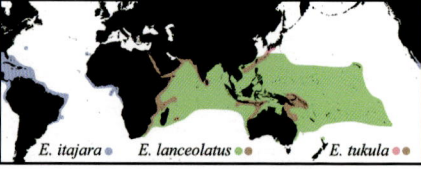

E. itajara ●   *E. lanceolatus* ●●   *E. tukula* ●●

Riesen-Zackenbarsch   2,6 m; 320 kg
Epinephelus lanceolatus

Das juvenile Farbkleid (unten) weicht während des Wachstums einem sprenkeligen Grau. **Biologie:** Bewohnt Flussmündungen, Küsten- und Offshore-Riffe, 3–100 m. Hat oft eine Wohnhöhle. Einzelgänger. Frisst Fische, große Krebstiere und Schildkröten. Große Exemplare können ciguatoxisch sein. Kann ggf. Menschen attackieren. Sehr selten. Juv. sehr versteckt. **Verbreitung:** Rotes Meer bis Frz.-Polynesien und Hawaii, n. bis Ryukyus. (Unten: Juvenil, Illustration von Ewald Lieske)

Goliath-Zackenbarsch   2,4 m; 315 kg
Epinephelus itajara

Braun gescheckt mit schwarzen Punkten. **Biologie:** Bewohnt tiefe Mangrovenflüsse, Fels- und Korallenriffe, 1–100 m. Juv. vorwiegend in Deltas. Territorial und oft an Standplätzen wie Höhlen und Wracks. Kann ein Drohverhalten mit geöffnetem Maul und aufgerichteten Rückenflossen zeigen. Frisst vorwiegend Langusten sowie Fische, Stechrochen, Haie und junge Schildkröten. Kann sich an Menschen heranpirschen und sie angreifen (Territorialverhalten). Wandert bis zu 100 km zu Sammelplätzen, wo am Ende des Sommers abgelaicht wird. Nach 4–7 Jahren mit ca. 110–130 cm Länge geschlechtsreif. Kann über 37 Jahre alt werden. Stark bedroht in vielen Gebieten aufgrund von Überfischung; in den USA geschützt. **Verbreitung:** Florida, Bermudas und Golf von Mexiko bis Südbrasilien; Ostpazifik und Ostatlantik.

Kartoffel-Zackenbarsch 2,0 m; 110 kg
Myctero perca bonaci

Hellgrau mit großen schwarzen Flecken.
Biologie: Bevorzugt klare, korallenreiche
Gebiete wie tiefe Fleckriffe, Dropoffs, tiefe
Lagunen, Außenriffe und Wracks, 3–150 m.
Einzeln oder in kleinen Gruppen. Überwie-
gend selten, nur stellenweise anzutreffen.
Ernährt sich von Fischen, Krebsen und Tin-
tenfischen. Lässt Taucher nah heran, wird
zudem häufig angefüttert, dabei kam es
schon zu Bissverletzungen an den Händen.
Eine größere Gruppe dieser Tiere ist die
Hauptattraktion am australischen Tauch-
platz „Cod Hole". **Verbreitung**: Rotes Meer
bis GBR, n. bis Südjapan, s. bis Südafrika und
Mauritius; im gesamten Gebiet nur lokal
vorkommend.
Unten: Ein schwarzer Zackenbarsch, *Myctero
perca bonaci*, in einem karibischen Riff.

Große Fische

Einige prinzipiell harmlose Fische können durch ihr Verhalten dem Menschen gefährlich werden. Es sind schon Mantas aus dem Wasser gesprungen und auf Booten gelandet. Dabei wurden Menschen verletzt. Es ist vorgekommen, dass Mantas sich auf der Futtersuche mit ihren großen Kopflappen in Seilen verfangen haben. Wird ein Tier gefangen oder fühlt es sich bedrängt, kann es bei seinen Befreiungsversuchen Menschen verletzen. Dann besteht die Gefahr, bewusstlos zu werden und zu ertrinken. Bei einem Harpunier-Wettkampf schwamm ein junger Mann mit seiner Beute, einem angeschossenen Büffelkopf-Papageifisch, zurück an die Wasseroberfläche. Der Fisch versuchte sich loszureißen und traf den Mann dabei so unglücklich, dass dieser bewusstlos wurde und ertrank.

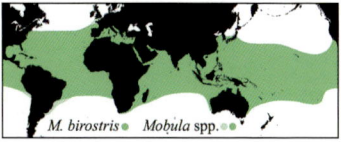

Manta   6,7 m; 1.400 kg
Manta birostris

Bewegliche Kopflappen. **Biologie:** Vom Oberflächenwasser bis in mittlere Tiefen, in Lagunen und an Außenriffen, besonders an strömungsreichen Kanälen, 1-50 m. Besucht oft Putzerstationen. Einzeln oder in Gruppen bis zu 50 Tieren. Gefahr allenfalls durch Sprünge aus dem Wasser mit Landung auf Booten bzw. Personen. **Verbreitung:** Zirkumtropisch. **Ähnlich:** Teufelsrochen, *Mobula* sind kleiner und haben steife Kopflappen.

Büffelkopf- Papageifisch   1,3 m
Bolbometapon muricatum

Olivgrün, steiles Kopfprofil mit mächtigem Stirnhöcker bei Adulten. **Biologie:** Lebt gewöhnlich in festen Gruppen auf korallenreichen Riffdächern und Hängen von tiefen Lagunen und Außenriffen, 1–50 m. Frisst lebende Korallen und Algen. Schläft gruppenweise in großen Spalten und Höhlen. Scheu und in den meisten Gebieten selten. Erreicht mindestens 70 kg Gewicht. **Verbreitung:** Rotes Meer und Ostafrika bis Frz.-Polynesien, n. bis Taiwan.

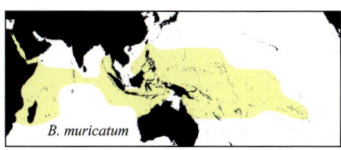

Das linke elektrische Organ dieses männlichen Panther-Torpedorochens, *Torpedo panthera*, zeichnet sich deutlich unter der Haut ab.

Elektrische Rochen
Torpediniformes

Einige Fische besitzen besondere Organe, mit denen sie elektrische Spannungen ins Wasser abgeben können. Stark elektrische Fische sind in Süßgewässern zum Beispiel die Zitteraale, im Meer unter anderem die Zitterrochen.

Biologie
Elektrische Rochen bewohnen sandige oder weiche Böden in Küstennähe und an Abhängen. Sie jagen aus dem Hinterhalt und manche Rochen graben sich dafür in den Sand ein. Zu ihrer Nahrung zählen Krebse, Weichtiere und am Grund lebende Fische, die sie mit einem Stromschlag betäuben. Die Beute wird in einem Stück verschlungen. Die elektrischen Stromstöße werden auch zur Abwehr von Feinden eingesetzt. Sie schwimmen nicht durch wellenartige Bewegungen des Flossensaums wie andere Rochen mit runder Körperform, sondern mit seitlichen, schwerfällig wirkenden Schwanzschlägen.

Merkmale
Der Körper von elektrischen Rochen ist rund bis oval mit einem dicken kurzen Schwanz und einer Schwanzflosse. Je nach Familienzugehörigkeit hat er keine, 1 oder 2 Rückenflossen, die weit hinten auf dem Schwanz ansetzen. Die Augen stehen eng zusammen und ragen deutlich über die Körperscheibe hinaus. Maul und Kiemen befinden sich auf der Unterseite. Im Maul befinden sich mehrere Zahnreihen. Mit den hinteren Zähnen töten Elektrische Rochen ihre Beute und können Panzer und Schalen zerbeißen. Die meisten Arten können sich tarnen, einige Arten zeichnen sich durch auffallend gefärbte Netze oder Punkte aus. Zitterrochen besitzen keinen Giftstachel. Die größte Art wird bis zu 2 m lang.

Panther-Torpedorochen, *Torpedo panthera*

Elektrische Organe

Im vorderen Bereich der Körperscheibe liegt auf beiden Seiten je ein großes, bohnenförmiges Elektroorgan (blau). Diese beiden elektrischen Organe sind annähernd so dick wie der Körper des Fisches und bestehen aus einem besonderen Muskelgewebe, das Elektrizität produzieren und speichern kann. Die Angaben über die erzeugten Spannungen schwanken. Bei dem Brasilianischen Zitterrochen *Narcine brasiliensis* und einer verwandten Art *Narcine bancroft* wurden zwischen 14 und 37 Volt gemessen, bei anderen wie z. B. dem Torpedorochen (*Torpedo*) oder dem Augenfleck-Zitterrochen *Diplobatis* sollen die elektrischen Entladungen bis über 200 Volt betragen können.

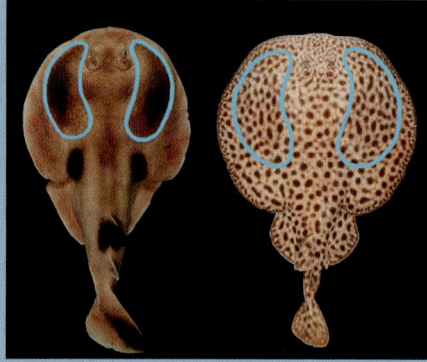

Narkoserochen
Heteromarce hentuval

Torpedorochen
Torpedo fuscomaculata

Unfälle

Unfälle mit Tauchern passieren meistens, wenn sie die Tiere neugierig anfassen. Auch Fischer machen beim Sortieren des Fangs nicht selten Erfahrung mit den kräftigen Stromschlägen dieser Rochen. Die Tiere sind oft gut getarnt und schwimmen bei Annäherung eines Tauchers meist nicht weg.

Vorbeugende Maßnahmen

Die Tiere nicht anfassen.

Symptome

Bei Menschen hat der oftmals kräftige, stets nur kurze Stromschlag einen momentanen Schock zur Folge. In der Literatur wird nicht ausgeschlossen, dass der Stromschlag auch eine kurzfristige Desorientierung oder sogar Bewusstlosigkeit zur Folge haben kann. Der Rochen braucht Zeit, um das elektrische Organ wieder aufzuladen. Ein zweiter Stromschlag ist daher nicht zu erwarten.

Arten und Verbreitung

Elektrische Rochen kommen in allen tropischen, subtropischen und gemäßigten Meeren vor. Sie leben auf weichen Böden in Küstennähe und kommen in allen Tiefen bis zu 1000 m vor. Die 66 bekannten Arten sind in vier Familien unterteilt, die sich durch Form und Lage der Nasenöffnungen, des Mauls und der Zähne und der Form von Körper, Schwanz und Flossen unterscheiden. Die Familie der *Narcinidae* im Atlantik und Indopazifik besteht aus 27 Arten. Ihr Körper ist diskusförmig mit zwei großen Rückenflossen und auffällig gewelltem Saum. Die Narkoserochen, *Narkidae*, sind eine Familie mit 10 Arten, die im Indopazifik vorkommen. Sie haben keinen gewellten Saum und eine, zwei oder keine Rückenflosse. Torpedorochen, *Torpedinidae*, sind in 28 Arten unterteilt. Sie kommen in allen tropischen und gemäßigten Meeren vor. Ihre Körperscheibe ist teils fast quadratisch. Der vor Australien endemische Schlafrochen, *Hypnos monopterygium*, ist das einzige Mitglied der Familie der Hypnidae. Er besitzt eine größere, rechteckige Körperscheibe und zusätzlich eine kleinere Körperscheibe, die durch seine Bauchflossen geformt wird. Sein Schwanz und die Schwanzflossen sind klein.

Was ist zu tun?

Erste Hilfe

Außer der sehr kurzen Schockwirkung bei Stromschlägen dieser Stärke treten in der Regel keine weiteren Komplikationen auf. Für Erste-Hilfe-Maßnahmen gibt es keinen Bedarf.

Weiterführende Behandlung

In der Regel nicht notwendig.

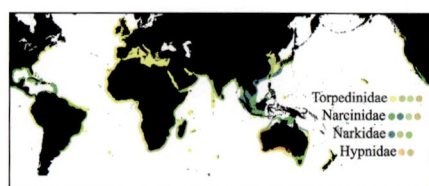

Torpedinidae
Narcinidae
Narkidae
Hypnidae

Torpedorochen
Torpedinidae

Panther-Torpedorochen 100 cm
Torpedo panthera

Runde Körperscheibe mit gerader Front-
partie; blassbeige bis ocker mit diffusen
weißen Flecken. **Biologie:** Auf Sand- und
Weichböden in der Nähe von Korallenriffen, 0,5–55 m. Gewöhnlich eingegraben.
Nicht scheu, bewegt sich bei Störung oft
nur langsam weg. Nicht selten. Geht in
tiefere Zonen während des Winters. Kann
überraschend große Beute fressen,
darunter Skorpionfische. **Verbreitung:**
Rotes Meer und Arabischer Golf. **Ähnlich:**
Mehrere Arten, nur am Farbmuster unterscheidbar.

Marmor-Torpedorochen 130 cm
Torpedo sinuspersici

Runde Körperscheibe mit gerader Frontpar-
tie; braun-beige marmoriert. **Biologie:** Auf
Sand und Geröllflächen in Korallen- und
Felsriffen, 2–200 m. Ernährt sich von Fi-
schen, Krebsen und Weichtieren. Kann bei
Ebbe stundenlang trocken liegen und
überleben. Gewöhnlich solitär; bildet zur
Laichzeit jedoch Ansammlungen. 9–22
Junge werden im Flachwasser geboren.
Verbreitung: Rotes Meer, Arabischer Golf
bis Sri Lanka, s. bis Südafrika.

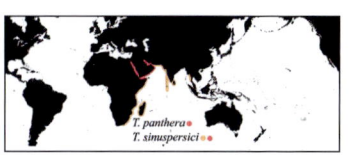

Zitterrochen
Narcinidae

Indonesischer Zitterrochen >31 cm
Narcine sp.

Ovale Körperscheibe, schmaler im vorderen Bereich; gelbbraun bis senfgelb mit großen und kleinen dunkleren Flecken. **Biologie:** Auf Sand- und Weichböden nahe von Korallenriffen, 20–63 m. Eine noch unbeschriebene Art, bekannt nur durch wenige Exemplare und Fotos. **Verbreitung:** Indonesien, Java bis Komodo. **Ähnlich:** Mehrere Arten, am Farbmuster unterscheidbar.

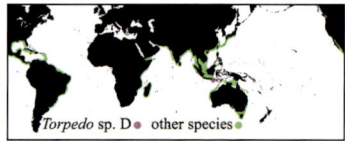

Torpedo sp. D ● other species ●

Elektrische Sterngucker
Astroscopus

Drei Sternguckerarten haben hinter den Augen Organe, mit denen sie Stromstöße abgeben können. Diese werden zur Verteidigung und zum Lähmen von Beute genutzt. Berührt man einen Elektrischen Sterngucker, kann das einen schmerzhaften elektrischen Schlag zur Folge haben. Die meisten Sterngucker schützen sich durch zwei Schulterstacheln, die aber bei dem *Astroscopus* schwach ausgebildet sind. Weitere Informationen über diese Familie finden sich bei den Sternguckern.

Südlicher Sterngucker	44 cm
Astroscopus ygraecum	

Schulterstachel stumpf und unter der Haut gelegen, elektrisches Organ hinter den Augen (s. Foto: blau eingezeichnet). Graubraun mit weißen Flecken. **Biologie:** Bewohnt Sandböden von Deltas und Küstengewässern, 2–40 m. **Verbreitung:** Chesapeake-Bucht, s. bis Nordbrasilien.
Ähnlich: Nördlicher Sterngucker, *A. guttatus*, n. von Kap Hatteras. *A. sexspinosus*, Südostbrasilien. *Y. zephyreus* im tropischen Ostpazifik.

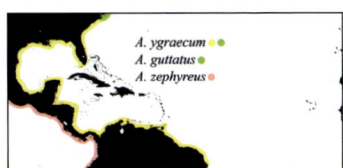

A. ygraecum ●●
A. guttatus ●
A. zephyreus ●

Passiv giftige Fische
Fische, die beim Verzehr giftig sind

Passiv giftige Fische

Der Genuss verdorbener Fische oder Meeresfrüchte kann selbstverständlich ernsthafte gesundheitliche Folgen haben. Aber es gibt auch viele Arten, die unabhängig von ihrer Frische hochgiftig sind. Darüber hinaus können viele Arten – besonders in den Tropen – unerwartet giftig werden, obwohl sie normalerweise problemlos gegessen werden können. Von den verschiedenen Fischvergiftungen kommen drei recht häufig vor und sind weitverbreitet.

Weitverbreitete und häufige Vergiftungen:

- **Tetrodotoxische Fische** enthalten in ihren Organen und ihrem Gewebe das Gift Tetrodotoxin. Dieses Toxin wird von Bakterien produziert. Die Fische nehmen die Bakterien mit ihrer Nahrung oder aus ihrer Umgebung auf.
- **Ciguatoxische Fische** reichern über die Nahrungskette Ciguatoxin in ihrem Gewebe an. Dieses und ähnliche Toxine werden von mikroskopisch kleinen Dinoflagellaten produziert. Räuber an der Spitze der Nahrungskette haben die höchsten Toxingehalte.

Der giftige Schwarzflecken-Kugelfisch, Arothron nigropunctatus, zeigt wenig Scheu. Vielleicht vertraut er auf sein Gift.

- **Scombrotoxische Fische** können durch bakterielle Fäulnisprozesse eine hohe Konzentration von Histaminen aufweisen. Thunfische, Makrelen und Goldmakrelen sind besonders anfällig dafür.

Seltene Vergiftungen:

- **Palytoxische Fische** sind normalerweise essbare Arten. Sehr selten enthalten sie das Gift Palytoxin. Es wird durch Dinoflagellaten und bestimmte Weichkorallen produziert. Es wurde durch tödlich endende Vergiftungen durch den Verzehr von Heringen, Sardinen und Anchovis bekannt.
- **Crinotoxische Fische** haben toxische und oft bitter schmeckende Haut und Hautschleim.
- **Halluzinogene Fische** bewirken Halluzinationen. Die Substanzen scheinen im Gehirn verschiedener Fische – besonders der Meerbarben der Gattung *Upeneus* – konzentriert vorzukommen.

Andere Fischvergiftungen sind durch den Genuss von Schlangenmakrelen möglich. Sie sind sehr fetthaltig und können Durchfall verursachen. Auch Fischeier und Fischblut können zu Vergiftungen führen.

Kugelfische und verwandte Arten
Tetraodontidae

Kugelfische sind hochgiftig. Nicht trotzdem, sondern gerade deshalb gelten sie in Japan als Delikatesse. Diese kulinarische Spezialität der besonderen Art heißt Fugu. Serviert wird das rohe, in hauchdünne Scheiben geschnittene Muskelfleisch. Einen außergewöhnlichen oder aromatischen Geschmack besitzt es nicht. Erwünscht ist vielmehr eine leichte kontrollierte Vergiftung. Der Genuss von Fugu erzeugt ein leichtes Prickeln und Brennen auf der Zunge und ein anschließendes Taubheitsgefühl im Mundbereich. Auch auf anderen Schleimhäuten, wie im Genitalbereich, kann sich ein Kribbeln einstellen. Daher wird den Kugelfischen eine aphrodisierende Wirkung nachgesagt. Bei diesem in Japan hochgeschätzten und kostspieligen Essvergnügen gilt eines ganz besonders: Auf die richtige Dosis kommt es an. Eine Portion zu viel, und aus dem Prickeln wird eine schwere oder tödliche Vergiftung.

Biologie
Kugelfische haben ihren Namen, weil sie in der Lage sind, sich zu einer Kugel aufzublasen. Bei Gefahr können sie Wasser in eine besondere Seitenkammer des Magens saugen und sich so ballonartig aufblähen. Angreifer werden davon abgeschreckt, und durch die Volumenvergröße-

rung passen sie oft auch gar nicht mehr in dessen Maul. Die Tatsache, dass sie giftig sind, und ihr oft bitterer Geschmack machen sie für Fressfeinde zusätzlich unattraktiv. Kugelfische sind behäbige, aber sehr manövrierfähige Schwimmer. Sie halten sich generell in Bodennähe auf und bevorzugen ruhige, geschützte Bereiche. Sie ernähren sich von einer Vielzahl von Tieren und Pflanzen. Viele hartschalige Beutetiere knacken sie mit ihrem kräftigen Schnabel. Über die Fortpflanzung der Tiere weiß man nur wenig. Die Arten in den gemäßigten Breiten laichen während der wärmeren Monate. Die japanische Art *Takifugu niphobles*, eine Art, die in den Subtropen vorkommt, drängt sich bei Flut zum Laichen auf die Strände und lässt ihre Eier im nassen Sand und Kies zurück. Der Spitzkopf-Kugelfisch, *Canthigaster valentini*, bewohnt Korallenriffe. Männliche Tiere haben ein Revier mit bis zu sieben Weibchen. Jedes Weibchen legt seine Eier in ein Algenbüschel. Die Eier sind giftig, und innerhalb von drei bis fünf Tagen schlüpfen die Larven, die dann im freien Wasser leben. Dieses Stadium dauert zwischen sieben und 16 Wochen. Kugelfische kommen in allen tropischen und subtropischen Meeren vor. In vielen Flüssen der Tropen sind sie an der Mündung oder in den unteren Bereichen zu finden. Einige Arten leben auch im Freiwasser.

Merkmale
Kugelfische sind durch ihre plumpe Körperform leicht zu erkennen. Sie haben kleine weiche Rücken-, After- und Brustflossen. Die Augen liegen weit oben am Kopf. Vor den Brustflossen liegt eine kleine Kiemenöffnung. Kugelfische haben feste elastische Haut mit kleinen Stacheln anstelle von Schuppen. Sie haben keine Bauchflossen oder Rippen. Ihre Zähne sind zu einem kräftigen Schnabel mit einer Mittelspalte verwachsen. Die größte Art wird über einen Meter lang.

Das Gift
Im Gewebe von Kugelfischen befindet sich das Gift Tetrodotoxin (TTX). Es ist ein kleines Molekül, dessen Struktur 1963 entschlüsselt werden konnte. Es lagert sich außen an den Natriumkanälen von Nerven an. Dadurch verhindert es den Nervenimpuls und die Muskeln

Schon als Jungtier kann sich dieser etwa 2 cm große Weißflecken-Kugelfisch, *Arothron hispidus*, bei Beunruhigung zu einem Miniballon aufblasen.

Puffers

Reef fishes

Shadow goby 4x

Blue-ringed octopuses 2x

Tetrodotoxin

Tritons

Crabs 2x

Poison-arrow frogs 4x

Planocerid flatworms 4x

Starfishes 2x

Salamanders 4x

0   25   50   75   100 cm

Tetrodotoxin (TTX) kommt in ganz verschiedenen Gruppen mariner und terrestrischer Tiere vor. Viele Kugelfische sind extrem giftig (z. B. Lagocephalus scleratus, oben), während andere in ihrer Giftigkeit variabel sind. Die Schatten-Grundel, Yongeichthys criniger, und einige Krabben sind häufig hochgiftig. Nur gelegentlich giftig dagegen sind einige normalerweise ungiftige Rifffische, einige Seesterne und verschiedene Schnecken, darunter auch ein Tritonshorn, Charonia sauliae. Blauring-Kraken (Hapalochlaena-Arten) sind die einzigen bekannten Tiere, die Tetrodotoxin aktiv über einen Biss einsetzen, um ihre Beute zu lähmen bzw. zu töten. Einige Plattwürmer, Dendrobates-Pfeilgiftfrösche und verschiedene Salamander enthalten hohe TTX-Konzentrationen und zeigen ihre Giftigkeit womöglich durch leuchtende Warnfärbungen an.

Was ist zu tun?

Erste Hilfe

Sowie Anzeichen einer Vergiftung auftreten, sofort, und nicht mehr bei fortgeschrittenen Vergiftungssymptomen, Erbrechen herbeiführen. Bei zunehmender Lähmung des Mundbereiches, die durch Schluckbeschwerden zu erkennen ist, besteht die Gefahr, dass Erbrochenes in die Luftröhre und die Lunge gelangt. Verschlechtert sich die Atmung oder hört ganz auf, zur Wiederbelebung eine Mund-zu-Mund-Beatmung durchführen. Eine medizinische Notfallversorgung ist zwingend notwendig, da der Patient, solange er gelähmt ist, beatmet werden muss.

können nicht mehr angespannt werden. Bei einer schweren Vergiftung kommt es zur Lähmung aller willkürlich kontrollierten Muskeln. Dadurch kommt die Atmung zum Stillstand und der Tod durch Ersticken tritt ein. Tetrodotoxin ist eines der stärksten natürlichen Gifte. Schon durchschnittlich 0,009 mg pro Kilogramm Körpergewicht sind tödlich. Tetrodotoxin ist in der Natur weitverbreitet. Viele Meerestiere und einige Landtiere verfügen über dieses Gift, dazu gehören der Blauringkrake, verschiedene Krabben, Pfeilschwanzkrebse, eine Seesternart, Pfeilgiftfrösche, Salamander und Molche. Das Gift wird nicht von den Tieren selbst, sondern von verschiedenen Bakterien produziert. Die Tiere nehmen diese Bakterien unter anderem mit der Nahrung auf und lagern sie in ihrem Gewebe ein. Kugelfische und die meisten anderen Tiere setzen das Gift zur Verteidigung gegen Fressfeinde ein.

Wo befindet sich das Gift?

Das Gift der Kugelfische ist über den ganzen Fisch verteilt. Die höchsten Konzentrationen scheinen sich in den inneren Organen, vor allem der Leber, den Geschlechtsorganen und in der Haut zu befinden. Wie giftig die Tiere sind, schwankt nicht nur zwischen den einzelnen Arten, sondern sogar innerhalb einer Art. So kann es vorkommen, dass Tiere derselben Art in einer Gegend sehr giftig sind und unweit davon entfernt die Fische nur sehr wenig Gift enthalten. Schwankungen können auch im Zusammenhang mit den Jahreszeiten stehen. Die Weibchen vieler Arten haben während der Laichzeiten eine höhere Giftkonzentration in den Eierstöcken.

Unfälle

An einem Kugelfisch kann man sich nur vergiften, wenn man ihn isst. In dafür ausgewiesenen Restaurants und durch entsprechend ausgebildete Chefköche zubereitete Fugu-Gerichte können normalerweise bedenkenlos gegessen werden. Ein gewisses Risiko bleibt jedoch bestehen. Unfälle passieren vor allem, wenn Kugelfische von Amateuren oder von Menschen zubereitet werden, die nicht wissen, dass die Fische giftig sind.

Symptome

Die ersten Symptome treten normalerweise nach zehn bis zwanzig Minuten auf. Anfangs ist ein leichtes Kribbeln und Brennen im Mundbereich wahrzunehmen. Dieses breitet sich auf die übrigen Gliedmaßen aus und wird schließlich zu einem Taubheitsgefühl. Bei einer ernsthaften Vergiftung steigern sich die Symptome in Schluck-, Sprech- und Atembeschwerden. Ein Benommenheitsgefühl und allgemeine Schwäche stellen sich ebenfalls ein. Hinzu kommen Gehschwierigkeiten und fallender Blutdruck. Das Opfer bleibt gewöhnlich bei vollem Bewusstsein, kann sich aber nicht mehr verständigen und kurz darauf keinen einzigen Muskel mehr bewegen – nicht einmal ein Augenzwinkern ist noch möglich. Die Herzmuskulatur bleibt meistens unbetroffen. Die

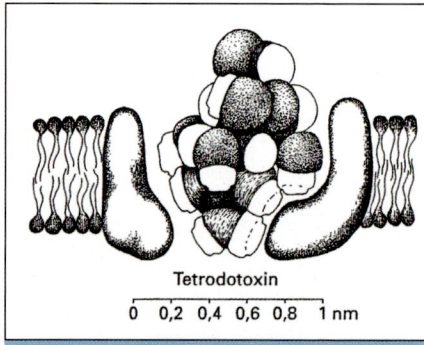

Tetrodotoxin

0   0,2   0,4   0,6   0,8   1 nm

Tetrodotoxin (TTX) ist ein kleines Molekül und eines der wirksamsten marinen Toxine. Seine mittlere tödliche Dosis liegt bei 0,009 mg pro Kilogramm Körpergewicht des Opfers. TTX greift sehr spezifisch am Nervensystem an, indem jeweils ein Molekül einen Natriumkanal der Nervenzellen blockiert und so die Fortleitung von Nervenimpulsen verhindert. *(Nach Mebs, 2002)*

Dieser Riesen-Kugelfisch, *Arothron stellatus*, trägt frische Bisswunden von einem Hai.Die Oberflächlichkeit der Wunde zeigt,
dass der Hai wohl sofort wieder losgelassen hat, weil er
„geschmeckt" hat, dass seine Beute giftig ist.

sorgung kann allein auf der Behandlung der
Symptome basieren. Dem Patienten sollte auf
jeden Fall der Magen ausgepumpt werden.
Danach sollte er, auch bei einer leichten Vergiftung, für zwölf Stunden unter Beobachtung
bleiben. Bei Atembeschwerden sollte der
Patient beatmet werden und an ein Beatmungsgerät angeschlossen werden. Die Gene-
sung ist abhängig vom Grad der Vergiftung. Sie
tritt gewöhnlich innerhalb von 24 Stunden ein,
wenn der Körper seine normale Atemtätigkeit
wieder aufnimmt. Es gibt selten Komplikationen. Meistens stehen sie im Zusammenhang
mit eingeatmeter Speichelflüssigkeit oder Er-
brochenem. Durch Hypotonie kann ein Nierenversagen auftreten. Tritt die Heilung ohne Komplikationen ein, sind keine bleibenden Schäden
zu erwarten.

totale Lähmung der Atemmuskulatur führt zu
einem Tod durch Ersticken.

Vorbeugende Maßnahmen
Die einfachste Art, einer Vergiftung durch Kugelfische zu entgehen, ist, keine zu essen.
Diejenigen, die es nicht lassen können, sollten
es in einem dafür ausgewiesenen japanischen Res-
taurant tun. Kugelfische sind leicht zu erkennen
und sollten, hat man einen gefangen, freige-
lassen werden. Es ist wichtig, sich unmittelbar
danach gründlich die Hände zu waschen.

Weiterführende Behandlung
Das Gift eines tetrodotoxischen Fisches kann
nicht unschädlich gemacht werden, und es existiert kein Gegengift für Tetrodotoxin. Die Ver-

Arten und Verbreitung
Die Familie der Kugelfische *Tetraodontidae*
besteht aus zwei Unterfamilien. Die 105 Arten
dieser Unterfamilien sind in 19 Gattungen aufgeteilt. Die Spitzkopf-Kugelfische, Unterfamilie
Canthigasterinae, bestehen aus 30 kleinen
Arten, die zwischen 19,5 und 77 cm groß werden.
Sie gehören alle zur Gattung *Canthigaster* und
kommen vor allem an Korallenriffen und in subtropischen Küstengewässern vor.
Mitglieder der Unterfamilie *Tetraodontinae*
erreichen eine Größe von sechs Zentimetern bis
zu einem Meter. Sie leben in tropischen und
gemäßigten Meeren, in Flussmündungen und
in vielen Flüssen der Tropen. Viele Arten kommen auf flachen Korallenriffen und in Küstengewässern vor. Einige sind auch in Tiefen von

Fallbeispiel

NSW, Australien
Eine Familie fing mehr als 20 kleine Kugelfische und wollte sie zubereiten. Die Tiere wurden über Nacht in Salzwasser gelegt. Am
nächsten Tag wurden sie gekocht und gegessen. Kurz nach dem Essen bekam ein 14-
jähriger Junge ein Taubheitsgefühl in den Lippen. Seine Zunge schwoll an und er empfand
eine ungewöhnliche Leichtigkeit. 45 Minuten
nach dem Essen musste er sich übergeben,
hatte Schluckbeschwerden und ihm wurde
kalt. Bei seiner Ankunft im Krankenhaus war er
blau angelaufen und hatte Atembeschwerden. Er wurde beatmet und in ein größeres
Krankenhaus verlegt. Obwohl er bei vollem

Bewusstsein blieb, konnte er nicht reagieren,
zeigte keine Reflexe und hatte Lähmungserscheinungen. Seine Pupillen waren gewei-
tet, doch sein Puls und sein Blutdruck blieben
normal. Die künstliche Beatmung wurde aufrechterhalten, bis die Lähmung abgeklungen
war. Nach zwölf Stunden, in denen er völlig
gelähmt war, konnte er seine Augenlider
bewegen, und sich verständigen. Nach weiteren zwei Stunden konnte er seine Lippen und
seine Zunge bewegen. Nach 24 Stunden
stellte sich die Atmung wieder ein, und nach
einigen weiteren Stunden wurde das volle
Atemvolumen festgestellt. Die anderen Fami-
lienmitglieder zeigten keine oder nur
schwache Symptome. *(Nach Mebs, 2002)*

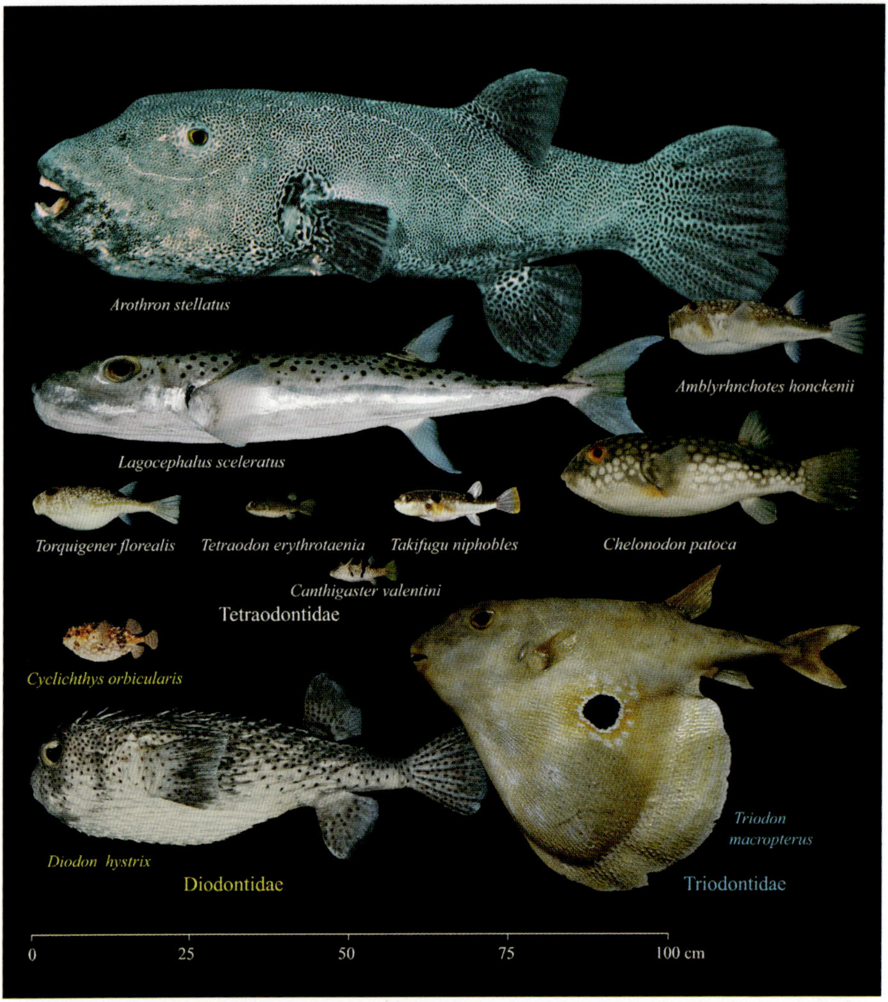

Arothron stellatus
Amblyrhnchotes honckenii
Lagocephalus sceleratus
Torquigener florealis
Tetraodon erythrotaenia
Takifugu niphobles
Chelonodon patoca
Canthigaster valentini
Tetraodontidae
Cyclichthys orbicularis
Diodon hystrix
Diodontidae
Triodon macropterus
Triodontidae
0
25
50
75
100 cm

Unterschiede in Größe und Form zwischen den drei Kugelfischfamilien.

100–480 m zu finden. Es gibt auch Arten, die im Freiwasser leben. In Fugu-Gerichten werden in erster Linie Tiere der Gattung *Takifugu* serviert. Sie bewohnen die gemäßigten und subtropischen Küstengewässer Südostasiens. Der auffällige Dreizahn-Kugelfisch hat im Unterkiefer nur einen Zahn und gehört zu der Familie der *Tridontidae*. Er lebt an den Küstenabhängen des westlichen Indopazifiks in einer Tiefe von 100–450 m. In Japan wird er roh verkauft und gegessen, in anderen Regionen gilt er als giftig. Igelfische und Mitglieder der Familie *Diodontidae* sind gelegentlich giftig. Es ist sehr wahrscheinlich, dass sie Tetrodotoxin oder Ciguatoxin enthalten.

Tetraodontidae
Triodontidae
Diodontidae

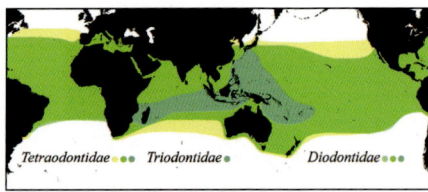

Verbreitung der drei Kugelfischfamilien

Blaupunkt-Kugelfisch   80 cm
Arothron caeruleopunctatus

Braun bis grau mit kleinen, dicht stehenden blauen Flecken; um die Augen herum formen sie unterbrochene Ringe. **Biologie:** Bewohnt Küstenriffe, Kanäle und Außenriffhänge, 2–45 m. Eher selten; gemächlich schwimmender Einzelgänger. Schwebt meist dicht über dem Grund oder unter Überhängen. **Verbreitung:** Réunion und Malediven bis Marshallinseln, nördl. bis Ryukyus. **Ähnlich:** Mappa-Kugelfisch, *A. mappa*, mit strahlenförmigem Muster um das Auge. (Siehe Seite 204)

Weißfleck-Kugelfisch   50 cm
Arothron hispidus

Braun mit weißen Flecken und Ringen um die Augen und die Brustflossen. **Biologie:** Bewohnt Lagunen, Buchten und Außenriffe mit Korallenbewuchs, 1–50 m. Häufig, ruht oft auf Sand und Geröll. Ernährt sich von Schwämmen, Seescheiden, Krabben, Korallen, Muscheln, Seesternen, Algen und Detritus. **Verbreitung:** Rotes Meer bis Panama; nördlich bis Südjapan und Hawaii, südlich bis L. Howe und Natal.

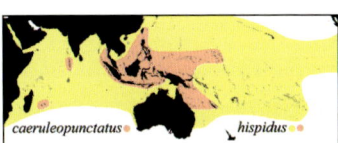

caeruleopunctatus   hispidus

Streifen-Kugelfisch   31cm
Arothron manilensis

Grundfarbe Beige bis Hellbraun oder Graugrün, dunkle Längsstreifen. **Biologie:** Bewohnt Lagunen und Küstenriffe, auf Sand, Schlamm oder Seegras, 1–17 m. **Verbreitung:** Borneo, Bali und Philippinen bis Samoa, nördl. bis Ryukyus, südlich bis NSW und Tonga.

Mappa-Kugelfisch   60 cm
Arothron mappa

Blass mit schwarzem Flecken- und Streifenmuster, um das Auge herum strahlenförmig. **Biologie:** Bewohnt Lagunen und Außenriffe, 4–40 m. Einzelgänger. Frisst Schwämme, Seescheiden, Schnecken und Algen. **Verbreitung:** Ostafrika bis Samoa, nördlich bis Südjapan, südlich bis Neukaledonien und Tonga.

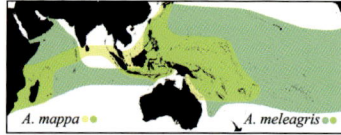

A. mappa ●●   *A. meleagris* ●●

Sternen-Kugelfisch   32 cm
Arothron meleagris

Schwarz mit zahlreichen kleinen weißen Punkten; gelegentlich teils oder fast komplett gelbe Farbvariante. **Biologie:** Bewohnt Lagunen und Außenriffe, 1–73 m. Einzelgänger. Bevorzugt klare Gewässer, selten an Küstenriffen außer im Ostpazifik. Frisst Spitzen ästiger Korallen, Schwämme, Schnecken und Algen.
Verbreitung: Ostafrika bis Panama.

Schwarzflecken-Kugelfisch   29,5 cm
Arothron nigropunctatus

Verschiedene Farbvarianten von blass Cremefarben bis Grau, Blaugrau, Grünlichgrau oder Bräunlich, auch eine teilweise gelbe Variante, jeweils mit vereinzelten schwarzen Flecken. **Biologie:** Bewohnt korallenreiche Küstenriffe, Lagunen und Außenriffe, 1–35 m. Einzeln. Frisst Korallen, Schwämme, Seescheiden und Algen. **Verbreitung:** Ostafrika und G. v. Aden bis Line- und Cook-Inseln, n. bis Südjapan.

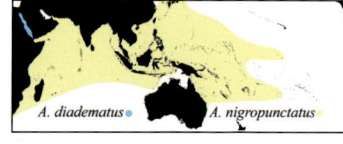

A. diadematus ●   *A. nigropunctatus* ●

Milchfleck-Kugelfisch 33 cm
Chelonodon patoca

Oliv mit leicht länglichen weißen Flecken und blassgelbem bis weißem Bauch.
Biologie: Bewohnt Unterläufe von Flüssen, Brackwasserzonen, küstennahe Fels- und Korallenriffe; Süß- und Salzwasser, 4–50 m.
Verbreitung: Arabischer Golf bis Neukaledonien, n. bis Ryukyus und Ogasawara.

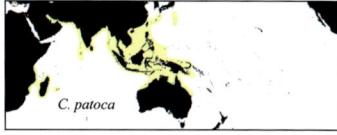

Geperlter Kugelfisch 18 cm
Sphoeroides spengleri

Lang gestreckter Körper; Rücken oliv, Seiten mit Doppelreihe dunkler Flecken.
Biologie: Bewohnt Seegras, Küsten- und Offshore-Riffe, 1–20 m. Häufig in algenreichen, geschützten Arealen. Einzeln oder in lockeren Ansammlungen. Frisst vorwiegend kleine wirbellose Bodenbewohner. Stark toxisch, hat Todesfälle verursacht.
Verbreitung: MA, Bermudas und G. v. Mexiko bis Südostbrasilien, Ostatlantik.

Schildkröten-Kugelfisch 30 cm
Sphoeroides testudineus

Blass mit grünlichbraunen Flecken, überlegt mit kleinen dunklen Punkten. **Biologie:** Bewohnt Weichböden von Brackwassergebieten, Seegraswiesen und geschützte Küstenareale, bis 44 m. Häufig in Mangrovenkanälen. Einzeln oder in Gruppen. Frisst vorwiegend Schalentiere. Stark giftige Art.
Verbreitung: Nordostflorida, Bahamas und Westyucatan bis Südostbrasilien, Karibik.

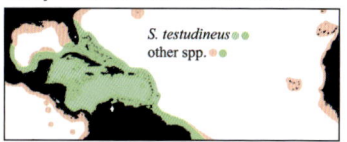

Der Doppel-Schnapper, *Lutjanus bohar*, ist regelmäßig ciguatoxisch (siehe auch Abbildung S. 213 unten).

Ciguatera

Ciguatera ist eine Nahrungsmittelvergiftung, hervorgerufen durch den Genuss von Speisefischen oder Meeresfrüchten, die normalerweise ungiftig sind. Die verantwortlichen Toxine fanden sich bislang in über 400 Fischarten, darunter sind viele geschätzte und weltweit gehandelte Speisefische. Das macht Ciguatera zur wohl häufigsten Fischvergiftung. Betroffen sind weltweit jährlich bis zu 50 000 Menschen, davon allein bis zu 20 000 in der Karibik. Auch auf Inseln im Südpazifik erkranken oft große Teile der Bevölkerung. In den Gewässern um Puerto Rico ist Ciguatera so verbreitet, dass das Land etwa 85 % seiner Fische importiert. Ciguatera tritt vorwiegend in tropischen, weniger in subtropischen Meeresgebieten auf. Mit importierten Speisefischen aus tropischen Meeren wird Ciguatera auch in nördlichen Breiten zum Problem. In den USA und Kanada kommt es zu insgesamt etwa 2300 Vergiftungsfällen pro Jahr. In den USA ist Ciguatera die häufigste gemeldete Lebensmittelvergiftung durch ein natürlich vorkommendes Toxin, mit besonders zahlreichen Fällen in Florida, wo viele Tiere direkt vor Ort gefangen und gegessen werden.

Giftproduzenten

Das Gift wird nicht von den Fischen selbst produziert, es stammt von verschiedenen Dinoflagellaten, mikroskopisch kleinen, einzelligen Algen. Wichtigster Dinoflagellat in Zusammenhang mit Ciguatera ist die Art *Gambirdiscus toxicus*. Neben *Ciguatoxin* produziert sie auch das sehr ähnliche Toxin *Maitotoxin*. Daneben wird in der Karibik noch der Dinoflagellat *Ostreopsis lenticularis* für Ciguatera verantwortlich gemacht. Diese Dinoflagellaten-Arten leben nicht als Plankton im freien Wasser, sondern sie siedeln auf der Oberfläche größerer Algen. Diese Makroalgen und mit ihnen die Dinoflagellaten werden von pflanzenfressenden Fischen aufgenommen. Die Fische werden von Raubfischen gefressen, die ihrerseits wieder größeren Räubern zum Opfer fallen. Dadurch reichert sich das Toxin über die Nahrungskette immer weiter an, sodass Raubfische wie große Barrakudas, Zack-

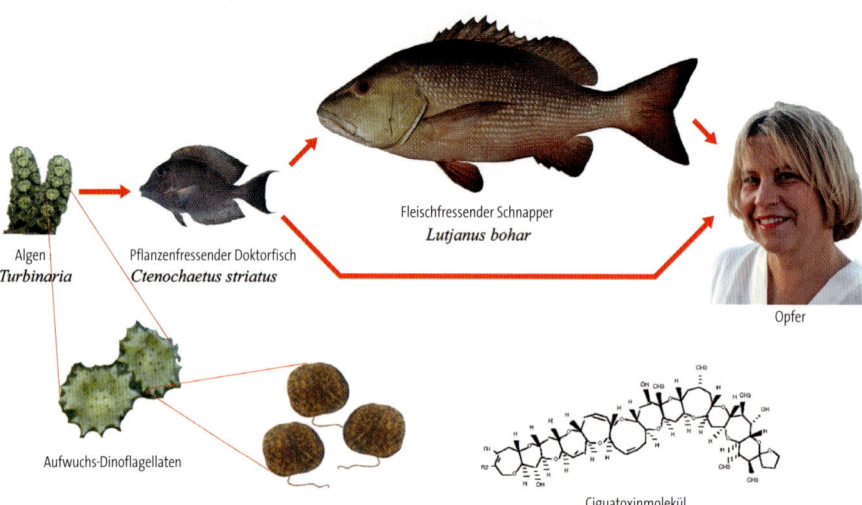

Algen
Turbinaria

Pflanzenfressender Doktorfisch
Ctenochaetus striatus

Fleischfressender Schnapper
Lutjanus bohar

Opfer

Aufwuchs-Dinoflagellaten

Ciguatoxinmolekül

Ciguatera-Nahrungskette: Ciguatoxin wird von dem Dinoflagellaten Gambierdiscus toxicus produziert. Diese einzellige Alge lebt zusammen mit grünen Fadenalgen auf der Oberfläche größerer Makroalgen. Pflanzenfressende Fische weiden diese Makroalgen ab, nehmen damit auch das Toxin auf und speichern es in ihrem Körper. Raubfische, die sich von solchen Pflanzenfressern ernähren, reichern das Toxin im Laufe ihres Lebens in ihren Körper an, ohne davon sichtbar beeinträchtigt zu werden. Nur der Mensch am Ende dieser Nahrungskette erleidet bei Verzehr eines ciguatoxischen Fisches eine Vergiftung. Nicht nur der Verzehr großer Raubfische mit hoher Toxinkonzentration ist gefährlich, auch pflanzenfressende Fische mit genügend Toxin im Körper stellen ein Risiko dar.

enbarsche, Makrelen und Muränen besonders giftig sein können. Den Fischen schadet das Gift nicht. Entweder wird das Gift von ihrem Stoffwechsel nicht aufgenommen, oder es wird so langsam aufgenommen, dass es sich ohne schädigende Wirkung in ihrem Gewebe anreichert. In manchen inneren Organen, besonders in der Leber und den Keimdrüsen, ist die Giftkonzentration höher als in dem übrigen Gewebe. In der verzweigten Nahrungskette auf dem Meeresboden kommen Ciguatoxin und ähnliche Gifte oft in geringerer Konzentration vor. Gelegentlich sind auch Wirbellose, wie zum Beispiel Weichtiere und Krustentiere, aber auch kleine pflanzenfressende Fische für Menschen giftig. Der Genuss von Fischen, die im Freiwasser leben und nur wenig Kontakt mit der Nahrungskette am Korallenriff haben, ist für Menschen fast immer unbedenklich. In den meisten Gebieten weisen nur die Raubfische der Korallenriffe eine so hohe Konzentration des Gifts auf, dass sie für Menschen gefährlich werden.

Das Toxin und seine Wirkung

Ciguatoxin ist ein biologisch hochaktives, fettlösliches, komplexes Polyethermolekül. Es kommt in verschiedenen Abwandlungen vor und zählt zu den stärksten natürlichen Toxinen. Schon wenige millionstel Gramm können schwere Vergiftungen hervorrufen. Ciguatoxin greift die Natriumkanäle von Nervenmembranen (Natrium-Kalium-Pumpe) an und bewirkt eine Öffnung der Kanäle. Dies führt zur Dauererregung und schließlich zur Blockade des Nervs. Neben Ciguatoxin stehen weitere Toxine im Zusammenhang mit Ciguatera.

Maitotoxin, eine außergewöhnlich lange Polyetherkette ist, abgesehen von Eiweißen, das größte bekannte Toxinmolekül. Es ist biologisch extrem aktiv, wasserlöslich und noch giftiger als Ciguatoxin. Angriffspunkt des Maitotoxins sind die Calciumkanäle von Nervenmembranen. Es aktiviert die Kanäle, verursacht auf diese Weise eine Muskelkontraktion und letztlich eine Muskellähmung. Maitotoxin wurde zuerst in Doktorfischen gefunden.

Das Toxin **Scaritoxin** steht ebenfall im Zusammenhang mit Ciguatera. Es wurde erstmals aus Papageifischen isoliert.

Ciguatera kann eine längerfristige, manchmal sogar eine dauerhafte Schwächung zur Folge haben, ist aber selten tödlich. Die Todesrate liegt zwischen 0,1 % in Teilen der Karibik und 12 % bei schweren Fällen im Pazifik.

In Französisch-Polynesien ist der Napoleon-Lippfisch, Cheilinus undulatus, häufig ciguatoxisch und deshalb vom Verkauf als Speisefisch ausgeschlossen. In vielen anderen Gebieten dagegen kann diese Art gefahrlos gegessen werden.

Auftreten der Vergiftung

Ciguatera tritt vor allem entlang tropischer und subtropischer Küstengebiete auf. Betroffen sind vor allem die Fische der Korallenriffe, nicht die der Hochsee. Die normalerweise ungiftigen Fische werden durch die Aufnahme des Toxins über die Nahrungskette ciguatoxisch. Die unterschiedliche Lebenserwartung, das ungleiche Fressverhalten und Wanderbewegungen der einzelnen Arten tragen dazu bei, dass Ciguatera nicht vorhersehbar und sehr uneinheitlich ist. So kommt es nicht selten vor, dass Fische derselben Art auf einer Seite einer Insel giftig, auf der anderen Inselseite dagegen vollkommen ungiftig sind. Ciguatera kann jedoch auch sehr großflächig auftreten. Manchmal sind dann ganze Inselgruppen betroffen. Ausbrüche der Vergiftung nehmen dann oft epidemieartige Ausmaße an. Über 400 Millionen Menschen leben in ciguatera-gefährdeten Gebieten. In beschädigten Unterwassergebieten ist Ciguatera weitverbreitet. Dinoflagellaten sind Pionierorganismen, die zu den ersten gehören, die sich auf einer leeren Oberfläche ansiedeln. Ein neues Schiffswrack, die Grabung für einen Kanal, eine neue Schiffswerft oder die Folgen eines größeren Sturms können die benötigten Oberflächen bieten und zu einer unbemerkten Blüte der Dinoflagellaten führen.

Betroffene Fischarten

Der Name Ciguatera kommt von dem spanischen Wort cigua. Es ist der Name einer kleinen Schnecke, an der sich Anfang des 16. Jahrhunderts Forscher in Kuba vergiftet haben. Auch unter der Besatzung der Bounty kann Ciguatoxin für den ersten Todesfall verantwortlich gemacht werden. Der Schiffsarzt starb nach dem Genuss von Fisch vor Tahiti im Pazifik. In einer Publikation aus dem Jahre 1988 wurden über 110 Fischarten aufgeführt, die potenziell ciguatoxisch sein können. Bis Ende der 1990er-Jahre waren es über 400 Fischarten, in denen das Toxin gefunden wurde. Längst nicht alle, aber doch viele sind eigentlich geschätzte Speisefische. Eine größere Anzahl von ihnen sind offenbar besonders häufig verantwortlich für eine Ciguatoxinvergiftung. Zu diesen gehören Zackenbarsche, Barrakudas, Stachelmakrelen, Schnapper, Muränen, Meerbarben,

Dokumentierte Ciguatera-Fälle

Von den späten 1960ern bis in die frühen 1970er fing das Meeresbiologische Institut von Hawaii mehrere Tonnen großer Riesenmuränen, Gymnothorax javanicus.Untersuchungen an diesen Muränen und Lebern von Riffhaien führten zur Isolierung und Charakterisierung des Ciguatoxin-Moleküls.

Lippfische, Papageifische, Doktorfische, und Drückerfische.

Leider ist es bei vielen Fischvergiftungen nicht möglich, die genauen Ursachen zu klären. Daher ist es durchaus möglich, dass einige Arten, die

Vorbeugende Maßnahmen

Chronisch ciguatoxische Arten sollte man kennen und grundsätzlich nicht essen. Fische aus Gebieten, in denen gelegentlich Ciguatera auftritt, sollte man ebenfalls meiden. Einheimische wissen, welche Gebiete und welche Fische aus dem Riff unbedenklich sind. Hier sollte man sich kompetenten Rat holen. Raubfische mit mehr als 2 kg und bei manchen Arten schon ab 900 g, die an Riffen auf Jagd gehen, sollte man nicht essen. Keine großen Rifffische verzehren. In Restaurants genau nachfragen, welche Fische serviert werden. Niemals Eier oder die inneren Organe – Eingeweide, Leber, Keimdrüsen – von Rifffischen essen. Jeder, der schon einmal Ciguateravergiftung durchgemacht hatte, sollte besonders vorsichtig sein.

man zu den potenziell ciguatoxischen Arten zählt, eigentlich ein anderes Gift enthalten.

Nutzlose Empfehlungen

Wie oft im Zusammenhang mit Giften und Vergiftungen, kursieren auch für Ciguatera verschiedene Hausmittelempfehlungen. Sie sind allesamt Mythen und damit gefährlicher Unsinn. So läuft eine Kupfermünze nicht grün an, wenn sie auf oder in das Fleisch eines ciguatoxischen Fisches gelegt wird. Und auch eine Silbermünze färbt sich nicht schwarz, wenn sie zusammen mit dem Fisch gekocht wird. Einem Fisch ist unter keinen Umständen anzusehen, ob er ciguatoxisch oder genießbar ist. Das lässt sich auch nicht an der Färbung seiner Zähne, Kiemen oder sonstigen Merkmale erkennen. Und auch Fliegen setzen sich auf einen Fisch unabhängig davon, ob er ciguatoxisch ist oder nicht. In manchen Gegenden werden Hunde oder Katzen als Vorkoster eingesetzt, aber auch auf diese Methode ist kein Verlass. Die Symptome können erst Stunden später einsetzen, und Katzen erbrechen das Gefressene, bevor ihr Körper zu viel von dem Gift aufgenommen hat.

Vorsichtsmaßnahmen

Bislang lässt sich nur durch Laboranalysen zuverlässig bestimmen, ob ein Fisch ciguatoxisch ist. Ein einfach zu handhabendes Testset, mit dem

Fallbeispiele

Fidschi: Im Juni 2006 gab es in einem guten Tauchressort abends Spanische Makrele, *Scomberomorus commerson*. Ein weiblicher Gast erwachte in der Nacht mit Durchfall, kribbelnden Händen und schmerzenden, „schweren" Beinen. Die Fliesen im Badezimmer fühlten sich für sie merkwürdig an. Am Morgen „brannte" das kalte Wasser an ihren Händen, fühlte sich an, als wäre es mit Kohlensäure versetzt und schmeckte nach Metall. Im Lauf des Tages entwickelten weitere Personen ähnliche Symptome. Abends brach ein Mann zusammen. Er war mit kaltem Schweiß bedeckt, seine Hände kribbelten, sein Puls ging langsam und sein Atem war flach. Ein weiterer Gast bekam ebenfalls Durchfall und Muskelschmerzen. Er schwitzte und empfand ebenfalls ein Kribbeln. Über einen Monat später spürten mehrere Personen immer noch ein leichtes Jucken und ein Kribbeln in den Händen und Füßen. Die Sensibilität gegenüber Kälte und eine allgemeine Mattigkeit waren ebenfalls noch nicht abgeklungen.

Saipan: Einem Bericht aus dem Jahr 1949 zufolge aß eine Gruppe von 57 Filipinos eine große Muräne. Innerhalb von 30 Minuten konnten mehrere Personen nicht mehr sprechen. Ein Taubheitsgefühl stellte sich ein und ein Kribbeln in der Zunge, den Lippen, den Händen und den Füßen. Einige wurden bewusstlos und entwickelten neurologische Symptome, unter anderem Muskellähmungen und Krämpfe. 17 Personen erlitten eine ernsthafte Vergiftung, zwei starben. *(Nach Halstead, 1967)*

die Giftigkeit unter Feldbedingungen erkannt werden soll, ist in der Entwicklung und könnte in der Zukunft ein gewisses Maß an Schutz ermöglichen. Die bisher entwickelten Sets lieferten jedoch unzuverlässige oder sogar falsche Ergebnisse.

Wer sich in tropischen Meeren als Abenteuertourist oder Segler seinen Fisch selbst fängt, sollte Einheimische fragen, ob sie das jeweilige Fanggebiet gegenwärtig als sicher empfinden. Raubfische wie Barrakudas, Zackenbarsche, Stachelmakrelen, Schnapper und Muränen sollten generell besser gemieden werden, da sie im Falle eines Ciguateraausbruchs in der Regel besonders hohe Toxinkonzentrationen aufweisen. Geräucherte Fische sollte man nicht essen, da der Vorgang des Räucherns dem Fleisch Wasser entzieht und die Konzentration des Giftes dadurch erhöht wird. Auch die Innereien wie Leber oder Eier von Fischen unbedingt meiden. Hochseefische sind in der Regel sicher. Zu ihnen gehören Thunfische und Goldmakrelen. Bodenbewohnende Arten, die nur in Tiefen unterhalb 100 m vorkommen, können ebenfalls als ungefährlich eingestuft werden. In der Karibik kann der Gelbschwanz-Schnapper, *Ocyurus chrysurus*, der im offenen Meer lebt, gegessen werden.

Achtung: Die Toxine sind hitzestabil. Sie können durch Kochen und Braten nicht zerstört werden.

Das Abgießen des Kochwassers entfernt nur einen Teil der wasserlöslichen Komponenten des Giftes. Ciguatoxin jedoch ist nicht wasserlöslich.

Symptome

Die ersten Anzeichen können manchmal bereits nach wenigen Minuten, aber auch erst nach 30 Stunden auftreten. Meist setzen die Symptome jedoch innerhalb der ersten sechs Stunden nach der Fischmahlzeit ein. Übelkeit, Erbrechen, Durchfall und Unterleibskrämpfe sind oft die ersten Anzeichen einer Vergiftung. Im Mundbereich kommt es oft zu einem Prickeln oder Brennen, gefolgt von einem Taubheitsgefühl, das sich über Arme und Beine bis in die Finger- und Zehenspitzen ausbreiten kann. Als weitere Symptome, besonders auch bei schweren Vergiftungen, können auftreten: Schwindel, Krämpfe, Abschwächung von Reflexen, Benommenheit, Koordinations- und Sehstörungen, Kopf-, Muskel- und Gelenkschmerzen, Erschöpfung und Schwäche sowie ein starker Juckreiz an den Handinnenflächen und den Fußsohlen. Ein nur für Ciguatera absolut charakteristisches Symptom ist eine akute Kälteempfindlichkeit: Kalte Luft oder kaltes Wasser lösen bei dem Patienten ein starkes Missempfinden aus. Auftretende Herz-Kreislauf-Probleme beinhalten Blutdruckabfall und Herzrhythmusstörungen wie verlangsamter oder beschleunigter Herzschlag. Abhängig von der Kombination, Ausprägung und Stärke der gastrointestinalen (Magen-Darm), neurologischen und kardiovasculären (Herz-Kreislauf) Symptome, können einzelne Fälle sehr unterschiedliche Erscheinungsformen aufweisen. Die Diagnose ist daher nicht immer leicht, zumal einige der Symptome so auch bei einer schweren Grippe auftreten. Anscheinend verlaufen Vergiftungen in der Karibik meist schwerer und beinhalten häufiger Magen-Darm-Probleme als im Indopazifik.

Die meisten Symptome klingen nach etwa zehn Stunden wieder ab. Die neurologischen Probleme dauern jedoch oft Tage, in sehr schweren Fällen auch Wochen oder sogar Monate. Todesfälle sind sehr selten und teils auf Atemschwäche zurückzuführen. Die Mortalitätsrate wird mit weniger als 0,5 % angegeben. Eine überstandene Ciguatera scheint zu einer Sensibilisierung zu führen, sodass bei einer erneuten Vergiftung die Symptome schwerer ausfallen.

IM NOTFALL

Was ist zu tun?

Erste Hilfe
Beim Auftreten der ersten Symptome sofort Erbrechen provozieren. Oft erübrigt sich das, da Erbrechen zu den ersten Reaktionen gehört. Sofort medizinische Hilfe suchen. In Gegenden, in denen Ciguatera weniger bekannt ist, sollte bei der Ciguatera-Hotline um Hilfe gebeten werden. Dort ist auch bekannt, welche Ärzte oder Krankenhäuser mit der Vergiftung vertraut sind. (In den USA: (305) 361-4619 oder 661-0774)

Achtung!
Keinen Alkohol trinken und keine Nüsse oder Öl zu sich nehmen. Die Symptome können durch zusätzliche Fette verstärkt werden.

Weiterführende Behandlung
Für Ciguatera gibt es kein Gegengift. Die Behandlung erfolgt daher symptomatisch. Als unwirksam erwiesen haben sich Vitamin B6-Präparate, Ca-Glukonat und Pyridoxin. Besonders bei anhaltendem Erbrechen ist wegen der Gefahr eines Kreislaufkollapses auf eine ausreichende Flüssigkeits- und Elektrolytzufuhr zu achten. Erfolg versprechend scheinen Infusionen von Mannitol, z. B. Mannit, innerhalb der ersten zwei bis sechs Stunden zu sein. Die Zuckeralkohole unterstützen die Kreislaufstabilisierung.

Befund
Die vielfältigen Symptome einer Ciguatoxinvergiftung erschweren die Diagnose. Besonders in Gebieten, die von Korallenriffen weit entfernt liegen, ist das medizinische Personal oft nicht ausreichend geschult. Die Laborwerte sind für eine Diagnose häufig nicht ausreichend. Für einen aussagekräftigen Befund müssen die Nahrungsaufnahme, auffällige neurologische Symptome und Magen-Darm-Beschwerden berücksichtigt werden. Sind weitere Personen, die auch von dem Fisch gegessen haben, betroffen, kann das den Verdacht auf Ciguatera erhärten.

Ein eindeutiges Anzeichen einer Ciguatoxinvergiftung ist das Brennen der Fingerspitzen oder der Zunge, wenn sie mit Eis in Berührung kommen.

Vergiftungen durch Haifischfleisch
Vergiftungen, die nach dem Genuss von Haifischfleisch aufgetreten sind, werden normalerweise mit der hohen Vitamin-A-Konzentration in der Leber in Verbindung gebracht. Allerdings gab es einige schwere und sogar tödliche Vergiftungen bei Menschen, die zwar das Fleisch, aber nicht die Leber gegessen haben. 1993 zogen sich auf Madagaskar 200 Menschen eine schwere Vergiftung zu. Sie hatten von dem Fleisch, und mancher auch von der Leber, eines 100 kg schweren Bullenhais gegessen. Alle, die von dem Fisch gegessen hatten, wurden innerhalb der nächsten zehn Stunden krank. Sie entwickelten die für Ciguatera typischen neurologischen Symptome, hatten jedoch keine Darmbeschwerden. Viele wurden bewusstlos oder fielen ins Koma. Nach fünf Tagen waren 15 Menschen an Anfällen, Atemnot und Herz-Kreislauf-Problemen gestorben. Insgesamt wurden 188 Personen ins Krankenhaus eingeliefert, von denen 50 dort starben. Weitere 18 Personen starben zu Hause. In den Leberresten des Hais wurden zwei fettlösliche Toxine festgestellt, deren genaue Struktur nicht bestimmt werden konnte. Sie wurden Carchatoxin A und B genannt. In einem weiteren Fall aßen die Opfer die Leber eines Tigerhais. Haileber kann hochgiftig sein und sollte nie gegessen werden. Das Fleisch von großen Haien, die in Küstennähe jagen, sollte grundsätzlich gemieden werden.

Gefährliche Arten

Mehr als 425 Fischarten haben schon Vergiftungen durch Ciguatera verursacht. Viele von ihnen sind Speisefische, die in den meisten Gebieten bedenkenlos gegessen werden können. Große Individuen einiger Arten sind jedoch in den meisten Gebieten häufig giftig. Große Räuber, besonders Muränen, Zackenbarsche, Makrelen, Schnapper und Barrakudas, aber auch einige Lippfische und Drückerfische, die sich als Allesfresser ernähren, sind besonders oft giftig, Haie gelegentlich. In besonders gefährdeten Gebieten können auch Pflanzenfresser, wie zum Beispiel Dokterfische, Kaninchenfische und Papageifische, giftig sein.

Indopazifik

Diese Arten sind in bestimmten Gebieten häufig toxisch. Einige sollte man überhaupt nicht essen. Kleinere Exemplare mancher Arten können fast überall bedenkenlos gegessen werden. Trotzdem sollte man vorsichtshalber immer Einheimische befragen.

1. Rußkopfmuräne *Gymnothorax flavimarginatus*; oft toxisch
2. Riesenmuräne *G. javanicus*; hochgiftig bei Tieren über 3 kg
3. Perlenmuräne *G. meleagris*; oft toxisch
4. Marmormuräne *G. undulatus*; oft toxisch
5. Pfauen-Zackenbarsch *Cephalopholis argus*; vor Hawaii oft toxisch
6. Blauer Zackenbarsch *Epinephelus cyanopodus*; manchmal toxisch
7. Stierkopf-Zackenbarsch *E. fuscoguttatus*; oft toxisch
8. Getarnter Zackenbarsch *E. polyphekadion*; in manchen Gebieten toxisch
9. Sattel-Forellenbarsch *Plectropomus laevis*; häufig toxisch
10. Mondsichel-Juwelenbarsch *Variola louti*; manchmal toxisch
11. Blauflossen-Makrele *Caranx melampygus*; manchmal toxisch

1. Barrakuda-Schnapper *Aprion virescens*; in manchen Gebieten toxisch
2. Einfleck-Schnapper *L. monostugmus*; in manchen Gebieten toxisch
3. Doppelfleck-Schnapper *Lutjanus bohar*; oft hochgiftig
4. Gelbflossen-Straßenkehrer *Lethrinus erythracanthus*; manchmal toxisch
5. Langschnauziger Straßenkehrer *L. olivaceus*;manchmal toxisch.
6. Napoleon *Cheilinus undulatus*; in manchen Gebieten toxisch
7. Schwanzring-Lippfisch *Oxycheilinus unifasciatus*; vor Hawaii oft toxisch
8. Paz. Buckelkopf-Papageifisch *Chlorurus microrhinos*; in Risikogebieten toxisch
9. Brauner Borstenzahndoktor *Ctenochaetus striatus*; in Risikogebieten toxisch
10. Achselklappen-Doktorfisch *Acanthurus olivaceus*; manchmal toxisch
11. Großer Barrakuda *Sphyraena barracuda*; manchmal toxisch
12. Torpedo-Makrele *Scomberomorus commerson*; manchmal toxisch
13. Grüner Riesen-Drückerfisch *Balistoides viridescens*; manchmal toxisch

Florida und die Karibik

In Florida und der Karibik gilt der Große Barrakuda als toxisch und darf daher in den meisten Gebieten nicht verkauft werden. Andere häufig toxische Arten sind: große Exemplare der Grünen Muräne, einige Zackenbarscharten (*Mycteroperca bonaci*, *M. tigris* und *M. venosa*), Stachelmakrelen (*Caranx latus*, *C. hippos*), Schnapper (*Lutjanus cyanopterus*, *L. jocu*, *L. apodus* und *L. aya*), Eber-Lippfische, *Lachnolaimus maximus*, und Königin-Drückerfische, *Balistes vetula*.
In ciguateragefährdeten Gebieten können Gefleckte Muränen, Goliath-Zackenbarsche und andere ungewöhnlich große Zackenbarsche, Stachelmakrelen, Schnapper, Meerbrassen und Papageienfische manchmal toxisch sein.

JR/RM

Indopazifik

Zackenbarsche
Serranidae

Pfauen-Zackenbarsch   60 cm
Cephalopholis argus

Bräunlich mit blauen Punkten, mit bis zu sechs hellen Bändern, Schwanzflosse abgerundet, **Biologie:** Bewohnt flache Lagunen und Außenriffe mit reichem Korallenbewuchs und klarem Wasser, 1–50 m. Sucht häufig Deckung unter Überhängen und an Riffrändern. Frisst vorwiegend Fische. Juvenile halten sich in geschützten Korallendickichten auf. Adulte sind oft in Paaren oder kleinen Gruppen anzutreffen. Häufig ciguatoxisch in Hawaii, gelegentlich in Frz.-Polynesien. **Verbreitung:** Rotes Meer bis Marquesas und Pitcairn-Inseln, nördl. bis Südjapan, eingeführt in Hawaii.

Blauer Zackenbarsch   120 cm
Epinephelus cyanopodus

Juvenile mit leuchtend gelben Flossen, Rücken und Schwanzstil. Adulte einheitlich hellbläulich grau mit dunklen Sprenkeln. **Biologie:** Bewohnt Lagunen und Außenriffe, 2–150 m. Eher selten, gewöhnlich an einzelnen, frei stehenden Korallenblöcken. Frisst vorwiegend Fische, einschließlich Schlangenaale, gelegentlich auch Krebse. Giftig in verschiedenen Gebieten. **Verbreitung:** Südchinesisches Meer bis Kiribati, nördlich bis Ryukyus, südlich bis Lord Howe. Im Indischen Ozean ersetzt durch den Blau-gelben Zackenbarsch *E. flavocaeruleus* (90 cm).

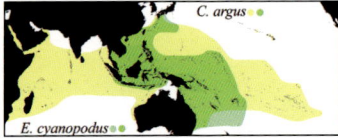

Stierkopf-Zackenbarsch 95 cm
Epinephelus fuscoguttatus

Kopfprofil leicht konkav, Tarnmuster aus unregelmäßigen hellen und dunklen Bereichen. **Biologie**: Bewohnt Riffpfeiler, Sandkanäle und Außenriffhänge, meist in klarem, korallenreichen Wasser, 1–60 m. Vorsichtiger, scheuer Einzelgänger. Frisst Fische, Krabben und Kopffüßler. Nicht häufig. In verschiedenen Gebieten giftig. **Verbreitung**: Rotes Meer bis Line-Inseln, nördl. bis Ryukyus, südl. bis Neukaledonien.

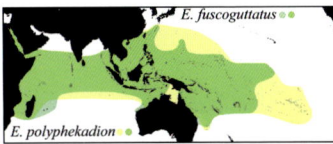

Marmor-Zackenbarsch 75 cm
Epinephelus polyphekadion

Konvexes Kopfprofil, schwarzer Fleck oben auf der Schwanzwurzel. **Biologie**: Bewohnt Buchten, Lagunen und geschützte Außenriffe mit reichem Korallenbewuchs, 1–46 m. Häufig entlang von Saumriffen in der Nähe von Höhlen und Spalten. Wenig scheu. Frisst vorwiegend kleine Fische. In verschiedenen Gebieten giftig. **Verbreitung**: Rotes Meer bis Line- und Gambier-Inseln, n. bis Südjapan, s. bis Südostaustralien und Rapa.

Sattel-Forellenbarsch 125 cm
Plectropomus laevis

Auffallende Fangzähne; rötlich braun mit dunklen Sattelflecken und kleinen bläulichen Punkten. Eine auffällige schwarzweiße Farbvariante mit gelben Flossen. **Biologie**: In korallenreichen Arealen von Kanälen, klaren Lagunen und Außenriffen. 4–90 m. Umherstreifender Räuber, der vorwiegend Fische frisst. Häufig giftig. **Verbreitung**: Südafrika bis Mangareva, nördlich bis Ryukyus. **Ähnlich**: Dunkelflossen-Forellenbarsch *P. areolatus*.

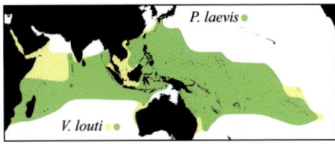

Mondsichel-Juwelenbarsch 81 cm
Variola louti

Sichelschwanz mit gelbem Rand. **Biologie:**
Bewohnt Lagunen, Kanäle und Außenriffe,
1–150 m. Frisst Fische und Krebstiere. Häufig. Gelegentlich giftig. Juvenile ahmen in
ihrer Färbung Meerbarben wie *Parupeneus
forsskali* oder *P. macronema* nach. **Verbreitung:** Rotes Meer bis Marquesas und
Pitcairn-Inseln, nördl. bis Südjapan, südl.
bis Südostaustralien.

Stachelmakrelen
Carangidae

Dickkopf-Makrele 1,65 m; 86,6 kg
Caranx ignobilis

Silbrig bis schwärzlich mit hellen senk-
rechten Strichen auf dem Rücken; steiles
Kopfprofil. **Biologie:** Bewohnt Lagunen und
Außenriffe, 5–80 m. Zieht einzeln oder in
kleinen Gruppen an steilen Riffhängen ent-
lang. Juvenile in Schulen über sandigen
Küstenriffen oder im Brackwasser. Frisst
vorwiegend Fische und Krebstiere. Große
Exemplare können giftig sein. Selten und
relativ scheu. **Verbreitung:** Rotes Meer bis
Frz.-Polynesien, n. bis Arabischer Golf und
Südjapan, s. bis Neukaledonien.

Blauflossen-Makrele 100 cm
Caranx melampygus

Olivsilbrig mit kleinen schwarzen und
blauen Punkten; Flossen leuchtend blau.
Biologie: Jagt häufig in Lagunen und an
Außenriffen, 1–190 m. Häufig; einzeln oder
in kleinen Gruppen. Erbeutet vorwiegend
Rifffische, manchmal auch Sepien. Begleitet
gelegentlich andere Fische wie Meerbarben,
um aus deren Schatten heraus Beute zu
machen. Große Exemplare können giftig
sein. **Verbreitung:** Rotes Meer bis Panama,
nördlich bis Südjapan und Hawaii.

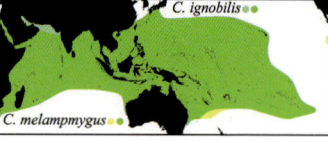

Bernstein-Makrele 1,88 m; 81 kg
Seriola dumerli

Silbrig graublau; oft dunkler Streifen von den Augen schräg zum Nacken. **Biologie**: Im Freiwasser, oft in Küstennähe an Außenriffen, 20–360 m. Jagt einzeln oder in kleinen Gruppen Fische. Begehrter Angelfisch. Häufig giftig vor Hawaii, gelegentlich auch in anderen Gebieten. **Verbreitung**: In den meisten tropischen und temperierten Meeren.

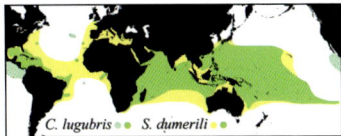

Schnapper
Lutjanidae

Doppel-Schnapper 80 cm
Lutjanus bohar

Rötlich grau mit dunklen Fossen. **Biologie**: Bewohnt Lagunen, Kanäle und Außenriffe. 1–70 m. Einzeln oder in kleinen lockeren Gruppen im Freiwaser stehend. Gefräßiger Jäger von kleinen Fischen, beteiligt sich an Fressorgien von Haien. Regelmäßig ciguatoxisch in verschiedenen Gebieten. Juv. ahmen den Riffbarsch *Chromis flavaxilla* nach, um näher an Beute zu kommen. **Verbreitung**: Rotes Meer bis Frz.-Polynesien, n. bis Südoman und Ryukyus, s. bis Südafrika und GBR.

Einfleck-Schnapper 55 cm
Lutjanus monostigma

Pastellgrau mit gelben Flossen; dunkler Fleck auf der Seitenlinie (kann bei großen Ad. verloren gehen). **Biologie**: Bewohnt Lagunen, Außenriffe und Buchten, 5–60 m. Einzeln oder in kleinen Gruppen, oft an Wracks und Riffrändern mit Höhlen und Überhängen. Jagt nachts Fische. In einigen Regionen ciguatoxisch. **Verbreitung**: Rotes Meer bis Frz.-Polynesien, n. bis Ryukyus, s. bis Mosambik.

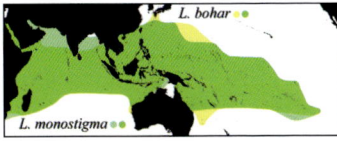

Barrakuda-Schnapper 110 cm; 20,2 kg
Aprion virescens

Lang gestreckt, stumpfe Schnauze, Zähne deutlich sichtbar, Gabelschwanz; grau mit olivem Schimmer am Rücken. **Biologie**: Einzeln oder in kleinen Gruppen im Freiwasser entlang von Hängen tiefer Lagunen, Kanälen und an Außenriffen, 3–180 m. Gieriger Fischfresser, erbeutet auch Kraken und Krebse. Scheu. Hochgeschätzter Speisefisch, gelegentlich ciguatoxisch. **Verbreitung**: Rotes Meer bis Frz.-Polynesien, n. bis Arabischer Golf und Ryukyus, s. bis Südostaustralien.

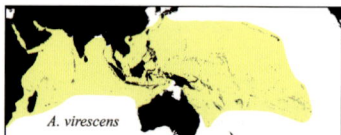

Straßenkehrer
Lethrinidae

Gelbflossen-Straßenkehrer   70 cm
Lethrinus erythracanthus

Kopfprofil steil, Kopf bläulich, Flossen gelb. **Biologie**: An Außenriffen und in tiefen Lagunen, 18–120 m. Einzeln, frisst Weichtiere, Seeigel, See- und Federsterne. Giftig in einigen Gebieten. **Verbreitung**: Rotes Meer bis Tuamotus, n. bis Ryukyus, s. bis Neukaledonien.

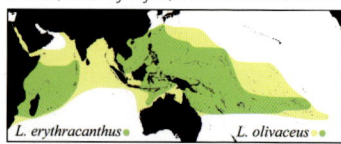

Langschnauziger Straßenkehrer 100 cm
Lethrinus olivaceus

Lange Schnauze; olivgrau, manchmal mit marmoriertem Muster. **Biologie**: In Lagunen und an Außenriffen, 1 bis über 20 m. Häufig, meist Einzelgänger, gelegentlich in kleinen Gruppen. Frisst Fische und Krebstiere. Giftig in einigen Gebieten. **Verbreitung:** Rotes Meer bis Samoa, nördlich bis Südjapan, südlich bis Neukaledonien.

Lippfische
Labridae

Napoleon 1,7 m; 68 kg
Cheilinus undulatus

Adulte mit kräftigem Stirnhöcker. **Biologie:**
Bewohnt tiefe Buchten, Lagunen und
Außenriffe mit klarem Wasser, 1–60 m.
Populationsdichte ist niedrig, doch Begegnungen sind in nicht überfischten Gebieten regelmäßig. Frisst gepanzerte Wirbellose wie Muscheln, Schnecken, einschließlich giftiger Arten wie Seeigel und Dornenkronen. Scheu, wenn nicht angefüttert
oder an Taucher gewohnt. Kann in einigen
Gebieten ciguatoxisch sein. In vielen Gebieten stark dezimiert aufgrund skrupel-
loser Cyanidfischerei wegen der starken
Nachfrage südostasiatischer Restaurants
mit „Lebendfisch". **Verbreitung:** Rotes Meer
bis Frz.-Polynesien, nördlich bis Ryukyus,
südlich bis Neukaledonien.

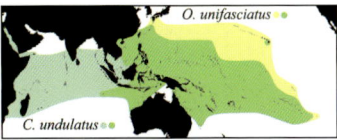

Schwanzring-Lippfisch 46 cm
Oxycheilinus unifasciatus

Zwei rötliche Streifen hinter dem Auge,
senkrechter weißlicher Streifen vor der
Schwanzwurzel. **Biologie:** Bewohnt klare
Lagunen und Außenriffe, 1–160 m. In korallenreichen Arealen sowie über Geröll;
schwebt meistens hoch über dem Untergrund. Wenig scheu, oft neugierig. Ernährt
sich vorwiegend von Fischen. Kann in verschiedenen Gebieten giftig sein, besonders
vor Hawaii. **Verbreitung:** Cocos-Keeling bis
Hawaii, Marquesas und Tuamotus-Inseln,
nördl. bis Ryukyus, südl. bis Neukaledonien
und Rapa.

Papageifische
Scaridae

Paz. Buckelkopf-Papageifisch 70 cm
Chlorurus microrhinos

Große Adulte mit steiler bis senkrechter Stirn. **Biologie:** Bewohnt Lagunen und Außenriffe, 1–35 m. Juvenile einzeln, Adulte gelegentlich in Gruppen. Große Exemplare können in Ciguatera-gefährdeten Gebieten giftig sein. **Verbreitung:** Ostindonesien bis Line- und Pitcairn-Inseln, nördl. bis Ryukyus.

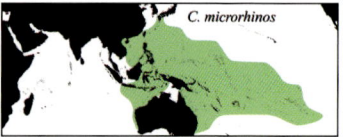

Thunfische
Scombridae

Einfarben-Thunfisch 2,2 m; 131 kg
Gymnosarda unicolor

Silbrig; Rücken- und Afterflosse mit weißer Spitze; weite Mundspalte mit großen Fangzähnen. **Biologie:** Lebt einzeln oder in kleinen Gruppen, patrouilliert im Freiwasser entlang tiefer Lagunen, Kanäle und Außenriffe, 1–100 m. Gefräßiger Fischjäger, besonders von Füsilieren und anderen Planktonfressern. Manchmal neugierig gegenüber Tauchern. Große Adulte sind gelegentlich ciguatoxisch. **Verbreitung:** Rotes Meer bis Frz.-Polynesien, nördl. Südjapan, südl. bis Neukaledonien.

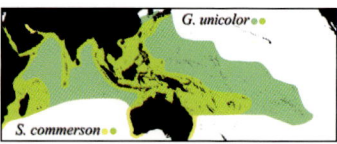

Spanische Makrele   2,45 m; 45 kg
Scomberomorus commerson

Silbrig; Rücken- und Afterflosse mit weißer
Spitze; weite Mundspalte mit großen Fangzähnen. **Biologie:** Lebt einzeln oder in kleinen Gruppen, patrouilliert im Freiwasser
entlang tiefer Lagunen, Kanälen und
Außenriffen, 1–100 m. Gefräßiger Fischjäger, besonders von Füsilieren und anderen Planktonfressern. Manchmal neugierig
gegenüber Tauchern. Große Adulte sind
gelegentlich ciguatoxisch. **Verbreitung:**
Rotes Meer bis Frz.-Polynesien, nördl. bis
Südjapan, südl. bis Neukaledonien.

Karibik
Zackenbarsche
Serranidae

Schwarzer Zackenbarsch 133 cm; 65 kg
Mycteroperca bonaci

Hell- und dunkelbraune Bereiche mit blassen
Strichen und Flecken. **Biologie:** Juv. zwischen
Mangroven und in Küstenriffen. Ad. in Fels-
und Korallenriffen, 3–100 m. Schwebt oft
nah über dem Untergrund. Juv. ernähren sich
vorwiegend von Krebsen, Ad. von Fischen. Erreichen mit 50 cm weibliche Geschlechtsreife, wandeln sich mit ca. 95 cm in Männchen
um. **Verbreitung:** Florida (Juv. bis MA), Bahamas, Karibik, Bermudas, südl. bis Brasilien.

Tiger-Zackenbarsch   100 cm; 10 kg
Mycteroperca tigris

Rötlich braun mit blassen Querstreifen,
Bauchseite mit unregelmäßigen hellen
Flecken; kann Färbung, besonders die Intensität, stark verändern. **Biologie:** Bewohnt
Fels- und Korallenriffe, 1–40 m. Häufig an
klaren Außenriffbänken und Inselriffen, selten an Küstenriffen. Frisst fast ausschließlich Fische. Geschlechtsreif als Weibchen mit
28 cm, Umwandlung zum Männchen mit
37–45 cm. **Verbreitung:** Südflorida, Bahamas,
Bermudas, Golf v. Mexiko, südl. bis Brasilien.

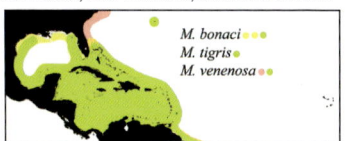

M. bonaci ●●●
M. tigris ●
M. venenosa ●●

Gelbflossen-Zackenbarsch 1 m; 18,5 kg
Mycteroperca venenosa

Blass mit länglichen dunklen bis roten Flecken; auch schwärzliche Farbvariante bekannt; Ränder der Brustflossen bei allen immer gelb. **Biologie**: Juvenile über Seegras, Adulte in Fels- und Korallenriffen und tiefen Weichböden, 2–137 m. Häufig in der Karibik. Frisst fast ausschließlich Fische, gelegentlich auch Kalmare. Häufig giftig. Laichzeit bei den Bermudas im Juli, bei den Florida Keys im März, im östlichen Golf v. Mexiko von März bis August, in Jamaika von Februar bis April. Weibliche Geschlechtsreife mit 54 cm. **Verbreitung**: North Carolina, Bermudas, Golf v. Mexiko, Karibik, südl. bis Brasilien.

Stachelmakrelen
Carangidae

Pferde-Stachelmakrele 80 cm; 16 kg
Caranx latus

Große Augen, gelbe Schwanzflosse, Spitzen von Rücken und oberer Schwanzflosse gewöhnlich schwarz; meist kleiner schwarzer Punkt oben am Kiemendeckel. **Biologie**: Schwimmt in Schulen entlang von Stränden und Außenriffhängen, 1–50 m. Dringt auch in Süßwasser vor. Häufig. Ernährt sich vorwiegend von Fischen, frisst daneben auch Wirbellose. Große Exemplare können ciguatoxisch sein. **Verbreitung**: New Jersey und Bermudas, Karibik bis Südostbrasilien; Ascension und Ostatlantik. **Ähnlich**: *C. hippos* wird größer und hat dunklen Fleck auf der Unterseite der Brustflosse.

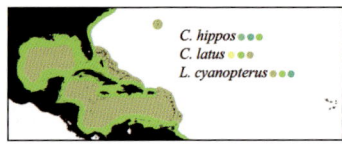

C. hippos ●●●
C. latus ●●●
L. cyanopterus ●●●

Schnapper
Lutjanidae

Cubera-Schnapper   160 cm; >57 kg
Lutjanus cyanopterus

Stahl- bis bräunlich grau, manchmal mit
Streifenmuster auf dem Rücken. **Biologie:**
Lebt in Fels- und Korallenriffen, 12–55 m. Juv.
im Flacheren, zwischen Mangroven, auch in
Süßwasser. Ad. meist nahe von Überhängen.
Frisst vorwiegend Fische, ist in vielen Gebie-
ten häufig ciguatoxisch. Scheu. Zur Laichzeit
Ansammlungen vor Florida und Belze im
Juni und Juli. **Verbreitung:** Florida, Bermudas,
Karibik, Golf von Mexiko bis Brasilien.

Hunde-Schnapper   90 cm; 14 kg
Lutjanus jocu

Blassgrau bis rötlich braun, blasser, vertikaler
Streifen unter dem Auge. **Biologie:** Bewohnt
Fels- und Korallenriffe, gern auch Wracks,
5–30 m. Juvenile in Brack- und Süßwasser.
Gewöhnlich einzeln, nahe bei geschützten
Unterständen entlang von Riffhängen. Frisst
vorwiegend Fische, daneben auch bodenlebende Wirbellose. Gelegentlich ciguatoxisch. Laichansammlungen wurden im Januar vor Belize beobachtet. **Verbreitung:** Florida
(Juvenile bis Massachusetts), Bahamas, Golf
von Mexiko, südlich bis Südostbrasilien; St.
Paul und Ascension-Inseln im Atlantik.

Meerbrassen
Sparidae

Dickkopf-Brasse	68 cm; 10,6 kg
Calamus bajonado	

Schnauze konvex, weite Mundspalte; silbrig, Mundwinkel rötlich. **Biologie:** Bewohnt Seegraswiesen und Sandareale von Korallenriffen, 3–180 m. Adulte gewöhnlich einzeln. Frisst vorwiegend Weichtiere, Krabben und Seeigel. Gelegentlich ciguatoxisch. **Verbreitung:** Rhode Island (selten) bis Südbrasilien einschließlich Bahamas und Karibik.

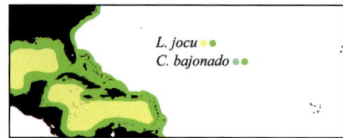

Lippfische
Labridae

Eber-Lippfisch	100 cm; 9 kg
Lachnolaimus maximus	

Hochrückig; große Männchen mit konkaver Schnauze; blass, Vorderseite des Kopfes rötlich braun. Färbung in der Intensität sehr variabel. **Biologie:** Lebt in geschützten Innen- und Außenriffen, 2–60 m. Regelmäßig auf freien Flächen mit reichem Gorgonienbewuchs. Schwimmt meist beständig umher, stoppt für Nahrungssuche am Boden. Frisst vorwiegend Weichtiere, - daneben auch Krebse und Seeigel. Hochgeschätzter Speisefisch, jedoch gelegentlich giftig in einigen Gebieten. Lebenserwartung bis 23 Jahre. **Verbreitung:** Nordcarolina und Bermudas bis Nordbrasilien, einschließlich gesamter Karibik.

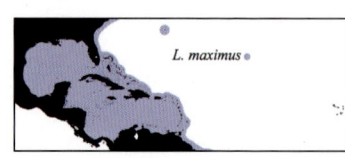

Palytoxische Fische und Clupeotoxismus

Einige schwere und meistens sogar tödliche Fischvergiftungen wurden früher dem Ciguatoxin zugeschrieben. Inzwischen weiß man, dass für die Vergiftungen das Toxin Palytoxin verantwortlich war, das in Krustenanemonen, Dinoflagellaten und vielleicht auch in Bakterien vorkommt. Wie Ciguatoxin findet Palytoxin über die Nahrungskette seinen Weg auf unsere Teller. Es wird durch Kochen nicht unschädlich, kann nicht abgewaschen werden und ist nur im Labor nachweisbar. Glücklicherweise ist es weit weniger verbreitet als Ciguatoxin, und

Vergiftungen durch Palytoxin sind selten.

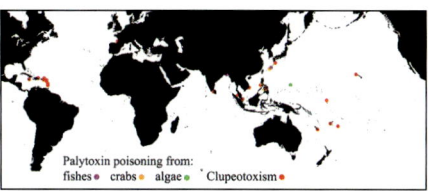

Palytoxin poisoning from: fishes ● crabs ● algae ● ` Clupeotoxism ●

Einige dokumentierte Fälle von Palytoxin- und Clupeotoxin-Vergiftungen

Palytoxin in der Nahrungskette

Palytoxin wurde zunächst in der Krustenanemone, *Palythoa caesia*, entdeckt. Inzwischen weiß man, dass das Toxin im Zusammenwirken mit bodenlebenden Dinoflagellaten *Osteopsis siamensis* entsteht. Eine Beteiligung von Dinoflagellaten des Freiwassers und Bakterien ist ebenfalls denkbar. Palytoxin wurde in Würmern, Krustentieren und Fischen gefunden, die sich von *Palythoa* ernähren. Fische, die sich von Dinoflagellaten ernähren oder mit ihnen in Kontakt kommen, waren ebenfalls palyotoxisch. Auch Vergiftungen durch Heringsartige Fische, zum Beispiel Sardinen, Heringe und Anchovis, werden zumindest teilweise durch Palytoxin verursacht.

Das Gift und seine Wirkung

Palytoxin gehört zu den wirksamsten natürlichen Verbindungen. Bei Mäusen, denen das Toxin intravenös injiziert wird, liegt die tödliche Dosis bei nur 10 ng. Palytoxin zerstört die Zellmembran, indem es die Durchlässigkeit für Natrium und Kalium, aber nicht für Calcium erhöht. Das verursacht unkontrollierte Kontraktion der Skelettmuskulatur, starke Muskelschmerzen, Anfälle oder Krämpfe und Atemnot.

Vorkommen

Palytoxin-Vergiftungen sind selten und sporadisch. Meistens sind sie die Folge vom Genuss bestimmter Fische und Krebstiere, aber auch nach dem Verzehr von essbarem Seetang sind schon Vergiftungen aufgetreten. Unter den Fischen gibt es zwei Gruppen, die für die meisten Fälle verantwortlich sind: Heringsartige Fische und bestimmte Rifffische. Von den Heringsartigen Fischen geht während der warmen und regnerischen Monate eine Gefahr aus, wenn die Fische in trübem Wasser oder im Brackwasser gefangen werden. Zu den betroffenen Arten gehören in der Karibik der Fadenhering, *Opisthonems oglinum*, und im Indopazifik die Sardinen *Sardinella sp.*, *Sardinella marquesensis* und *Herklotsichthys quadrimaculatus*. Menschen mit besonders schweren Vergiftungserscheinungen haben oft Eingeweide der Fische gegessen. Das Toxin gelangt über die Nahrung oder durch Verunreinigung in den Fisch. Möglicherweise kommt Clupeotoxismus auch im Mittelmeer vor. Palytoxin wurde in von den Philippinen exportiertem geräuchertem *Decapterus macrosoma* gefunden, der zur Familie der Stachelmakrelen gehört. Außerdem waren Süßwasser-Kugelfische betroffen. In Fischen, die am Riff leben, wurde Palytoxin im Drückerfisch, im Feilenfisch, im Vieraugen-Falterfisch und im karibischen Riff-Falterfisch gefunden. Auf den japanischen Ryukyus-Inseln starb jeder Zweite, der von einem Indigo-Bullenpapageifisch, *Scarus ovifrons*, gegessen hatte, an einer Palytoxinvergiftung. In Guam starben zwei Menschen, nachdem sie Seegras gegessen hatten, das sie in einem ortsansässigen Supermarkt gekauft hatten. In dem Seegras, das die Betroffenen zu Hause hatten, befand sich Palytoxin. In der Ware, die man aus dem Supermarktregal entfernt hatte, wurde hingegen kein Palytoxin gefunden. Verunreinigung während der Ernte durch Kontakt mit *Palythoa* oder Bodensediment kann dafür verantwortlich sein.

Vorsichtsmaßnahmen

Der einfachste Weg ist es, keine Fische oder andere Meeresfrüchte zu essen, die mit Vergiftungen in Zusammenhang gebracht werden können. Ist man gezwungen, Sardinen aus umliegenden Gewässern zu fangen und zu essen, sollte man die Einheimischen befragen, wann und wo dies unbedenklich möglich ist. Fische sorgfältig reinigen und ausnehmen. Seetang und andere Meeresfrüchte gründlich säubern.

Symptome

Es beginnt mit einem bitteren oder metallischen Geschmack unmittelbar nach dem Verzehr des Tieres. Bald darauf stellen sich viele ähnliche neurologische und gastritische Symptome ein wie bei Ciguatera: Übelkeit, Erbrechen, Durchfall, Krämpfe im Unterleib, Taubheitsgefühl, Kribbeln, Schwindel und niedriger Blutdruck. Weitere Symptome, die sich rasch einstellen, sind: ein trockener Mund, Nervosität, starke Kopfschmerzen, geweitete Pupillen, übermäßiger Speichelfluss, schwacher Puls, Herzrasen, Schüttelfrost, kaltfeuchte Haut, Atemnot, zunehmende Muskellähmung, Krämpfe und Bewusstlosigkeit oder Koma. Der Tod kann innerhalb von 15 Minuten, aber auch erst nach mehreren Tagen eintreten. Über die Sterblichkeitsrate gibt es keine Angaben, sie liegt wahrscheinlich über 50 %.

Diagnose

Der scharfe metallische oder bittere Geschmack ist ein erster Hinweis auf eine Vergiftung. In der Folge treten rasch ernsthafte neurologische Symptome und Anzeichen für Herzversagen auf.

Diese Symptome sind diagnostisch. Eine Probe der Mahlzeit sollte immer für genaue Analysen aufbewahrt werden.

Was ist zu tun?

Bei den ersten Symptomen ist sofort ärztliche Hilfe zu holen. Die Behandlung ist rein symptomatisch. Die lebenswichtigen Funktionen des Opfers müssen so lange wie möglich aufrechterhalten werden.

Sardinen
Clupeidae

Goldfleck-Hering   14 cm
Herklotsichthys quadrimaculatus

Zwei kupferfarbene Flecken am Kiemendeckel. **Biologie:** Bewohnt geschützte Innenriffe und Mangroven. Tagsüber in dichten Schulen; zerstreuen sich zur Nacht, um Plankton zu fangen. Lebenserwartung etwa ein Jahr. Kann palytoxisch sein. **Verbreitung:** Ostafrika bis Samoa, nördl. bis Südjapan; eingeführt vor Hawaii. **Ähnlich:** Einige Arten, denen die kupferfarbenen Flecken auf dem Kiemendeckel fehlen und vorwiegend Flussmündungen und Brackwasserbereiche bewohnen.

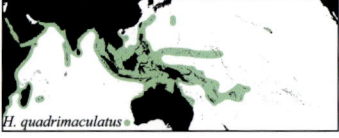

H. quadrimaculatus

Feilenfische
Monacanthidae

Schrift-Feilenfisch	91 cm
Aluterus scriptus	

Seitlich stark abgeflacht; große, besenför-
mige Schwanzflosse; olivgrün mit hell-
blauen Flecken und Streifen.
Biologie: Bewohnt Lagunen und Außenriffhänge, 2–80 m. Juvenile pelagisch im
offenen Meer, im Schutz von z. B. Quallen
und Seetang. Frisst sessile Wirbellose,
darunter Seescheiden und Gorgonien, auch
Seegras u. a. Einzeln und scheu. Kann palytoxisch sein. **Verbreitung**: Zirkumtropisch.

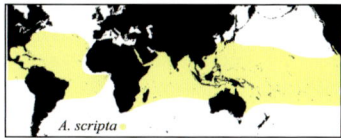

Scombrotoxin
Histaminvergiftung

Risikoarten
Diese Arten können leicht eine Hista-
minvergiftung hervorrufen. Daher ist
es äußerst wichtig, sie sofort gut zu
kühlen. Die hier angegebenen Werte
beziehen sich auf ihre Maximalgröße.
Coryphaenidae
1. Goldmakrele *Coryphaena hippurus*:
   200 cm, 39,9 kg
Scombridae
2. Wahoo *Acanthocybium solandri*: 210
   cm, 71,9 kg
3. Großmaul-Makrele *Rastrelliger kana-
   gurta*: 38 cm
4. Unechter Bonito *Auxis thazard*:
   50 cm
5. Kawakawa *Euthynnus affinis*: 38 cm.
6. Echter Bonito *Katsuwanus pelamis*:
   100 cm, 20,5 kg
7. Gelbflossen-Thunfisch *Thunnus al-
   bacares*: 1,95 m, 176,4 kg
8. Torpedo-Makrele *Scomberomorus
   commerson*: 2,45 m, 45 kg

Schnelle Verderblichkeit

Eine Scombroidvergiftung wird durch das extrem schnelle Verderben mancher Fischsorten möglich. Silbrige Freiwasserfische, wie zum Beispiel Thunfische, Makrelen und Goldmakrelen, sind besonders anfällig. In gemäßigten Breiten gilt das auch für Sardinen, Heringe und Anchovis.

Das Gift

Manche Fische enthalten von Natur aus eine hohe Konzentration der Aminosäure L-Histidin. Eine scombroide Fischvergiftung wird durch einen hohen Histamingehalt (50–400 mg/100 g Fisch) hervorgerufen. Histamine werden durch den bakteriellen Abbau von L-Histidin gebildet. Bei Menschen wird es während allergischen Reaktionen durch Hormone freigesetzt. Wird es mit der Nahrung aufgenommen, ruft es die gleichen Symptome hervor.

Vorbeugende Maßnahmen

Meeresfrüchte müssen sofort gut gekühlt oder eingefroren werden. Ein Geschmack nach Pfeffer ist ein bekanntes Zeichen für einen hohen Histamingehalt. Bei dem ersten Verdacht sofort mit dem Essen aufhören.

Symptome

Die Symptome treten innerhalb weniger Minuten oder erst nach Stunden auf. Es sind typische Symptome einer allergischen Reaktion: Hautausschlag, tränende Augen, Schweißausbrüche, ein Brennen oder Blasenbildung im Mund. Gelegentlich kommt es zu Übelkeit, Erbrechen, Unterleibsschmerzen, Durchfall und niedrigem Blutdruck. Auch ohne Behandlung können die Symptome nach 12 bis 24 Stunden abklingen.

Was ist zu tun?

Antihistamine können zur Behandlung der Symptome einer allergischen Reaktion gegeben werden. Insbesondere bei Schwellung der oberen Luftwege und bei Atemnot sollten hoch dosierte Korticosteroide (z. B. 1000 mg Cortison intravenös) gegeben werden. Für die gastrischen Symptome gibt es geeignete Medikamente.

Halluzinogene Fische
Meerbarben

In der Sprache der Ureinwohner heißt dieser Fisch weke-pahulu, was Geister- oder Albtraum-Meerbarbe bedeutet. Der Verzehr des Hirns der Meerbarbe *Upeneus arge* aus der Familie der *Mullidae* kann zu unruhigem Schlaf oder Halluzinationen führen. Nur in wenigen Fällen wird davon nach dem Genuss von Fisch berichtet. Die Intensität ist abhängig von der Jahreszeit. Offensichtlich lagern sich verschiedene Gifte im Gehirn und in allen inneren Organen von Fischen ein.

Zebraschwanz-Barbe	30 cm
Upeneus arge	

Blass mit einem Paar gelblich brauner Seitenstreifen, Schwanzflosse hell mit 10–12 dunklen Bändern. **Biologie:** Lebt auf geschützten Sandarealen, oft im trüben Wasser, vor Seichtwasser bis 31 m. Streift in kleinen Trupps umher und sucht den Boden ab, frisst sandbewohnende Wirbellose. **Verbreitung:** Ostafrika bis Hawaii und Tuamotus, nördl. bis Yaeyamas.

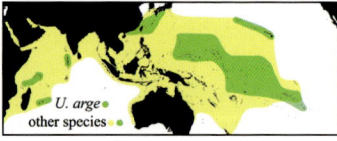

U. arge
other species

Gempylotoxische Fische
Durchfallverursachende Schlangenmakrelen

Schlangenmakrelen aus der Familie der Gempylidae haben ein sehr fetthaltiges Fleisch, das gewöhnlich Durchfall verursacht (purgativ). Diese Wirkung wird durch Kochen oder andere Zubereitungsarten nicht beeinflusst. Naturvölker benutzen das Fleisch als Abführmittel. Über weitere Nebeneffekte gibt es keine Berichte. Die Fische bewohnen eine Tiefe zwischen 100 m und 700 m in tropischen und subtropischen Meeren über steilen Abhängen und Bergen unter Wasser.

Sie werden gelegentlich mit Angeln gefangen. Die meisten anderen Arten dieser Familie sind ozeanisch und verbringen den Tag in der Tiefe. In der Nacht steigen sie zur Oberfläche auf. Dort ernähren sie sich von Fischen und Kalmaren, die dem Plankton an die Oberfläche gefolgt sind. Die Fische sind länglich, haben einen ähnlichen Kopf und ähnliche Zähne wie Barrakudas, schmackhafte schwarze Haut und schwarzes Fleisch.

1. Ölfisch, *Ruvettus pretiosus*: 2,5 m, 80 kg; zirkumglobal, 100–700 m
2. Schlangenmakrele, *Gempylus serpens*: 100 cm; zirkumglobal, Oberfläche bis 200 m

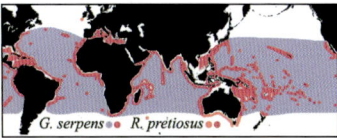

Der Rückendorn-Kofferfisch, *Lactoria fornasini*, kann hochtoxisches Ostracitoxin ausscheiden. Für andere Fische kann die Substanz tödlich sein.

Crinotoxische Fische
Toxische Haut und Schleim

Viele Fische schützen sich durch toxische Haut oder toxischen Schleim vor Angreifern oder Parasiten. Oft schmeckt die Haut oder der Schleim bitter. Von ihnen geht eine weit geringere Gefahr für eine Vergiftung aus als von anderen toxischen Fischen, denn der Toxingehalt ist konstant und sie sind leicht zu bestimmen. Im Gegensatz zu Ciguatoxin und vielen anderen Toxinen beschränken sich crinotoxische Toxine auf die Haut und die Oberfläche der Tiere und sind nicht im Fleisch der Tiere zu finden. Viele dieser Toxine werden außerdem durch Kochen zerstört. Daher ist es nicht verwunderlich, dass es in vielen Teilen der Welt weitverbreitet ist, bestimmte crinotoxische Fische zu essen. Eine Gefahr besteht nur, wenn sie unsachgemäß angefasst oder zubereitet werden.

Das Vorkommen von Crinotoxinen
Crinotoxine haben sich unabhängig voneinander in vielen Fischgruppen entwickelt. Am bekanntesten sind sie im Zusammenhang mit Seifenbarschen, *Grammistidae*, und Kofferfischen, *Ostraciidae*. Sie kommen aber auch in bestimmten Muränen, *Muraenidae*, Krötenfischen, *Batrachoididae*, Schildbäuchen, *Gobiesocidae*, Grundeln, *Gobiidae*, und Seezungen, *Soleidae*, vor. Es wird von Substanzen in der Haut von Kugelfischen, *Tetradodontidae*, Meereswelsen, *Plotosidae*, Feilenfischen und Drachenköpfen berichtet. Über ihre Funktion, chemischen Aufbau oder Toxizität ist jedoch wenig bekannt.

Die Herstellung von Crinotoxinen
Seifenbarsche, Kofferfische und Muränen produzieren Crinotoxine in ampullenförmigen Zellen, die in der Haut liegen und über den ganzen Körper verteilt sind. Kofferfische verfügen außerdem über gut entwickelte Drüsen an der Innenseite der Lippen, die ebenfalls Toxin absondern. Krötenfische, Seezungen und vielleicht auch meeresbewohnende Welse sondern ihr Toxin über Zellen ab, die mit Drüsen in Verbindung stehen, die als Poren nach außen offen sind. Bei Welsen liegen diese Poren oberhalb der Brustflossenwurzel. Krötenfische haben zusätzliche

Der Gelbbraune Kofferfisch hat verschiedene Farbkleider. Zu sehen sind: erwachsenes Männchen (oben), junges Weibchen (Mitte), Jungtier (unten). Alle sind crinotoxisch.

Was ist zu tun?

Erste Hilfe
Nur die Symptome können behandelt werden.

Drüsen in der Nähe der Brustflossenstacheln. Seezungen haben die Drüsen unten an den Stacheln der Rückenflosse und der Afterflossen. Seifenfische, Seezungen und Kofferfische können ihr Toxin nach Belieben absondern, meistens geschieht das, wenn der Fisch Stress ausgesetzt ist. Bei Kofferfischen scheint das Toxin durch den lebenden Fisch aktiviert werden zu müssen. Eben erst getötete Fische waren nicht toxisch.

Die Wirkung von Crinotoxinen
Die Tatsache, dass der Seifenbarsch *Rypticus saponaceus* toxisch ist, wurde von einem jungen Biologen entdeckt. Auch Aquarianer wissen seit Langem, dass Seifenbarsche oder Kofferfische nicht mit anderen Fischen auf engem Raum transportiert oder zusammengesetzt werden

Der Weißflecken-Krötenfisch, *Sanopus astrifer*, kommt nur in Belize vor. Seine auffällige Färbung soll Angreifer vor seinem Toxin warnen.

sollten. Die anderen Fische sterben innerhalb von wenigen Minuten. In einem intakten Aquarium scheint der begrenzte Raum jedoch kein Problem zu sein. Seifenbarsche sind offensichtlich gegen ihr eigenes Toxin immun, wohingegen Kofferfische sterben, wenn sie den Schleim anderer Kofferfische injiziert bekommen. Auch Mäuse sterben, wenn sie unbehandelte Extrakte vom Schleim der Seifenbarsche injiziert bekommen. Der Wirkstoff Grammistin ist eiweißartig. Dass die Muräne *Gymnothorax nudivomer* toxisch ist, entdeckte ein Biologe. Er wollte von einem Tier den Schleim abwaschen, bemerkte dabei, dass die Schnitte an seinen Händen, die er sich an Korallen zugefügt hatte, anfingen zu kribbeln. Obwohl der Schleim dieser Muräne deutlich toxischer ist als der Schleim der Seifenbarsche, hat er keinen bitteren Geschmack und keine abstoßende Wirkung. Vielleicht soll er Parasiten abhalten. Das Toxin der Mose-Seezunge, *Pardachirus marmoratus*, das sehr wahrscheinlich auch ein Protein ist, wird ganz offensichtlich zur Abschreckung von Feinden eingesetzt. In einem Versuch verweigerte ein hungriger Weißspitzen-Riffhai eine angebundene Seezunge und berührte sie nicht einmal. Alle diese Toxine sind für andere Fische tödlich. Sie sind hämolitisch, das heißt, sie zerstören die Blutzellen. Die meisten sind instabil und verlieren ihre Wirkung durch starkes Erhitzen oder Gefrieren. Ostracitoxin jedoch ist resistent gegen beides. Dieses Toxin des Kofferfisches ist für Fische tödlich und zerstört Blutzellen schon ab einer Konzentration von 1 : 1 000 000.

Vorbeugende Maßnahmen
Schnittverletzungen oder Abschürfungen sollten nicht in Kontakt mit crinotoxischen Fischen kommen. Alles, was mit den Fischen in Berührung gekommen ist, sollte gründlich gewaschen werden. Crinotoxische Fische sollte man nicht essen oder auf jeden Fall gut durchkochen.

Symptome
Der Kontakt mit crinotoxischen Fischen kann Hautreizungen hervorrufen. Schleimhäute, wie z. B. die Harnröhre, können stark brennen. An Schnittverletzungen, Abschürfungen oder wunden Stellen kann sich ein Kribbeln bemerkbar machen. Es gibt keine zuverlässigen Berichte darüber, wie der Verzehr der Fische sich auswirken kann. Ernsthafte Vergiftungen nach dem Verzehr von Kofferfischen sind eher auf Ciguatera als auf Ostracitoxin zurückzuführen, da dieses Toxin nicht im Fleisch der Fische zu finden ist. In einigen Gegenden grillen die Einheimischen die Fische mit der Haut im „eigenen Saft".

Krötenfische
Batrachoididae

Krötenfische haben breite Köpfe und schlanke Körper. Einige haben toxische Stacheln in der Rückenflosse. Andere sondern toxischen Schleim ab.

Korallen-Krötenfisch   20 cm
Sanopus splendidus

Kopf quer und schräg gestreift, viele Barteln. Flossen mit breitem gelben Saum. **Biologie**: Bewohnt klare Korallenriffe, 8–25 m. Auf Sand unter Überhängen oder in Höhlungen.

Seifenbarsche
Grammistidae

Kleine barschartige Fische mit dem bitteren Toxin Grammistin im Hautschleim

Leuchtfleck-Seifenbarsch   15 cm
Belonoperca chabanaudi

Dunkelgrau bis schwärzlich mit gelbem Sattelfleck hinter der Rückenflosse. **Biologie**: Bewohnt korallenreiche Außenriffhänge, 4–50 m. Schwebt oft nah vor kleinen Höhlen oder Überhängen. Haut bitter schmeckend. **Verbreitung**: Ostafrika bis Samoa, n. bis Ryukyusinseln, s. bis Neukaledonien.

Schwarz-Gelber Seifenbarsch   14 cm
Diploprion bifasciatus

Gelb mit schwarzen Augenstreifen und einem breiten schwarzen Querband. Gelegentlich schwarz mit gelben Flossen. **Biologie**: Bewohnt Fels- und Korallenriffe, 1–18 m. Meist nahe von Höhlungen und Spalten. **Verbreitung**: Malediven bis PNG, n. bis Südjapan, s. bis L. Howe Is. **Ähnlich**: Rotmeer-Seifenbarsch *D. drachi* ist grau mit gelbem Gesicht und schwarzem Band durch die Rückenflosse (Rotes Meer, G. v. Aden; 14 cm).

Sechsstreifen-Seifenbarsch 27 cm
Grammistes sexlineatus

Schwarz mit schmalen weißen Streifen, die sich mit dem Alter in kurze Striche auflösen. **Biologie**: Lebt auf Riffdächern, in Lagunen und an Außenriffen, 1–40 m. Jungtiere häufig, aber meist versteckt in Unterschlüpfen. Adulte ziehen in tiefere Zonen. **Verbreitung**: Rotes Meer bis Frz.-Polynesien, n. bis Südjapan.

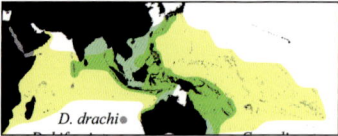

D. drachi

Gepunkteter Seifenbarsch 35 cm
Pogonoperca punctata

Braun mit dunklen Sattelflecken und kleinen weißen Punkten. **Biologie**: Bewohnt klare Außenriffhänge, 15–120 m. Schwebt nahe vor sandgründigen Unterschlüpfen. **Verbreitung**: Indonesien bis Marquesas und Gesellschaftsinseln, n. bis Südjapan. **Ähnlich**: Schneeflocken-Seifenbarsch, *P. ocellata,* hat mehr dicht stehende weiße Punkte (Komoren bis Malediven; 33 cm).

Großer Seifenbarsch 33 cm
Rypticus saponaceus

Konkaves Kopfprofil, rötlich braun bis grau, teils mit bläulichem Schimmer, und mit zahlreichen blassen Sprenkeln; Juvenile mit blassen Rückenstreifen. **Biologie**: Auf Seegraswiesen und Korallenriffen, 1–55 m. Tagsüber ruhend auf Sandflächen oder unter Überhängen, oft in schräger Körperhaltung. Einzelgänger. Frisst nachts kleine Fische. **Verbreitung**: Bermudas und Südflorida bis Brasilien inkl. gesamte Karibik und tropische Atlantikinseln.

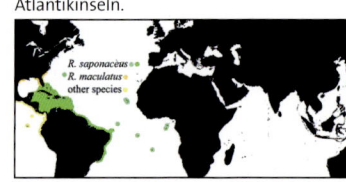

R. saponaceus
R. maculatus
other species

Schildbäuche
Gobiesocidae

Schildbäuche sind kleine längliche Fische. Die Haut von mindestens zwei der 120 Arten ist toxisch.

Seeigel-Schildbauch	5 cm
Diademichthys lineatus	

Rotbraun mit je einem cremefarbigen Streifen auf dem Rücken und den Seiten. **Biologie:** Lagunen und Außenriffe, 1–20 m. Einzeln oder in kleinen Gruppen, oft zwischen Seeigelstacheln.
Verbreitung: Oman und Mauritius bis Neukaledonien, nördlich bis Ryukyusinseln.

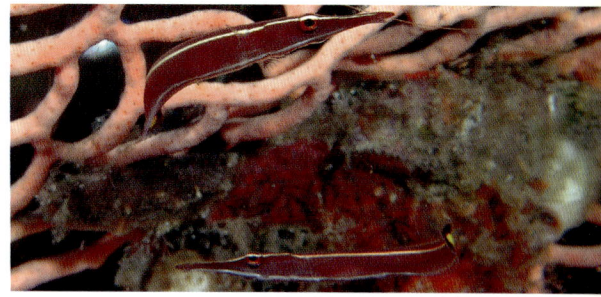

Seezungen
Soleidae

Flache Fische mit Augen an der rechten Seite.

Augen-Seezunge	30 cm
Pardarchirus pavoninus	

Körper und Flossen mit vielen Augenflecken. **Biologie:** Bewohnt riffnahe Sandflächen, 1–40 m. Oft bis auf die Augen und Kiemenöffnungen eingegraben. Scheidet aus Poren an der Basis von Rücken- und Afterflosse ein milchiges Gift aus. **Verbreitung:** Sri Lanka bis Tonga, n. bis Südjapan. **Ähnlich:** Moseszunge, *P. marmoratus*, weniger Augenflecken (Rotes Meer bis Sri Lanka; 26 cm).

Kofferfische
Ostraciidae

Ihr kofferförmiger Knochenpanzer hat Öffnungen für Maul, Augen, Kiemen, Flossen und Schwanz. Bei Stress sondern Kofferfische das hochgiftige Ostracitoxin ab.

Honigwaben-Kofferfisch	40 cm
Acanthostracion polygonius	

Kurze Hörner vor den Augen, Honigwabenmuster, Färbung variabel, blasser oder dunkler in Anpassung an den Hintergrund. Juvenile orange mit kleinen schwarzen Punkten. **Biologie:** Bewohnt Außenriffhänge, 3–75 m. Frisst Schwämme, Weichkorallen, Seescheiden und Kleinkrebse. Einzelgänger.
Verbreitung: New Jersey und Bermudas bis Brasilien, nicht im Golf von Mexiko.

Horn-Kofferfisch   45 cm
Acanthostracion quadricornis

Kurze Hörner vor den Augen, dunkelgelblich bis blassbläulich grau, mit blauen Flecken und Strichen. **Biologie:** Bewohnt Seegraswiesen, Innen- und Außenriffe, 3–80 m. Frisst fest sitzende Wirbellose, wie Schwämme, Anemonen, Hornkorallen, Seescheiden. Einzelgänger. **Verbreitung:** Massachusetts, Bermudas, Golf v. Mexiko bis Brasilien.

Gefleckter Kofferfisch   45 cm
Rhinesomus bicaudalis

Keine Hörner vor den Augen, weißliche bis beige Grundfärbung mit zahlreichen dicht stehenden schwarzen Flecken.
Biologie: Gelegentlich unter Überhängen oder nahe kleiner Höhlungen. Ernährt sich von Seescheiden, Seeigeln, Seesternen, Krebstieren, Weichtieren und Seegras. Einzelgänger.
Verbreitung: Florida Keys, Bahamas und Golf v. Mexiko bis Brasilien; Ascension-Insel.

Perlen-Kofferfisch   30 cm
Rhinesomus triqueter

Keine Hörner vor den Augen, dunkler Körper übersät mit weißen Flecken; Flanken mit blassen bis ockerfarbenen Honigwabenmustern. Juvenile kugelförmig, schwarz mit großen weiß gelblichen Flecken. **Biologie:** Bewohnt Korallenriffe, schwimmt dort auch über Sand- und Geröllflecken, 3–50 m. Gelegentlich unter Überhängen oder vor kleinen Höhlungen. Relativ häufig. Einzeln oder in kleinen Gruppen. Frisst bodenlebende Wirbellose wie Krebse, Würmer, Weichtiere, Seescheiden und Schwämme. **Verbreitung:** Massachusetts, Bermudas, Golf v. Mexiko bis Brasilien.

Langhorn-Kofferfisch 46 cm
Lactoria cornuta

Lange „Kuhhörner" vor den Augen, gelb mit blassen blauen Punkten, 2 Hörner am unteren Hinterkörper. **Biologie**: Lebt auf Sand und Seegrasflächen, 1–50 m. Ernährt sich von Bodentieren, die er mit einem Wasserstrahl freibläst. **Verbreitung**: Rotes Meer bis Marquesas und Tuamotus. **Ähnlich**: Andere gehörnte Kofferfische haben kürzere Hörner und tragen zusätzlich einen Rückendorn.

Gelbbrauner Kofferfisch 45 cm
Ostracion cubicus

Juv. gelb mit schwarzen Punkten; später gelb mit dunkel gerandeten Punkten; Männchen blaugrau mit gelben Bereichen und mit Nasenwulst. **Biologie**: Häufiger Einzelgänger in Lagunen und geschützten Außenriffen, 1–35 m. Ernährt sich von wirbellosen Bodentieren. **Verbreitung**: Rotes Meer bis Tuamotus, n. bis Ryukyus, s. bis nördlich von Neuseeland. Vor Südjapan ersetzt durch *O. immaculatus*. **Ähnlich**: Kurznasen-Kofferfisch, *Rhynchostracion nasus*, ist blasser (Ostafrika bis Fidschi; 30 cm); Langnasen-K., *R. rhinchorhynchus*, mit deutlicherem Nasenwulst (Ostafrika bis Philippinen; 28 cm).

Weißpunkt-Kofferfisch 15 cm
Ostracion meleagris

Juv. und Weibchen schwarz mit vielen weißen Punkten; Männchen an den Seiten blau mit orangen Flecken, Rücken dunkel mit weißen Punkten. **Biologie**: Bewohnt klare Lagunen und Außenriffe, 1–30 m. Einzelgänger. Ernährt sich von Seescheiden, Schwämmen und Algen. **Verbreitung**: Ostafrika bis Panama, n. bis Ryukyus und Hawaii. **Ähnlich**: Einige Indopazifik-Arten mit unterschiedlicher Färbung.

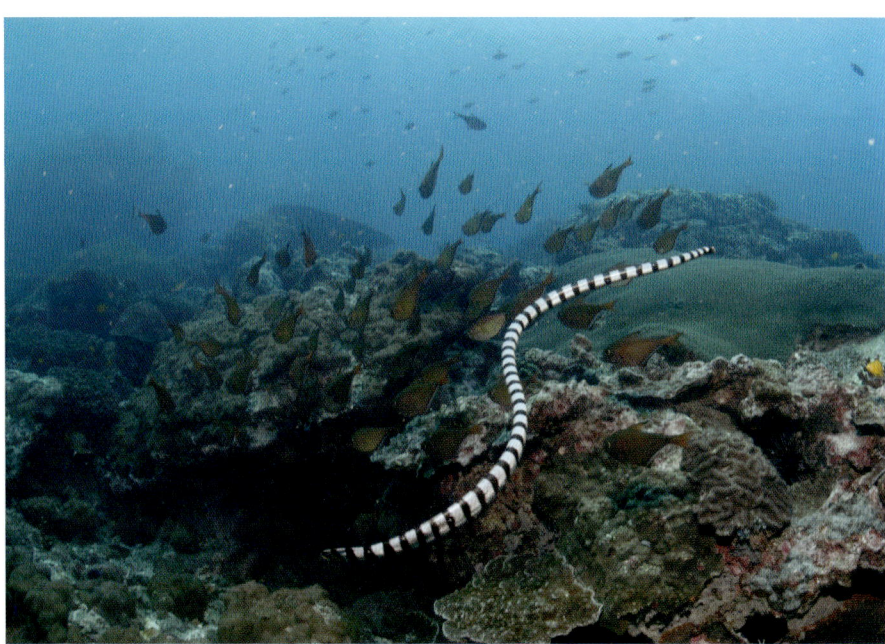

Die Gelblippen-Seekobra wird von Tauchern am häufigsten gesehen.

Seeschlangen
Hydrophiinae und Laticaudinae

Schlangen sind der Inbegriff der Giftigkeit, auch wenn eine ganze Reihe von Landschlangen ungiftig ist. Doch was Seeschlangen angeht, trifft das Prädikat „hochgiftig" ausnahmslos zu. Seeschlangen verfügen über ein tödliches Gift und gehören zu den gefährlichsten Gifttieren der Meere. Zum Glück sind Seeschlangen erstaunlich friedfertig. Es muss schon ziemlich viel passieren, damit eine Seeschlange zubeißt. Trotzdem sollte man ihre Geduld nicht auf die Probe stellen. In Teilen Asiens werden Seeschlangen gegessen und in traditioneller Medizin verarbeitet. Es gibt drei Familien von Seeschlangen, deren Arten im Meer vorkommen. In salzigen Mooren und Mangrovensümpfen kann man auf ungiftige Wasserschlangen und andere Landschlangen aus der Familie *Colubridae* treffen. Sie wird man jedoch nicht in offener See treffen. Eine ungiftige Warzenschlange aus der Familie der *Acrochordidae* kommt in Flussmündungen und in der Nähe der Meeresküste vor.

Biologie
Als ehemalige Landtiere besitzen Seeschlangen Lungen. Sie müssen also zum Luftholen an die Wasseroberfläche. Dennoch sind Seeschlangen ausgezeichnete Taucher. Einige Arten können bis zu einer Tiefe von 103 m tauchen. Seeschlangen kommen nur kurz zum Atmen an die Oberfläche. Dabei erhöht sich ihre Herzfrequenz, was den schnellen Austausch der Gase unterstützt. Außerdem sind sie so an das Wasser angepasst, dass der Sauerstoffaustausch zwischen ihrer Lunge und dem Blut während des Tauchgangs unterdrückt wird. Bis zu 20 % des benötigten Sauerstoffs nehmen sie aus dem Wasser durch die Haut auf. Überschüssiges Salz wird über eine Drüse unter der Zunge abgegeben. Seeschlangen erreichen Tauchzeiten bis zu zwei Stunden. Meistens bleiben sie jedoch bei einem Tauchgang weniger als dreißig Minuten unter Wasser. Oft sieht man sie geschäftig in den Ritzen und Spalten des Riffs nach kleinen Beutetieren, haupt-

Giftapparat

Dieser besteht aus den beidseitig im vorderen Oberkiefer gelegenen Gift- oder Fangzähnen und den dazugehörigen, weiter hinten im Kiefer liegenden Giftdrüsen. Die Fangzähne sind wie bei den landlebenden Giftschlangen hohl und an ihrer Basis mit dem Ausführgang der Giftdrüsen verbunden. Sie liegen weiter hinten im Kiefer. Und sind auch kürzer. Beim Biss wird das Gift durch eine nahe der Zahnspitze gelegene Öffnung wie mit einer Injektionsnadel in die Wunde gespritzt. *(Nach Halstead, 1970)*

Gold-Seeschlangen, *Aipysusrus laevis*, werden nach drei Jahren geschlechtsreif, die Weibchen nach vier. Bei dieser und den meisten anderen Arten werden die Weibchen größer als die Männchen.

Viele Taucher haben die Erfahrung gemacht, sich Seeschlangen bis auf wenige Zentimeter nähern zu können, ohne dass diese sich davon in irgendeiner Weise gestört fühlen. Selbst Taucher, die mit Seeschlangen unter Wasser spielten, sie am Schwanz zogen, sich um den Arm wickelten und sonst wie mit ihnen hantierten, wurden nicht gebissen. Doch verlassen sollte man sich auf solche Duldsamkeit nicht. Denn es gibt auch etliche Berichte von neugierig auf Taucher zuschwimmende und auch von etwas aggressiveren oder einfach nervöseren Exemplaren, wie zum Beispiel Männchen in Paarungsstimmung.

Merkmale

Je nach Art erreichen Seeschlangen eine Länge von 50 Zentimeter bis zwei Meter, eine sogar 2,70 Meter. Alle Arten zeigen weitgehende Anpassungen an das Leben im Meer. Sie haben einen seitlich abgeflachten, paddelförmigen Schwanz,

sächlich Fischen, suchen. Ihr Biss führt rasch zur Lähmung oder Tod der Beute, die anschließend als Ganzes verschlungen wird. Zwei Gruppen von Seeschlangen werden unterschieden: Die zahlenmäßig größere sind die Ruderschwanz-Seeschlangen. Sie sind lebend gebärend, leben dauernd im Wasser und bringen hier auch ihre Jungen zur Welt. Sie haben sich völlig an das Leben im Wasser angepasst. Die zweite Gruppe bilden die Plattschwanz-Seeschlangen. Sie legen Eier und gehen dazu an Land, ebenso wie zum Ruhen. Die meisten Seeschlangen haben Feinde. Seeadler, Fischadler, Reiher und Haie – vor allem Tigerhaie, erbeuten häufig Seeschlangen. Leisten- oder Salzwasserkrokodile, große Muränen und sogar Schwimmkrabben und Anemonen fressen Seeschlangen. Ruderschwanz-Seeschlangen paaren sich in einem langen Ritual, das länger als einen Tauchgang der Schlangen dauern kann. Plattschwanz-Seeschlangen paaren sich an Land oder im Wasser. Die Tragzeit beträgt zwischen 3 und 9 Monaten. In ihrer Jugend wachsen Seeschlangen bis zu 43 cm im Jahr. Männliche

Alle Seeschlangen haben einen seitlich abgeflachten ruderartigen Schwanz. Manche, so wie diese Gelbbauch-Seeschlange, können auch einen seitlich abgeflachten Körper haben.

verschließbare Nasenlöcher. Bestes Unterscheidungsmerkmal zu Fischen mit ähnlicher Körperform wie Aalen, Schlangenaalen und Muränen sind Haut und Flossen. Seeschlangen besitzen keinerlei Flossen und ihre Haut ist schlangentypisch geschuppt. Die drei genannten Fischgruppen dagegen haben lange Flossensäume und eine ledrige glatte Haut. Wie ihre Verwandten an Land züngeln Seeschlangen. Dabei überprüfen sie mit ihrer Zungenspitze den Geschmack des Wassers.

Unfälle

Die meisten Unfälle werden von Fischern berichtet, die eine Seeschlange als Beifang in ihren Netzen fanden. Außerhalb des Wassers sind die Tiere erregt und können unberechenbar um sich beißen. Unter Wasser verhalten sie sich im Allgemeinen recht gutmütig. Auch Badende und Strandwanderer sind in Südostasien kaum gefährdet, wenn sie auf eine an Land ruhende Seeschlange treffen. Dennoch kann es gerade an Land bei direktem Körperkontakt vorkommen, dass die Schlange zubeißt. Die wenigen dokumentierten Fälle, in denen Taucher von Seeschlangen gebissen wurden, geschahen, wenn Forscher die Tiere angefasst haben. In allen Fällen waren die Giftzähne zu kurz, um die Neoprenanzüge zu durchdringen. Nur bei zwei Arten, *Aipysurus laevis* und *Astrotia stokesii*, sind sie lang genug, um einen normalen Neoprenanzug zu durchdringen. In manchen Gegenden spielen die einheimischen Kinder mit Seeschlangen ohne gebissen zu werden. Wie Schlangen an Land auch, können Seeschlangen ihr Gift willentlich abgeben. Manche Arten geben bei 70 % ihrer Bisse in Verteidigungssituationen kein Gift ab.

Vorbeugende Maßnahmen

Auch wenn etliche Taucher Seeschlangen schon angefasst haben, ohne dass sie gebissen wurden, sollte man dies besser unterlassen. Alle, bis auf drei Arten, die sich von Eiern ernähren, sind so giftig, dass sie einen Menschen töten können. Das Sicherste ist, Abstand von den Tieren zu halten. Es kann zu Situationen kommen, in denen eine Seeschlange unter Wasser auf einen zukommt, sich vielleicht sogar um Arme oder Beine schlängelt. Hektische Bewegungen und grobe Versuche, sie zu entfernen, oder Schläge gegen die Schlange können diese zu einem Biss provozieren. Am besten ist es, so ruhig wie möglich zu bleiben. Denn eine Bissgefahr besteht auch in solchen Fällen kaum. Vom Spielen mit den Tieren, insbesondere dem Anfassen, sei den-

Neugierige Seeschlangen schwimmen manchmal auf Taucher zu, sollten aber nie angefasst werden, außer von Experten. Hier erkundet eine Olivgrüne Seeschlange einen Taucher.

noch dringend abgeraten. Strand- oder Riffwanderer sollten Bereiche trüben Wassers meiden.

Das Gift

Das Gift ist denen der Kobras ähnlich und äußerst reich an Neurotoxinen. Bei einigen Seeschlangen scheint das Gift sogar nur aus Toxinen zu bestehen. Sie zielen darauf ab, die Beute schnell zu lähmen und zu töten. Entsprechend handelt es sich vor allem um Neurotoxine. Sie unterbrechen die Erregungsübertragung zwischen Nerv und Muskel und verursachen so Muskellähmungen. Die Giftigkeit von Seeschlangen ist mit der landbewohnender Giftnattern, Familie der *Elapiden*, vergleichbar, zu denen extrem giftige Schlangen wie Kobras, Mambas, Kraits, Taipane und Korallenschlangen gehören.

Symptome

Der Biss selbst ist schmerzlos und bleibt oftmals sogar unbemerkt. Symptome treten meist eine halbe bis einige Stunden nach dem Biss auf. Sie umfassen Muskelschmerzen, wobei der Betroffene Bewegungen vermeidet und oft in verkrampfter Stellung verharrt, sowie Lähmungserscheinungen. Auffallend sind Lähmungen der Gesichtsmuskulatur (zum Beispiel Herabhängen des Augenlids) und Schwierigkeiten beim Schlucken und Sprechen. Erbrechen und Sehschwierigkeiten können dazukommen. Zumindest einige Gifte enthalten neben den Neurotoxinen eine äußerst aktive Phospholipase. Dieses Enzym greift die Muskulatur an und setzt dessen sauerstoffbindendes Protein, das Myoglobin, frei. Das birgt die Gefahr eines akuten Nierenver-

IM NOTFALL

Was ist zu tun?

Erste Hilfe

Wasser verlassen. Das Opfer so gut wie möglich beruhigen und die betroffenen Stellen nicht bewegen. Wenn der Biss an den Extremitäten erfolgt ist, einen Druckverband um den Biss und in einiger Entfernung des Bisses anlegen. Wenn das Opfer in den Finger gebissen wurde, den Arm bis zum Ellenbogen bandagieren. Die betroffenen Gliedmaßen ruhig stellen, das Gift breitet sich durch Muskelkontraktionen aus. Sofort in ärztliche Behandlung begeben und den Verband solange nicht abnehmen. Selbst in Fällen tödlich endender Vergiftung kann der Biss relativ schmerzfrei sein, ist aber stets als potenziell lebensbedrohlich anzusehen.

Achtung

Jegliche Manipulationen an der Biss-Stelle, wie Ein- und Ausschneiden, Ausglühen, intensives Kühlen oder Ähnliches, sind zu unterlassen.

Weiterführende Behandlung

Für Vergiftungen durch verschiedene Seeschlangen steht, zumindest in Australien, ein Antiserum zur Verfügung. Die Verabreichung eines Antiserums ist jedoch keinesfalls eine Erste-Hilfe-Maßnahme! Sie muss entsprechend den Symptomen abgewogen werden, beinhaltet Risiken und sollte daher ausschließlich von einem Arzt vorgenommen werden. Im Falle einer allergischen Reaktion auf das Gegengift müssen Adrenaline und Antihistamine verabreicht werden. Im Übrigen steht ein Antiserum in der Regel vor Ort nicht zur Verfügung. Die Behandlung muss symptomatisch verlaufen. Bei Gefahr einer Atemlähmung ist Beatmung angezeigt, der Kreislauf ist zu stabilisieren. Ein Beatmungsgerät oder eine Dialyse können bei Aussetzen der Atmung oder Nierenversagen helfen, auch wenn kein Gegengift zur Verfügung steht. Wenn es kein Seeschlangen-Antidot gibt, kann auch das Gegengift der Tigerotter, *Notechis scutatus*, eingesetzt werden.

latur zum Atemstillstand kommen. Bei einer rechtzeitigen, gezielten Behandlung bestehen jedoch gute Chancen, eine Vergiftung zu überleben. Auch verursacht nicht jeder Biss unbedingt eine Vergiftung. Nicht bei jedem Seeschlangenbiss wird auch Gift injiziert. Aufgrund der unterschiedlichen Menge injizierten Giftes bei einem Biss kann dieser ohne Symptome bleiben, eine leichte, schwere oder sogar tödliche Vergiftung verursachen. Der Tod tritt nach 12 bis 24 Stunden ein, manchmal auch erst nach zwei Tagen. Patienten, die einen Biss überlebt haben, leiden manchmal unter Folgeschäden in Form von Muskelschwund und einem bleibenden Nierenschaden. Wenn schnelle und gute medizinische Versorgung gewährleistet werden kann, ist die Wahrscheinlichkeit, einen Seeschlangenbiss zu überleben, relativ hoch.

Arten und Verbreitung

Mindestens 75 Arten, die auf drei Familien aufgeteilt sind, kommen im Meer oder in Flussmündungen vor. Unter den Seeschlangen sind nur die Mitglieder der Familie der Elapidae giftig. Ruderschwanz-Seeschlangen, die ihr ganzes Leben im Wasser verbringen, sind in 56 Arten in 16 Gattungen aufgeteilt. Außer *Hydrophis semperi*, die im Lake Taal auf den Philippinen vorkommt, leben alle Arten im Meer. *Pelamis platurus* kommt fast im gesamten Indischen Ozean und im tropischen östlichen Pazifik im Freiwasser vor. Im Sommer kann sie bis Südsibirien vordringen. Alle anderen Arten haben kleinere Verbreitungsgebiete. Zu den Plattschwanz-Seeschlangen gehören acht Arten in der Gattung *Laticauda*. Sieben davon leben im Meer. Das Hauptverbreitungsgebiet von Seeschlangen ist der Indische Ozean um Australien mit 30 Arten bei Malaysia und Indonesien und 32 Arten bei Nordaustralien. Manche Seeschlangen haben sehr unterschiedliche Lebensräume. Sie bewohnen sowohl Flussmündungen und trübe Küstengewässer als auch Korallenriffe und tiefer gelegene Schlammböden. Andere hingegen sind auf einen bestimmten Bereich beschränkt. Im Roten Meer, Atlantik und im Mittelmeer gibt es keine Seeschlangen.

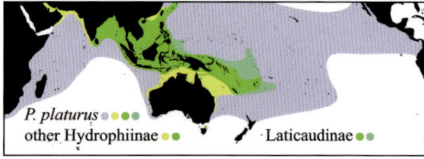

Verbreitung der Gelbbauch-Seeschlange, *Pelammis platurus*, und anderer Ruderschwanz- und Plattschwanz-Seeschlangen

sagens. Bei einer Myoglobin-Freisetzung erhält der Urin meist einige Stunden nach einer Vergiftung eine dunkelbraune Farbe. Eine schwere, die gesamte Skelettmuskulatur betreffende Schädigung führt außerdem zur massiven Freisetzung von Kalium aus dem Muskelgewebe, wodurch Herz-Rhythmus-Störungen auftreten können. Zudem kann es durch Lähmung der Atemmusku-

Ruderschwanz-Seeschlangen
Hydrophiinae

Gelbbauch-Seeschlange   bis 110 cm
Pelamis platurus

Kopf lang gestreckt, leicht abgeflacht, in Körpermitte 49–69 Schuppenreihen; Oberseite schwarz, Unterseite gelb, Schwanzende mit großen, schwarzen Flecken, Fangzähne winzig, bis 1,5 mm. Weibchen werden größer als Männchen. **Biologie:** Lebt pelagisch, gelegentlich an Küsten angespült. Vorwiegend an oder nahe der Wasseroberfläche, gelegentlich unterhalb von 35 m. Bevorzugt Zonen mit ruhiger, glatter Oberfläche, gelegentlich zwischen treibenden Pflanzen. Frisst zahlreiche Fische. Ahmt möglicherweise einen treibenden Zweig nach, um Beute anzulocken, die sie mit seitlichen Kopfbewegungen schnappt. Windet sich zur Häutung reibend um sich selbst. Lebend gebärend, pro Wurf 2–8 etwa 25 cm lange Junge. Kann bei Belästigung beißen; hat sogar schon einen Surfer gebissen. Verfügt nur über geringe Giftmengen, doch ist das Gift sehr stark. Hat tödliche Vergiftungen bei Menschen verursacht. **Verbreitung:** Südafrika bis Panama, nördl. bis Arabischer Golf und Südjapan.

Horn-Seeschlange   bis 123 cm
Acalyptophis peronii

Schlanker Vorder-, robuster Hinterkörper mit bauchseitigem Kiel zum Hinterende; Schuppen stark gekielt, überlappend an Kopf und Vorderkörper; cremefarben bis braun, oft mit Paaren heller Bänder. **Biologie:** Bewohnt sandige Korallenriffe. Jagt vorwiegend nachts gründelnd. Hat eines der stärksten Gifte, doch bislang keine Todesfälle. **Verbreitung:** NW-Australien bis Neukaledonien, Südchina bis Thailand.

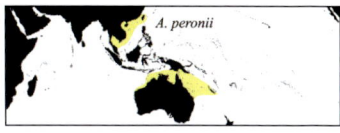

A. peronii

Olivgrüne Seeschlange   bis 200 cm
Aipysurus laevis

Großer Kopf und robuster Körper mit
bauchseitigem Kiel zum Hinterende; in
Körpermitte 21–25 Schuppenreihen, Juvenile gewöhnlich bräunlich mit schmalen
blassen Bändern. Adulte einheitlich grau
bis oliv oder purpurn-bräunlich; Fangzähne
bis 4,7 mm. Weibchen werden größer als
Männchen. **Biologie**: Bewohnt Küsten- und
Offshore-Riffe, bis 50 m. Häufig an vielen
Riffen des Korallenmeers. Neugierig, doch
nicht aggressiv, solange sie nicht festgehalten oder geschlagen wird. Kann beißen,
wenn provoziert. Sehr starkes Gift, Biss
potenziell tödlich. **Verbreitung**: Nordaustralien und Neuguinea bis Neukaledonien
und Loyalitätsinseln.

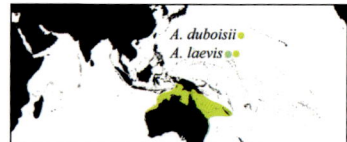

A. duboisii ●
A. laevis ● ●

Duboi Seeschlange   bis 114 cm
Aipysurus duboisii

Großer Kopf, robuster Körper, seitlich abgeflacht mit bauchseitigem Kiel zum Hinterende; Schuppen an Hinterrändern überlappend, in Körpermitte 19 Reihen; pur-
purn-braun mit blassrandigen Schuppen,
oft mit cremefarbenen Bändern, die an den
Seiten dreieckige Flecken bilden. **Biologie**:
Bewohnt Korallenriffe bis 50 m. Oft in so
seichtem Wasser, dass sie kriechen muss.
Jagt vorwiegend Fische am frühen Abend,
frisst gelegentlich Fischeier. Beißt wenn man
sie anfasst. Eines der stärksten bekannten
Gifte, doch Todesfälle wurden bislang nicht
verzeichnet. **Verbreitung**: Neuguinea und
Nordaustralien bis Neukaledonien.

Coggers-Seeschlange   bis 136 cm
Hydrophis coggeri

Zylindrischer Körper, Kopf und Vorderkörper schmal, Schwanzende paddelartig; in Körpermitte 29–34 Schuppenreihen; cremefarbem mit 28–40 breiten schwarzen Bändern; Juv. mit dunklem, Ad. mit cremefarbenen Kopf. Weibchen werden größer als Männchen. **Biologie:** Bewohnt Seegraswiesen, flache Lagunen und Küstenriffe bis 40 m. Frisst vorwiegend nachts Schlangenaale. Aggressiv, kann bei Provokation angreifen. Biss potenziell tödlich. **Verbreitung:** Philippinen und Ostindonesien bis NW-Australien; Korallenmeer und Fidschi, nördlich bis Vanuatu.

Plattschwanz-Seeschlangen
Laticaudinae

Gelblippen-Seekobra   bis 360 cm
Laticauda colubrina

Körper zylindrisch, Körpermitte mit 21–25 Schuppenreihen; blassbläulich grau mit 20–65 schwarzen Bändern; Schnauze und Oberlippe gelblich; Weibchen werden größer als Männchen. **Biologie:** Bewohnt Mangrovengebiete und flache Korallenriffe bis 60 m Tiefe. Frisst ausschließlich Muränen. Bei großen Muränen kann es bis zu 16 Minuten dauern, bis sie dem Gift erliegen. Verdauung, Fortpflanzung und Eiablage geschehen an Land. Ein Weibchen kann sich mit mehreren Männchen paaren. Gelege von 4–20 Eiern werden in Höhlungen oberhalb der Flutlinie an Stammplätzen abgelegt; die Jungen schlüpfen nach 2–3 Monaten. Männchen werden im zweiten, Weibchen im zweiten bis dritten Lebensjahr geschlechtsreif. Generell äußerst friedfertig gegenüber Menschen. Sehr starkes Gift und in großer Menge vorrätig. **Verbreitung:** Sri Lanka und Ostindien bis Tonga, außer in Australien; nördlich bis Ryukyus; ersetzt durch *L. saintgironsi* in Neukaledonien.

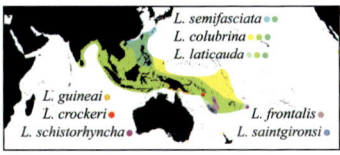

L. semifasciata
L. colubrina
L. laticauda
L. guineai
L. crockeri
L. schistorhyncha
L. frontalis
L. saintgironsi

Ruderschwanz-Seeschlangen

1. **Gelblippen-Seeschlange,** *Pelamis platurus,* 1,1 m; hat Todesfälle verursacht.
2. **Olivgrüne Seeschlange,** *Aipysurus laevis,* bis 2 m; kann beißen, wenn provoziert oder angefasst. Sehr starkes Gift, Biss potenziell tödlich.
3. **Kleine Seeschlange,** *Lapemis curtus,* > 1 m; in trübem Küsten- und Brackwasser bis 15 m. Häufig nahe Flussmündungen. Frisst Fische, gelegentlich auch Sepien. Kann bei Belästigung in einen Beißrausch verfallen. Gift extrem stark, hat Todesfälle verursacht. Arabischer Golf bis PNG, n. bis Hongkong.
4. **Schnabel-Seeschlange,** *Enhydrina schistosa,* 1,6 m; starkes Gift, extrem großer Vorrat – genug, um bis über 50 Menschen zu töten. Verantwortlich für 90 Prozent der Todesfälle durch Seeschlangenbisse. Arabischer Golf bis Neuguinea und Nordaustralien, n. bis Vietnam.
5. **Elegante Seeschlange,** *Hydrophis elegans,* 2,1 m. In trüben Küstengewässern und tieferen Weichböden zwischen Riffen, gewöhnlich unterhalb 30 m. Frisst Muränen. Fangzähne normal lang; starkes Gift, großer Vorrat. Biss potenziell tödlich. Nordaustralien bis Neuguinea.
6. **Blauband-Seeschlange,** *Hydrophis cyanocinctus,* 2,75 m. Auf Seegras, flachen Küstenriffen und Weichböden. Frisst Muränen und kleine Fische. Beißt bei Belästigung. Großer Giftvorrat, hat Todesfälle verursacht. Arabischer Golf bis Ostindonesien, n. bis Ryukyus. Ähnlich: *H. atriceps* hat kleineren Kopf; in der Mitte Sattelflecken mit Flecken darunter bei Adulten (G. v. Thailand bis Nordaustralien, n. bis Taiwan; 1,2 m).

7. **Dunkle Seeschlange,** *Hydrophis klossi,* 1,3 m. In flachen Küstengewässern. Beißt nur selten spontan, Gift nicht näher untersucht. G. v. Thailand bis Borneo und Indonesien. Ähnlich: *H. gracilis* hat kleineren Kopf, breitere Bänder und Sattel (Arabischer Golf bis PNG, n. bis Südchina, 1,3 m).

Plattschwanz-Seeschlangen

8. **Gelblippen-Seekobra,** *Laticauda colubrina,* 3,6 m. Äußerst friedfertig, doch beißt bei Belästigung eventuell doch mal zu. Sehr starkes Gift, großer Vorrat.
9. **Braunlippen-Seekobra,** *Laticauda laticaudata,* 1,36 m. In flachen Korallenriffen und Küstengewässern bis 40 m. Verdauung von Beute, Paarung und Eiablage an Land. Frisst Fische. Sehr friedfertig. Sehr starkes Gift, geringer Vorrat. Ostindien bis Niue, n. bis Ryukyus, nicht in Australien.
10. **Halbstreifen-Seekobra,** *Laticauda semifasciata,* 1,6 m. In Fels- und Korallenriffen und an Küsten. Häufig. Sehr friedfertig. Sehr starkes Gift, geringer Vorrat. Wird in vielen Gebieten gegessen. Verbreitung: Zentralphilippinen bis Ryukyus.

Harmlose marine Schlangen

Die Indische Warzenschlange (links), bewohnt dieselben Küstengewässer wie die giftigen Seeschlangen, ist von diesen jedoch leicht zu unterscheiden anhand ihres Schwanzes, der nicht paddelförmig abgeflacht ist. Außerdem hat sie eine weite, teils Falten werfende Haut mit kleinen granulären Schuppen. Verbreitung: Indien bis Salomonen, Nordaustralien und Philippinen. Die Schildkrötenkopf-Schlange (oben) und zwei weitere Arten haben ein schwaches Gift und winzige, kaum funktionsfähige Fangzähne.

Das Leistenkrokodil *Crocodylus porosius*

Krokodile
Crocodylidae

Man rechnet nicht damit, aber es ist durchaus möglich: Eine Begegnung mit einem großen Krokodil kann in manchen Meeren durchaus vorkommen. Die Krokodilartigen sind eine uralte Gruppe, die sich zusammen mit den Dinosauriern vor mehr als 160 Millionen Jahren entwickelte. Heute gibt es 23 Arten in drei Familien. Drei davon können auch in Flussmündungen vorkommen. Die größte Art, das indopazifische Leistenkrokodil oder Salzwasserkrokodil, schwimmt gern zu Korallenriffen und kann noch auf offener See, weit entfernt von Flussmündungen, überleben.

Biologie

Krokodile sind perfekt entwickelte amphibische Raubtiere. Augen und Nase befinden sich an der Oberseite des Kopfs. Das ermöglicht es den Tieren, knapp unter der Wasseroberfläche auf Beute an Land zu lauern. Nähert sich ein Beutetier zum Trinken, schießt das Krokodil blitzartig heraus, erfasst das Opfer und zieht es unter Wasser. Krokodile zeigen ein ausgeprägteres Brutpflegeverhalten als alle anderen Reptilien. Das Weibchen errichtet einen großen Haufen aus Blättern und Erde, um darin 20 bis 60 Eier auszubrüten. Wenn die Jungen nach 10 bis 12 Wochen schlüpfen, nimmt die Mutter sie vorsichtig in ihr Maul und trägt sie ins Wasser. Krokodilartige sind Kaltblüter mit einem langsamen Stoffwechsel. Sie können stundenlang unter Wasser bleiben und monatelang ohne Nahrung auskommen. Im Gegensatz zu Alligatoren besitzen sie Salzdrüsen, mit denen sie auch in Salzwasser überleben.

Vorbeugende Maßnahmen

Von Krokodilen bewohnte Gewässer meiden. Wenn man in der Nähe solcher Gegenden taucht, immer Vorsicht walten lassen und sich nicht von der Gruppe trennen. Bevor man sich dem Ufer nähert oder das Wasser betritt, nach Anzeichen für Krokodile Ausschau halten.

Gewaltige Kiefer und Zähne, ein unerbittlicher Griff

Krokodile haben kraftvolle Kiefer, die mit große, kegelförmigen Zähnen gesäumt sind. Das ermöglicht es manchen Arten, Beute, die so groß wie sie selbst ist, zu fassen und zu überwältigen. Eine Bisskraft von mehreren Tonnen kann Knochen brechen und eine Flucht verhindern. Die Beute wird mit den Zähnen festgehalten. Gliedmaßen und andere große Teile werden abgerissen, wenn das Krokodil eine „Todesrolle" durchführt, indem es sich schnell dreht. Das hier gezeigte Spitzkrokodil, *Crocodylus acutus*, erreicht eine Länge von 6 m.

Wenn man von einem Krokodil erfasst wurde
Dem Tier möglichst in die Augen stechen oder eine Hand in den Rachen des Krokodils schieben. Das kann dazu führen, dass sich die Klappe, die das Wasser von den Lungen fernhält, öffnet. Das sind mit die einzigen Maßnahmen, die ein Krokodil vielleicht dazu bewegen können, von seinem Opfer abzulassen. Man sollte auch für kleine Wunden sofort einen Arzt aufsuchen. Viele Opfer, die einen Angriff überlebten, starben innerhalb von Tagen an Sekundärinfektionen.

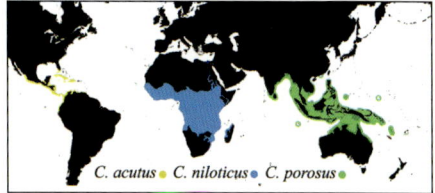

Verbreitung von drei Krokodilarten, die auch in Salzwasser überleben. Historisch gesehen bewohnte das Nilkrokodil, *C. niloticus*, den oberen Nil bis zur Mittelmeerküste. *C. porosus* war in Fidschi.. Es wurden aber auch verirrte *C. porosus* bei Pohnpei, den Kokosinseln und Hongkong gefunden.

Leistenkrokodil	bis >6.2 m
Crocodylus porosus	

Kann bis 7 m Länge erreichen, wiegt mit 6 m rund eine Tonne. Weibchen werden größer als Männchen. **Biologie**: Lebt in Süß- und Brackwasser, Mangrovengebieten und Flussmündungen. Besucht regelmäßig auch Küstenkorallenriffe, wo es in Tiefen bis 12 m gefunden wurde. Kann Strecken von über 1000 km auf offener See überstehen. Frisst alle Tiere, die es packen kann, auch Menschen. Juv. nehmen zunächst kleinere Beute wie Insekten, Frösche und kleine Fische. **Verbreitung**: Südindien bis Vanuatu, n. bis Philippinen, s. bis Südqueensland.

Meeresschildkröten
Testudines

Meeresschildkröten haben kräftige scharfe Schnäbel, die durch Haut und Fleisch schneiden können. Obwohl sie normalerweise nicht gefährlich sind, ist es bekannt, dass sie sich energisch gegen Raubtiere, wie zum Beispiel Haie, verteidigen und Menschen beißen, wenn sie sich belästigt fühlen. Unter normalen Umständen ist es ungefährlich, nah an eine Meeresschildkröte heranzuschwimmen, aber man sollte sie nicht berühren. In seltenen Fällen haben amouröse männliche Meeresschildkröten Taucher mit potenziellen Partnern verwechselt. Es gibt 7 Arten von Meeresschildkröten, 6 davon gehören zur Familie *Chelonidae*, die mit harten Panzern ausgestattet sind. Die Lederschildkröte aus der Familie *Dermochelidae* hingegen hat einen kräftigen ledrigen Panzer.

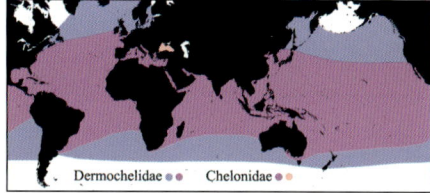

Verbreitung der Meeresschildkröten-Familien *Chelonidae* und *Dermochelidae*

Echte Karettschildkröte	1,14 m
Eretmochelys imbricata	77 kg

Hakenschnabel; Rückenschilder überlappen und haben meist einen gezackten Rand. 4 kleine Stirnschilder. **Biologie:** Regelmäßig in allen Riffzonen. Die häufigste Schildkröte in den meisten tropischen Riffen. Allesfresser, aber vorwiegend Wirbellose, besonders Schwämme, auch Seeanemonen, Quallen sowie hochgiftige Würfelquallen und Portugiesische Galeeren. Bedrohung durch weltweite Verfolgung: Driftnetze, Bejagung, Schildpatthandel. **Verbreitung:** Alle tropischen und subtropischen Meere.

Grüne Schildkröte	1,53 m
Chelonia mydas	150 kg

2 große Stirnschilder. **Biologie:** Bewohnt alle Riffzonen, besonders auch Seegraswiesen. Adulte fressen vorwiegend Pflanzen wie Mangroven und Seegras. Eiablage alle 2–3 Jahre mit 100–150 Eiern pro Nest in Intervallen von 10–15 Tagen. Brutzeit meist 45–60 Tage. Nesttemperatur bestimmt das Geschlecht: bei über 30 Grad Weibchen, darunter überwiegend Männchen. **Verbreitung:** Alle tropischen und subtropischen Meere.

Leder-Schildkröte   **2,44 m**
Dermochelys coriacea   *867 kg*

Lederner Rückenpanzer mit 5 Längskielen.
Biologie: Größte Schildkröte der Welt. Pelagisch, selten an Riffen. Frisst Quallen, Salpen und andere Tiere mit weichem Körper. Hat schon Boote gerammt und Schnorchler attackiert. Tauchtiefe bis mindestens 1500 m. Adulte warmblütig mit Kerntemperaturen bis 18 °C über Wassertemperatur. Eiablage nur an wenigen abgelegenen Tropenstränden. Gelege mit 50–170 Eiern (doch viele ohne Eidotter). Brutzeit 53–74 Tage. Weltweiter Rückgang der Populationen (Schleppnetzfischerei); werden vielfach getötet durch Fressen von Plastikmüll, durch Treibnetze und Fangleinen.
Verbreitung: Alle tropischen bis subpolaren Meere.

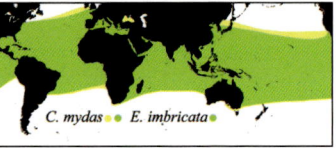

Komodowaran
Varanidae

Die größte Echse der Welt, der Komodowaran, jagt große Säugetiere, sucht aber auch manchmal in flachem Wasser nach Futter. Obwohl Komodowarane Menschen in Gruppen in Ruhe lassen, ist es bekannt, dass sie einzelnen Menschen auflauern können. Sie haben kräftige Kiefer mit scharfen gezackten Zähnen. Diese Zähne können schwere Wunden hinterlassen. Die größte Gefahr geht allerdings nicht von einem Biss aus, sondern von der daraus folgenden Infektion. Der Speichel der Komodowarane enthält mindestens 50 Sorten tödlicher Erreger und Gifte. Diese Mischung aus Bakterien oder giftigem Speichel wird wie ein Gift eingesetzt. Ein Komodowaran beißt seine Beute, lässt große, sich wehrende Tiere aber sofort wieder los. Wenn die Tiere fliehen, nimmt er – ähnlich wie eine Schlange – über seine lange gespaltene Zunge den Geruch des geflohenen Tiers auf. Innerhalb der nächsten 48 Stunden geht das Opfer in den meisten Fällen an den Infektionen fast zugrunde. Dann tötet der Waran die geschwächte Beute oder wartet auf den Tod großer Tiere. Komodowaranen sollte man sich nicht nähern, wenn man allein unterwegs ist. Weder an Land noch im Wasser.

Komodowaran	bis 3,1 m
Varanus komodoensis	

Kräftiger Körper, breiter Kopf, spitze Zähne, gegabelte Zunge, kleine knötchenförmige Schuppen; Juv. mit beigen Flecken und Bändern, Ad. einheitlich graubraun. **Biologie:** Juv. in Bäumen, Ad. auf dem Boden. Juv. fressen Insekten und Echsen, wechseln mit dem Wachstum auf Vögel, große Säugetiere und Aas. Überfällt Beute aus dem Hinterhalt, kann gebissene Beute einige Tage verfolgen, bis sie durch Wundinfektion geschwächt ist, bevor er sie tötet. Legt 8–27 Eier. Juv. gegenüber kannibalisch. **Verbreitung:** Komodo, Rinca, Gili Motang und Westflores.

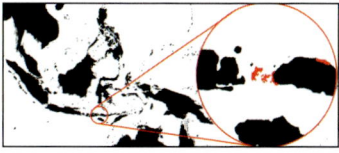

Kontakt mit einem Giftigen Filzschwamm, *Neofibularia nolitangere*, verursacht Schmerz, ein Taubheitsgefühl, Schwellungen und einen Ausschlag, der mehrere Tage anhalten kann. Der wissenschaftliche Artname bedeutet „Nicht anfassen".

Schwämme
Giftküche und Nadeln
Porifera

Gegenwärtig sind etwa 8000 Schwammarten bekannt, von denen die ganz überwiegende Zahl im Meer lebt. Meeresbiologen beschreiben zurzeit ständig neue Schwammarten und schätzen ihre Anzahl auf insgesamt 15 000 bis 25 000. Bei den meisten Schwämmen verursacht ein Hautkontakt keine Probleme. Doch einige, relativ wenige Arten können unangenehme Hautreaktionen verursachen.

Biologie
Schwämme siedeln auf festem Untergrund. Sie ernähren sich von kleinsten Partikeln aus dem umgebenden Wasser. Dazu wird das Wasser durch zahlreiche winzige Poren auf der Schwammoberfläche angesaugt und durch ein Kanalsystem gepumpt. Dabei werden im Wasser schwebende Bakterien, einzellige Algen und organischer Abfall (Detritus) rausgefiltert und

Die eigentliche Gefahr lauert unter Wasser: Die Tentakel Portugiesischer Galeeren sind hochgiftig.

das gefilterte Wasser über große Ausströmöffnungen wieder nach draußen gepumpt. Den Wasserstrom erzeugen Schwämme mit speziellen, geißeltragenden Zellen, die gleichzeitig als Feinfilter dienen. Obwohl scheinbar wehrlos, haben Schwämme nur wenige Feinde. Denn sie besitzen spitze, unverdauliche Kiesel- oder Kalknadeln. Vor allem jedoch ein riesiges Arsenal chemischer Abwehrstoffe. Viele dieser Substanzen wirken abschreckend oder giftig auf mögliche Fressfeinde. Auch zellgiftige, antibiotische, fungizide und antivirale Stoffe sind in Schwämmen weitverbreitet. Damit kämpfen sie gegen Raumkonkurrenten, verhindern die Ansiedlung von Larven auf ihrer Oberfläche und schützen sich vor unerwünschten Bakterien, Pilzen und Viren.

Merkmale
Schwämme sind unbewegliche, fest sitzende, überwiegend auf Hartgrund lebende Tiere. Sie zeigen eine große Formenvielfalt. Zum Beispiel

Diese Ehrenberg'schen Bohrschwämme, *Biemna ehrenbergi*, scheinen aus dem Sand zu wachsen, siedeln jedoch auf toten Korallen, in die sie sich gebohrt haben. Sie zu berühren kann Hautirritationen auslösen.

gibt es krusten-, röhren-, becher-, kugel-, trichter-, vasen- und geweihartig verzweigte Arten. Selbst innerhalb einer Art können deutliche Unterschiede in der Wuchsform auftreten, abhängig von den Standortbedingungen. Auch die Färbung kann innerhalb einer Art variieren. Diese Variabilität macht eine Bestimmung nach bloßem Auge für viele Arten oft schwer oder unmöglich. Der Schwammkörper ist durchzogen von einem Wasserkanalsystem. Auf der Körperoberfläche tritt es mit zahlreichen winzigen Poren, den Ein-

Was ist zu tun?

Erste Hilfe
Die betroffenen Hautstellen mit Wasser oder mit Seifenwasser abwaschen und vorsichtig abtrocknen. In der Haut steckende Skelettnadeln mit einer Pinzette herausziehen. Oft sind diese jedoch kaum zu erkennen. Dann sind sie durch Auflegen und Abziehen eines Klebebandes oder Pflasters besser zu entfernen.

Achtung
Betroffene Stellen nicht mit Alkohol einreiben. Die giftigen Stoffe könnten dadurch eventuell noch besser und tiefer in die Haut eindringen.

Weiterführende Behandlung
Zur Linderung der schmerzhaften Hautempfindungen trägt das Aufbringen einer milden Salbe oder Lotion bei. Bei vorwiegend allergischen Reaktionen können systemisch angewandte Kortikosteroide helfen. Starker Juckreiz kann mit Antihistaminika unterdrückt werden.

strömöffnungen, und einer oder mehrerer großer Ausströmöffnungen in Erscheinung.

Unfälle
Es kommt nur selten vor, dass Taucher und Schnorchler beim Anfassen von Schwämmen schmerzhafte Hautreaktionen erleiden. Meist geschieht dies beim Sammeln von Schwämmen. Zum Beispiel sind Austernfischer der amerikanischen Ostküste gefährdet, da der giftige Red-Moss-Schwamm auch in Austernbänken siedelt.

Vorbeugende Maßnahmen
Die Bestimmung von Schwämmen ist meist schwierig, und auch andere als die hier aufgeführten Schwämme können unter Umständen bei empfindlichen Personen Hautreaktionen hervorrufen. Daher sollten Schwämme nicht angefasst werden, und, wenn überhaupt, dann nur mit Handschuhen.

Giftapparat
Einen speziellen Giftapparat besitzen Schwämme nicht. Doch sie produzieren winzige Skelettelemente, die zwischen meist weniger als ein Zehntel Millimeter bis gut einen Millimeter lang sind. Diese winzigen Kiesel- oder Kalknadeln sind sehr vielgestaltig, meist zugespitzt. Sie können schon bei oberflächlicher Berührung des Schwammes leicht in die menschliche Haut eindringen, bei empfindlichen Personen Reizungen hervorrufen und durch die kleinen Hautverletzungen das Eindringen schwammeigener bioaktiver Substanzen erleichtern.

Das Gift
Schwämme besitzen in ihrem Körpergewebe eine große Zahl bioaktiver Substanzen. Die verleihen ihnen einen ausgezeichneten Schutz vor Fressfeinden. Diese chemische Verteidigung ist sehr effektiv auch gegenüber unerwünschten Pilzen, Algen und Bakterien. Zudem verhindert sie die Ansiedlung von Aufwuchsorganismen auf der Schwammoberfläche. Jeder Schwamm enthält generell gleich mehrere bioaktive Substanzen. Bei der großen Anzahl von Schwammarten macht das viele Tausende oder Zehntausende solcher Substanzen. Eine Fundgrube für Naturstoffchemiker und Pharmazeuten, die diese Substanzen auf ihre Wirkweise und mögliche Eignung als Medikamente untersuchen und in einigen Fällen bereits erfolgreich waren. Bei der großen Artenzahl von Schwämmen und ihrer enormen Vielzahl bioaktiver Substanzen ist es eigentlich erstaunlich, dass nur sehr wenige Arten bei Berührung schmerzhafte Hautreaktionen hervorrufen. Bei keiner der

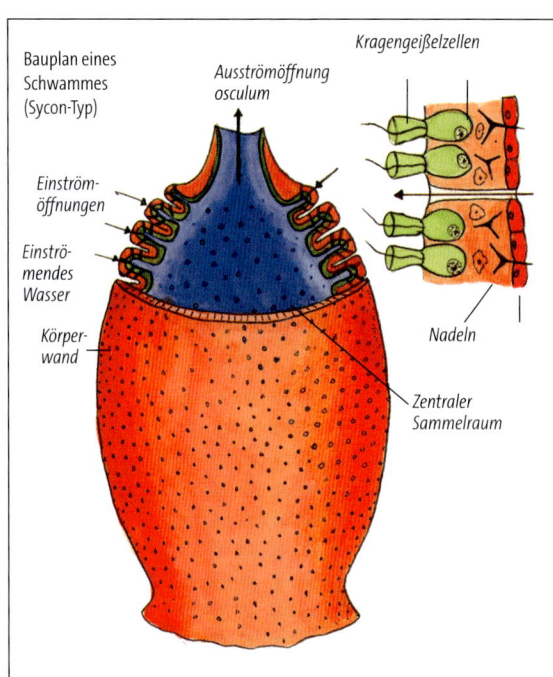

Bauplan eines Schwammes (Sycon-Typ)

Kragengeißelzellen

Aussrömöffnung osculum

Einström-öffnungen

Einströ-mendes Wasser

Körper-wand

Nadeln

Zentraler Sammelraum

Körperbau und Giftapparat

Schwämme haben keinen speziellen Giftapparat, sie besitzen jedoch winzige Skelettnadeln (Größe meist unter 1 mm). Diese Kalk- oder Kieselnadeln sind sehr formenreich, meist jedoch scharf und zugespitzt. Sie dringen leicht in die menschliche Haut ein, selbst bei nur sanfter Berührung. Die winzigen Hautverletzungen erleichtern das Eindringen bioaktiver Schwammsubstanzen.

Schwammarten, die bei Menschen eine Hautreaktion auslösen, konnte bisher der dafür verantwortliche Stoff isoliert werden.

Die bioaktiven Substanzen, durch die sich Schwämme und andere festsitzende Tiere sehr effektiv vor Fressfeinden schützen, bieten jedoch keinen vollständigen Schutz. Nacktschnecken, die sich von Schwämmen ernähren, sind nicht nur immun gegenüber den Toxinen ihrer Beute, sie speichern diese sogar im eigenen Körpergewebe. So werden die Nacktschnecken selbst giftig und sind dadurch bestens geschützt.

Symptome

Die infrage stehenden Schwämme rufen beim Anfassen unterschiedlich starke, aber ähnliche Reaktionen hervor. Zu diesen gehören: rasch einsetzende Hautrötung, ein prickelndes bis stechendes oder brennendes Gefühl, Schwellungen, Hautausschlag, Blasenbildung, Steifheit und Schmerzen in den Fingern. Manchmal bildet sich auch ein Ekzem aus. Die Symptome einer ausgeprägten und schmerzhaften Hautreaktion (Kontaktdermatitis) können mehrere Tage andauern. Besonders die juckenden, kribbelnden oder stechenden Hautempfindungen können oft noch Wochen anhalten. Wichtig zu wissen ist, dass selbst getrocknete Schwämme diese Reaktionen auslösen können, wenn sie wieder befeuchtet werden. Selbst in Formalin eingelegte Exemplare haben ihre Wirkung behalten.

Arten und Verbreitung

Schwämme sind in allen Weltmeeren verbreitet. Nur sehr wenige Arten leben im Süßwasser; auch in unseren heimischen Binnengewässern kommen einige Arten vor. Die bekannten 8000 Schwammarten verteilen sich auf gut hundert Familien. Sie werden in drei Klassen eingeordnet: Kalkschwämme, *Calcarea*, haben Skelettelemente aus Kalk (Calciumkarbonat), bei Glasschwämmen, *Hexactinellida*, sind sie aus Silikat. Die Hornkieselschwämme, *Demosponga*, kennzeichnet ein flexibles Spongin-Fasergeflecht, daneben können sie Nadeln aus Kalk oder Silikat besitzen. Die große Mehrheit aller Schwämme, einschließlich der hier im Zusammenhang mit Kontaktvergiftungen genannten Arten, gehören zu den Hornkieselschwämmen. Die meisten Schwammarten sind sehr schwer zu bestimmen, grundsätzlich sind dafür Labormethoden notwendig. Daher ist auch die Verbreitung vieler Arten kaum bekannt.

Feuerschwämme
Tedanidae

Feuerschwamm bis 30 cm
Tedania ignis

Unregelmäßige, orange bis rote Masse mit großen, aufragenden, schlotförmigen Ausströmöffnungen; Oberfläche sichtbar porös und an dünnen Stellen transparent. Biologie: Vorwiegend in geschützten Bereichen; 1–11 m. Auf Geröll und Gestein, häufig in Seegraswiesen. Berührung verursacht einen brennenden Schmerz und Hautreaktionen, wie Ausschlag, Schwellungen, Rötungen, Blasenbildung und Taubheitsgefühl. Verbreitung: Florida, Bahamas, Karibik; evtl. eingeführt in Hawaii. Der Rotbart-Schwamm Microciona prolifera bewohnt Gezeitengewässer und flache Gebiete mit Geröll, Fels und Austernbänke vor North Carolina; von Nova Scotia bis Florida und Texas.

Viele Nacktschnecken, wie die Pyjama-Sternschnecke (rechts oben) und die Rotmeer-Sternschnecke (rechts unten), fressen Schwämme und nutzen deren Toxine zur eigenen Verteidigung.

Filzschwämme
Desmacidonidae

Giftiger Filzschwamm bis 120 cm
Neofibularia nolitangere

Rötlich braun, klumpige Masse mit einer oder mehreren unregelmäßigen Ausströmöffnungen; Oberfläche filzartig; oft bedeckt mit kleinen weißen Borstenwürmern (*Haplosyllis sp.*). **Biologie:** Lebt in flachen Küstengewässern und an geschützten Außenriffhängen, 3–36 m. Von zahlreichen Kleintieren bewohnt. Kontakt verursacht Rötungen, brennenden Schmerz, Taubheitsgefühl, Schwellungen. Die Symptome können mehrere Tage anhalten. **Verbreitung:** Florida, Bahamas, Karibik.

Nesseltiere
Einfacher Bau, raffinierte Bewaffnung
Phylum Cnidaria

Der Stamm der Nesseltiere besteht aus über 8000 Arten, fast alle leben im Meer. Sie werden unterteilt in vier Klassen: Hydoide, zu denen Feuerkorallen und Staatsquallen gehören; Scophozoen, die Schirmquallen; Cubozoen, die Würfelquallen; und die große Klasse der *Anthozoa*, unter anderem mit Weich, Horn- und Steinkorallen, Zylinderrosen, See-, Krusten- und Scheibenanemonen. Nesseltiere haben einen einfachen, radialsymmetrischen Körper, bestehend aus einem zweischichtigen Gewebe als Hülle für einen flüssigkeitsgefüllten Verdauungsraum, dessen Öffnung von einem Tentakelkranz umstanden ist. Charakteristisch ist, dass sie über Nesselzellen verfügen. Viele, besonders Hydoide, Schirm- und Würfelquallen, zeigen einen Generationswechsel in Form einer regelmäßigen Abfolge von einer fest sitzenden Polypengeneration und einer frei schwimmenden Medusengeneration. Bei den Anthozoen dagegen kommt nur das fest sitzende Polypenstadium vor. Alle Arten besitzen Nesselzellen, dennoch sind die meisten für den Menschen harmlos. Oft sind ihre Nesselkapseln zu schwach, die menschliche Haut zu durchdringen. Auch unterscheiden sich ihre Gifte. So ist bei vielen Nesseltieren ein Kontakt folgenlos, andere bewirken lediglich geringfügige, rasch abklingende Hautreizungen. Manche Arten können schmerzhaft nesseln und ernsthafte Vergiftungen hervorrufen. Einige wenige Arten von Schirmquallen, Würfelquallen und die zu den Hydroiden gehörende Portugiesische Galeere sind sehr gefährlich und können Menschen töten.

Nicht berühren – explosiv!

Nesseltiere besitzen eine einzigartige Hightechwaffe: die Nesselzelle, eine der komplexesten aller tierischen Zellen. Sie ist ausgefüllt mit einer Nesselkapsel. Diese exklusive Erfindung der Nesseltiere gibt es in über 25 Varianten, doch der Grundaufbau aller Kapseltypen ist prinzipiell gleich. Beispiel, die giftgefüllte Durchschlagskapsel: Wie alle Kapseln ist sie doppelwandig gebaut. An ihrem zur Körperoberfläche gerichteten Pol stülpt sich die innere Kapselwand nach innen und bildet einen langen, dicht aufgerollten Faden. An seiner Basis ist dieser bewehrt mit stilettartigen Dornen. Auslöser

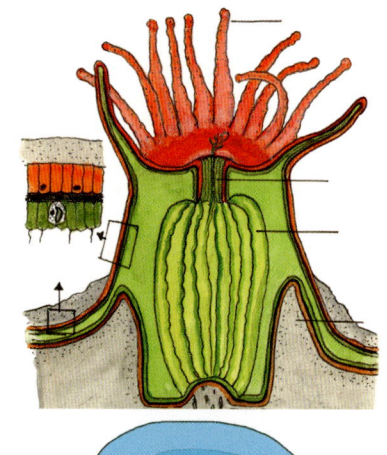

Polyp (oben) und Meduse (unten) sind einfach gebaut: Zwei Zellschichten umschließen einen Magenraum, der zentrale Mund ist von Tentakel umstanden. Bei Medusen ist der Körper zu einem Schirm umgewandelt.

dieser außergewöhnlichen Waffe ist ein borstenartiger Fortsatz an der Außenseite der Kapsel. Wird er gereizt, reißt die äußere Kapselwand auf und der Faden der inneren Wand stülpt sich explosionsartig nach außen. Die Stilette durchschlagen die Körperwandung des Opfers, der Schlauch dringt tief ein und injiziert das Gift. Schon die Mechanik dieses Vorgangs ist äußerst raffiniert. Doch die Geschwindigkeit der Entladung kann nur als spektakulär bezeichnet werden. Der gesamte Vorgang dauert weniger als drei Millisekunden. Der entscheidende Teil, das Ausschleudern der Stilette, geschieht sogar in weniger als einer hunderttausendstel Sekunde! Sie ist im Wortsinne explosiv. Bei dieser extremen Geschwindigkeit wird die 40 000-fache Erdbeschleunigung erreicht. Das erklärt die enorme Durchschlagskraft der Kapseln. Derartige Beschleunigungen sind im gesamten Tier- und Pflanzenreich einzigartig und nur vergleichbar mit technisch erzeugten Beschleunigungen, z. B. von abgefeuerten Pistolenkugeln. Nesselkapseln dienen dem einmaligen Gebrauch, nach der Entladung werden sie durch neue ersetzt. Zum Waffenarsenal der Nesseltiere gehören auch andere, nicht giftige Kapseltypen. Haftkapseln dienen dazu, mit ihrem ausgeschleuderten klebrigen Faden Beute festzuhalten. Oft liegen die Kapseltypen nah nebeneinander, um Beutetiere gleichzeitig zu vergiften und festzuhalten.

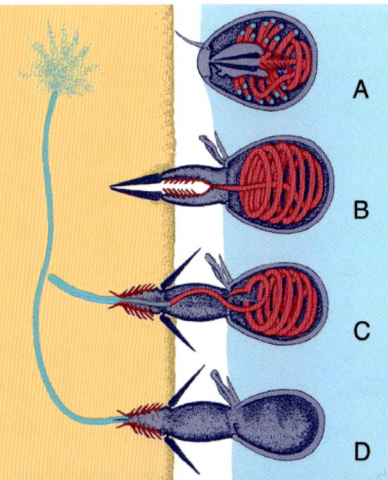

Durchschlagend erfolgreich – die Nesselkapsel

Die Nesselzelle ist ausgefüllt von der kugeligen bis zylindrischen Nesselkapsel. Die Kapselwand besteht aus zwei Schichten, wobei sich die innere in einen langen Nesselschlauch fortsetzt (A). Der liegt handschuhfingerartig eingestülpt im Innenraum der Kapsel; häufig ist er mit Dornen bewaffnet. Ein für Berührungsreize empfindlicher, antennenförmiger Fortsatz auf der Außenseite der Zelle dient als Auslöser: Der Druck in der Kapsel steigt an, ein Deckel an der Außenseite wird aufgesprengt, der Nesselschlauch wird explosionsartig nach außen gestülpt (B, C), die Stilette durchschlagen die Körperwand der Beute, der Schlauch dringt ein und injiziert das Gift (D).

Erste Hilfe

Nach einem Kontakt, der eine sofortige Vergiftung verursacht, kleben noch unzählige intakte Nesselkapseln und sogar kleinere oder größere Tentakelstücke auf der Haut. Es besteht die Gefahr, dass diese Nesselkapseln noch explodieren. Dies gilt es unbedingt zu vermeiden. Die richtige Ersthilfe entscheidet darüber, ob die Vergiftung begrenzt bleibt oder ob sich weitere Nesselkapseln entladen und die Vergiftung dadurch wesentlich verschlimmert wird. Häufig ergreifen Helfer oder Betroffene völlig ungeeignete Maßnahmen wie das Abrubbeln mit Handtüchern, was eine Entladung auf der Haut haftender Nesselkapseln sogar fördert. Stattdessen muss dafür gesorgt werden, dass die noch intakten Nesselzellen inaktiviert und vorsichtig von der Haut entfernt werden.

Achtung

Zu den Negativmaßnahmen gehören das Abspülen mit Süßwasser, das Aufbringen oder Abreiben mit Alkohol oder mit Formalin. Auch das Abreiben der betroffenen Stellen mit einem Handtuch ist zu unterlassen. All diese Methoden bringen auch noch die letzten aktiven Nesselkapseln zur Entladung und verschlimmern so den Zustand des Verunfallten.

Empfohlene Maßnahmen

Generell gilt: Wasser sofort verlassen. Eine anschließende schnelle und richtige Ersthilfe ist bei Vergiftungen durch Nesseltiere oft Leben rettend. Es ist alles zu unterlassen, was an der Haut klebende, noch nicht entladene Nesselkapseln zur Explosion bringt. Für das Inaktivieren und Entfernen solcher Nesselkapseln werden folgende Maßnahmen empfohlen:

Würfelquallen: Abspülen mit Haushaltsessig (fünfprozentige Essiglösung).
Kompass- und Feuerqualle: Als Paste angerührtes Backpulver (Ammoniumbikarbonat) über die betroffene Haut streichen.
Leuchtqualle: Konzentrierte Magnesiumsulfatlösung über die betroffene Haut gießen. Sind diese Mittel nicht zur Hand, hilft das Auftragen von trockenem Sand und anschließendes vorsichtiges Abschaben. Eventuell an der Haut haftende Tentakelreste können vorsichtig zum Beispiel mit einer Pinzette entfernt werden.

Die rasche Anwendung geeigneter Maßnahmen kann Leben retten!

Brennnesseln der Meere: Seefarne wie dieser Zypressen-Farn, *Aglaophenia cuppressina*, sehen aus wie Pflanzen. Sie scheinen harmlos, können jedoch heftig nesseln.

Seefarne
Hydrozoa

Die Klasse *Hydrozoa* beinhaltet ungefähr 3200 Arten. Hydrozoen sind die formenreichste Gruppe der Nesseltiere. Zum Beispiel bilden die Seefarne filigrane, pflanzenartige Kolonien. Die Feuer- und die Filigrankorallen dagegen sehen aus wie Steinkorallen. Und die Segelqualle oder die Portugiesische Galeere ähneln den echten Quallen. Die meisten Hydrozoen durchlaufen sowohl Polypen- als auch Medusenstadien, andere können aber auch nur in einem der beiden Stadien vorkommen. Die Hydromedusen sind Formen, bei denen das quallenartige Medusenstadium groß und auffällig und das Koloniestadium klein und unscheinbar ist. Staatsquallen sind quasikoloniale Tiere, die an der Oberfläche und in geringeren Tiefen vorkommen. Sie sind in verschiedene Segmente eingeteilt, die unterschiedliche Aufgaben erfüllen. Auch wegen dieser großen Unterschiede im Erscheinungsbild werden die für Vergiftungen verantwortlichen Seefarne, Feuerkorallen und die Portugiesische Galeere jeweils in einem eigenen Kapitel behandelt.

Biologie

Hydrozoen leben in Kolonien von unterschiedlicher Größe, zwischen 1 cm und 50 cm. Sie bestehen aus einer Reihe Polypen, die teils sehr filigran wirkende, aber widerstandfähige, teils derbe Stöcke bilden. Diese Stöcke können stark verzweigt sein, aber ebenso gut allein stehen. Hydrozoen kommen auf fast allen harten Oberflächen vor und sind an Schiffswracks und anderen Fremdkörpern, die noch nicht von konkurrierenden Tieren oder Pflanzen zugewuchert sind, besonders häufig zu finden. Seefarne ernähren sich von kleinsten Planktonorganismen und organischen Partikeln, die mit der Strömung zu ihnen getragen werden. Deshalb sind sie in trübem, nährstoff- und planktonreichem Küstengewässer stärker verbreitet als in klarem Wasser von Offshore-Riffen. Manche der winzigen Polypen sind spezialisiert auf Beutefang oder auf die Fortpflanzung. Die Vermehrungsphase ist normalerweise pelagisch. Es entwickeln sich knospenartige Strukturen, entweder männliche oder weibliche Medusen, die wie Teller aufeinandergestapelt sind. Sie lösen sich von den

Hydrozoen ab und schwimmen davon, um Keimdrüsen zu entwickeln und sich zu vermehren. Die befruchteten Eier entwickeln sich zu frei schwimmenden Larven, die sich mit der Zeit auf dem Boden niederlassen und dort zu neuen Hydrozoen werden. Die Larven des Zypressen-Nesselfarns sind kieferzapfenförmige Gehäuse voller Polypen, die Corbulae genannt werden, Gonophoren brüten und auf den Boden sinken. Die meisten Hydrozoen sind kurzlebig, aber es gibt auch einige größere Kolonien, die jahrelang leben. Seefarne gehören zu den unscheinbarsten Nessel- und Gifttieren und werden oft mit harmlosem Algenbewuchs verwechselt. Doch der brennende Schmerz beim Kontakt mit manchen Arten belehrt einen eines Besseren. Neben Arten, deren Nesselkraft für Menschen praktisch nicht wahrnehmbar ist, gibt es sehr ähnliche, mehr oder weniger stark nesselnde Arten. Zu Letzteren gehören unter anderem: der Philippinen-Nesselfarn, *Macrorhynchia philippina*, das Zypressen-Nesselfarn, *Aglaophenia cupressina*, die Fieder-Hydroide, *Pennaria disticha*, die Fächer-Hydroide, *Solanderia gracilis*, und die Verzweigte Hydroide, *Sertularella speciosa*.

Merkmale

Typische Wuchsformen bei Seefarnen sind feder-, busch- oder bäumchenartig. Manche Arten sind sehr filigran gebaut und wenig verzweigt, andere deutlich derber und stark verzweigt. Sie können einsträngig vorkommen oder aus einem ganzen Netzwerk hervorgehen. Wie die meisten Hydrozoen besitzen sie meist sehr kleine Polypen, die nur ein bis zwei Millimeter Länge erreichen. Manche sind mit dem bloßen Auge kaum sichtbar, während andere einer Reihe winziger, aber auffällig bunter Punkte oder farnartigen Federn ähneln. Die Größe der Kolonien reicht von weni-

Sieht aus wie eine Schirmqualle: Diese Hydromeduse, *Olindias sp.*, ist jedoch das Medusenstadium einer Hydrozoe. Sie nesselt heftig und ist in tropischen und temperierten Meeren weitverbreitet.

Giftapparat

Viele Kolonien verfügen über viele, jeweils mit zahlreichen Nesselkapseln ausgestattete Wehrpolypen. Diese sind oft in Gruppen angeordnet und über die gesamte Kolonie verteilt. Die kiefernzapfenförmigen Strukturen des Zypressen-Nesselfarns *Aglaophenia cupressina* (oben) beherbergen fruchtbare Gonophoren.

gen Zentimetern großen Arten bis hin zu solchen, die bis zu einem Meter Höhe erreichen können.

Unfälle

Seefarne siedeln auf harten Untergründen in Korallen- und Felsriffen. Schwimmer kommen normalerweise nicht mit ihnen in Kontakt, es sei denn, kleine Hydrozoen sind an treibendes Seegras angeheftet. In diesem Fall können Verletzungen für Schwimmer vorkommen. Vor allem Schnorchler und Taucher können in Kontakt mit ihnen kommen. Dem filigranen oder unscheinbar algenähnlichen Bewuchs traut man seine Nesselkraft kaum zu. Neben Kontakten durch unbedachtes Festhalten im Riff ist daher auch neugieriges Anfassen Ursache von Vernesselungen. Manchmal werden auch Fischer verletzt, wenn sie mit Farnteilen in Berührung kommen, die sich in ihren Fischernetzen verfangen haben. Die ungeschützten Körperteile wie Handgelenke und Fußknöchel sind bei allen Unfällen am häufigsten betroffen.

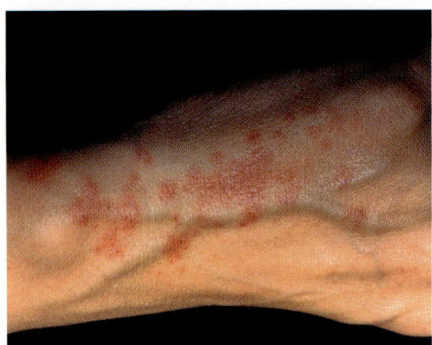

Viele Hydroide verursachen bei Kontakt Hautrötungen mit kleinen Quaddeln, die länger als eine Woche anhalten können.

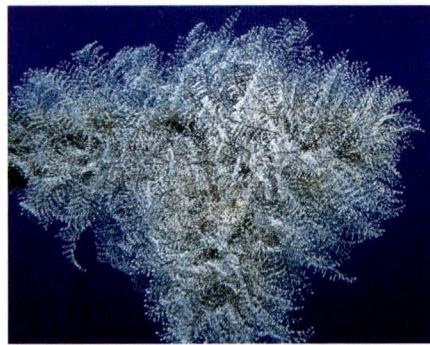

Seefarne gehören zu den Pionierorganismen, die freie Oberflächen als Erste besiedeln. Dieser Fieder-Hydroid, *Pennaria disticha*, bedeckt Teile eines Schiffswracks.

Vorbeugende Maßnahmen
Schon leichte Kleidung schützt wirkungsvoll. Wenn man den Boden berühren muss, dann mit Vorsicht. Abstützen nur an unbewachsenen Stellen. Federähnliche Objekte nicht berühren.

Das Gift
Über das Gift von Hydrozoen ist wenig bekannt. Aus einer Seefarnart wurde ein kleines Eiweißmolekül isoliert, welches das Herz-Kreislauf-System angreifen soll.

Symptome
Berührungen verursachen einen unmittelbar einsetzenden, brennenden, recht starken Schmerz. Betroffene Stellen zeigen in der Folge meist Hautrötungen, Schwellungen und Quaddeln. Noch Stunden nach einer Vernesselung kann sich ein blasiger Ausschlag bilden. Die Hautrötung kann einige Tage bis Wochen anhalten. Ein starkes Juckgefühl kann eintreten und mehrere Tage anhalten. In manchen Fällen hinterlassen die Blasen kleine Male, die erst nach Monaten oder Jahren vollständig verschwinden. Allergiker zeigen meist stärkere Symptome. Bei wiederholten Vernesselungen ist eine Sensibilisierung möglich, in deren Folge bei erneutem Kontakt auch ein anaphylaktischer Schock möglich ist.

Arten und Verbreitung
Die meisten der 3200 Hydrozoen-Arten haben ein ausgedehntes hydroides Stadium. Unter dem Begriff Seefarne werden verschiedene Familien der Hydrozoen zusammengefasst. Für den Laien sehen die meisten Hydrozoen gleich aus, nur einige wenige, besonders auffallende Arten können sofort identifiziert werden. Seefarne sind mit verschiedenen, auch stärker nesselnden Arten in allen Meeren verbreitet. Sie kommen sowohl in tropischem Wasser als auch in gemäßigteren Meeren vor und sind in allen Wassertiefen anzutreffen.

IM NOTFALL

Was ist zu tun?

Erste Hilfe
Meist ist keine besondere, weitere Behandlung notwendig. Bei leichteren Hautreaktionen kann eine milde Hautsalbe aufgetragen werden. Besonders wirksam sind nicht verschreibungspflichtige Cortisonsalben, die den Juckreiz verringern. Bei lang anhaltenden und ungewöhnlichen Hautreaktionen oder starken Schmerzen einen Arzt aufsuchen.

Achtung
Nicht an den betroffenen Stellen kratzen.

Weiterführende Behandlung
Bei allergisch reagierenden Personen empfiehlt sich eine Behandlung mit Kortikosteroiden oder Antihistaminica. Antibiotische Salben können das Infektionsrisiko bei langsam heilenden offenen Blasen verringern.

Fächer-Hydroide
Solanderiidae

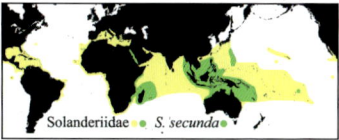

Falsche Fächerkoralle   **bis 20 cm**
Solanderia secunda

Kolonie fächerförmig, orange bis rote Zweige, weiße Polypen. **Biologie:** Lebt vorwiegend an Außenriffhängen, meist an schattigen Plätzen wie Höhlen oder Spalten; hängt gewöhnlich von der Decke herab; 5–120 m. **Verbreitung:** Rotes Meer bis Hawaii und Tuamotus, nördl. bis Südjapan.

Segelquallen
Porpitidae

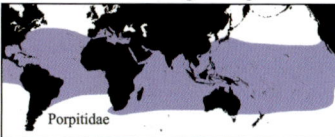

Wind-Segelqualle   **bis 4 cm**
Porpita porpita

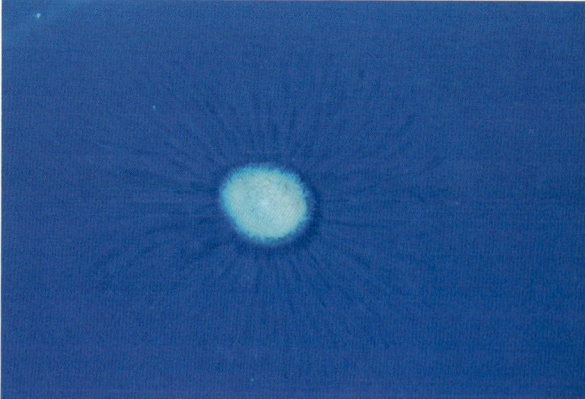

Transparente Scheibe; strahlenförmig angeordnete blaue Zweige erinnern an Tentakel; Polypen blau. **Biologie:** Pelagisch, treibt an der Oberfläche im offenen Meer. Wird regelmäßig an Küsten gespült. Eine Nesselung ist für manche Menschen kaum spürbar, für andere schmerzlich. **Verbreitung**: Alle warmen und gemäßigten

Blaue Segelqualle   **bis 10 cm**
Valella valella

Ovale Schwimmscheibe mit leicht zipfeligem Segel. Blauer Saum mit blauen Tentakel an der Unterseite. **Biologie:** Pelagisch auf der Wasseroberfläche der Hochsee. Wird nach Stürmen teils in riesigen Mengen an die Küsten gespült (s. Bild Seite 266 unten). Schwache Nesselkraft. **Verbreitung:** Alle warmen und gemäßigten Meere.

Solitär-Hydroide
Tubulariidae

Gorgonien-Hydroide   **3 cm**
Ralpharia gorgoniae

Großer solitärer Polyp mit langen Tentakeln, deren Enden sich bei Störung krümmen; Medusenstadium fehlt. **Biologie**: Bewohnt Außenriffe, 5–20 m. Heftet sich an Zweigspitzen von Gorgonien fest, besonders an denen von Straußenfeder-Gorgonien, *Pseudopterogorgia sp.*, die über einige Zentimeter Länge abgestorben sind. Nesselt heftig. **Verbreitung**: Bahamas und Karibik.

Fieder-Hydroide
Pennariidae

Seebrennessel   **bis 8 cm**
Pennaria disticha

Einzelne dunkle Stämme mit wechselständigen Ästen, die an ihrer Oberseite weiße Polypen tragen. **Biologie**: Siedelt an verschiedenen Standorten, besonders auch auf freien Flächen wie Wracks, Bojen und Treibgut. Häufig in nahrungsreichen Arealen mit mäßiger Wasserbewegung. Kann dichte Ansammlungen bilden. Nesselkontakt wird unterschiedlich wahrgenommen, von kaum spürbaren bis länger andauernden Schmerzen. **Verbreitung**: Alle warmen und gemäßigten Meere.

Büschel-Hyd.
Halopterididae

Faden-Hydroide   **bis 15 cm**
Antenellopsis interrigima

Lichte Büschel einzelner fadenartiger Stämmchen, jeder einseitig mit gelben Polypen bestückt. **Biologie**: Bewohnt strömungsexponierte Stellen im Riff, 1 bis über 20 m. Selten in den meisten Gebieten. **Verbreitung**: Westpazifik, nördl. bis Südjapan.

Farn-Hydroide
Aglaopheniidae

Zypressen-Farn   bis 60 cm
Aglaophenia cupressina

Große derbe Stöcke, Hauptzweig mit
mehrfachen Seitenverzweigungen. Bildet
farnartige Büsche; grauweiß bis goldbraun.
Biologie: Bewohnt Küsten- und Offshore-
Riffe, 1–30 m. Häufig in nährstoffreichen
Gebieten, jedoch regelmäßig und auffällig
auch an klaren Außenriffen. Polypen werden von Nacktschnecken, *Doto ussi*, gefressen. Nesselt heftig; verursacht starken
Nesselausschlag, auch mit Quaddelbil-
dung. **Verbreitung**: Ostafrika bis Westpazifik, nördl. mindestens bis Südjapan.

Braune Hydroide   bis 25 cm
Aglaophenia sp.

Die wechselständigen Seitenzweige stehen in einem leichten Winkel vom Hauptstamm ab; kastanienbraun. **Biologie**: In
geschützen Gebieten, bildet buschige
Bestände in flachen Arealen. Wohl stark
nesselnd, ähnlich wie das Zypressen-Farn.
Verbreitung: Westpazifik; Westpapua, evtl.
Marshallinseln.

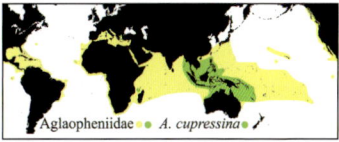

Aglaopheniidae ● ● *A. cupressina* ● ✦

Feder-Hydroide   bis 15 cm
Gymnangium graciliacule

Bildet kleine Gruppen federartiger Zweige,
jeder mit wechselständigen Seitenzweigen
am Hauptstamm. **Biologie**: Nesselt heftig.
Oft an exponierten Korallenhängen mit
mäßiger oder starker Strömung. Fächer
quer zur vorherrschenden Strömungsrich-
tung. **Verbreitung**: Rotes Meer bis Marianen, nördl. bis Südjapan, südl. bis Westaustralien.

Philippinen-Farn   bis 20 cm
Macrorhynchia philippina

Mehrfach fiederartig verzweigte Kolonie,
Stamm und Hauptzweige schwarz, die
feinen Seitenzweige, an denen die Polypen
sitzen, sind weiß. **Biologie**: Bewohnt geschützte Innenriffe und exponierte Außenriffe; 1–200 m. Bildet kleine buschförmige
Gruppen an exponierten, gut beströmten
Standorten. Wirkt zerbrechlich, ist jedoch
sehr widerstandsfähig. Nesselt heftig;
kann allergische Reaktionen auslösen. **Verbreitung**: Zirkumtropisch; im Westatlantik
von North Carolina bis Brasilien.

Weiße Hydroide   bis 30 cm
Macrorhynchia phoenicia

Büschel aus federartigen Zweigen in einer
Ebene; Stamm und Hauptzweige weiß, die
kleinen Endverzweigungen sind dunkelrotbraun (kleines Bild). **Biologie**: Siedelt an
exponierten Standorten; 7 bis mindestens
35 m. Häufig in stark beströmten Arealen.
Nesselt heftig. **Verbreitung**: Südafrika bis
Hawaii, einschl. Marianas und Nordostaustralien.

Seemoose
Sertulariidae

Oranges Seemoos   bis 20 cm
Sertularia sp.

Kräftiger Stamm mit wechselständigen
Seitenzweigen in einer Ebene und großen,
ebenfalls wechselständigen Polypen. Stamm
und Zweige orangebraun, Polypen blassgelb. **Biologie**: Häufig im Eingangsbereich
von Höhlen und auf Schiffswracks. Oft mit
fädigen Rotalgen, die zwischen den Polypen
wachsen. **Verbreitung**: Rotes Meer bis
Fidschi.

Gelber Federpolyp
Cnidoscyphus sp.
bis 8 cm

Robuster Hauptstamm mit wechselständigen Zweigen; Färbung orangerot. Wechselständig auf hohen Stielen stehende blassgelbe Polypen. **Biologie**: Siedelt auf totem Korallengestein; 1–40 m. Typischerweise in kleinen Gruppen und teilweise überwachsen mit Fadenalgen. Schwache Nesselkraft, nennenswerte Hautreaktionen meist nur an empfindlichen Hautpartien. **Verbreitung**: Westpazifik.

Großes Seemoos
Sertularia sp.
bis 30 cm

Dicke, verzweigte Stämme mit Seitenästen in einer Ebene, kleine wechselständige Polypen; Stamm und Äste orangerot. **Biologie**: Bildet große Büsche, vorwiegend an gut belichteten, exponierten Standorten; 6–30 m. Nesselt, doch die Stärke ist nicht dokumentiert. **Verbreitung**: Westpazifik. **Ähnlich**: Die meisten Arten dieser Gattung bilden kleine niedrige Kolonien und leben an schattigen Standorten.

Algen-Hydroide
Thyroscyphus ramosus
bis 12 cm

Knäuel aus kräftigen Stämmen mit Verzweigungen in alle Richtungen; große wechselständige Polypen; Stamm und Zweige orange, Polypen blassgelb. **Biologie**: Bewohnt geschützte Küsten- und exponierte Offshore-Areale; 1–40 m. Kann große buschige Gruppen bilden. Häufig bewachsen mit feinen Algen und bedeckt mit Sediment. Schwache Nesselkraft, moderate Symptome nur an empfindlichen Hautpartien. **Verbreitung**: Florida und Karibik.

Feuerkorallen
Milleporidae

Kontakte mit Feuerkorallen sind in tropischen Riffen die wohl häufigste Ursache von Nesselverletzungen. Das liegt daran, dass sie bereits in Flachbereichen in oft sehr großer Zahl vorkommen und eigentlich aussehen wie harmlose Steinkorallen.

Biologie
Feuerkorallen werden aufgrund ihres massiven Kalkskeletts irrtümlich häufig für Steinkorallen gehalten. Sie gehören jedoch wie die Seefarne zu den Hydrozoen. Doch sie tragen wie die echten Steinkorallen durch die Bildung eines harten, massiven Kalkgerüstes zum Riffaufbau bei. Auch leben sie, ebenfalls wie Steinkorallen, in Symbiose mit einzelligen Algen. Die Algen produzieren mit ihrer Fotosynthese Zucker und Sauerstoff. Im Gegenzug dazu versorgt der Polyp die Algen mit Abfallprodukten seines Stoffwechsels. Dieses Zusammenleben mit lichtabhängigen Algen bringt es mit sich, dass Feuerkorallen die oberen Riffbereiche besiedeln. Hier können sie ausgedehnte Bestände bilden. Nur wenige Arten siedeln bis in 40 Meter Tiefe. Die Polypen sind durch ein inneres Kanalsystem miteinander verbunden. Sie können sich vollkommen in das Kalkskelett zurückziehen. Ein kürzerer und dickerer Fresspolyp ist jeweils umgeben von mehreren dünneren und längeren Wehrpolypen. Letztere haben keinen Mund, sind jedoch reich mit Nesselkapseln bewehrt. Von den Wehrpolypen erbeutetes Plankton wird an die Fresspolypen weitergereicht. In kugeligen Kammern nahe der Oberfläche werden kleine, freischwimmende Medusen gebildet, die sich vermehren und Larven erzeugen. Nachdem sich eine Larve auf geeignetem Untergrund fest gesetzt hat, wächst sie zu einem Polypen heran – dem Grundstein einer neuen Kolonie.

Merkmale
Die Oberfläche der Feuerkorallen ist mit zahlreichen stecknadeldünnen Löchern übersät, in denen jeweils ein winziger Polyp sitzt (millepora bedeutet „tausendporig"). Treten die Polypen aus ihren Poren hervor, sind sie als feiner heller Flaum

Junge Feuerkorallen überwachsen häufig krustenförmig andere Objekte und nehmen so deren Gestalt an. Hier überwächst eine verzweigte Feuerkoralle eine Fächergorgonie.

zu erkennen. Feuerkorallen zeigen verschiedene Wuchsformen: Es gibt netzartig verzweigte, aufrecht-plattenförmige sowie krustenförmig den Untergrund überziehende Kolonien. Zwar hat jede Art eine charakteristische Wuchsform, doch kann diese durch Umweltbedingungen beeinflusst werden, was die Identifizierung solcher Kolonien erschwert. Das gilt besonders für junge Kolonien, die zunächst einfach die Form des Untergrundes annehmen, den sie überwachsen. Feuerkorallen sind meist senfgelb bis gelblich grün, einige auch blassrötlich braun gefärbt; die Enden der Zweige oder die oberen Kanten der Platten sind dagegen weißlich.

Unfälle
Gefährdet sind Taucher, Schnorchler und Schwimmer, da Feuerkorallen oft bis dicht unter der Wasseroberfläche vorkommen. Besonders in Flachbereichen gehören Kontakte mit Feuerkorallen zu den häufigsten Nesselvergiftungen überhaupt. Zu Verletzungen kommt es beim zu dichten Vorbeischwimmen, beim Ein- und Ausstieg an der Riffkante oder beim unbedachten Festhalten an den Kolonien. Für Schwimmer und Badende sind die Kolonien oft nicht einfach zu erkennen. Bester Schutz ist ausreichender Abstand zum Riff. Taucher sollten zusätzlich auf sorgfältige Tarierung achten. Tauchanzüge, aber auch leichte Kleidung schützen wirkungsvoll.

Vorbeugende Maßnahmen
Kontakt vermeiden, nicht zu dicht am Riffbewuchs vorbeischwimmen. Vorsicht beim Ein- und

Feuerkorallen sind besonders häufig in oberen Riffbereichen.

Giftapparat

Feuerkorallen sind Kolonien aus zahlreichen winzigen Polypen. Es gibt zwei Arten von Polypen mit unterschiedlichen Aufgaben. Die kürzeren Polypen sorgen für die Ernährung, die längeren für die Verteidigung und den Planktonfang.

Ausstieg ins Wasser, da Feuerkorallen bevorzugt auch an der oberen Riffkante wachsen.

Gift

Das Nesselgift enthält ein Eiweiß, welches Blutzellen schädigt und das Absterben von Hautgewebe verursacht.

Symptome

Ein Kontakt verursacht einen sofort einsetzenden Schmerz, ähnlich dem von Brennnesseln, dessen Intensität jedoch schnell abnimmt. Neben einer leichten Schwellung und Hautrötung können

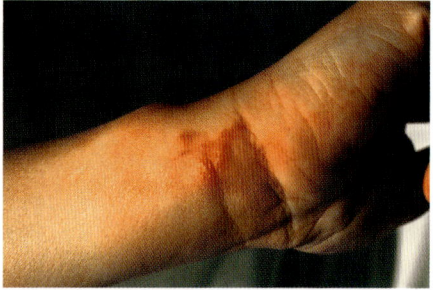

Typische Hautrötung und Bläschen durch Kontakt mit Feuerkorallen. Hier: wenige Stunden nach der Vernesselung.

Schwimmer und Schnorchler sind die häufigsten Opfer von Feuerkorallen. Ein Anzug schützt.

sich an betroffenen Hautpartien Quaddeln, in schweren Fällen auch Blasen bilden. Die Symptome sind oftmals eher leichter Natur, insbesondere Rötung und Juckreiz können jedoch mehrere Tage, eventuell auch Wochen, anhalten.

Arten und Verbreitung

Es gibt nur elf bekannte Arten von Feuerkorallen. Sie gehören alle zur Gattung *Millepora*. Drei von ihnen kommen im tropischen Westatlantik und hier vor allem in der Karibik vor. Die übrigen acht bewohnen tropische Gebiete des Indopazifiks. Mit Ausnahme von Hawaii und wenigen abgelegenen Inseln Polynesiens sind Feuerkorallen in allen Korallenriffgebieten verbreitet.

Was ist zu tun?

Erste Hilfe
Die meist eher leichteren Hautreizungen bedürfen oft keiner weiteren Behandlung.

Achtung
Trotz Juckreiz nicht an den betroffenen Stellen rumkratzen.

Weiterführende Behandlung
Eventuell kann das Auftragen einer milden Hautsalbe die Reizerscheinungen lindern.

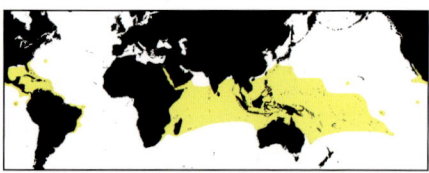

Verbreitung v. Feuerkorallen, Gattung *Millepora*

Netz-Feuerkoralle bis 60 cm
Millepora dichotoma

Zweige vernetzt, fächerförmig; senfgelb mit weißen Spitzen. **Biologie**: Siedelt an gut belichteten Bereichen, an der Riffkante und entlang der oberen Riffhänge. Wächst quer zur Strömung für optimalen Planktonfang, gebietsweise sehr häufig; 1–36 m. Ein Kontakt verursacht einen sofort einsetzenden brennenden Schmerz. Neben Hautrötung und leichter Schwellung können sich Quaddeln bilden. **Verbreitung**: Rotes Meer und Südafrika bis Samoa und Johnston-Atoll.

Platten-Feuerkoralle bis 60 cm
Millepora platyphylla

Bildet aufrecht stehende Platten mit knotiger, warziger Oberfläche; oliv- bis senfgrün. **Biologie**: Besiedelt gut belichtete Stellen; auf dem Riffdach und am oberen Riffhang, in Lagunen, Innen- und Außenriffen; 1–15 m. Öfter an weniger exponierten Stellen anzutreffen als die Netz-Feuerkoralle. Kann Korallen überwuchern. Eingewachsen sind regelmäßig Röhrenwürmer (*Spirobranchus giganteus*), Wurmschnecken (*Vermetus*), Seepocken sowie angeheftet die Flügelmuschel *(Pteria aegyptica)*. Nesselt kaum. **Verbreitung**: Rotes Meer und Südafrika bis Samoa und Johnston-Atoll.

Busch-Feuerkoralle bis 150 cm
Millepora intricata

Zahlreiche kleine, ineinander verschachtelte Zweige; bildet dichte, kompakte Büsche, bis 150 cm hoch und 200 cm im Durchmesser; senfgelbe bis weiße Zweigenden. **Biologie**: Bewohnt Außenriffdächer und flache geschützte Hänge; 1 bis über 10 m. **Verbreitung**: Indonesien und Philippinen (in beiden regelmäßig) bis Neukaledonien, nördl. bis Ryukyus; Ostpazifik.

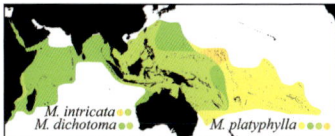

Verzweigte Feuerkoralle   bis 60 cm
Millepora alcicornis

Zylindrische Zweige formen aufrecht stehende Fächer, meist in einer Ebene, können aber auch unregelmäßiger verzweigen. Kann Gorgonien und andere Objekte komplett überwachsen und dabei deren Form beibehalten. **Biologie**: Vorwiegend in oberen Bereichen exponierter Riffhänge; 1–39 m. Häufig an klaren Außenriffhängen, gewöhnlich tiefer als die Blatt-Feuerkoralle. Berührung verursacht intensiven, aber nur kurz anhaltenden brennenden Schmerz, evtl. gefolgt von Nesselausschlag. **Verbreitung**: Südflorida und Karibik.

Blatt-Feuerkoralle   bis 1 m
Millepora complanata

Unregelmäßig verschachtelte, aufrecht stehende Platten, erheben sich von einer krustenförmigen Basis; bis 1 m hoch und Kolonien bis 3 m im Durchmesser. Platten dünn, Oberfläche meist glatt; senffarben bis bräunlich. **Biologie**: Vorwiegend in oberen Bereichen exponierter Riffhänge; 1–14 m. Häufig an halb geschützten, sandigen Terrassen von Außenriffen. **Verbreitung**: Südflorida, Bahamas und Karibik.

M. alcicornis & M. complanata

Knollen-Feuerkoralle   bis 15 cm
Millepora tuberosa

Bildet unauffällige Krusten mit knolliger Oberfläche; Kolonien bis 100 cm im Durchmesser. **Biologie**: Bewohnt exponierte Riffdächer und Riffhänge; ab 1 m Tiefe. Regelmäßig eingewachsen sind Wurmschnecken. Nesselt nur schwach, wird an dickeren Hautpartien kaum bemerkt. Nur bei empfindlichen Hautpartien kann es zu deutlicheren Symptomen kommen. **Verbreitung**: Gebietsweise im Indopazifik.

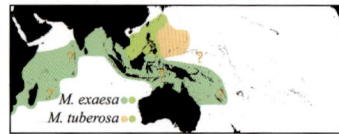

M. exaesa
M. tuberosa

Staatsquallen – komplexes Kollektiv
Siphonophora

Staatsquallen, Siphonophoren, gehören zu den seltsamsten Kreaturen überhaupt. Was aussieht wie ein einzelnes Tier, ist in Wirklichkeit eine Art Kolonie. Morphologisch und funktionell sehr unterschiedliche, stark spezialisierte Polypen und Medusen formen einen differenzierten Körper und agieren wie ein Individuum. Einige Polypen in diesem komplexen Kollektiv sind zuständig für den Beutefang, andere für die Verdauung und wieder andere für die Fortpflanzung. Letztere produzieren Medusen, die jedoch in der Kolonie verbleiben, Eier und Sperma abgeben und in einigen Arten auch für die Fortbewegung sorgen. Staatsquallen kommen in sehr verschiedenen Formen und Größen vor. Sie besitzen einen mit Gas oder Öl gefüllten Auftriebskörper. Das Auf- und Absteigen geschieht durch pulsierende Bewegungen ihrer Medusen oder indem sie die Gasmenge ihres Auftriebskörpers verändern. Einzigartig ist das große, gasgefüllte Schwimmfloß bei *Physalia*, mit dem die Kolonien ausschließlich auf der Wasseroberfläche treiben. Ihre Nesselkraft ist sehr unterschiedlich, im Zweifelsfall sollte man sie als potenziell gefährlich ansehen.

Portugiesische Galeere
Physalia physalis und P. utriculus

Biologie
An der Wasseroberfläche ist nur eine hübsche, bläulich irisierende Gallertblase zu erkennen.

Die Portugiesische Galeere treibt mit einem Schwimmfloß an der Wasseroberfläche. Die hochgiftigen Tentakel sind reich mit Nesselbaterien bewehrt.

Doch dieses charakteristische Merkmal ist nur die Spitze des Eisbergs. Wie bei diesen, lauert die eigentliche Gefahr auch hier unter Wasser. Das wahre Waffenarsenal und gleichzeitig der größte Körperteil von Physalia sind die bis über 20 Meter tief ins Wasser hinabhängenden Tentakel. Portugiesische Galeeren sind aktive Fischer, die ihre Fangtentakel wie Angelschnüre rhythmisch auswerfen, indem sie sie verlängern und durch Verkürzung wieder einziehen. Mit dem Wind driftend durchkämmen sie so die oberen Wasserschichten der Ozeane. Was sich in ihrem tödlichen Tentakelschleier verfängt, wird augenblicklich paralysiert und anschließend zu speziellen Fresspolypen unter der Gasblase transportiert. Zu ihrer Beute gehören besonders auch kleinere Fische. Die Portugiesische Galeere ist zoologisch betrachtet kein Einzeltier wie die Quallen. Sie ist eine Staatsqualle und stellt eine komplexe Kolonie aus verschiedenen spezialisierten Polypentypen dar. Einige dienen dem Beutefang, andere sorgen für die Fortpflanzung, wieder anderen obliegt die Nahrungsaufnahme. In ihrer Arbeitsteilung ergänzen sie sich derart, dass der ganze Stock mit einem Gesamtorganismus vergleichbar ist. Die gasgefüllte Blase dient als Schwimmfloß und treibt stets an der Wasseroberfläche. Die Polypen hängen entweder auf der einen oder der anderen Seite der asymmetrischen Schwimmblase. Daher lassen sich rechts- beziehungsweise linkshändige Kolonien unterscheiden. Zu Schwimmbewegungen sind Portugiesische Galeeren nicht befähigt.

Mit dem fast segelförmigen Kamm des Floßes kann sie jedoch mit dem Wind treiben. Im Atlantik können die Tiere riesenhafte Schwärme bilden, mit Längen von Dutzenden Kilometern. Bei auflandigen Winden können sie in großer Zahl in Ufernähe und an Küstenstriche getrieben werden.

Merkmale

Physalia physalis hat eine blauviolett schimmernde, bis etwa 30 Zentimeter messende, sackförmige Gasblase. An ihrer Unterseite hängen zahlreiche blaue, weiße oder rotviolettfarbene Tentakelstränge. Kontrahiert messen sie etwa einen Meter. Vollständig ausgestreckt sind sie meist bis zu zehn, manchmal weit über 20 Meter lang. Die zweite Art, *P. utriculus*, zeigt den gleichen Grundbauplan, die Gasblase bleibt jedoch kleiner (meist 5–8 cm) und besitzt neben mehreren kurzen nur einen langen Fangtentakel.

Unfälle

Gefährdet sind vor allem Schwimmer. Aber auch Taucher können in die Tentakel geraten, da diese von der Oberfläche bis über zehn, Berichten zufolge bis zu 20 Meter tief hinabhängen können. Die bläulichen Gasblasen werden an der Wasseroberfläche leicht übersehen. Im voll ausgestreckten Zustand sind die Tentakel sehr dünn und unter Wasser kaum rechtzeitig zu erkennen. Panikartige Bewegungen bei der augenblicklich äußerst schmerzhaften Vergiftung führen fast zwangsläufig zum Kontakt mit weiteren Nesselkapseln und damit zu großflächigen Vergiftungen. Manchmal bleiben die Tiere auch in Fischernetzen hängen, was für die Fischer beim Entleeren der Netze zu Vernesselungen führen kann. Die Nesselzellen sind sehr stabil, sodass selbst an Strände gespülte und eingetrocknete Tiere noch gefährlich sind. Auch von einer Kolonie losgerissene Tentakelstücke können noch lange im Wasser treiben und ihre Nesselkraft behalten.

Die meisten Staatsquallen leben knapp unterhalb der Wasseroberfläche. Manche Gattungen, wie diese Schwimmglocken, *Praya sp.*, haben eine gasgefüllte Blase, andere nicht. Viele können eine schmerzhafte Vernesselung verursachen.

Giftapparat

Das gasgefüllte Schwimmfloß ist glatt und frei von Nesselkapseln. Die an der Unterseite strangförmig hinabhängenden Polypenkolonien sind dicht mit Nesselkapseln bewehrt. Diese Tentakel können über 20 m lang werden. Ein 9 m langer Tentakel kann über 750 000 Nesselkapseln enthalten.

Vorbeugende Maßnahmen

Einen guten Schutz bieten Tauchanzüge, ebenso „stinger suits" (dünne Kunstfaseroveralls), doch die unbedeckten Hände und das Gesicht bleiben damit ungeschützt. Als Taucher und Schwimmer von gesichteten *Physalia* Abstand halten und das Wasser verlassen. Am Strand angespülte Kolonien sollten ein Alarmzeichen sein: In solchen Gebieten nicht schwimmen oder baden. Am Strand liegende Exemplare nicht anfassen.

Das Gift

Bei dem Gift handelt es sich um ein komplexes Gemisch verschiedener Eiweiße, darunter das Physaliatoxin. Dieses scheint den Herzmuskel direkt anzugreifen und verursacht Reizleitungs- und Rhythmusstörungen. Außerdem ist das Physaliatoxin verantwortlich für die starken Schmerzen und für Hautnekrosen (Absterben von Hautzellen). Das *Physalia*-Gift verändert die Durchlässigkeit von Zellmembranen. So wirkt es hämolytisch (die roten Blutkörperchen schädigend) und setzt aus Mastzellen, die im Bindegewebe über den ganzen menschlichen Körper ver-

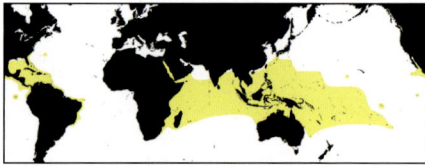

Verbreitung von *Physalia* und Orte mit tödlichen Unfällen.

teilt vorkommen, sehr schnell und vollständig Histamin frei. Dies verursacht lokal starke Schmerzen, eine Erweiterung der Blutgefäße und ist für allergische Reaktionen verantwortlich.

Symptome

Der Kontakt mit den Nesselzellen verursacht augenblicklich einen sehr starken Schmerz. Bei großflächigen Vernesselungen kann sich der Schmerz schnell ausbreiten. Es entwickeln sich juckende Hautquaddeln. Ausgestreckte Tentakel hinterlassen auf der Haut ein striemenförmiges Muster, kontrahierte Tentakel dagegen ein perlschnurartiges Verletzungsmuster. Bei schweren Vergiftungen kommt es zur Bildung von Hautblasen, deren Größe von stecknadelkopfklein bis zu mehreren Zentimetern reichen kann. Oft ist das Absterben von Hautzellen oder Gewebe die Folge. Als allgemeine Symptome können Schock, Erbrechen, Übelkeit, Bewusstseinstrübung, Fieber sowie Atem- und Kreislaufstörungen auftreten. Die bekannten Todesfälle wurden meist durch Herz-Kreislauf-Versagen verursacht und ereigneten sich innerhalb von Minuten nach einer intensiven Nesselverletzung. Auch sind Menschen infolge einer Vernesselung durch plötzliche Bewusstlosigkeit ertrunken.

Arten und Verbreitung

Über 150 Arten von Staatsquallen, verteilt auf drei Ordnungen, sind bekannt. Die beiden hier be-

Fallbeispiele

Tödliche Vergiftung: Vor der Ostküste der USA, in North Carolina, geriet ein 30-jähriger Sporttaucher in die Tentakel einer *Physalia*. Er warf seinen Bleigurt ab und rief an der Wasseroberfläche um Hilfe. Vom Boot aus schwammen Helfer herbei. Als sie den Verunfallten erreichten, war dieser bereits bewusstlos. Die Wiederbelebungsversuche blieben erfolglos. Bei der Einlieferung in ein Krankenhaus war er bereits tot. Sein Körper war durch seinen Anzug geschützt gewesen, doch nicht seine Arme, die starke Vernesselung aufwiesen.
Überlebte Vergiftung: Vor einem Strand auf Goa, Indien, wurde eine junge Frau von einer *Physalia* genesselt. Sie schaffte es noch aus eigener Kraft zurück zum Strand, brach dort jedoch zusammen. Nach vier Tagen war ihr Zustand noch immer kritisch, sie wurde nach Deutschland geflogen und auf der Intensivstation einer Universitätsklinik behandelt.

Was ist zu tun?

Erste Hilfe

Wasser wegen der Gefahr einer plötzlich eintretenden Bewusstlosigkeit sofort verlassen beziehungsweise den Verunfallten bergen. Der reagiert aufgrund der intensiven Schmerzen häufig irrational und stark emotional. Beruhigend auf den Verletzten einwirken. Bewegungen vermeiden. Verhindern, dass sich der Verletzte kratzt, da dies zur Entladung weiterer Nesselkapseln führt. Atmung und Kreislauf überwachen. Bei Atemstillstand sofort beatmen, gegebenenfalls auch externe Herzmassage durchführen. Heute ist die Behandlung mit 5%iger Essigsäure bei *Physalia*-Vernesselungen umstritten. Unklar ist, ob dies auch für *Physalia* aus dem Atlantik gilt. Daher wird empfohlen, auf der Haut klebende Tentakel vorsichtig mit einer Pinzette oder mit Handschuhen abzuziehen. Außer bei offenkundig harmlosen Nesselverletzungen sollte unbedingt rasch ärztliche Hilfe aufgesucht werden. Bei schweren Vergiftungen muss der Verletzte auf dem schnellsten Weg in ein Krankenhaus transportiert werden.

Achtung

Kein Abspülen mit Essigsäure (Haushaltsessig). Kein Übergießen mit Süß- oder Meerwasser. Auf keinen Fall die betroffenen Stellen mit Tüchern abreiben.

Weiterführende Behandlung

Die lokale Schmerzbehandlung mit Lidocainhaltigen Salben, Sprays oder Lotionen ist unterschiedlich erfolgreich. Antihistaminika und Kortikosteroide dagegen wirken nicht. Ein Antiserum für *Physalia*-Gift gibt es nicht. Eine Behandlung muss sich also an den auftretenden Symptomen orientieren. Es muss mit Herz-Kreislauf-Problemen und plötzlichem Atemstillstand gerechnet werden. Schocksymptome sind mit üblichen Maßnahmen wie Adrenalin intravenös verabreicht meist gut zu beherrschen.

IM NOTFALL

schriebenen *Physalia*-Arten sind die einzigen mit einem gasgefüllten Schwimmfloß. *P. physalia* kommt hauptsächlich im Atlantik vor, aber auch in Teilen des Indopazifiks. *P. utriculus* kommt im Indopazifik vor. Aus dem Indopazifik wird zusätzlich die kleinere Art *P. utriculus* beschrieben.

Port. Galeere
Physaliidae

Portugiesische Galeere	30 cm

Physalia physalia

Transparente, blauviolett schimmernde, sackförmige Gasblase; an der Unterseite hängen zahlreiche blaue, bläulich weiße oder rotviolette Tentakel; die sind sehr kontraktil und oft mehrere Meter, teils bis über 20 m lang. **Biologie**: Hochseeform, treibt an der Oberfläche, Tentakel hängen tief ins Wasser. Gelangt gelegentlich über Wind und Strömungen an Küsten, wird teils massenhaft an Strände gespült. **Verbreitung**: Tropische und gemäßigte Breiten des Atlantiks und in Teilen des Indopazifiks.

Kleine Galeere	bis 8 cm

Physalia utriculus

Kleine transparente Gasblase, in Teilen bläulichviolett schimmernd. An der Unterseite ein Bündel kurzer Tentakel, darunter gewöhnlich ein langer, sehr kontraktiler blauer Tentakel (ausgestreckt bis 5 m). **Biologie**: Hochseeform, treibt an der Oberfläche, mit hinabhängenden Tentakeln. Kann über Wind und Strömungen an Küsten treiben und in großer Zahl angespült werden. Wird aufgrund ihrer geringen Größe sehr leicht übersehen, sogar im Flachwasser. Selbst junge Exemplare haben sehr starke Nesselkraft. **Verbreitung**: Tropische und gemäßigte Breiten des Indopazifiks.
Siehe auch Bild Seite 283 oben.

Schwimmglocken
Prayidae

Schwimmglocken	bis 15 cm
Praya sp.	

Ein Paar Nektophoren (Schwimmglocken), ein transparenter Körper mit einem langen kontraktilen Tentakel, an dem gelbe Fress- und Nesselstrukturen hängen. Tentakel kann ausgestreckt mehrere Meter messen. **Biologie**: Im freien Wasser, mit hinabhängendem Tentakel. Rotiert zum Beutefang im Wasser, wobei der Tentakel weite spiralige Bewegungen macht. Soll schmerzhaft nesseln. **Verbreitung**: Nicht genau bekannt, wohl in allen warmen Meeren.

Viele Quallen sind echte Schönheiten: Diese Lungenqualle, *Rhizostoma pulmo*, hat nur eine eher schwache Nesselkraft.

Schirmquallen
Scyphozoa

Quallen gibt es in allen Meeren, von den Tropen bis zur Arktis. Ihr Erscheinen lässt Strandurlauber das Wasser meiden und Badende zurück ans Ufer eilen, denn häufig werden sie in Badebuchten getrieben und an Strände gespült. Die Tierklasse der Quallen umfasst etwa 200–250 Arten von unterschiedlicher Größe. Der Schirmdurchmesser reicht von wenigen Zentimetern bei Winzlingen bis über einen Meter. Einige arktische Arten bringen es sogar auf über zwei Meter Schirmdurchmesser. Auch bei Arten, die als ungefährlich gelten, ist Vorsicht geboten. Die Nesselwirkung von Exemplaren derselben Art kann stark schwanken. So sind unangenehme Vernesselungen durch vermeintlich „harmlose" Arten bekannt.

Biologie
Die meisten Quallen bewegen sich langsam durch rhythmisches Öffnen und Schließen ihres Schirms durch das Wasser. Sie können in allen Tiefen vorkommen. Einige Arten wandern in flacheres oder tieferes Wasser abhängig von der Tageszeit, andere bleiben in Bodennähe. Quallen können ihre Fortbewegung gut kontrollieren, aber bei starker Strömung oder rauer See werden sie mitgerissen und manchmal in großen Schwärmen an Land gespült. Sie fressen kleine Organismen, die sich in ihren Tentakeln verfangen. Die Beute wird von vielen Nesselzellen vernesselt, bewegungsunfähig gemacht, von zusammenklappbaren Tentakeln in den Schirm gezogen und dort in einen Verdauungstrakt befördert. Die meisten Arten fressen hauptsächlich kleine Fische, pelagische Krustentiere und Zooplankton. Die meisten Quallen sind Zwitter, aber unfähig zur Selbstbefruchtung. Kompassquallen ernähren sich bevorzugt von anderen Quallen. Sie sind ebenfalls Zwitter, können sich

aber selbst befruchtete. Die Eier werden nicht ins freie Wasser gegeben, sondern im „Muttertier" befruchtet, das später die Larven entlässt.

Die Mehrzahl der Quallen zeigt bei ihrer Fortpflanzung einen Generationswechsel. Das fest auf dem Meeresgrund sitzende Polypenstadium geht in ein frei schwimmendes Medusenstadium, die uns vertraute Quallenform, über. Die Polypenstadien sind winzig und ziemlich unscheinbar. Umso auffälliger sind die Medusen. Die Leuchtqualle ist eine Hochseeform und hat keine bodenlebende Polypengeneration. Bei dieser Art entwickeln sich die Medusen direkt aus den ins freie Wasser abgegebenen und befruchteten Eiern. Auch diese Qualle wird mit Strömungen regelmäßig an Küsten und Strände getrieben. Oft tritt sie in großen Schwärmen auf und manchmal erregt sie durch Massenansammlungen Aufsehen. Manche Quallen beherbergen symbiotische Zooxanthellen, aus deren Fotosyntheseleistung sie einen Teil ihrer Nährstoffe beziehen. Die Mangrovenqualle ist sehr ungewöhnlich. Sie liegt in flachem Wasser mit der Unterseite nach oben, um ihre Zooxanthellen mit so viel Sonnenlicht wie möglich zu versorgen. Viele Quallen werden nicht einmal ein Jahr alt. In vielen Gebieten treten sie saisonal oder sporadisch in großer Anzahl auf. Dann wachsen sie schnell und ernähren sich von der saisonalen Planktonblüte oder kleinen Fischen und anderen Tieren, die ebenfalls Plankton fressen.

Quallen sind wegen ihrer Transparenz oft schwer rechtzeitig zu entdecken, besonders in sonnendurchflutetem Seichtwasser, wie hier eine Ohrenqualle, *Aurelia sp.*

Merkmale

Die meisten Quallen haben den bekannten kuppelförmigen Schirm. Tentakel wachsen am Schirmrand oder von den Mundarmen und hängen vom Maul direkt unter dem Schirm hinab. Form und Struktur variieren. Die Schirmform geht von rundlich bis kegelförmig und von hochgewölbt bis flach. Der Schirm der meisten Arten ist glatt, aber bei manchen Arten ist er mit zahlreichen großen Nesselwarzen bedeckt. Die Tentakel und Mundarme der Quallen sind mit Nesselzellen übersät. Tentakel können lang oder kurz und buschig oder robust sein. Die Struktur der Mundarme reicht von gekrausten vorhangartigen Bändern und kompliziert verzweigten Klumpen zu glatten seilartigen Formen. Die Farbgebung variiert beachtlich. Die Durchsichtigkeit schwankt ebenfalls stark, von transparent bis komplett undurchsichtig. Die meisten Arten sind leicht durchsichtig, wodurch man ihre inneren Strukturen sehen kann.

Mangroven-Quallen wie diese *Cassiopea xamachana* verbringen die meiste Zeit auf dem Rücken liegend, damit ihre symbiontischen Algen maximal von der Sonne beleuchtet werden. Wenn sie gestört werden, können sie Nesselkapseln freilassen, doch ihre Nesselkraft ist gering.

Unfälle

Durch ihr regelmäßiges Auftreten an Küsten kommt es häufig zu Vernesselungen. Betroffen sind vor allem Schwimmer und Badende, weil sie Quallen normalerweise nicht sehen. Auch Fischer können leicht von in Netzen verfangenen Tieren genesselt werden. Strandwanderer sind gefährdet, wenn sie barfuß auf an Land gespülte

Giftapparat

Das Gift aller Quallen wird ausschließlich durch das Explodieren der winzigen Nesselzellen abgegeben. Bei vielen Arten kommen Nesselzellen nur an den Tentakeln vor, wo sie entlang des ganzen Fangarms in geordneten Bändern, Reihen oder Klumpen verteilt sind. Andere Arten, unter anderem die Leuchtqualle, haben besonders reichlich mit Nesselkapseln bewehrte Mundarme und Tentakel. Sie stellen auch wegen ihrer Reichweite die größte Gefahr dar. Die Außenseite des Schirms ist übersät mit gut sichtbaren Nesselwarzen.
Generell sind glatte Abschnitte des Schirms frei von Nesselzellen.

Quallen oder Tentakel treten. Taucher sind weniger gefährdet, denn Quallen sind unter Wasser leichter zu erkennen, doch geraten sie manchmal in unbemerkte Tentakel. Selbst der Staub von getrockneten Quallenresten kann die Augen, Haut und Lunge noch reizen.

Vorbeugende Maßnahmen
Man sollte sich über die in der entsprechenden Gegend vorkommenden Quallenarten informieren. Schwimmer und Strandwanderer sollten das Wasser sorgfältig nach Quallen absuchen. Beim ersten Anzeichen einer Qualle, die nicht zu den bekannten ungefährlichen kurztentakeligen Arten gehört, sollten sie sich fernhalten und am besten das Wasser verlassen. Schwimmer sind durch leichte Kleidung wie einen stinger suit wirkungsvoll geschützt. Taucher sollten auf ausreichenden Abstand achten, vor allem wenn sie sich einer Qualle von unten nähern, da sie so in die Gefahrenzone schwer sichtbarer, hinabhängender Tentakel geraten. An den Strand gespülte Tiere nicht anfassen. Vernesselungen durch verschiedene Tiere derselben Art können unterschiedlich stark sein. Auch können ungefährliche Arten einen sensibilisierenden Effekt haben. Das bedeutet, dass eine Art, die einem früher keine Probleme verursachte, plötzlich schädlich sein kann. Allergiker sollten besondere Vorsicht walten lassen.

Das Gift
Nur das Gift einiger weniger Quallenarten wurde bisher untersucht. In allen untersuchten Fällen handelte es sich um ein Gemisch aus Eiweiße oder Eiweißen und Enzymen. Das Gift der Leuchtqualle, der Gelben Haarqualle und einer Kompassqualle wirkt toxisch auf den Herzmuskel. Das Gift der Gelben Haarqualle wurde genauer untersucht. Es handelt sich um ein Gemisch aus verschiedenen Eiweißen. Davon konnte eines mit einer Molekülmasse von 70.000 Dalton als mutmaßliches Haupttoxin isoliert werden. In Laborversuchen greift es den Herzmuskel an, führt zu Rhythmusstörungen, Tachycardie und kann einen Herzstillstand verursachen. Noch besser ist das Gift von *Chrysaora quinquecirrha* erforscht. Es ist ein Gemisch aus verschiedenen toxischen Eiweißen sowie von Enzymen. Einige der Eiweiße greifen die Herzmuskulatur und Nervenzellen an. Ihre Wirkung liegt in einer starken Veränderung der Durchlässigkeit von Zellmembranen in Bezug auf Calcium- und Natriumionen. Für Hautnekrosen sind offenbar Kollagenasen-Enzyme verantwortlich. Durch die Erforschung anderer Quallengifte werden wahrscheinlich in Zukunft noch weitere Bestandteile der Quallengifte gefunden.

Symptome
Vernesselungssymptome sind von Art zu Art sehr unterschiedlich und können sich selbst bei derselben Art verschieden auswirken. Ein Kontakt mit den Nesselkapseln verursacht augenblicklich einen starken stechenden Schmerz. Die betroffene Körperregion schwillt an und auf der Haut

bilden sich striemenförmige Rötungen. Bei *Pelagia*-Arten bilden sich an den Kontaktstellen Quaddeln, eventuell auch Bläschen. Intensive Vernesselungen können durch Narbenbildung und dunkle Pigmenteinlagerungen bleibende Spuren hinterlassen. Besonders bei großflächigem Kontakt sind allgemeine Symptome wie Übelkeit, Erbrechen, Schwächegefühl, Kopfschmerzen und selten sogar Bewusstlosigkeit beschrieben worden. Auch schockähnliche Symptome wurden beschrieben. Die meisten Vernesselungen sind jedoch leichter Natur. Durch wiederholten Kontakt scheint eine Sensibilisierung möglich. Todesfälle sind nicht bekannt. Eine Berührung mit den Tentakeln der Gelben Haarqualle verursacht meist einen sofortigen brennenden Schmerz, der mehrere Stunden anhalten kann. In seltenen Fällen kommt es zu Allgemeinsymptomen wie Übelkeit, Benommenheit und Muskelschmerz. Todesfälle sind nicht bekannt. Eine Berührung mit den Tentakeln oder den Mundarmen der Kompassqualle verursacht einen sofortigen brennenden Schmerz, der etwa zwei Stunden anhalten kann. An den betroffenen Hautpartien bilden sich rasch striemenartige Nesselmuster sowie Schwellungen und Bläschen. Diese sind jedoch meist leichter Natur. Bei schwerer Vernesselung kommt es zu kleinen Hautnekrosen. Bei Personen, die bereits früher Kontakt mit diesen Quallen hatten, kann ein anaphylaktischer Schock eintreten.

„Harmlose" Quallen

Viele Quallen verursachen bei einem Kontakt oft nur leichte Vernesselungen. Solche Begegnungen sind unangenehm, aber nicht gefährlich. Manche Quallen lassen sich sogar anfassen, ohne dass überhaupt etwas zu spüren ist. Es ist bekannt, dass die Nesselkraft ein und derselben Art schwanken kann. In einer Region zu einer Zeit kann die Nesselkraft einer Quallenart stärker oder schwächer ausfallen als in einer anderen Region oder Zeit. Daher ist auch bei als harmlos eingestuften Quallen grundsätzlich Vorsicht geboten. Auch weil manche Menschen allergisch reagieren oder allgemein sehr viel sensibler gegenüber Vernesselungen sind als andere.

Zu solchen generell eher als „harmlos" eingestuften Quallen gehören zum Beispiel Kompassquallen der Art *Chrysaora hyoscella*, die Blumenkohl- oder Lungenqualle, *Rhizostoma pulmo*, die Ohrenqualle, *Aurelia aurita*, die Spiegelei-Qualle, *Cotylorhiza tuberculata*, und die Blaue Wurzelmundqualle, *Cephea cephea*.

Was ist zu tun

Erste Hilfe

Wasser sofort verlassen. Zur Inaktivierung an der Haut haftender, noch nicht entladener Nesselkapseln wird das Auftragen von dick angerührtem Backpulver (oder Ammoniumbikarbonat) auf die betroffenen Stellen empfohlen. Dies dürfte jedoch nur selten zur Hand sein. Als Behelf dient dann das Aufstreuen von Sand, der anschließend vorsichtig abgeschabt wird, etwa mit einem Messerrücken.

Achtung

Kein Abspülen mit Süßwasser oder Alkohol. Nicht mit einem Handtuch abreiben. Solche Behandlungen führen zur Entladung von auf der Haut haftenden Nesselkapseln.

Weiterführende Behandlung

Auftragen einer Hautsalbe, eventuell Lidocainsalbe als lokales Anästhetikum. Antihistaminika und Kortikosteroide sind wirkungslos. Bei Kreislaufproblemen symptomatische Behandlung, Vitalfunktionen überwachen.

Arten und Verbreitung

Die 250 bekannten Arten der Schirmquallen sind in vier Ordnungen aufgeteilt. Sie variieren stark in Größe und Form. Die Stauromedusen sind winzige, halb bewegliche Formen, die kein frei schwimmendes Medusenstadium besitzen und hauptsächlich in kaltem Wasser leben. Mitglieder der drei verbleibenden Ordnungen *Scyphomedusae* sind das, was man sich normalerweise unter Quallen vorstellt. Die Kronenquallen, *Coronatae*, leben in sehr tiefem Wasser oder kaltem Oberflächenwasser. Die Fahnenquallen, *Semaeostomae*, die „typischen" Quallen, haben lange dünne Tentakel und vier oder mehr Mundarme. Den Wurzelmundquallen, *Rhizostomeae*, fehlen diese Randtentakel und das zentral gelegene Maul. Stattdessen haben sie acht verschmolzene Mundlappen an der Basis des Schirms; die meisten sind tropisch und viele beherbergen Zooxanthellen in ihrem Gewebe.

Kronenquallen
Nausithoidae

Schwamm-Polyp bis 5 mm
Nausithoe spp.

Die kleinen Polypen besitzen ein chitinarti-
ges Außenskelett und werden sehr häufig
von Schwämmen umwachsen. Die Polypen
schnüren frei schwimmende Medusen
(<5 cm) ab, die nur selten gesichtet werden.
Biologie: In geschützten und exponierten
Außenriffen. Nesselt heftig. Bei stärkeren
Vernesselungen können Hautbläschen
entstehen, die manchmal erst nach Wochen wieder verschwinden. Die Medusen
werden kaum wahrgenommen und sind
evtl. mitverantwortlich für juckende Haut-
ausschläge, die plötzlich bei Badenden und
Schwimmern auftreten können.
Verbreitung: *Nausithoe punctata* ist
zirkumtropisch.

Linuchidae

Fingerhutqualle bis 2,5 cm
Linuche unguiculata

Schirm fingerhutförmig, wenige kurze Ten-
takel; Schirm mit konzentrischen Furchen
um die Spitze und übersät mit kleinen Nes-
selbatterien; innere Schicht enthält braune
Klumpen mit Zooxanthellen. **Biologie**:
Kommt saisonal in Schwärmen nahe der
Oberfläche vor. Schwimmt gewöhnlich auf
einer Seite liegend. Ernährung durch die
Zooxanthellen, fängt daneben aber auch
Plankton. Kontakt kann Hautjucken und
Nesselausschlag hervorrufen. **Verbreitung**:
Zirkumtropisch.

Fahnenquallen
Pelagiidae

Kompassqualle · bis 20 cm
Chrysaora hyoscella

Schirm mit 32 Randlappen, 24 Tentakeln und gelb- bis rotbraunen Radiärbändern auf der Oberseite, die an eine Kompassrose erinnern. **Biologie:** Pelagische Art, tritt manchmal in Schwärmen im offenen Meer auf; gelegentlich auch gehäuft in Küstenbereichen. Frisst andere Quallen, kleine Fische, Krebstiere und Larven. Die Medusen sind Zwitter; die Eier werden nicht ins freie Wasser gegeben, sondern im „Muttertier" befruchtet. Generell eher schwache Nesselkraft. **Verbreitung:** Nordatlantik, Nordsee, Ostsee, Mittelmeer.

Leuchtqualle · bis 10 cm
Pelagia noctiluca

Fast halbkugeliger Schirm mit 8 fadenförmigen Tentakeln (bis >1 m); 4 lange gekrauste Mundarme; Schirmoberseite und Mundarme mit Nesselwarzen bedeckt. Blauviolett bis rosa. **Biologie:** Pelagische Hochseeform, wird gebietsweise mit Strömungen regelmäßig in großer Zahl auch an Küsten verfrachtet. Polypengeneration fehlt, die junge Meduse entwickelt sich direkt aus der Schwimmlarve. Nesselt meist heftig, Hautverletzungen heilen nur langsam. **Verbreitung:** Weltweit in tropischen und gemäßigten Meeren.

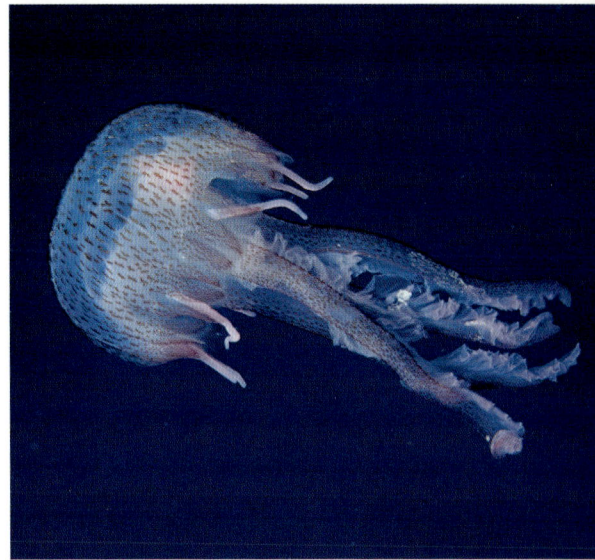

Cyaneidae

Gelbe Haarqualle	**bis 200 cm**
Cyanea capillata	

Äußerst zahlreiche, fadenförmige Tentakel (acht Gruppen bis zu jeweils 150) können bis etwa 35 m Länge erreichen. Gelbbraun, im Alter teils rötlich. **Biologie**: Pelagische Art, kann gebietsweise in Sommermonaten in Massen auftreten. Erreicht in der Arktis bis zu 2 m Durchmesser und 900 kg Gewicht. In Nord- und Ostsee noch 50 cm, dort periodisch sehr häufig. Starke Nesselkraft. Oft treiben auch abgerissene nesselnde Tentakelstücke durchs Wasser. **Verbreitung**: Zirkumpolar.

Ulmariidae

Ohrenqualle	**bis 50 cm**
Aurelia sp.	

Flacher Schirm, transparent, die vier ohrenförmigen Geschlechtsorgane deutlich durchschimmernd; Schirmrand mit kurzen haarähnlichen Tentakeln. **Biologie**: Oft nahe der Wasseroberfläche oder in geringen Wassertiefen; schwimmt mit pulsierenden Bewegungen des Schirms; gebietsweise häufig, periodisch massenhaftes Auftreten in Form riesiger Schwärme. Frisst Kleinstplankton von Einzellern bis Fischlarven. Normalerweise sehr schwache Nesselkraft. **Verbreitung**: *A. aurita* hat sich von Europa auf die meisten warmen Meere verbreitet; *A. maldivensis* ist violett mit vorhangartigen Mundarmen (Rotes Meer, Indischer Ozean, 25 cm); *A. labiata* (Hawaii bis Alaska und Südkalifornien).

Wurzelmundquallen
Cepheidae

Spiegelei-Qualle   bis 35 cm
Cotylorhiza tuberculata

Schirm flach mit Erhebung in der Mitte, gelblich. Zahlreiche kurze Anhänge, die in kleinen, violettblauen, knopfartigen Warzen enden. **Biologie**: Häufige Hochseeform, teils in großen Schwärmen auch in Küstennähe (z. B. in der Adria); meist dicht unter Wasseroberfläche. Schwache Nesselkraft; oft begleitet von juv. Stachelmakrelen und Meerbrassen (*Trachurus, Seriola, Boops*): **Verbreitung**: Mittelmeer.

Blaue Wurzelmundqualle   bis 15 cm
Cephea cephea

Schirm im Zentrum mit auffälligem Strauß aus bis zu 60 Tuberkeln; aus den stark verzweigten Mundarmen entspringen zahlreiche kurze Tentakel. **Biologie**: Pelagische Art, oft auch mit Strömungen in Küstennähe verfrachtet. Nesselt sehr schwach, oft unbemerkbar. **Verbreitung**: Rotes Meer bis Polynesien, nördl. bis Japan und Hawaii.

Cassiopidae

Mangrovenqualle	bis 12 cm
Cassiopea andromeda	

Scheibenförmiger Schirm, 8 verzweigte Mundarme mit spatenförmigen Anhängen; blassgrau oder olivgrün. **Biologie**: Lebt in geschützten flachen Bereichen, bis 15 m. Oft in Seegraswiesen. Liegt auf dem „Rücken", mit den Zooxanthellen optimal zum Sonnenlicht; Pumpbewegungen, um sich gegen den Boden zu pressen und um zum Planktonfang Wasser über die Mundarme zu führen. Kann bei Belästigung frei treibende Nesselkapseln ausstoßen. Nesselkraft variabel, von sehr mild bis stark (evtl. besonders zur Fortpflanzung); Vermehrung im Roten Meer zwischen April und August. **Verbreitung**: Rotes Meer bis Westpazifik, eingeführt vor Hawaii; *C. xamachana* im Westatlantik ist evtl. identisch.

Stomolophidae

Kugelqualle	bis 18 cm
Stomolophus meleagris	

Schirm fast kugelförmig; blassoliv, zum Rand hin rötlich braun, mit kleinen weißen Flecken. Mundarme kurz, bilden eine gefaltete Masse, blassblau bis weiß. **Biologie**: Im Sommer küstennah; guter, ausdauernder Schwimmer. Fängt Zooplankton. Wird gebietsweise nach spezieller Vorbehandlung gegessen. **Verbreitung**: Atlantik, Chesapeak Bay bis Argentinien einschl. Golf von Mexiko und Karibik; Ostpazifik von San Diego und Golf von Kalifornien bis Ekuador.

Mastigiidae

Lagunen-Qualle   bis 13 cm
Mastigias papua

Domförmiger Schirm, blassoliv und meist
mit blassen runden Flecken; 8 kompakte
Mundarme. **Biologie**: Küsten- und Binnen-
gewässer, gewöhnlich nahe der Oberfläche, gelegentlich in größeren Ansammlungen. Nesselt generell nur
schwach, in einigen isolierten Gewässern
wie dem Quallensee (Jellyfish Lake) in
Palau überhaupt nicht. **Verbreitung**:
Indopazifik, eingeführt in Hawaii.

Thysanostomatidae

Wurzelmund-Qualle   bis 20 cm
Thysanostoma loriferumto

Kuppelförmiger Schirm, blass mit rotem
und violettem Rand; 8 außergewöhnlich
dicke, schlauchartige Fangarme. **Biologie**:
Pelagische Art, gewöhnlich nahe der Oberfläche; besonders nach Stürmen gelegentlich in Lagunen oder über Korallenriffen schwimmend. Oft begleitet von juvenilen Stachelmakrelen. Schwach nesselnd.
Verbreitung: Rotes Meer bis Hawaii und
Frz.-Polynesien.

Diese Würfelqualle, *Carybdea sivickisi*, mit Tentakel an jeder Ecke, zeigt die typische Würfelform des Schirms, dem diese Gruppe auch ihren wissenschaftlichen Namen verdankt.

Würfelquallen
Cubozoa

Würfelquallen gehören zu den am meisten gefürchteten Giftieren im Meer. Sie sorgen in manchen Gebieten Australiens regelmäßig für menschenleere Strände. Bei „jellyfish alert" werden Badestrände komplett gesperrt. Zu Recht, denn jedes Jahr sterben Menschen in Gebieten zwischen Australien und den Philippinen. Würfelquallen kommen sowohl im Atlantik als auch im Indopazifik vor. Die Gruppe umfasst nur knapp 20 Arten, darunter einige aus dem Indopazifik mit extrem heftiger Nesselwirkung. Die bekannteste Art ist *Chironex fleckeri*. Sie ist sicherlich das gefährlichste Nesseltier und eines der gefährlichsten aktiv giftigen Meerestiere überhaupt. Die einzelnen Arten von Würfelquallen haben meist keine Populärnamen, sie werden als Würfelqualle (im Engl. box jellyfish oder auch sea wasp) bezeichnet. Der Name bezieht sich auf die angenäherte Würfelform des Schirms und wird normalerweise für die gefährlichste Art, *Chironex fleckeri*, benutzt. Einige Vertreter verursachen zwar schmerzhafte, aber weniger gefährliche Vernesselungen. Es sind jedoch neben *Chironex fleckeri* auch andere Arten für äußerst ernsthafte Vergiftungen verantwortlich.

Biologie

Würfelquallen sind aktive Räuber, die über Linsenaugen verfügen und sich bei der Jagd damit orientieren. Alle Würfelquallen können erstaunlich gut schwimmen und dabei auch abrupt die Richtung ändern. *Chironex fleckeri* erreicht Geschwindigkeiten von 1,5 bis 1,8 Meter pro Sekunde. Zur Nahrung von *C. fleckeri* gehören u. a. Garnelen und kleine Fische. Kleinere Würfelquallenarten fressen vor allem Fische im Larvenstadium und Krustentiere. Das Gift von *C. fleckeri* muss stark genug sein, um stärkere und größere hartschalige oder stachelige Beute, die Quallen verletzen könnten, sofort lahm zu legen. Bei manchen Räubern ist ihr Gift allerdings nutzlos. So auch bei der Grünen Schildkröte und der Echten Karrettschildkröte, die vollkommen immun zu sein scheinen und Würfelquallen fressen. Wie ihre entfernten Verwandten, die Quallen, haben Würfelquallen nur ein kurzes Leben mit Generationswechsel. Im späten Sommer und Herbst, am Ende der Regenzeit, versammeln sich erwachsene *C. fleckeri* in Flussmündungen, um zu laichen und dann zu sterben. Die Larven, kleine Zellbündel, Planulalarven genannt, treiben mit den Gezeiten stromaufwärts, um sich auf Steinen niederzulassen, wo sie zu Polypen werden. Die Polypen sammeln sich an der Unterseite von Steinen, wo sie ungeschlechtlich zusätzliche Polypen bilden. Im Frühling, ungefähr 12 Tage vor Beginn der Regenzeit, werden sie durch Metamorphose zu jungen Medusen, die zu benachbarten Küstengewässern wandern. Dort fressen sie im sandigen Flachwasser und wachsen schnell zu erwachsenen Würfelquallen heran. *Chironex fleckeri* tritt in flachen Küstengewässern Nord- und Ostaustraliens regelmäßig auf. An weiter vorgelagerten Riffen ist sie dagegen gewöhnlich nicht anzutreffen. Andere Arten kommen auch im klaren Wasser im offenen Meer vor. Die Freiwasser-Seewespe, *Carybdea alata*, und die Warzige Seewespe, *Tamoya gargantua*, verbringen ihr Medusenstadium im offenen Meer. Manchmal treiben sie in großer Anzahl zu Küstengebieten. Manche Arten der Freiwasser-Seewespe sind nachtaktiv. Tagsüber bleibt *Carybdea sivickisi* unter Felsen versteckt und heftet sich an deren Unterseite mit einem klebrigen Fleck an der Spitze ihres Schirms fest. Sie jagt und frisst nachts.

Merkmale

Würfelquallen sind durchsichtig und ihr Schirm ist würfelförmig. Eine oder mehre Tentakel kommen aus Vorsätzen, die Pedalia genannt werden, an jeder der vier Ecken des Schirms. Sie haben vier Gruppen von Augen, eine Gruppe an jeder der vier Seiten. Das zentrale Auge jeder Gruppe ist eine hoch entwickelte Linse mit einer Hornhaut. Abhängig von der Art können die Tentakel verbunden oder frei sein und die Oberfläche des Schirms kann glatt oder mit warzigen Vorsätzen überzogen sein. *C. fleckeri* hat einen glatten, bläulichen, halb durchsichtigen Schirm und bis zu 60 bandartige Tentakel in vier Bündeln. Der Schirm ist meist bis etwa 15 cm hoch, selten auch größer. Die Tentakel sind stark kontrahierbar und teils bis über 2 Meter lang. Die zwei tödlichen Arten von Irukanji, *Carukia barnesi* und *Malo kingi*, haben an jeder Ecke des Schirms nur ein Tentakel. Sie sind winzig, mit einem Durchmesser von nur 2 bis 12 mm. Ihre Tentakel können sich bis auf 2 m ausdehnen und sind praktisch unsichtbar.

Unfälle

Um die 500 Unfälle mit *C. fleckeri* und 500 Fälle mit *Irukanji* wurden von australischen Forschern zusammengestellt und analysiert. Diese beiden Arten kommen nur im nördlichen Teil des Landes vor, hauptsächlich während der Regenzeit im Sommer. Daten für andere Länder gibt es kaum. An tropischen Stränden in der ganzen Welt werden Schwimmer vernesselt, wenn große Schwärme von weniger gefährlichen Arten, so wie die Freiwasser-Seewespe, *Carybdea alata*, und der Warzigen Seewespe, *Tamoya gargantua*, periodisch auftreten. *C. fleckeri* kommt bereits im seichten Wasser an Sandstränden, geschützten Buchten, insbesondere auch in Meeresbereichen mit Süßwasserzuflüssen vor. Die halb transparenten Tiere sind im Wasser kaum zu sehen und kommen leicht mit Schwimmern in Berührung. Es kommt immer wieder zum Massenauftreten an Australiens Stränden, die zu solchen Zeiten wegen Quallenalarm („jellyfish alert") gesperrt sind. Im Wasser spielende Kinder sind aufgrund ihrer geringen Größe und geringen Aufmerksamkeit ganz besonders gefährdet. In Australien sind solche Unfälle saisonal, können aber auch außerhalb der Saison vorkommen. Sie geschehen hauptsächlich während der Sommerregenzeit von Oktober bis Mai in flachen Küstengewässern, normalerweise in der Nähe von Stränden. Im offenen Meer sind sie so gut wie nicht dokumentiert. In den letzten 100 Jahren sind im Schnitt 1 Mensch pro Jahr an Vernesselungen von *C. fleckeri* gestorben. Auf den Philippinen zum Beispiel, wo viele Menschen sich aufgrund ihres Berufes im Wasser aufhalten und die medizinische Versorgung oft nicht existiert, sterben zwischen 20 und 40 Menschen pro Jahr. Früher wurden diese Todesfälle der Art *Chiropsoides quadrigatus* zugeschrieben, aber inzwischen denkt man, dass *C. fleckeri* dafür verantwortlich ist. In Australien sind Vernesselungen durch *Irukandji* weniger saisonal und geschehen in einer größeren Bandbreite als Vernesselungen durch *C. fleckeri*. Jahrelang kannte man den Urheber nicht. Manche Fälle waren besonders besorgniserregend, denn sie geschehen in der „sicheren" Zone eines Strandes, der zum Schutz vor Würfelquallen mit einem Netz versehen war. Der Tod eines Schnorchlers infolge einer Vernesselung durch Irukandji vor nicht allzu langer Zeit geschah am äußeren Rand des Great Barrier Reef.

Vorbeugende Maßnahmen

In den häufig betroffenen Gebieten ist es generell riskant, ins Wasser zu gehen. Tauchanzüge und sogenannte stinger suits (dünne Kunstfaseroveralls) schützen zwar, jedoch bleiben Gesicht und Hände unbedeckt und somit gefährdet. Wenn ein Tauchgang unvermeidbar ist, sollte man die Handgelenke und andere vom Anzug oder Handschuhen nicht geschützte Bereiche, mit Klebeband abkleben. Bei Quallenalarm, aber auch

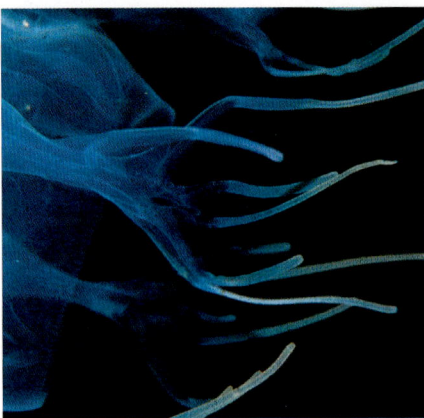

Giftapparat

Bei den meisten Würfelquallen befinden sich die Nesselzellen nur an den Tentakeln, bei anderen Tieren jedoch, wie zum Beispiel Irukandji, befinden sich auch auf dem Schirm gebündelte Nesselzellen. C. fleckeri trägt keine Nesselkapseln am Schirm, die Tentakel hingegen sind reichlich damit ausgestattet. Bei Berührung kontrahieren sich die Tentakel, was zu weiterem Kontakt mit zahlreichen Nesselkapseln und massiven Entladungen führt. Das Gift ist ein Gemisch aus verschiedenen Eiweißen. Neben Komponenten, welche die roten Blutkörperchen schädigen, sind insbesondere die Herzmuskulatur angreifende Substanzen von Bedeutung. Ihre Wirkung scheint in einer starken Veränderung der Zellmembrandurchlässigkeit zu liegen. Ein großes Exemplar besitzt genug Gift in seinen Nesselzellen, um 60 Menschen zu töten. Die Wirksamkeit der Nesselzellen ist beachtlich und das Gift wird bei Berührung sofort injiziert.

einzelnen angespülten Exemplaren am Strand sind Schwimmen oder Waten im Flachwasser unbedingt zu unterlassen. In den entsprechenden Gebieten ist das Baden an einsamen Stränden generell riskant, da hier keine Überwachung stattfindet. Man sollte nicht vergessen, dass C. fleckeri in seltenen Fällen auch außerhalb der Saison vorkommen kann und dass Irukandji weniger an die Regenzeit gebunden ist und von Quallennetzen an Badestränden nicht abgehalten werden. Man sollte sich immer informieren, wo das Schwimmen ungefährlich ist, und Strände vermeiden, an denen Süßwasser ins Meer fließt, denn das sind bei C. fleckeri sehr beliebte Gebiete. Wenn man am Strand tote Würfelquallen sehen kann, sollte man auf keinen Fall ins Wasser gehen.

Das Gift
Das Gift von Würfelquallen ist ein kompliziertes Gemisch aus verschiedenen Proteinen mit cardiotoxischen, neurotoxischen und dermatonecrotischen Komponenten, die hauptsächlich Zellmembranen zerstören. Das Gift von C. fleckeri verursacht vorwiegend eine Schädigung von Zellmembranen, wobei eine Komponente speziell rote Blutkörperchen schädigt. Die extrem schnelle, tödliche Wirkung des Giftes scheint vor allem auf einer oder mehreren Substanzen zu beruhen, welche die Herzmuskulatur angreifen, indem sie die Durchlässigkeit der Zellmembranen stark verändern. Das Gift mancher anderer Würfelquallen ist eindeutig anders. Irukandji-Gift verursacht anfangs wenig Schmerzen, hat aber einen verzögerten, nachhaltigen systemischen Effekt, der sich durch den gesamten Körper zieht.

Symptome
Eine Vergiftung durch C. fleckeri geht mit einem unmittelbar auftretenden, sehr starken, brennenden Schmerz einher, der sich in den nächsten Minuten noch steigert. Lokale Symptome umfassen striemen- oder leiterartige Nesselmuster,

Fallbeispiel

Jeddah, Rotes Meer: Im Winter traten große Seewespen, wahrscheinlich Tamoya gargantua, vor der Küste auf. Diese 25 cm langen Tiere schweben normalerweise knapp unter der Wasseroberfläche. Ein Schnorchler verwechselte eines der Tiere mit einer Plastiktüte und wich ihm nicht aus. Die Qualle berührte ihn an der Stirn; er verspürte sofort starke Schmerzen und wurde in ein Krankenhaus gebracht. Seine Stirn schwoll so stark an, dass seine Sicht beeinträchtigt wurde. Erst nach mehreren Tagen war die Schwellung abgeklungen. Ein Fotograf berührte versehentlich ein Tier mit der Hand, die daraufhin anschwoll und stark schmerzte. Mehrere Tage lang badete er seine Hand immer wieder in sehr heißem Wasser, was eine gewisse Linderung bewirkte. Noch Jahre später spürte er vor allem bei kaltem Wetter gelegentlich ein starkes Jucken. (Nach Hagen Schmidt)

eine intensive Hautrötung, Schwellungen sowie Blasenbildung und können bis etwa zwei Wochen anhalten. Entstehende Hautschädigungen verheilen nur langsam. Irrationale, panische Reaktionen sind nicht selten. Je nach Umfang der Vernesselung kann es innerhalb von Minuten oder gar Sekunden zur Bewusstlosigkeit kommen. Großflächige Vergiftungen können schwere Herz-Kreislauf-Störungen sowie Tod durch Atemstillstand und Herzversagen verursachen. Eine Vergiftung durch Irukandji hat zunächst nur einen geringen Effekt, aber nach 5 bis 60 Minuten verstärkt sich der ursprünglich kaum wahrnehmbare Schmerz sehr stark. Dies geht mit einem andauernden und stetigen Rückenschmerz, Kopfschmerz und Schmerzen an der Rückseite der Beine und Knie einher. Magenschmerzen, Übelkeit, Erbrechen, schneller und unregelmäßiger Puls, ein schleimiger Husten und ein beklemmendes Gefühl in der Brust treten ein. Das dauert normalerweise ein bis zwei Tage, kann sich aber auch über eine Woche hinziehen. Tod kann durch Herzstillstand eintreten, entweder indirekt als Auswirkung der Schmerzen oder direkt durch das Gift selbst. Vergiftungen durch andere Arten variieren stark. Sie reichen von einem leichten Jucken bis zu einem starken Schmerz mit gut sichtbaren Quaddeln. Obwohl auch Vernesselungen durch andere Arten tödlich endeten, verursachen sie nicht so viel Schaden wie *C. fleckeri*.

Arten und Verbreitung

Würfelquallen kommen in tropischen und subtropischen Meeren weltweit vor. Die 21 bekannten Arten werden anhand der Anzahl und der Platzierung ihrer Tentakel, der Verteilung der Nesselzellen und anderer Merkmale in drei Familien eingeteilt. Mitglieder der Familien *Chiropropidae* und *Chriopslamidae* haben mehrere Tentakel, die an jeder Ecke des Schirms aus der Pedalia wachsen. Sie kommen nur in Küstengewässern an Kontinentalrändern vor. Die *Chirodropidae* schließen die berüchtigten *Chironex fleckeri* mit ein. Mitglieder der *Carybdeidae*-Familie werden in zwölf Arten aufgeteilt. Manche dieser Arten sind zirkumtropisch oder weitverbreitet, die zwei tödlichen Arten der australischen Irukandji, *Carukia barnesi* und *Malo kingi*, haben nur ein begrenztes Verbreitungsgebiet.

Was ist zu tun

Erste Hilfe

Sofort das Wasser verlassen und den Verletzten bergen. So schnell wie möglich mit Haushaltsessig die Nesselzellen deaktivieren und danach verbliebene Tentakel vorsichtig mit einer Pinzette entfernen. Dadurch kann eine weitere Vergiftung verhindert werden. Essigsäure steht an vielen Badestränden Australiens bereit. Den Verletzten ruhig halten und alle Bewegungen vermeiden, sie verstärken den Schmerz. Atmung und Kreislauf überwachen und ggf. Wiederbelebungsmaßnahmen durchführen. Umgehend Transport in die nächste Klinik! In Australien ist ein Antiserum erhältlich, das so schnell wie möglich verabreicht werden sollte. Eine Vergiftung durch Irukandji ist schwerer zu erkennen. Wenn bei Verdacht auf einen Stich ein zunehmender und sich ausbreitender Schmerz folgt, sofort ärztliche Hilfe aufsuchen.

Achtung

Außer Essig nichts auf die Wunde gießen. Die betroffene Stelle nicht reiben. Durch Alkohol, Süßwasser, viele andere Flüssigkeiten und Berührungen werden weitere Nesselzellen stimuliert, ihr Gift abzugeben.

Weiterführende Behandlung

Wer von einer *Chironex* genesselt wurde oder deutliche Symptome einer Vergiftung durch Irukandji aufweist, sollte in ein Krankenhaus eingeliefert werden. Der Patient sollte unter Beobachtung bleiben, bis sich eine Besserung einstellt. Bei einer Vergiftung durch Irukandji sollten Morphine gegeben werden. Der Schmerz wird dadurch nur leicht gemildert, aber das ist besser als nichts.

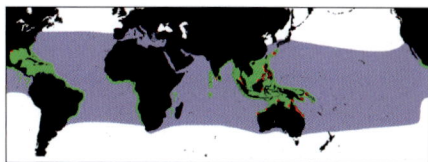

Verbreitung der Familien der Würfelquallen und Gebiete mit tödlichen Zwischenfällen.

Chirodropidae

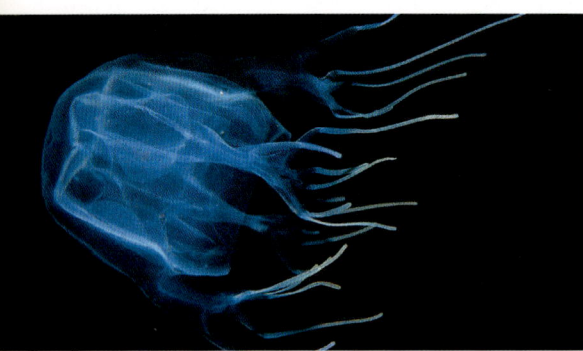

Würfelqualle   bis 30 cm
Chironex fleckeri

Annähernd würfelförmiger Schirm; am
unteren Rand 4 Ausläufer, die jeweils ein
Bündel mit bis zu 15 Tentakel tragen; diese
sind bandartig und bis 9 m lang. **Biologie**:
Tritt saisonal zur Regenzeit in Gezeiten-
gebieten und flachen Küsten auf. Giftigstes
Tier der Welt, kann Menschen innerhalb
weniger Minuten töten. Die Lebensdauer
beträgt weniger als ein Jahr. Schnelle
Schwimmer, besitzen komplexe Linsenaugen. Erbeuten Garnelen und kleine Fische,
die durch das Nesselgift sofort getötet
werden. **Verbreitung**: Tropisches Australien, Vietnam bis Salomonen, nördl. bis
Ryukyus.

Rastons Seewespe   bis 2,5 cm
Carybdea rastoni

Kuppelförmiger Schirm, jeweils 1 Tentakel
an jedem der 4 Ausläufer. **Biologie**:
Bewohnt vorwiegend Küstengewässer,
gewöhnlich nur nachts zu sehen. Dem
brennenden Schmerz einer Vernesselung
folgt mit 1–4 Wochen Verspätung Hautjucken. **Verbreitung**: Indopazifik.

Warzige Seewespe   bis 11 cm
Tamoya gargantua

Lang gestreckter Schirm mit winzigen
warzenartigen Nesselbatterien; 1 Tentakel
an jeder Ecke. **Biologie**: Juvenile bewohnen
Küstengewässer; tagsüber meist versteckt.
Adulte leben pelagisch, treiben gelegentlich in Küstennähe. Verursacht ernsthafte
Vernesselungen, teils mit lang anhaltenden Symptomen. **Verbreitung**: Indopazifik.

Die Feuer-Anemone hat eine hohe Nesselkraft und kann lang anhaltende Bläschen und Narben verursachen.

Seeanemonen
Anthozoa

Seeanemonen sehen aus wie Pflanzen, gehören aber zu den Nesseltieren und sind Räuber. Sie leben einzeln, bilden also keine Kolonien, können aber sehr groß werden, teils bis weit über einen Meter im Durchmesser. Seeanemonen besitzen kein Skelett, fühlen sich daher weich und fleischig an und haben meist sehr lange, auffällige Tentakel. Wie alle Nesseltiere sind sie mit Nesselkapseln bewehrt. Unter den rund tausend Seeanemonen-Arten sind jedoch nur wenige, die einen Menschen spürbar nesseln können. Manche dieser Arten erzeugen nur ein sehr schwaches Brennen, oft nur an empfindlichen Hautpartien, andere dagegen vermögen heftig und schmerzhaft zu nesseln und hinterlassen Narben.

Biologie
Seeanemonen leben festgeheftet auf felsigem Untergrund oder mit der Fußsäule eingegraben im Sediment. Manche Arten leben auch in Gruppen aus mehreren Exemplaren, die dicht beieinanderstehen können, oft aber auch einzeln. Die meisten Anemonen verweilen jahrelang oder sogar ihr ganzes Leben an der gleichen Stelle. Wenn nötig können sie sich aber auch langsam fortbewegen. Einige wenige Arten lösen sich sogar vom Boden und „schwimmen" über kurze Strecken. Viele können sich bei Belästigung einkugeln oder rasch in Spalten oder in ihre Sedimentröhre zurückziehen. Mit ihren nesselkapselbewehrten Tentakel fangen sie Kleinstlebewesen wie Algen und tierisches Plankton aus dem Wasser, die sie mit ihren Nesselzellen lähmen und danach in ihr Maul schieben. Sie können aber auch Krebse und Fische fressen. Manchmal kann die Beute so groß sein wie die Seeanemone selbst. Viele Anemonenarten beherbergen in ihrem Gewebe Zooxanthellen, die sie mit fast allen benötigten Nährstoffen versorgen. Anemonen durchlaufen kein Medusenstadium. Alle Arten können sich geschlechtlich vermehren, manche Arten auch ungeschlechtlich. Viele sind Zwitter-

die meisten sind aber entweder männlich oder weiblich. Spermien und Eier werden durch das Maul ins Wasser abgegeben. Wenn Anemonen sich zweiteilen, Gewebeteile abstoßen, die sich dann zu eigenen Polypen entwickeln, oder neu geformte Polypen aus ihrem Maul absondern, findet ungeschlechtliche Vermehrung statt. Manche kleinen Anemonenarten können sich schnell vermehren, aber vor allem die größeren Arten wachsen langsam und leben länger als 100 Jahre. Viele Anemonen leben in Symbiose mit einer großen Bandbreite von Tieren, darunter Garnelen- und Anemonenfische, die ihre Gastgeber mitunter auch aggressiv gegenüber größeren Angreifern wie Meeresschildkröten verteidigen.

Merkmale

Einzelner Polyp, je nach Art von weniger als einem Zentimeter bis über einem Meter Durchmesser. Die Mundscheibe umgibt ein Kranz teils sehr vieler, oft langer Tentakel. Seeanemonen können sehr verschieden aussehen. Die meisten ähneln Blumen, andere hingegen Büschen oder struppigen Teppichen. Manche Arten haben röhrenförmige Fußsäulen, aber es gibt auch Arten mit breiten flachen Fußsäulen, die selten zu sehen sind. Die Tentakel können kurz oder lang, einfach oder verzweigt, glatt oder genoppt und transparent oder undurchsichtig sein. Manche Anemonen haben eine komplexe „Zwei-in-eins-Struktur". Sie besteht aus einer hohen, tentakelbewehrten Röhre, die aus einer fein verzweigten Basis emporwächst.

Unfälle

Bei Tauchern sind unbedachter Kontakt zum Grund oder Festhalten im Riff die Hauptursachen. Da einige Seeanemonen bereits ab dem Seichtwasser siedeln, sind auch Badende und Schwimmer gefährdet, etwa durch unvorsichtiges Setzen auf Uferfels oder Steinblöcke, auf denen Seeanemonen wachsen.

Vorbeugende Maßnahmen

Dünne Tauchanzüge oder Schnorchelbekleidung schützen bereits wirkungsvoll. Seeanemonen sollte man nicht anfassen und möglichst nicht in uneinsehbare Spalten oder Löcher fassen. Schwimmer und Badende sollten sich über potenziell gefährliche, Sandboden bewohnende Seeanemonenarten informieren, bevor sie ins Wasser gehen. Falls Gefahr besteht, sind Badeschuhe angebracht. Hemprichs Feuer-Anemone kann jedoch auch frei schwimmende Nesselzellen ausstoßen.

Das Gift

Das Gift von Seeanemonen enthält mehrere toxische Eiweiße. Manche wirken neurotoxisch und greifen gezielt Nervenmembranen an. Für den Menschen sind diese Toxine jedoch nicht sehr giftig. Daneben wurden zahlreiche weitere Eiweiß-Toxine in Seeanemonen gefunden, die schädigend auf Zellen wirken und wohl eher für die Symptome bei einer Nesselung verantwortlich sind.

Giftapparat

Die Tentakel sind reich bestückt mit Nesselkapseln, die teilweise in Batterien angeordnet sind. Einige der gefährlicheren Arten haben sichtbare Anhäufungen von Nesselkapseln in Form von pustelartigen Bläschen. Bei Hemprichs Feueranemonen können die Bläschen sich entlang dicker Tentakel befinden, die verzweigt (*Actino-* dendron, links) oder einfach (*Actinostephanus*) sein können. Bei Beerenanemonen (*Alicia*, rechts) können an der Fußsäule und den relativ glatten Tentakeln konzentrierte Nesselkapseln in Form von Pustelanhäufungen starke Schmerzen verursachen. Viele Seeanemonen können dünne Fäden mit Nesselkapseln ausstoßen.

Große Anemonen, so wie diese Prachtanemone, *Heteractis magnifica*, die Anemonenfische beherbergen, sind für Menschen normalerweise ungefährlich. Ihre Tentakel sind klebrig, aber ihre Nesselzellen können nur empfindliche Hautpartien verletzen. Nur selten verursachen sie einen Hautausschlag.

IM NOTFALL

Was ist zu tun?

Erste Hilfe

Nach einem Stich sofort das Wasser verlassen. Verbliebene Tentakel entfernen. Dafür können Sand, Kleidung oder Handtücher, am besten jedoch eine Pinzette benutzt werden. Zum Reinigen Zuckerwasser, Essig, Pflanzensaft oder Backpulver verwenden. Gewöhnlich ist eine weitere Behandlung nicht nötig. Schwillt die Stelle jedoch an und nimmt der Schmerz zu oder zeigen sich Symptome wie bei schwereren Stichen, sofort ärztliche Hilfe aufsuchen.

Achtung

Nicht kratzen! Die Stelle in Ruhe lassen, vor allem wenn sich Blasen bilden.

Weiterführende Behandlung

Wenn die Verletzung größer ist, einen Arzt aufsuchen, der eine geeignete Behandlung vornehmen kann.

Symptome

Die Tentakel der meisten Anemonenarten fühlen sich klebrig an, verursachen aber auf der dicken Haut der Hände keine Schmerzen. Der Kontakt mit den Tentakel oder ausgestoßenen Filamentfäden an empfindlicheren Körperteilen verursacht ein brennendes, meist weniger schmerzhaftes Hautgefühl und Hautrötung. Es können sich innerhalb weniger Minuten Quaddeln bilden, die jedoch meist innerhalb eines Tages wieder verschwinden. Bei heftiger nesselnden Arten kann es in schweren Fällen auch zu Hautblasen sowie zum Absterben von Hautgewebe und Narbenbildung kommen. Allgemeine Symptome wie Übelkeit, Erbrechen oder Fieber sind sehr selten, können aber infolge großflächiger Vernesselungen besonders bei Kindern auftreten. Wiederholte Vergiftungen können zu einer Sensibilisierung führen. Mindestens ein dokumentierter Todesfall ist bekannt.

Arten und Verbreitung

Es gibt circa 1000 Seeanemonenarten in ungefähr 20 Familien. In warmen Gewässern stellen weniger als 20 Arten aus vier Familien eine Gefahr für Menschen dar. Mitglieder der Familien *Aliciidae* und *Actinodendronidae* gehören zu den gefährlichsten. Ein paar Arten in den Familien *Actiniidae*, *Phyllactidae* und *Phymanthidae* können schmerzhafte Stiche verursachen. Viele Arten können geringe Hautirritationen verursachen, wenn sie in Kontakt mit empfindlichen Körperteilen kommen. In den folgenden Artentexten beziehen sich die Größenangaben, sofern sie nicht anderweitig angegeben sind, auf die normale Tentakelausbreitung großer Exemplare.

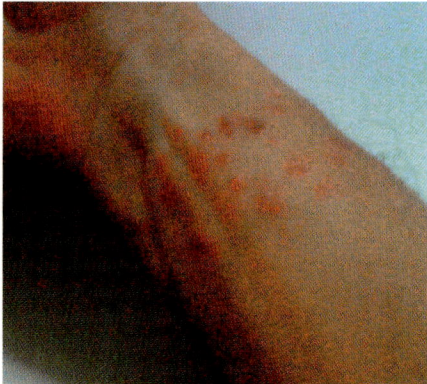

Schon ein leichtes Streifen einer Feueranemone mit dem Handgelenk verursacht eine schmerzhafte Vernesselung und nur langsam heilende Hautverletzungen.

Aliciidae

Indische Alicia — Basis bis 10 cm
Alicia sansibarensis

Halbtransparenter, sehr dehnbarer Körper, übersät mit knopfförmigen Nesselbatterien. Lange fadenförmige Tentakel. **Biologie**: Lebt zwischen Geröll und auf geschützten Sandflecken, 2–30 m. Tagsüber kontrahiert zu einem warzigen Knubbel. Nachts säulenförmig ausgestreckt, fängt mit den Tentakeln Plankton. Nesselt heftig. **Verbreitung**: Ostafrika bis Papua-Neuguinea.

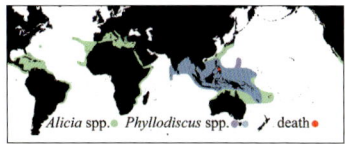

Alicia spp. ● *Phyllodiscus* spp. ●●● ✗ death ●

Salatkopf-Anemone — bis 15 cm
Phyllodiscus semoni

Kompakter buschiger Klumpen mit unregelmäßigen Auswüchsen; nachts erwächst aus dem Zentrum eine große Röhre mit feiner Tentakelkrone. Braun bis grün oder lavendelfarben. **Biologie**: Bewohnt halb geschützte Küsten- und Offshoreriffe bis 1–20 m. Ähnelt tagsüber einem Algenklumpen oder einer Koralle; sieht nachts, völlig ausgestreckt, aus wie zwei Anemonen in einer. Nesselt heftig, gefolgt von Hautentzündungen und lang anhaltenden Pigmentstörungen. Von den Philippinen wurde ein Todesfall berichtet. **Verbreitung**: Indischer Ozean bis Indonesien, nördl. bis Philippinen.

Phyllactidae

Perlenartige Pseudotentakel mit Nessel-
zellbatterien, umgeben von längeren, echten Tentakeln. **Biologie**: Bewohnt Spalten
zwischen Korallen und Fels. Körper bleibt
versteckt, Tentakel ragen hervor. Kann sehr
schmerzhaft nesseln. **Verbreitung**: Westatlantik einschließlich gesamter Karibik.

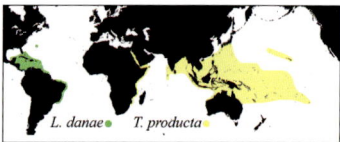

Actiniidae

Tentakel hellgrün bis dunkleres Grüngrau,
Spitzen oft violett. **Biologie**: Bewohnt
flache Felsküsten; vom Seichtwasser bis
30 m. Kann im Flachbereich größere, rasen-
förmige Kolonien bilden. Nesselt weniger
stark, kann jedoch an empfindlichen Hautpartien zu unangenehmen Vernesselungen führen. **Verbreitung**: Mittelmeer,
Ostatlantik von Madeira bis Norwegen.

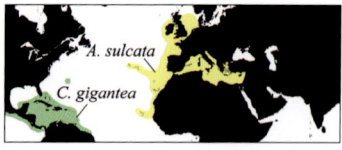

Riesen-Anemone   bis 30 cm
Condylactis gigantea

Tentakel blassbeige, gewöhnlich mit rosa bis violetten rundlichen Enden. **Biologie:** Bewohnt halb geschützte Areale zwischen 5 und 30 m Tiefe. Meist auf Geröll in Sandböden, auch zwischen Korallen. Kann kommensale Garnelen beherbergen. Schwache Nesselkraft, kann jedoch empfindliche Hautpartien irritieren. Größte karibische Anemone, jedoch eher klein, verglichen mit indopazifischen Arten. **Verbreitung:** Südflorida, Bermudas, gesamte Karibik.

Wehrhafte Sandanemone bis 30 cm
Dofleinia armata

Tentakel dick und spitz zulaufend, durchscheinend bis opak, dicht bestückt mit Nesselbatterien. **Biologie:** Lebt auf geschützten Sand- und Schlickflächen, ab 3 m. Tagsüber meist kugelförmig zusammengezogen, oft völlig im Sand zurückgezogen. Nachts liegen die Tentakel ausgebreitet auf dem Boden auf. Ernährt sich von allem, das genesselt wird und an den Tentakeln verbleibt. Nesselt heftig. Verletzungen heilen vollständig teilweise erst nach Wochen oder Monaten. **Verbreitung:** Indopazifik, Ostafrika bis Australien, nördl. bis Südjapan.

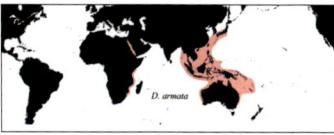

Actinodendronidae

Feueranemone   bis 30 cm
Actinodendron arborea

Vielfach verzweigte, bäumchenartige Tentakel. Weiß bis beige, oliv oder rötlich braun. **Biologie:** Auf geschützten Sand-, Schlick- und Geröllböden; 1–30 m. Beherbergt häufig kommensale Garnelen und Krabben. Ernährt sich hauptsächlich durch Fotosynthese ihrer Zooxanthellen. Zieht sich bei Belästigung sehr schnell und vollständig in den Boden zurück. Nesselt sehr stark, verursacht Hautblasen. **Verbreitung:** Rotes Meer bis Westpazifik. *A. plumosum* ist ein Synonym.

Kugelige Feueranemone   bis 30 cm
Actinodendron alcyonoidea

Vielfach verzweigte Tentakel. Hellgrünlich grau. **Biologie:** Auf Sand und Geröllflächen geschützter Riffe; 0,3 bis mindestens 20 m. Beherbergt kommensale Garnelen. Zooxanthellen tragen maßgeblich zur Ernährung bei. Brennende, schmerzhafte Nesselverletzungen können Hautblasen verursachen. **Verbreitung:** Philippinen und Indonesien bis Tonga. *A. glomeranum* ist ein Synonym.

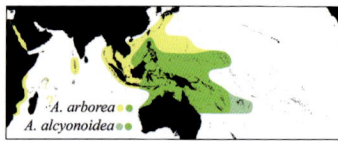

A. arborea ●●
A. alcyonoidea ●●

Spinnen-Feueranemone   bis 45 cm
Actinostephanus haeckeli

Breite, spitz zulaufende Tentakel mit konischen Tuberkeln. Braun bis grün oder schwarz. **Biologie:** Auf feinem Sand oder Schlick geschützter Küstenriffe, 3 bis über 15 m. Tagsüber meist zurückgezogen im Boden, nachts frei aufliegend. Frisst überwiegend organische Partikel. Beherbergt oft kleine symbiotische Garnelen. **Verbreitung:** Philippinen und Indonesien (Westpazifik).

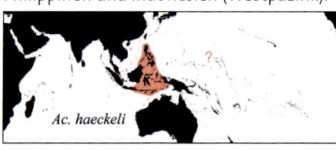

Ac. haeckeli

Zweigtentakel-Anemone   bis 20 cm
Megalactis sp.

Die zweigartigen Tentakel, oberseits oft mit grünen Mittelstreifen, tragen seitlich keulenförmige Anhänge, die Nesselbatterien enthalten. **Biologie:** Auf Sand und Geröll in geschützten Bereichen, 0,3 bis mindestens 20 m. Häufig in Seegraswiesen. Zieht sich bei Störung völlig zurück. Wird oft von kommensalen Garnelen bewohnt. Ernährung erfolgt hauptsächlich über die symbiotischen Zooxanthellen. Nesselt heftig, verursacht brennenden Schmerz und evtl. Hautbläschen. **Verbreitung:** Indopazifik; ersetzt durch *M. hemprichi* im Roten Meer.

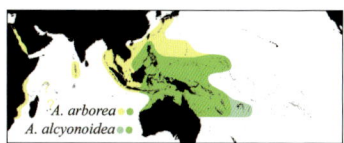

Phymanthidae

Knopfanemone   bis 11 cm
Ragactis lucida

Tentakel dünn und durchscheinend, mit zahlreichen knopfartigen Nesselbatterien. **Biologie:** Bewohnt klare Außenriffe, 1,5–30 m. Körper verborgen in Spalten zwischen Korallen oder Geröll, zieht sich bei Belästigung zurück. Nesselverletzungen schmerzhaft. **Verbreitung:** Südflorida, Bahamas und Karibik.

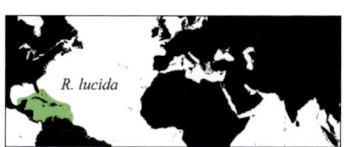

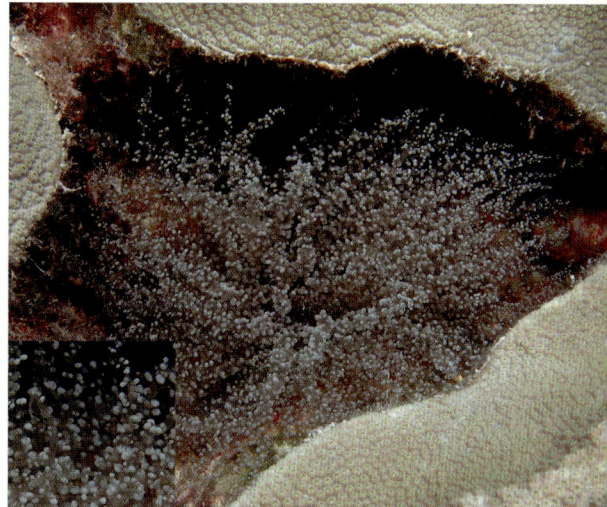

Eine Große Zylinderrose hat ihre Tentakelkrone zum Planktonfang geöffnet.

Zylinderrosen
Ceriantharia

Zylinderrosen ähneln Seeanemonen, sind aber in Wirklichkeit näher mit den Schwarzen Korallen verwandt. Die kleine Gruppe der Zylinderrosen besteht aus circa 50 Arten, die Sandböden aller Meere bewohnen, von flachem Wasser bis hin zur Tiefsee. Manchmal kommen sie auf kleinen Sandflächen zwischen Korallen vor, aber in offenen Flächen sind sie weiter verbreitet. Zylinderrosen können frei schwimmende Nesselkapseln abwerfen, sodass man gar nicht unbedingt direkt mit ihnen in Kontakt kommen muss, um genesselt zu werden. Die Vernesselungen können stark schmerzen.

Biologie
Zylinderrosen haben einen wurmartigen Fuß mit einer spitzen Basis, die es ihnen ermöglicht, sich in den Sandboden einzugraben. Sie sondern ein schleimiges Sekret ab, das sich mit Sand und anderen Partikeln verbindet, und bilden daraus eine pergamentartige Röhre, in die sie sich bei Gefahr zurückziehen. Zylinderrosen ernähren sich von Zooplankton, das sie mit ihren klebri-gen Tentakeln fangen. Viele Arten kommen nur bei Nacht zum Vorschein, andere strecken ihre Tentakel tagsüber aus. Zylinderrosen sind Zwitter. Manche Arten können über 100 Jahre alt werden.

Merkmale
Zylinderrosen haben eine Krone mit langen fasrigen Tentakeln, die aus der pergamentartigen Röhre herauswachsen. Die äußeren, längsten Tentakel dienen zum Beutefang, die Tentakel um das Maul herum sind kurz. Diese schieben die Beute in den Rachen. Die Tentakel können zwischen Weiß und Lila in jeder Farbe vorkommen, transparent bis undurchsichtig sein, einheitlich gefärbt oder zweifarbig sein oder Streifen und Punkte haben. Die Tentakel mancher Tiere liegen auf dem Sand, andere lassen sie frei in der Strömung schwingen.

Unfälle
Obwohl Zylinderrosen schmerzhaft nesseln können, sind keine Unfälle mit Tauchern oder

Schwimmern bekannt. Das liegt daran, dass sie sich sofort in ihre Röhre zurückziehen, wenn sie gestört werden. Nicht zugeordnete Nesselverletzungen bei Menschen, die sich nachts über Sandgrund bewegten, dürften zum Teil von Zylinderrosen herrühren.

Vorbeugende Maßnahmen
Man sollte immer Schutzkleidung tragen und sich vorsehen, wenn man Hände oder andere ungeschützte Körperteile in die Nähe des Bodens bringt.

Der Giftapparat und das Gift
Die Tentakel der Zylinderrosen sehen glatt aus, sind aber mit winzigen Nesselkapseln übersät. Über die Zusammensetzung des Gifts ist nichts bekannt.

Symptome und Behandlung
Es ist so gut wie nichts über Vergiftungen durch Zylinderrosen bekannt. Einer der Autoren wurde zweimal in der Dämmerung und auf Sandboden von einem unbekannten Tier gestochen. In beiden Fällen fühlte er mehrere Minuten lang ein starkes Brennen. Die Schmerzen hielten einige Stunden lang an. Als er das Wasser verließ, jeweils circa 30 Minuten nach dem Zwischenfall, hatte sich an der schmerzenden Stelle schon eine verhärtete, faustgroße Schwellung gebildet. Sowohl die Schmerzen als auch die Schwellung verschwanden innerhalb der nächsten 24 Stunden. Die Stelle blieb noch für einige Tage berührungsempfindlich, wurde aber nicht behandelt.

Arten und Verbreitung
Es gibt nur etwa 50 Arten von Zylinderrosen. Nur wenige Mitglieder von zwei Familien trifft man regelmäßig in warmen, flachen Gewässern an. Bei den *Cerianthidae* ragt die Röhre oft weit über die Bodenoberfläche hinaus und die Tentakel erstrecken sich über und um den Rand der Röhre. Manche Arten haben mehrere Reihen dicht beieinanderliegender Greiftentakel, während andere nur eine einzige Reihe haben. Bei den *Arachnactidae* ragt die Röhre normalerweise nicht sehr weit über den Boden hinaus und eine einzige Reihe Greiftentakel liegt oft flach um den Rand herum, manchmal mit aufgerollten Spitzen. Bei beiden Familien ist eine Identifizierung anhand von Fotos oder sogar lebenden Tieren unzuverlässig, da geeignete Bestimmungsmerkmale noch ausstehen. Die hier angegebene Identifizierung ist daher provisorisch.

Cerianthidae

Große Zylinderrose	bis 30 cm
Cerianthus cf filiformis	

Körper in einer langen geschmeidigen Röhre aus verfestigten Schleimröhren, die sich nur wenig über den Boden erhebt; kurze Mundtentakel, umgeben von langen Fangtentakeln; Färbung variabel von Weiß bis Braun, Blau oder Purpur mit blassen Mundtentakeln. **Biologie:** Auf geschützten Sand- und Schlickböden, meist unterhalb von 2 m. Häufig in nahrungsreichen Küstenzonen. Tagsüber oft in Wohnröhre zurückgezogen, fängt vorwiegend nachts Plankton, wohl auch kleine Fische. Nesselt. **Verbreitung:** In weiten Teilen des Indopazifiks, evtl. bis Hawaii. **Ähnlich:** *C. membranaceus* (Ostatlantik, Mittelmeer).

Gläserne Zylinderrose   bis 10 cm
Pachycerianthus cf insignis

Ein Kreis äußerer Fangtentakel, jeder transparent mit kleinen weißen Flecken; Röhre schließt meist mit Sedimentoberfläche ab. **Biologie**: Lebt auf geschützten Sand- und Schlickböden, meist unterhalb von 2 m. Tags meist in Wohnröhre zurückgezogen. Nachts ausgestreckt, fängt vor allem Plankton, daneben wohl auch kleine Fische. **Verbreitung**: Südflorida, weitverbreitet im Westatlantik.

Arachnactidae

Gebänderte Zylinderrose   bis 15 cm
Arachnanthus nocturnus

Fangtentakel blass mit breiten rötlich braunen Bändern, besonders nahe der Basis. **Biologie**: Bewohnt geschützte Sandflächen, gewöhnlich unterhalb von 2 m. Streckt sich nur nachts aus der Wohnröhre hervor, fängt dann vor allem Plankton, daneben wohl auch kleine Fische. **Verbreitung**: Südflorida, Bahamas und Karibik.

Breitband-Zylinderrose   bis 10 cm
Arachnanthus unid sp.

Eine Reihe Fangtentakel mit breiten dunklen Bändern; Färbung überwiegend rötlich braun. **Biologie**: Bewohnt geschützte Sandflächen, gewöhnlich unterhalb von 2 m. Kommt vorwiegend nachts hervor, fängt Plankton und wohl auch kleine Fische. **Verbreitung**: Südflorida und Karibik, weitverbreitet im Westatlantik.

Scheibenanemonen
Corallimorpharia

Scheibenanemonen sind nah mit den Stein-korallen verwandt und ähneln Anemonen mit kurzen Tentakel, haben aber kein Skelett. Manche Arten leben allein, während andere großflächige Teppiche bilden. Wenn sie gestört werden, können Scheibenanemonen zahlreiche Nesselfäden (Akontien) ausstoßen, die starke Nesselkapseln enthalten. Die Große Scheibenanemone, *Amplexidiscus fenestrafer*, kann ein schmerzhaftes Brennen hervorrufen. Die Matten-Scheibenanemone, *Discosoma rhodostoma*, ist heimtückischer. Sie verursacht einen irreführend kleinen Stich, der Badeanzüge durchdringen kann. Dieser Stich kann von einem blasigen Ausschlag gefolgt sein, der Sandflohstichen ähnelt. Ist die betroffene Stelle groß genug, kann ein dumpfer Muskelschmerz folgen, begleitet von einem wochenlang andauernden Verlust der Muskel-masse. Der Genuss von *Corallimorphen* kann auch zu schweren Vergiftungen oder sogar zum Tod führen. Wenn man in der Nähe von Scheiben-anemonen schwimmt oder taucht, sollte man Schutzkleidung tragen und Berührungen vermei-den. Es gibt weltweit ungefähr 50 Arten. Die meisten der für Vergiftung infrage kommenden Arten gehören zur Familie Discosomatidae.

Discosomatidae

Große Scheibenanemone   bis 45 cm
Amplexidiscus fenestrafer

Große, pfannkuchenartige Scheibe mit kurzen Tentakeln und blassem Mund und einem blassen, ringförmigen Band.
Biologie: Bewohnt geschützte Riffe, 10–30 m. Gewöhnlich auf Geröll oder toten Korallen. Ernährung im Wesentlichen über die Fotosynthese ihrer symbiontischen Zooxanthellen. Fängt daneben Zooplank-ton, vielleicht auch kleine Fische, indem sie sich langsam zu einem Ball schließt. So wird die gesamte Oberfläche zur Innen-seite einer Verdauungskammer.
Verbreitung: Indopazifik.

Matten-Scheibenanemone   bis 12 cm
Discosoma rhodostoma

Kleine rundliche Kissen, Oberfläche dicht übersät mit kurzen Tentakeln; beige bis blassgrau. **Biologie**: Bildet ausgedehnte Matten von mehreren Metern Durchmesser, bestehend aus vielen Exemplaren. Bewohnt geschützte Riffe, auf Geröll und toten Korallen, 1–20 m. Ernährt sich mithilfe von Zooxanthellen, nimmt auch im Wasser gelöste Nährstoffe auf. Kurzer Kontakt folgenlos, doch längerer Kontakt löst den Auswurf von Nesselfäden (Akontien) aus. Resultierende Vernesselungen sind meist mild, können aber auch ernsthafter sein und u. a. Hautblasen verursachen. **Verbreitung**: Indopazifik.

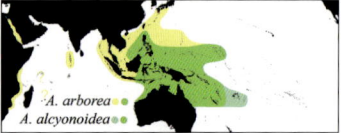

A. arborea ● ●
A. alcyonoidea ● ●

Andere Nesseltiere

Die meisten Nesseltiere sind nicht giftig genug, um Menschen bei flüchtigem Kontakt zu verletzen. Allerdings können durch Verletzungen der Haut Fremdkörper oder Gifte in die Wunde eindringen. Viele Arten sind beim Verzehr hochgiftig.

Steinkorallen und Schnitte von Korallen
Die Nesselkraft ist gering. Empfindliche Hautregionen (Lippen und Schleimhaut) können auf einen Kontakt mit Hautrötung, leichtem Brennen und Bläschenbildung reagieren. Eine besondere Behandlung ist meist nicht notwendig. Das scharfkantige Kalkskelett der Steinkorallen ist viel gefährlicher als ihr Gift. Kontakt mit diesem Skelett führt zu gröberen Hautabschürfungen oder sogar zu blutenden Schnittwunden. Verletzte Stellen sollten gründlich mit See- oder Süßwasser abgespült werden, um auch kleinste Korallensplitter, Korallenschleim und Nesselkapseln zu entfernen. Verbleibende Fremdkörper können die Symptome verschlimmern und eine Heilung verzögern.

Weichkorallen
Viele Weichkorallen besitzen als Schutz gegen Fressfeinde kleine Kalknadeln. Bei *Dendronephthya*-Arten sind diese Kalkstacheln recht lang. Sie können die Haut durchdringen. Die kleinen Wunden erleichtern den relativ schwachen Nesselkapseln das Injizieren ihres Giftes. Die Verletzung fühlt sich wie unzählige Nadelstiche an. Nach wenigen Minuten entsteht ein juckender Ausschlag, später eventuell Bläschen, und erst nach mehreren Tagen heilt die Verletzung ab.

Krustenanemonen
Krustenanemonen sind anemonenartige, in Kolonien lebende Nesseltiere. Sie bilden rutschige Teppiche in flachem Wasser oder pilzartige Ansammlungen. Arten der Gattungen *Palythoa*, *Protopalythoa* und wohl noch andere sind hochgiftig. Sie enthalten eine hohe Konzentration an Palytoxin, das so wirkungsvoll ist, dass ein Mikrogramm (ein millionstel Gramm) einen 100 kg schweren Menschen töten kann. Es ist ungefährlich, sie zu berühren, aber wenn nur eine winzige Gewebe- oder Schleimmenge in einen Kratzer oder Schnitt gelangt, werden Zellen abgetötet. Die Wunde vergrößert sich und kann potenziell tödlich sein. Die Eingeborenen in Hawaii steckten früher ihre Speere in Krustenanemonen, sodass selbst kleine Wunden dieser Speere tödlich wurden.

Vorbeugende Maßnahmen
Beim Laufen auf Korallengestein geeignete Schuhe mit festen Sohlen tragen. Beim Schwimmen und Baden im Flachwasser auf Korallen achten. Vorsicht beim Ein- und Ausstieg in ein Riff, vor allem bei Wellengang. Sich nicht an Korallen festhalten. Beim Hantieren mit Nesseltieren sofort alle Schleimreste abwaschen.

An Steinkorallen kann man sich Verletzungen zuziehen, die sich leicht entzünden.

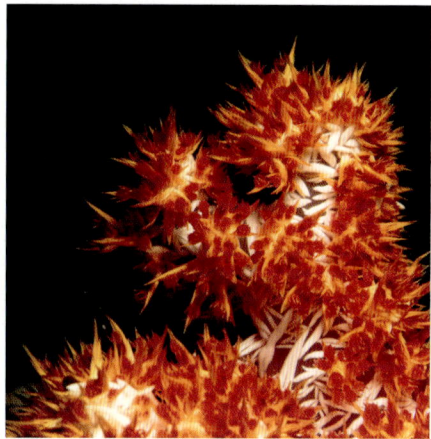

Die scharfen Nadeln im Skelett der Weichkorallen, wie bei dieser *Dendronephthya*, können die Haut durchdringen.

Ein Großer Feuerwurm frisst an einer Gorgonie. Die Stacheln hat er eingefahren.

Borstenwürmer
Polychaeta

Im Meer leben zahlreiche Arten von Borstenwürmern. Über 10 000 Arten sind der Wissenschaft bekannt. Sie werden meist Marine Borstenwürmer genannt, da fast alle Mitglieder dieser großen Gruppe Meeresbewohner sind. Manche leben im Plankton, andere in Sand- und Schlammböden oder in Fels- und Korallenriffen. Für Vergiftungen infrage kommen nur sehr wenige Borstenwürmer: vor allem Vertreter der Gattungen *Hermodice, Eurythoe, Chloeia*, daneben noch *Hesione-* und *Hermione-*Arten, die als Feuerwürmer bekannt sind. Außerdem Vertreter der Gattungen *Glycera*, die Blutwürmer genannt werden, sowie einige *Eunice-*Arten, die teils als Bobbitwürmer bekannt sind.

Feuerwürmer
Amphinomidae, Hesionidae und Polynoidae

Biologie
Zu den Feuerwürmern und den Schuppenwürmern gehören die Familien Amphinomidae, Hesionidae und Polynoidae. Sie tragen feine Borstenbüschel an den Seiten. Bei Berührung brechen diese Borsten und geben ihr Gift ab. Der Große Feuerwurm, *Hermodice carunculata*, ist der bekannteste und weitverbreitet. In Korallenriffen lebt er dämmerungs- und nachtaktiv. Tagsüber hält er sich unter Steinen oder in Spalten versteckt. Unter bestimmten Bedingungen, etwa bei einem Nahrungsüberangebot, sind sie auch tagaktiv. Im Mittelmeer ist er regelmäßig auch tagsüber anzutreffen und ist dort zeit- und gebietsweise recht häufig. Im Mund, der als Schaborgan ausgebildet ist, befinden sich zahlreiche scharfe, vorstülpbare Leisten. Als Nahrung dienen ihm verschiedene fest sitzende Wirbellose, darunter Korallenpolypen und Krustenanemonen, andere fest sitzende Tiere und besonders auch Aas.

Merkmale
Körper je nach Art und Größe deutlich in mehr oder weniger zahlreiche Segmente unterteilt. Große Exemplare können weit mehr als hundert Segmente besitzen. Jedes Segment trägt beidseits Kiemen, und in Büschel zusammengefasste Borsten-Feuerwürmer sind meist schön

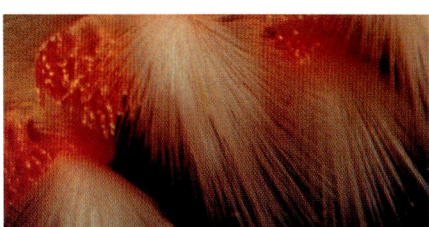

Giftapparat

Feuerwürmer besitzen an jedem Körpersegment ein Paar kleine Füßchen mit Borstenbündeln. So verläuft an beiden Körperseiten eine Doppelreihe dieser „Feuerborsten". Bei Gefahr fährt der Wurm die Borsten ruckartig aus. Sie sind glashart, brüchig und manchmal mit Widerhaken versehen. Sie dringen leicht in die Haut ein und brechen dort ab.

gefärbt. Die Segmentoberseiten sind oft gelb, rot, grünlich oder bräunlich, bei manchen Arten mit metallischem Glanz. Die Körperlänge beträgt bis etwa 30 Zentimeter.

Unfälle
Die Borsten sind in der Lage, dünne Handschuhe zu durchdringen. Verletzungen können leicht entstehen, wenn man sich unbedacht am Grund abstützt, Korallenschutt oder Geröll umdreht, und natürlich beim absichtlichen Hantieren mit den Tieren.

Vorbeugende Maßnahmen
Feuerwürmer, gleich welcher Art, nicht anfassen. Vorsicht beim Abstützen oder Umdrehen von Steinen.

Ein Großer Feuerwurm frisst, wenn sich die Gelegenheit ergibt, auch gerne Aas.

Das Gift
Die Borsten von Feuerwürmern stehen im Ruf, giftig zu sein, was jedoch nicht sicher nachgewiesen ist. In einer Untersuchung an drei Feuerwurmarten konnten keine Giftdrüsenzellen festgestellt werden. Möglicherweise handelt es sich bei den Symptomen um eine Fremdkörperreaktion.

Symptome
In die Haut eindringende Borsten verursachen einen brennenden Schmerz, der mehrere Stunden anhalten kann. Die betroffenen Stellen sind gerötet und leicht geschwollen. Manchmal bilden sich kleine Hautbläschen. Bleibende Schäden sind nicht zu erwarten.

Arten und Verbreitung
Die Mitglieder der Familie Amphonimidae kommen weltweit in allen tropischen und gemäßigten Meeren vor. Taucher und Schnorchler tref?fen am ehesten auf diese Arten.

Was ist zu tun?

Erste Hilfe
Wenn möglich alle sichtbaren Borsten entfernen. Obwohl es manchmal schwierig ist, können zumindest einige Borsten mit einer Pinzette oder sogar mit den Fingernägeln entfernt werden. Auch mithilfe von vorsichtig aufgelegtem Klebeband können Borsten abgezogen werden. Die betroffene Stelle sollte mit 40 bis 80 % Alkohol desinfiziert werden.

Achtung
Nicht kratzen oder reiben.

Weiterführende Behandlung
Wenn keine Sekundärinfektionen auftreten, ist eine weiterführende Behandlung nicht nötig.

IM NOTFALL

Feuerwürmer
Amphinomidae

Gelber Feuerwurm	bis 10 cm
Chloea flava	

Breiter Körper mit dichten Büscheln von langen gelben Borsten. **Biologie:** Regelmäßig in Küstenbereichen, meist auf Sand- oder Geröllflächen. Aasfresser und Räuber, kann über dem Boden schwimmen. Die Borsten verursachen einen starken brennenden Schmerz. **Verbreitung:** Rotes Meer und Südafrika bis Westpazifik. **Ähnlich:** *C. viridis* hat Borsten mit roten Spitzen (Ostpazifik und Westatlantik).

Großer Feuerwurm	bis 30 cm
Hermodice carunculata	

Bis über 100 gut erkennbare Segmente; Seiten mit je einer Doppelreihe Borsten; Färbung variabel. **Biologie:** Bewohnt ein weites Spektrum an Lebensräumen in Innen- und Außenriffen, 1–40 m. Tagsüber oft verborgen, frisst nachts an verschiedenen fest sitzenden Wirbellosen sowie Aas; teils auch tagsüber aktiv. Borsten können ruckartig ausgefahren werden, dringen leicht in die menschliche Haut ein und brechen dann ab; sie verursachen einen starken brennenden Schmerz. **Verbreitung:** Zirkumtropisch, auch Mittelmeer und Ostatlantik.

Gestreifter Feuerwurm	bis 20 cm
Pherecardia striata	

Seiten mit Büscheln giftiger Borsten; Oberseite mit Reihen dunkler Flecken und Streifen. **Biologie:** Bewohnt alle Riffzonen, tagsüber oft im Freien. Steigt zur Fortpflanzung nachts in Schwärmen zur Oberfläche. Aasfresser, frisst auch an offenen Wunden von Seesternen. Die Borsten verursachen einen sehr starken brennenden Schmerz. **Verbreitung:** Indopazifik.

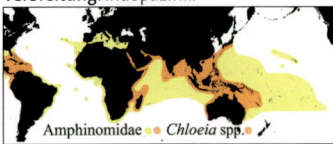

Amphinomidae · · *Chloeia* spp. · ·

Blutwürmer und Bobbitwürmer
Glyceridae und Eunicidae

Biologie

Diese Borstenwürmer können sehr groß werden. *Eunice aphroditois* erreicht bis zu einem Meter Länge, einige *Eunice*-Arten bis zu drei Metern. Sie leben in schlammigen, sandigen Böden und jagen dort nach anderen Würmern und Weichtieren. Auch Aas gehört in ihr Nahrungsspektrum. Der Blutwurm *Glycera dibranchiata* wird bis zu 38 Zentimeter groß. Seinen Namen erhielt er, weil sein Blut durch seine blasse durchscheinende Haut sichtbar ist. Zum Beutefang gräbt sich dieser Wurm durch Sand- und Schlammböden. Bobbitwürmer, *Eunice aphroditois*, sind nachtaktiv. Tagsüber liegen sie unter Steinen, auf Sand- und Schlammböden oder in Fels- und Korallenriffen. Manche Arten jagen aus dem Hinterhalt. Sie halten mit weit geöffneten Kiefern ihren Kopf aus dem Sand. Mit ihren ausgestreckten Tentakel bemerken sie vorbeischwimmende Fische. Sie können bis zu 15 cm große Fische erbeuten, die sie unter den Sand ziehen und dort fressen. Wie *Glycera*- sind auch die hier vorgestellten *Eunice*-Arten räuberische Borstenwürmer. Sie besitzen einen ausstülpbaren Rüssel und kräftige Kiefer. Ein Biss mit ihren klauenartigen Greifzähnen ist auch für Menschen schmerzhaft. Zudem wird beim Biss ein Gift injiziert. In Nordamerika sind Blutwürmer beliebte Angelköder.

Merkmale

Blutwürmer: Segmentierter Körper, mit je nach Art unterschiedlichen Färbungen, von durchscheinend blass bis kräftig dunkel gefärbt. Bobbitwürmer haben undurchsichtige Körper, die von beige bis rötlich dunkelbraun sein können. Oft schimmern sie metallisch. An jedem Segment befinden sich auf beiden Körperseiten kurze steife Fortsätze, Parapodia genannt. An jedem dieser „Beinchen" sitzt ein Bündel feiner Borsten. Die Kiemen liegen an Segmenten weit vorn am Körper. Blutwürmer haben vier gleiche klauenartige Greifzähne. Bobbitwürmer: Fünf Tentakel oberhalb der Greifzähne. Zwei Paare der gezackten Greifzähne sind sehr groß. Die Greifzähne sind normalerweise verborgen. Wenn sie ausgefahren sind, können sie länger sein als der doppelte Körperdurchmesser, bei großen Arten bis zu 5 cm. Sie erinnern an eine gespannte Falle.

Unfälle

Gefährdet sind in erster Linie Wurmsammler und Fischer. Die Würmer leben sehr verborgen und ziehen sich schnell zurück, wenn man sich ihnen nähert. Daher ist es sehr unwahrscheinlich, dass ein Taucher, Schnorchler oder Schwimmer gebissen wird. Versucht man einen großen Bobbitwurm zu greifen, besteht die Möglichkeit, kräftig gebissen zu werden.

Vorbeugende Maßnahmen

Borstenwürmer nicht anfassen, nicht berühren. Vorsicht beim Umdrehen von Steinen. Darunter verstecken sich die oft nachtaktiven Würmer häufig tagsüber.

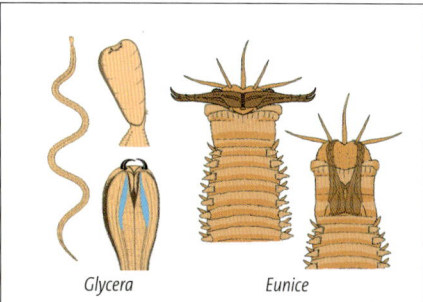

Glycera   *Eunice*

Giftapparat

Blutwürmer: Arten der Gattung *Glycera* besitzen vier kranzartig angeordnete, spitze, klauenartige Kiefer (Mandibel). Im Ruhezustand sind diese Mandibel verborgen. Sie sitzen vorn auf einem rüsselartigen Schlauch, den der Wurm ausstülpen kann. Dabei stülpt sich die Innenseite mit den Mandibeln nach außen. Jeder Mandibel ist durchzogen von einem dünnen Kanal, der jeweils mit einer Giftdrüse (blau) in Verbindung steht. Beim Biss wird das Gift in die Wunde injiziert. **Bobbitwürmer:** Arten der Gattung *Eunice* besitzen fünf Paar gezackter Mandibel. Sie sitzen ebenfalls vorn auf dem rüsselartigen Schlauch. Nur wenn der Wurm die Mandibel vorstreckt, sind sie an der Spitze dieses Schlauchs zu sehen. (Nach Halstead, 1965)

Was ist zu tun?

Erste Hilfe
Die Wunde mit 40–70 % Alkohol desinfizieren. Für gewöhnlich sind keine weiteren Maßnahmen erforderlich.

Achtung
Nicht kratzen oder reiben!

Weiterführende Behandlung
Normalerweise sind weiterführende Behandlungen nicht nötig. Unter gewissen Umständen kann eine Sekundärinfektion auftreten. Dann sollte ein Arzt zurate gezogen werden.

Das Gift
Die Giftdrüsen einer näher untersuchten *Glycera*-Art enthalten das Eiweiß-Toxin Alpha-Glycerotoxin. Sein Angriffspunkt sind die Synapsen, die Signalübertragungsbereiche von Nervenzellen. In seiner biochemischen Wirkung ähnelt es dem Gift der Schwarzen Witwe.

Symptome
Bisse dieser Würmer sind schmerzhaft. Die Vergiftung ist jedoch so schwach, dass sie meist ohne ernsthafte Folgen abläuft.

Arten und Verbreitung
Die Arten der Gattungen *Glycera* und *Eunice* bewohnen weiche Meeresböden in allen tropischen und gemäßigten Meeren.

Bobbitwürmer
Eunicidae

Großer Bobbitwurm	bis 3 m
Eunice sp cf aphroditois	

Kopf mit 5 Tentakeln und kräftigen Kiefern; zylindrischer Körper, meist rötlich braun mit metallischem Schimmer, Durchmesser bis 2,5 cm. **Biologie**: Bewohnt Sandflächen in geschützten Riffen. Tagsüber verborgen, streckt nachts den Kopf mit geöffneten Kiefern senkrecht aus dem Sand. Schnappt nach jeder geeigneten Beute und zieht sie zum Fressen unter den Sand. Erbeutet bis zu 15 cm lange Fische. **Verbreitung**: Indonesien und Philippinen bis Papua-Neuguinea, evtl. bis Australien. Evtl. zirkumglobal in warmen Meeren.

Langborsten-Bobbitwurm	bis 46 cm
Eunice longisetis	

Rötlich braun gesprenkelt mit metallischem Glanz. **Biologie**: Bewohnt Innen- und Außenriffe, 2–30 m. Verborgen, eingegraben im Sand, gelegentlich unter Steinen. Streckt nachts den Kopf mit geöffneten Kiefern senkrecht aus dem Sand und schnappt nach jeder geeigneten Beute. Jagt auch am Fuße von Riffblöcken. **Verbreitung**: Südflorida, Bahamas, Karibik. **Ähnlich**: *E. roussaei* ist einheitlich rotbraun (bis 180 cm, gleiches Verbreitungsgebiet). Weitere kleinere Arten bleiben in den Riffspalten verborgen.

Die tödlichste aller Kegelschnecken ist die Geografie-Kegelschnecke. Hier frisst sie einen gerade erlegten schwarzen Riffbarsch.

Kegelschnecken
Conidae

Kegelschnecken scheinen Naturgesetze zu brechen, denn trotz der sprichwörtlichen Langsamkeit von Schnecken sind sie aktive Jäger, die sogar Fische erbeuten. Wenn Schnecken flinke Fische jagen können, hat sich die Natur schon etwas einfallen lassen. Kegelschnecken jagen mit Giftpfeilen. Ihre Gifte zählen zu den wirksamsten überhaupt, und manche Arten können einen Menschen in kurzer Zeit töten. Viele Kegelschnecken sind weniger gefährlich, aber einige gehören zu den giftigsten Tieren des Meeres und haben zahlreiche tödliche Unfälle verursacht. Sie kommen im tropischen Teil des Indopazifiks vor. Andere Arten, die jedoch nur einen leichten bis schmerzhaften Stich austeilen können, sind in allen tropischen Meeren zu finden. Viele Kegelschnecken haben markante farbliche Zeichnungen, die seit Jahrhunderten die Menschen faszinieren. Obwohl viele Kegelschneckenarten nur von Experten auseinandergehalten werden können, sind die für den Menschen gefährlichen Arten relativ leicht zu erkennen.

Biologie
Alle Kegelschnecken leben räuberisch, ihr Gift setzen sie aktiv zum Nahrungserwerb ein. Bezüglich ihrer Beute lassen sie sich in drei Gruppen einteilen. Viele Arten fressen Würmer, eine Reihe stellt anderen Schnecken nach und einige machen Jagd auf Fische. Unabhängig von ihrer Spezialisierung besitzen Kegelschnecken alle einen gleichartig aufgebauten Giftapparat. Auch die Überwältigung der Beute geschieht bei allen nach dem gleichen Grundmuster: Mittels eines kleinen Pfeils am Ende des Schlundrohres harpunieren sie ihre Beute, wobei das Gift injiziert wird. Das Gift wirkt extrem schnell, das Opfer ist rasch gelähmt und wird im Ganzen verschlungen. Kegelschnecken gleiten auf einem Muskelfuß über den Boden und „schnüffeln" nach Beute, wobei sie ihr Schlundrohr ausfahren. Haben sie

Viele gefährliche Kegelschneckenarten haben ein auffälliges zeltartiges Muster. Diese halb eingegrabene Textil-Kegelschnecke, *Conus textile,* gehört zu den gefährlichsten Arten der Welt.

Diese ungefährliche *Strombus luhuanus* lebt im Westpazifik. Oberflächlich gesehen hat sie Ähnlichkeit mit einer Kegelschnecke. Bei genauerem Hinsehen kann sie allerdings an ihrer erdbeerfarbenen Innenseite erkannt werden.

ein Beutetier aufgespürt, kommt der schlauchförmige Rüssel zum Einsatz. Sobald sie die Beute erreichen oder berühren, wird der Giftpfeil abgeschossen. Er wirkt so schnell, dass kleine Fische nicht einmal mehr wegschwimmen können. Kegelschnecken halten sich zwischen Korallen, Felsblöcken sowie auf sandigen Böden auf. Viele kommen bereits ab wenigen Zentimetern Wassertiefe vor. Bei Ebbe sind sie daher oft auch tagsüber mehr oder weniger frei liegend auf dem Riffdach zu finden. Sie sind jedoch eher nachtaktiv, können aber auch am Tag im Riff umherstreifen. Viele graben sich zur Ruhe im Sand ein oder liegen verborgen in den Spalten des Riffs. Sämtliche für den Menschen gefährliche Arten bewohnen tropische und subtropische Meere des Indischen und Pazifischen Ozeans.

Kegelschnecken sind getrenntgeschlechtlich und haben eine innere Befruchtung. Die Eier werden in beutelförmigen Kapseln abgelegt. Jede Kapsel enthält zwischen 80 und 1000 winzigen Eiern (0,13 bis 0,56 mm). Aus ihnen schlüpfen die Larven, die mit dem Plankton für mehrere Tage bis zu einem Monat treiben oder schwimmen. Nach dieser Zeit lassen sie sich auf dem Boden nieder und reifen zu winzigen Jungtieren, die wie die erwachsenen Tiere aussehen. Einige subtropische Arten überspringen das Larvenstadium.

Merkmale

Die meisten Arten haben ein einheitlich kegelförmiges Gehäuse, bei einigen ist es jedoch eher von ovaler Form. Das Gewinde ist flach oder zumindest relativ kurz. Die Mündungsöffnung ist ziemlich eng und sehr lang gezogen. Färbung und Zeichnung sind arttypisch, können aber bei einigen Arten variieren. Kegelschnecken bilden

eine große Gattung mit etwa 500 Arten. Viele Arten sind für den Laien kaum eindeutig zu bestimmen. Nur relativ wenige sind für den Menschen gefährlich. Doch gerade diese gehören zu den schönsten.

Die Tiere gleiten auf ihrem Fuß, der so lang ist wie ihr gesamtes Gehäuse. Das schmalere Ende liegt vorn. Dort erscheinen der Rüssel, die Augen und das Schlundrohr. Der gefährliche Teil ist das Schlundrohr, ein langer wurmartiger Tentakel, der aus einer dickeren Hülle von unten herausgeschoben wird. Es bleibt verborgen, bis es zum Einsatz kommt. Das Gehäuse lebender Tiere hat einen häutigen Überzug, das Periostracum. Bei den meisten Arten ist es dünn und durchsichtig. Einige Arten haben jedoch eine dicke, fast opake Schutzschicht. Arten, die ihre meiste Zeit sichtbar für andere verbringen, haben oft eine dicke Schale, die mit Algen bewachsen sein kann. Diese ernähren sich zu großen Teilen von Würmern und sind relativ harmlos. Farblich markantere Arten sind oft dünner. Sie sind sehr auffällig, doch die Tiere verbergen sich im Sand, wenn sie nicht auf der Jagd sind. Dazu gehören auch viele Arten mit einer komplexen, zeltförmigen Zeichnung. Die meisten, für Menschen gefährliche Kegelschnecken befinden sich in dieser Gruppe. Die Zeichnung von Kegelschnecken unterscheidet sich sehr stark, und das nicht nur zwischen unterschiedlichen Arten, sondern auch innerhalb einer Art. Das macht eine eindeutige Bestimmung oft schwierig.

Unfälle

Das Gehäuse ist so schön, man muss es einfach aufheben. So fängt meist das Unglück an. Ihre attraktive Zeichnung macht Kegelschnecken zu beliebten Objekten bei Muschelsammlern und

Souvenirkäufern. So sind auch Taucher, Schnorchler und Strandwanderer oftmals versucht, die hübschen Gehäuse aufzuheben. Jegliches Hantieren mit den Tieren ist gefährlich. Denn Kegelschnecken sind erstaunlich gewandt, können ihren Körper weit aus dem Gehäuse strecken und mit dem sehr beweglichen Schlundfortsatz auch den hinteren Teil des Gehäuses erreichen. So wird selbst das Anfassen am Gewindeteil zum Risiko. Achtung: Die Schnecken ziehen sich oft weit in ihr Gehäuse zurück, sodass es leer erscheinen mag! Wer solche nur scheinbar leeren Gehäuse in der Hand trägt, geht ein sehr hohes Risiko ein, gestochen zu werden. Zu Vergiftungen kommt es typischerweise durch sorglosen Umgang mit den Tieren, meist in völliger Unkenntnis ihrer Gefährlichkeit.

Vorbeugende Maßnahmen
Die einzelnen Arten sind oft nur schwer voneinander zu unterscheiden. Kegelschnecken daher generell nicht anfassen, keinesfalls in die Hand nehmen und sie auch nicht sammeln oder zum

Zeigen in Kleidungsstücken dicht am Körper mitnehmen.

Das Gift
Das Gift der Kegelschnecken enthält eine Vielzahl pharmakologisch hochaktiver Verbindungen. Sie gehören zu den wirksamsten Toxinen überhaupt. Die einzelnen Gifte können aus über 100 Komponenten bestehen. In der Hauptsache handelt es sich hierbei um verschiedene, nur 10 bis 30 Aminosäuren lange Eiweißverbindungen (Peptide). Jede *Conus*-Art scheint einen eigenen, speziellen Giftcocktail zu benutzen. Besonders unter den Fische jagenden Kegelschnecken (etwa 50 Arten) befinden sich solche, deren Gift auch für den Menschen gefährlich ist. Die toxischen Peptide der Fische jagenden Arten wie *C. geographus* sind besonders gut erforscht. Sie werden in drei Klassen eingeteilt und wirken jeweils hochspezifisch. Alpha-Conotoxine blockieren die Bindungsstellen des Neurotransmitters Acetylcholin an Nervenendplatten und unterbrechen so die Erregungsübertragung auf die Muskeln. Die My-

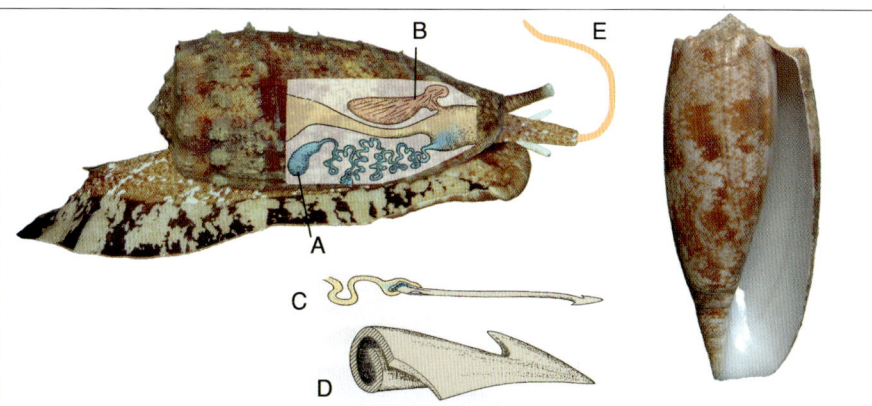

Giftapparat

Kegelschnecken verfügen über einen hoch entwickelten, äußerst raffinierten Giftapparat. Zu ihm gehören Giftdrüse, Giftblase (beide blau markiert) und ein Radulasack (B). Die Giftdrüse ist lang und schlauchförmig. Ihr hinteres Ende erweitert sich zur muskulösen Giftblase (A). Diese dient als Pumpe, durch Kontraktion drückt sie das Gift durch den Schlauch bis zu dessen vorderer Öffnung im Schlund des Tieres. Hier mündet auch die Öffnung des Radulasacks. In diesem werden die

mehrere Millimeter langen Zähnchen gebildet. Über fünfzig dieser hohlen, harpunenartig geformten Chitinzähnchen (D, C) können hier bis zum Gebrauch aufbewahrt werden. Ein echter Pfeilköcher also. Bei Bedarf wird dann einer der Pfeile mit Gift geladen und über den Schlund bis zur Spitze des rüsselartigen Schlundfortsatzes (E) befördert. Von hier aus wird er mit hoher Geschwindigkeit in das Beutetier geschossen. Aus dem Radulasack (B) rückt dann ein neuer Giftpfeil nach. Jeder Zahn kann nur einmal genutzt werden. *(Nach Mebs)*

Fallbeispiel

Guam, Mikronesien: Ein 29 Jahre alter Mann fand beim Speerfischen eine große Conus geographus. Er steckte sie in den Ärmel seines Oberteils und setzte seinen Tauchgang fort. Innerhalb einer Stunde fühlte er sich benommen und schwach. Sein ganzer Körper fühlte sich taub an. Er wurde sofort ins Krankenhaus gebracht. Als er dort ankam, war er bereits unfähig zu sprechen. An seinem linken Handgelenk zeigten sich unterschiedliche Ödeme, aber es war keine Einstichstelle zu sehen. Er bekam 25 mg des Antihistamins Benadryl. Außerdem bekam er 10 ml Calcium-Glucomat und 500 ml 5%iger Dextrose intravenös. Auf sein Handgelenk wurden heiße Kompressen gelegt. Auf dem Weg in ein anderes Krankenhaus hörte er plötzlich auf zu atmen und sein Puls wurde sehr schwach. Er bekam sofort Sauerstoff und wurde künstlich beatmet, starb aber innerhalb der nächsten 25 Minuten. *(Nach Halstead)*

Conotoxine blockieren die Natriumkanäle der Muskelmembranen und hemmen dadurch an diesen die Bildung einer Erregung. Die Omega-Conotoxine blockieren präsynaptische Calciumkanäle und verhindern damit die Freisetzung des Acetylcholin. So wird die Erregungsübertragung von Nerven auf Muskeln gleichzeitig an drei entscheidenden Stellen gestört. Neben diesen bekannten Peptiden enthalten *Conus*-Gifte eine Reihe weiterer aktiver, an der Vergiftung beteiligter Peptide, deren Wirkungsmechanismus vielfach noch ungeklärt ist. Das Gift der Kegelschnecken wirkt auf die natürlichen Beutetiere extrem schnell. Bei einer näher untersuchten Art (*C. purpurascens*) war ein von der Schnecke harpunierter Beutefisch schon nach ein bis zwei Sekunden vollständig gelähmt. Damit gehören die *Conus*-Gifte zu den wirksamsten aller bekannten Toxinmischungen.

Symptome

Meist spürt man bei einem Stich rund um die Einstichstelle einen starken Schmerz, etwa wie bei einem Bienenstich. Mitunter bleibt ein Stich jedoch zunächst völlig unbemerkt. Nach kurzer Zeit bildet sich rund um die Einstichstelle ein Taubheitsgefühl, das sich bald über die gesamte Extremität und eventuell darüber hinaus aus-

Repräsentative indopazifische Kegelschnecken

Tödliche Arten:
Stiche oft tödlich

1. **Geografie-Kegelschnecke** *Conus geographus*, 16,6 cm. Ähnlich: *C. tulipa* ist im Indischen Ozean und Pazifik häufig.
2. **Textil-Kegelschnecke** *Conus textile*, 15 cm.
3. **Gestreifte Kegelschnecke** *Conus striatus*, 13 cm.
4. **Gefleckte Kegelschnecke** *Conus marmoreus* 15 cm. Ähnlich: *C. bandanus*.

Potenziell tödliche Arten:
Stiche können tödlich sein

5. *Conus omaria*, bis 8,6 cm. O-Afrika bis Fidschi. *C. aulicus* hat eine größere Spitze.
6. *Conus magus*, 9,4 cm. Häufig. Madagaskar bis Fidschi. Ähnlich: *C. striatellus*.
7. *Conus eburneus*, 6 cm. Sehr unterschiedlich mit schwarzen Streifen, die ringförmig angeordnet sind. Häufig im Sand auf flachen Riffen. Ostafrika bis Frz.-Polynesien.
8. *Conus tessulatus*, 5 cm.
9. *Conus gloriamaris*, 16,8 cm. Auf Sand und Schlamm, 10–300 m. Selten. Frisst Muscheln. Philippinen bis Samoa.
10. *Conus ammiralis*, 9,7 cm.

Schmerzhaft stechende Arten:
Stiche können schmerzen

11. *Conus obscurus*, 4,4 cm. Sandige Bereiche auf Vorriffen. Ostafrika bis Polynesien.
12. *Conus pulicarius*, 6 cm.

Unbekannt:
Wahrscheinlich schmerzhafter Stich, Vorsicht geboten!

13. *Conus pennaceus*, 8,6 cm. Sandige Bereiche auf Vorriffen. Rotes Meer bis Polynesien.
14. *Conus nusatella*, 8,3 cm.
15. *Conus caracteristicus*, 6 cm.
16. *Conus virgo*, 15 cm. Ähnlich: *C. litteratus*, *C. leopardus* haben schwarze in Ringen angeordnete Streifen.
17. *Conus vexillum*, 8 cm (Juv.). Häufig.
18. *Conus miles*, 8 cm.
19. *Conus coronatus*, 4 cm. Auf Riffdächern. Häufig. Ähnlich: *C. catus*, 4 cm.
20. *Conus abbreviatus*, 4 cm. Sandige Bereiche bis 60 m. Hawaii bis Marshallinseln.
21. *Conus ebraeus*, 4,2 cm. Auf Riffdächern, häufig. Indopazifik.
22. *Conus lividus*, 8 cm. Gelblich bis lilabraun. Auf Riffdächern, häufig.
23. *Conus rattus*, 5 cm. Auf Riffdächern sehr häufig.
24. *Conus moreleti*, 6 cm. Unter Korallenüberhängen.

0 1 2 3 4 5 cm

breitet. Es kommt zu Muskellähmungen, deren Ausmaß von der Schwere der Vergiftung abhängt. Erste Anzeichen sind allgemeine Mattheit, Sprech-, Schluck- und Atembeschwerden, unkoordinierte Bewegungen und Sehstörungen. Bei einer schweren Vergiftung kann es bereits in weniger als einer Stunde zur Bewusstlosigkeit und zum Tod durch Lähmung der Atemmuskulatur kommen.

Arten und Verbreitung

Kegelschnecken sind in mehr als 500 Arten unterteilt und in allen Meeren verbreitet. Die weitaus meisten leben im tropischen Indopazifik. Nur von hier sind Arten bekannt, die sehr schwere oder tödliche Vergiftungen verursacht haben. Zu den für den Menschen sehr gefährlichen Arten gehören beispielsweise die Fische jagenden Arten *C. omaria*, *C. magus*, *C. striatus* und *C. geographus*. Letztere ist wohl die gefährlichste Kegelschnecke: Öfter als alle anderen ist sie für tödlich verlaufende Vergiftungen verantwortlich. Aber auch *C. textile* und *C. marmoreus*, welche andere Schnecken jagen, haben schon tödliche Vergiftungen verursacht. Relativ wenige Vertreter gibt es im Atlantik.

Was ist zu tun?

Erste Hilfe

Wasser verlassen. Den Verletzten beruhigen und umgehend zum Arzt oder ins nächste Krankenhaus bringen. Bei Bewusstlosigkeit in stabile Seitenlage legen. Dabei unbedingt Vitalfunktionen, besonders die Atmung, überwachen. Bei Atemstillstand sofort Beatmung durchführen. Wenn möglich, die Schnecke zur Identifizierung in geschlossener Box mitnehmen. Vorsicht: Sie kann weiterhin stechen.

Achtung

Kein Ein- oder Ausschneiden der Einstichstelle, kein Abbinden der Extremität.

Weiterführende Behandlung

Die Behandlung richtet sich nach den Symptomen. Ein Antiserum gibt es nicht. Zu erwarten sind Atembeschwerden, Lähmungen und eventuell allergische Reaktionen. Auch bei leichten Vergiftungen ist der Patient über 24 Stunden kontinuierlich zu überwachen.

Welche Kegelschnecken sind gefährlich?

Es gibt mindestens 18 Kegelschneckenarten, deren Stich für Menschen gefährlich werden kann. Mindestens vier davon sind für tödliche Unfälle verantwortlich. Die Geografie-Kegelschnecke, *Conus geographus*, ist mit Abstand die gefährlichste Art. Sie ernährt sich von Fischen, und Tiere dieser Art haben schon mehr als 30 Menschen getötet. Mindestens zwei Todesfälle werden der Textil-Kegelschnecke, *Conus textile*, zugeschrieben. Sie ernährt sich von Muscheln. Jeweils ein Mensch kam durch die Gestreifte Kegelschnecke, *Conus striatus*, die sich von Fischen ernährt, und durch die Gefleckte Kegelschnecke, *Conus marmoreus*, die Muscheln frisst, zu Tode. Der Stich von *Conus omaria* kann ebenfalls tödlich sein. Ein achtjähriges Mädchen, das von einem Exemplar gestochen wurde, überlebte nur Dank künstlicher Beatmung. Tests ergaben, dass das Gift drei weiterer Arten, *Conus tessulatus*, *Conus eburneus* und *Conus purpurascens*, für Fische tödlich ist. Sie sollten ebenfalls als gefährlich eingestuft werden. Daraus lässt sich schließen, dass Kegelschnecken, die sich von schnellen oder starken Beutetieren ernähren, wie zum Beispiel Fischen, die stärksten Gifte produzieren. Solche Beutetiere müssen mit einem starken Gift schnell gelähmt werden, damit sie nicht entkommen. Dies trifft auch auf Kegelschnecken zu, die sich von Muscheln oder von anderen Kegelschnecken ernähren, die sich zur Wehr setzen könnten. Die Gefahr, die von den meisten Kegelschnecken ausgeht, ist nie untersucht worden. Deshalb sollte man damit rechnen, dass die nächsten Verwandten bekannter gefährlicher Arten, genauso giftig sind. Dazu gehören die sogenannten „Zelt"-Kegelschnecken, wie zum Beispiel die Prinzen-Kegelschnecke, *Conus aulicus*. Sie ernährt sich von Muscheln.

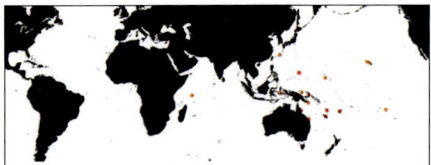

Verbreitung von Kegelschnecken und Gebiete mit einigen tödlichen und nicht tödlichen Unfällen.

Geografie-Kegelschnecke bis 16,6 cm
Conus geographus

Cremefarben mit bräunlichen Markierungen. Mantel blassgelb mit schwarzen Flecken. **Biologie:** Lebt auf flachen sandigen Riffarealen; von Seichtwasser bis 20 m. Oft teilweise eingegraben oder im Schutz unter Felsen. Nachtaktiv, jagt vorwiegend Fische, gelegentlich auch andere Weichtiere. Verschlingt auch Fische, die größer sind als sie selbst. Die gefährlichste aller Kegelschnecken, verantwortlich für die meisten Todesfälle beim Menschen. **Verbreitung:** Rotes Meer bis Frz.-Polynesien.

Textil-Kegelschnecke bis 15 cm
Conus textile

Gehäuse cremeweiß mit vielen pyramidenartigen dunklen Markierungen. Siphonspitze schwarz-weiß-rot geringelt. **Biologie:** Bewohnt flache sandige Areale, vom Seichtwasser bis 50 m. Meist teilweise eingegraben oder unter Gestein. Nachtaktiv, frisst andere Kegelschnecken und weitere Schnecken, selten auch Fische, Würmer und Aas. Äußerst gefährlich, Stich kann tödlich sein. **Verbreitung:** Rotes Meer bis Hawaii und Frz.-Polynesien.

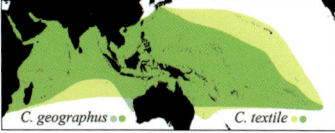

C. geographus ●● C. textile ●●

Gestreifte Kegelschnecke bis 12,9 cm
Conus striatus

Cremefarben mit unregelmäßigen braunen Streifen. **Biologie:** Lebt in den meisten Riffhabitaten, auf Sand-, Geröll- und Hartgrund, tagsüber eingegraben oder unter Steinen; von Seichtwasser bis 50 m. Frisst Fische, vorwiegend nachts. Wird selbst gejagt von der Textil-Kegelschnecke. Sehr gefährlich, wird für mindestens einen Todesfall verantwortlich gemacht. **Verbreitung:** Rotes Meer bis Hawaii und Frz.-Polynesien.

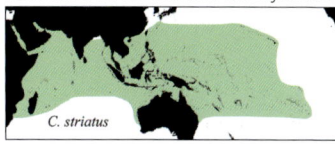

C. striatus

Gefleckte Kegelschnecke   bis 15 cm
Conus marmoreus

Dickwandiges Gehäuse mit kurzem Gewinde; dunkelbraun mit großen weißen, kegelförmigen Flecken; diese werden mit dem Alter zahlreicher und verhältnismäßig kleiner. **Biologie:** Tagaktiv, lebt auf Geröll, totem Korallengestein und Sand, von Seichtwasser bis 15 m. Frisst vorwiegend Schnecken. Sehr gefährlich, Stich kann tödlich sein. **Verbreitung:** Indien bis Marshallinseln und Fidschi.

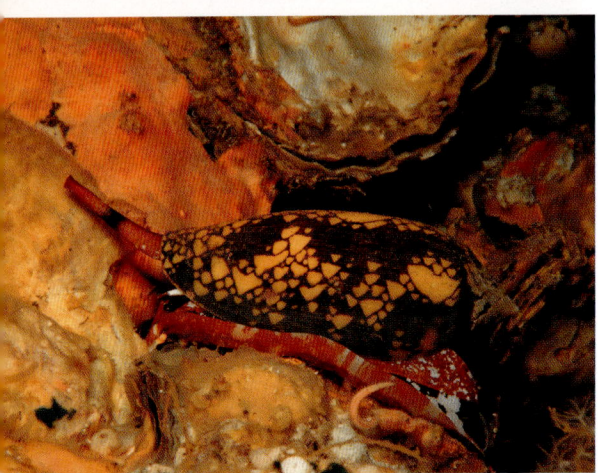

Prinzen-Kegelschnecke   bis 16,3 cm
Conus aulicus

Gehäuse leicht rundlich und lang gestreckt, dunkelbraun mit pyramidenartigen gelblichen Flecken. **Biologie:** Auf Geröll-, Sand- und abgestorbenem Korallengrund, vom Seichtwasser bis 30 m. Nachtaktiv, frisst vorwiegend andere Schnecken, gelegentlich auch kleine Fische. Wird als sehr gefährlich eingestuft, Stich potenziell tödlich. **Verbreitung:** Rotes Meer bis Frz.-Polynesien.

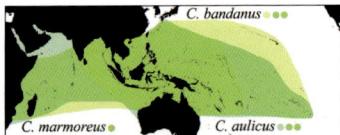

Samt-Kegelschnecke   bis 5+ cm
Conus tessulatus

Gehäuse mit sehr kurzem Gewinde, in kleiner Spitze auslaufend. Cremefarben mit kurzen gelborangen Streifen, die mit dem Alter zahlreicher werden. **Biologie:** Auf Geröll-, Sand- und Hartgrund, vom Seichtwasser bis 30 m. Häufig. Frisst Borstenwürmer. Ihr Gift ist jedoch auch tödlich für kleine Fische, sollte daher als gefährlich angesehen werden. **Verbreitung:** Rotes Meer bis Frz.-Polynesien.

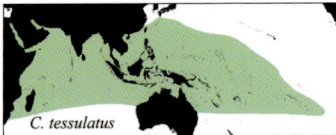

Der Biss eines Blauring-Kraken wird meist gar nicht bemerkt.
In der Regel hinterlässt er nur eine winzige Hautabschürfung.

Dieser Große Blauring-Krake, *Hapalochlaena lunulata,* lässt seine Warnfarben aufleuchten, eine eindeutige Aufforderung, ihm fernzubleiben.

Blauring-Kraken
Octopodidae

Tödliche Giftzwerge

Kein Gifttier macht einen so harmlosen Eindruck und ist gleichzeitig so tödlich giftig wie der Blauring-Krake. Er gehört zu den kleinsten Vertretern der über 200 Arten umfassenden Familie der Kraken. Die extrem hohe Gefährlichkeit der winzigen Blauring-Kraken wurde erst in den 1950er-Jahren erkannt. Seit damals gab es mindestens zwei Todesfälle und zahlreiche nicht tödliche Vergiftungen. In manchen Gebieten ist nicht einmal Einheimischen bekannt, wie giftig diese Tiere sind, und oft spielen Kinder mit den Kraken, ohne dass ihnen etwas passiert. Blauring-Kraken sind nicht die einzigen giftigen Kopffüßler. Es gibt mindestens einen auffallend gezeichneten Kraken, der ebenfalls hochgiftig ist. Auch die kleine, aber auffällige Pracht-Sepia, *Metasepia pfefferi,* verfügt über ein tödliches Gift.

Biologie

Blauring-Kraken leben auf flachen steinigen Riffen, auf Korallenriffen und in Gezeitentümpeln bis zu einer Tiefe von 50 m. Kraken sind Räuber. Sie erbeuten mit ihren Tentakeln kleine Krebstiere und Fische, denen durch einen Biss der giftige Speichel injiziert wird. Blauring-Kraken können in Sekundenschnelle ihr Farbmuster verändern. Droht ihnen keine Gefahr, sind sie hervorragend getarnt, da sie sich farblich ihrer Umgebung anpassen. Sie können aber auch ihre im Normalzustand kaum sichtbaren blauen Markierungen gezielt aufleuchten lassen. Dann sind sie sehr auffällig. Zur Verwirrung von Angreifern spritzen einige Blauringarten eine Tintenwolke ins Wasser. Möglicherweise reichen die Warnfarben und das starke Gift zur Verteidigung völlig aus. Ob alle Arten der Blauring-Kraken giftig sind, ist nicht untersucht. Zur eigenen Sicherheit sollte man jedoch unbedingt davon ausgehen.

Kraken haben eine sehr geringe Lebenserwartung. Selbst große Arten werden nicht älter als fünf Jahre. Viele kleine Arten, wie auch die Blauring-Kraken, werden wahrscheinlich nicht älter als ein Jahr. Die Weibchen paaren sich nur einmal und ziehen sich dann in eine Höhle zurück, wo sie ihre Eier bewachen. Während dieser Zeit fressen die Tiere nichts. Sie verbrauchen ihre Energie bei der Sorge um ihre Eier und verhungern langsam. Die meisten Kraken legen Tausende von Eiern. Die Larven werden durch

Strömungen weggetrieben und verbreitet. Andere Kraken, wie auch die Blauring-Kraken, legen nur ein paar Dutzend relativ große Eier. Aus ihnen schlüpfen voll entwickelte Jungtiere. Kleine Blauring-Kraken verfügen schon beim Schlüpfen über das tödliche Gift. Sie können die blauen Ringe sofort zeigen und wieder verlöschen lassen.

Merkmale

Blauring-Kraken besitzen die typische Krakengestalt mit sackförmigem Körper und acht Armen. Diese tragen jeweils zwei Reihen von Saugnäpfen an der Unterseite. Die mindestens zehn bekannten Arten der Blauring-Kraken sind meist nur von Fachleuten zu unterscheiden. Haben die Tiere ihre blauen Warnfarben „abgeschaltet", hält man sie meist für gewöhnliche, sehr kleine Kraken.

Sie können Struktur und Farbe ihrer Haut und ihre Körperform verändern.

Unfälle

Strand- und Riffwanderer können Blauring-Kraken im Seichtwasser und in kleinen Ebbetümpeln entdecken. Dann werden die „niedlichen" Mini-Kraken zum Spielen oder Zeigen in die Hand genommen. Meist wird der Biss des so in die Enge getriebenen Tieres gar nicht bemerkt. Dass jemals Schwimmer oder Taucher angegriffen wurden, ist nicht bekannt. Blauring-Kraken sind eher scheu und ziehen sich bei Störungen zurück.

Vorbeugende Maßnahmen

Am besten überhaupt keine kleinen Kraken im Verbreitungsgebiet der Blauring-Kraken anfassen. Aquarientiere nur mit dem Netz fangen. Wenn die Tiere ihre Tarnfärbung tragen, ohne die blauen Markierungen, sind sie als Blauring-Kraken nicht zu erkennen. Das Wissen um die Giftigkeit und entsprechendes Verhalten sind der beste Schutz.

Das Gift

Das Gift der Blauring-Kraken enthält als wichtigsten Bestandteil das Tetrodotoxin. Bei der Isolierung des Toxins aus den Speicheldrüsen von Blauring-Kraken im Jahr 1970 bezeichnete man es in Anlehnung an den Artnamen der untersuchten Kraken (*H. maculosa*) zunächst als Maculotoxin. Im Jahr 1978 wurde dann nachgewiesen, dass es mit dem bereits von Kugelfischen bekannten Tetrodotoxin identisch ist. Im Unterschied zu Kugelfischen setzt ein Blauring-Krake sein Gift jedoch aktiv zum Beuteerwerb

ein. Das Toxin wird nicht von den Kraken selbst produziert, sondern von Bakterien, die in ihren Speicheldrüsen leben. Über die Eier, die ebenfalls das Toxin enthalten, werden die Bakterien an die nächste Generation weitergegeben. Tetrodotoxin ist ein hochwirksames Nervengift und eines der stärksten marinen Toxine. Seine mittlere tödliche Dosis liegt bei 0,009 Milligramm pro Kilogramm Körpergewicht des Opfers. Für einen 80 Kilogramm schweren Menschen würde also bereits die winzige Menge von 0,72 Milligramm (0,00072 Gramm) tödlich sein. Angriffspunkt des Tetrodotoxins sind die Natriumkanäle von Nerven- und Muskelzellen. Es blockiert diese Kanäle und verhindert so die Erregbarkeit der betroffenen Zellmembranen. Dadurch können Nervenimpulse nicht weitergeleitet werden, und die Kontraktionsfähigkeit der Muskeln wird verhindert. Letztlich führt dies zu einer vollständigen Lähmung.

Symptome

Der Biss wird meist gar nicht bemerkt und hinterlässt in der Regel nur winzige Hautabschürfungen. Die ersten Symptome setzen bereits nach wenigen Minuten ein: Schwächegefühl, ein leichtes Prickeln im Gesicht, besonders im Mundbereich, im Nacken und eventuell in den Extremitäten. Diese Empfindung geht rasch über in ein Taubheitsgefühl. Dazu können Übelkeit und Erbrechen kommen. Es folgen Muskellähmungen, die sich vorerst in Schwierigkeiten bei der Motorik, beim Sprechen, Schlucken und Atmen bemerkbar machen. Das Gehen und koordinierte Armbewegungen sind rasch nicht

In ruhigem Zustand sind die blauen Ringe „ausgeschaltet". Dadurch werden die Blauring-Kraken nahezu unsichtbar.

mehr möglich. Da die Lähmung schnell auf die Atemmuskulatur übergreift, kommt es zum Atemstillstand, der in der Regel für die Todesfälle verantwortlich ist. Beschrieben wurden leichtere Vergiftungen, bei denen das Opfer noch bei vollem Bewusstsein war, aber durch eine Lähmung der Arm-, Bein-, Gesichts-, Zungen- und Schlundmuskulatur sich nicht bewegen und artikulieren konnte. Selbst das Schließen der Augenlider war nicht mehr möglich. Eine rechtzeitige künstliche Beatmung, die meist über mehrere Stunden notwendig ist, ist die zentrale und Leben rettende Maßnahme. Es gibt meist keine nachfolgenden gesundheitlichen Probleme. Bei einer überlebten Vergiftung kommt es sehr rasch zu einer vollständigen Wiederherstellung der betroffenen Nerven- und Muskelfunktionen.

Der giftige Augenfleck-Krake, *Octopus mototoi*, und andere, erst kürzlich entdeckte Arten, können ein Paar Augenflecken aufblitzen lassen.

Was ist zu tun?

Erste Hilfe
Wenn möglich, sofort das Wasser verlassen. Als Helfer den Verletzten umgehend in ärztliche Behandlung bringen, da die akute Gefahr einer Atemlähmung besteht. Bei Atemstillstand sofort künstliche Beatmung geben, etwa mit Mund-zu-Mund-Beatmung oder mit einem Beatmungsgerät. Durch die künstliche Beatmung wurde schon in über zehn Vergiftungsfällen mit Blauring-Kraken das Leben der Betroffenen gerettet.

Achtung
Kein Ein- oder Ausschneiden und kein Ausbrennen der Wunde.

Weiterführende Behandlung
Für Tetrodotoxin gibt es kein spezifisches Gegenmittel (Antidot). Bei einsetzender Lähmung ist sofortige Intubation und Beatmung durchzuführen. Herz- und Kreislauf müssen kontinuierlich überwacht werden. Meist lässt die Wirkung des Giftes nach einigen Stunden nach und die künstliche Beatmung kann bei dann einsetzender Spontanatmung abgebrochen werden. Eine Beobachtung über weitere 24 Stunden ist jedoch empfehlenswert.

Arten und Verbreitung
Blauring-Kraken werden zusammengefasst in der Gattung *Hapalochlaena*. Einige sind wissenschaftlich bereits als Art beschrieben, wie *H. lunulata*, *H. maculosa* und *H. fasciata*. Andere werden nur als Nummer geführt und warten noch auf eine Artbeschreibung. Forscher gehen von mindestens zehn Arten aus. Zu unterscheiden sind sie unter anderem an ihren blauen Markierungen, die in ihrer Größe und Anordnung verschieden sind. Das Wissen über die genauen Verbreitungsgrenzen der einzelnen Arten ist lückenhaft. So ist bekannt, dass *H. fasciata* in den subtropischen Gewässern um Ostaustralien vorkommt oder *H. maculosa* an der Südküste Australiens. Von anderen Arten sind meist nur einzelne Fundorte bekannt, etwa Sulawesi oder Südjapan. In ihrer Gesamtheit scheinen Blauring-Kraken mindestens in dem Gebiet zwischen Japan und Papua-Neuguinea, von Sri Lanka bis Vanuata und um ganz Australien verbreitet zu sein. Sie bewohnen flache Küstengewässer des zentralen Indopaziiks. Nur eine Art, der Große Blauring-Krake, *H. lunulata*, ist weitverbreitet. Die anderen Blauring-Kraken haben kleinere und meist sich nicht überschneidende Verbreitungsgebiete. So gibt es in jeder Gegend nur ein oder zwei Arten.

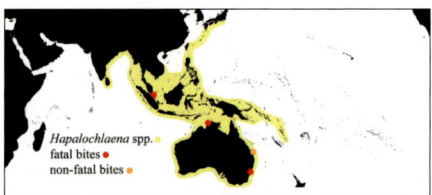

Verbreitung der Blauring-Kraken und Fälle von tödlichen und nicht tödlichen Bissen

 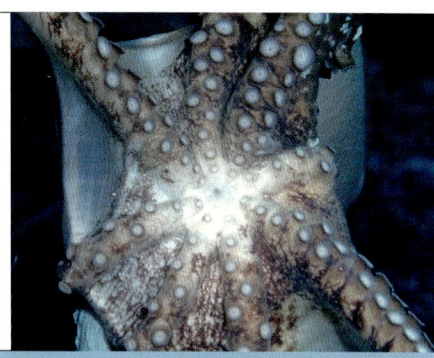

Giftapparat

Alle Kraken besitzen ein papageischnabelartiges Gebiss an der Unterseite der Tiere, am Tentakelansatz (rechts). Die meisten Kraken haben ein Paar große Speicheldrüsen (links). Der Speichel enthält Toxine, die zur Lähmung der Beutetiere führen, sowie Enzyme, welche die Verdauung unterstützen. Beim Biss gelangt der Gift-Enzym-Cocktail in den Körper des Beutetieres. Für Menschen ist der Biss gewöhnlicher Kraken ungefährlich, abgesehen vom Schmerz bei großen Tieren und einer eventuell auftretenden Schwellung rund um die Bissstelle. Anders bei den Blauring-Kraken. Sie haben zwar das gleiche schnabelartige Gebiss wie alle Kraken, doch ist dieses sehr klein und verursacht auf der menschlichen Haut nur eine winzige Wunde. Dagegen ist ihr Speichelsekret extrem giftig und auch für den Menschen rasch tödlich.

Fallbeispiele

Tödlich endende Vergiftung: Ein 23-jähriger Mann kampierte mit einer Gruppe Soldaten am Strand von Sydney.
Im Seichtwasser entdeckte er einen Blauring-Kraken. Um ihn seinen Kameraden zu zeigen, nahm er das Tier hoch und setzte es sich auf den linken Handrücken. Schon nach zehn Minuten klagte er über ein Schwindelgefühl. Er war nicht einmal mehr in der Lage, den Kraken von seiner Hand zu nehmen, sodass seine Kameraden ihn entfernten und zurück ins Meer warfen. Als der Mann wenige Minuten später Schluck- und Atembeschwerden hatte, brachte man ihn zum Lager zurück. Bei der Ankunft war er bereits bewusstlos und bekam Mund-zu-Mund-Beatmung und Herzmassage. Bei der Einlieferung ins Krankenhaus war er immer noch ohne Bewusstsein und zeigte keine Atmung. Nach 90 Minuten stellte man dort die Wiederbelebungsmaßnahmen ein. Bei der Autopsie fand man an der Bissstelle auf dem Handrücken lediglich zwei winzige Hautabschürfungen.

Überlebte Vergiftung: Auch dieser Fall folgt dem typischen Muster. Ein Mann entdeckte am Strand von Queensland in Australien einen Mini-Kraken und hob ihn auf. Als er ihn anschließend wieder ins Wasser warf, entdeckte er ein wenig Blut auf seinem Handrücken. Einen Biss hatte er jedoch nicht gespürt. Kurz darauf verspürte er eine Enge im Brustbereich, rief um Hilfe und brach zusammen. Mit einem Kleinflugzeug wurde er ins nächste Krankenhaus geflogen. Noch im Flugzeug verlor er das Bewusstsein und die Atmung setzte aus, worauf sofort mit der Wiederbelebung begonnen wurde. Im Krankenhaus wurde der immer noch bewusstlose und vollständig gelähmte Mann künstlich beatmet. Nach fünf Stunden erst zeigte er Spontanatmung und konnte Hände und Füße wieder bewegen. Nach 48 Stunden schließlich war er bei vollem Bewusstsein und konnte wieder laufen.

Großer Blauring-Krake — bis 5 cm
Arme bis 7 cm
Hapalochlaena lunulata

Blaue Ringe überwiegend größer als das Auge. **Biologie:** Bewohnt geschützte und exponierte Korallenriffe, vom Flachbereich bis über 10 m. Jagt auf Geröllgrund und im Riff kleine Krebse und Fische. Während der Paarung klettert das Männchen auf den Rücken des Weibchens, wobei es dessen Augen vollständig bedecken kann. Der Tod eines zehnjährigen Jungen in Singapur wurde vermutlich durch den Biss eines Exemplares dieser Art verursacht. Verbreitung: Sri Lanka bis Vanuatu, nördlich bis zu den Philippinen. **Achtung:** Der Wunderpus-Krake, *Wunderpus photogenicus*,(rechts) ist vielleicht ebenfalls giftig.

Mittlerer Blauring-Krake — bis 3 cm
Arme bis 6 cm
Hapalochlaena species 4

Blaue Ringe überwiegend so groß wie das Auge. **Biologie:** Bewohnt flache Sand- und Geröllböden, oft auch mit Algenrasen. Sonst ist kaum etwas über diese Art bekannt, auch nicht über die Folgen eines Bisses. **Verbreitung:** Sulawesi. **Ähnlich:** Die noch unbeschriebenen Blauring-Kraken Nr. 3 und 5 haben kleinere Ringe.

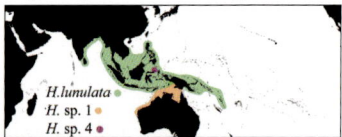

H. lunulata
H. sp. 1
H. sp. 4

Pracht-Sepien
Sepiidae

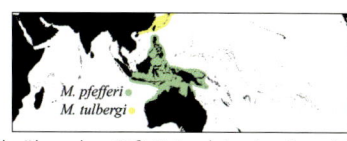

M. pfefferi
M. tullbergi

Viele Taucher sind sich der Gefahr, die von der Pracht-Sepia, *Metasepia pfefferi*, ausgeht, nicht bewusst. Die leuchtenden Farben sind ein Warnsignal, das auf ihren giftigen Speichel hinweist. Wie die Blauring-Kraken verfügt sie wahrscheinlich über das Gift Tetrodotoxin. Sowohl die Pracht-Sepia als auch die Nördliche Pracht-Sepia, *M. tullbergi*, sollten als hochgefährlich eingestuft und nie angefasst oder geärgert werden.

Pracht-Sepia	bis 8 cm
Metasepia pfefferi	

Mantel mit großen zipfelförmigen Auswüchsen. Diese Art kann blitzschnell leuchtend gelbe, rote und weiße Muster produzieren. **Biologie**: Bewohnt flache, schlammige und sandige Areale. Jagt tagsüber kleine Fische und Krebse. Kann mit den unteren Armen und einem Paar Mantellappen über den Grund laufen. Der Biss ist extrem giftig. **Verbreitung**: Indonesien und PNG bis Nordaustralien. Ersetzt durch *M. tullbergi* von China bis Südjapan.

Nacktschnecken
Nudibranchia

Nacktschnecken sind Schnecken ohne Gehäuse. Viele sind sehr gut getarnt, andere ungenießbar oder giftig. In den meisten Fällen erwerben sie diese Abwehrstoffe über ihre Nahrung. Solange man sie nicht isst, sind die meisten Nacktschnecken ungefährlich. Eine Ausnahme ist *Asteronotus cespitosus*, die Schwefelsäure mit dem Hautschleim absondert. Selbst wenn man sie nur für kurze Zeit aus dem Wasser nimmt, können sich die äußeren Hautschichten abschälen.

Fladen-Höckerschnecke	bis 22 cm
Asteronotus cespitosus	

Strohgelb bis braun mit großen Tuberkeln; erreicht in Hawaii bis 5 cm, in Guam wohl bis 30 cm Länge. **Biologie**: Lebt tagsüber unter Steinen und Korallenköpfen. Auf Riffdächern, in Lagunen und in Außenriffen. Vorwiegend nachtaktiv, ernährt sich von Schwämmen. Kann Schwefelsäure abscheiden, die Hautablösungen hervorrufen kann. **Verbreitung**: Ostafrika bis Hawaii.

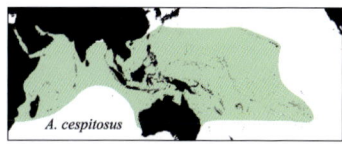

A. cespitosus

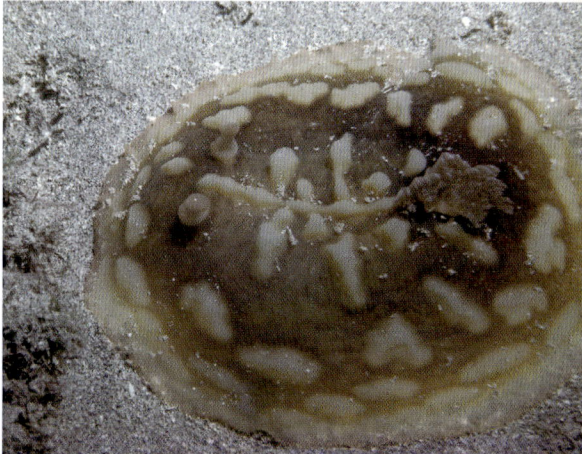

Ansammlungen von Dornenkronen-Seesternen können rasch große Korallenareale zerstören.

Dornenkronen-Seestern
Acanthasteridae

Biologie

Seesterne gelten gemeinhin als ungiftig. Doch Ausnahmen bestätigen die Regel: Von den rund 2000 bekannten Seesternarten verfügt als einzige die Dornenkrone über lange, von giftigem Drüsengewebe überzogene Stacheln, die zu schmerzhaften Stichverletzungen und Vergiftungen führen können. Sie ernährt sich von Steinkorallen, was ihr einen zweifelhaften Ruhm einbrachte: In unregelmäßigen Abständen kann diese, normalerweise eher seltene Art, in riesigen Massenansammlungen auftreten, ist dann auch am Tag aktiv und schädigt große Riffbereiche. Wo Dornenkronen in Massen einfallen, bleiben schneeweiße, von Korallenpolypen völlig freie Bereiche auf den Korallen zurück. Auch natürliche Feinde wie das Tritonshorn, eine räuberische Schnecke, können ein Massenvorkommen der Dornenkrone nicht eindämmen. Der Dornenkro-

Farbvarianten der Dornenkrone: cremefarben im Roten Meer (oben); blauviolett in der Andamanensee (unten). Letztere dringt gelegentlich bis zu den Malediven vor.

nen-Seestern ist auf dreifache Weise vor Fressfeinden geschützt: Die langen spitzen Stacheln sind ein wirkungsvoller mechanischer Schutz und eine Verletzung durch die Stacheln führt zu einer Vergiftung. Schließlich enthält das Körpergewebe des Seesterns hohe Konzentrationen giftiger Stoffe. Hierbei handelt es sich um Steroidglycoside wie das Thornasteroid. Diese wirken auf viele Fische stark abschreckend oder sogar tödlich. Sie kommen jedoch nur zur Wirkung, wenn der Seestern gefressen wird. Die Larven der Dornenkronen, *Acanthaster planci*, werden, wie bei den meisten Seesternen, als Teil des Plankton über weite Gebiete verbreitet. Im juvenilen Stadium lassen sie sich in 60 cm Tiefe oder auch tiefer im Korallenschutt nieder. In diesem Stadium bekommt man sie nie zu sehen. Wenn sie eine Größe von 8 bis 15 cm erreicht haben, sehen sie bereits wie erwachsene Tiere aus. Sie tauchen aus ihren Verstecken auf und ernähren sich von Korallen. Auch die erwachsenen Tiere leben normalerweise im Verborgenen. Tagsüber verstecken sie sich unter Korallen und kommen nachts zum Fressen raus. Trotz ihrer Abwehrmöglichkeiten hat die Dornenkrone Feinde. Allen voran das Tritonshorn, *Charonia trionis*. Auch der Riesen-Kugelfisch, *Stellate puffer*, der Napoleon-Lippfisch, *Cheilinus undulatus*, und die kleinen, aber auffälligen Harlekingarnelen, *Hymenocera picta* und *H. elegans*, können der Dornenkrone gefährlich werden.

Merkmale

Die Dornenkrone ist ein eindrucksvoller Seestern. Mit einem Durchmesser von durchschnittlich 30 Zentimeter und maximal bis über 50 Zentimeter kann er stattliche Größen erreichen. Die Tiere haben eine große Körperscheibe mit relativ kurzen Armen. Deren Zahl variiert von sieben bis 23, oft sind es 15 oder 16. Auch die Färbung der Tiere ist variabel: von Cremeweiß über Hellbraun und Oliv bis Orange, Rot und Blauviolett. Häufig trägt ein Exemplar mehrere Farben. Die gesamte Körperoberseite einschließlich der Arme ist bedeckt mit kräftigen Stacheln. Dadurch ist die Dornenkrone unverwechselbar.

Unfälle

Besondere Vorsicht ist geboten, wo Dornenkronen in großer Zahl oder massenhaft auftreten. Im flachen Wasser kann man auf die Tiere treten. Taucher verletzen sich leicht, wenn sie mit den Tieren hantieren, zum Beispiel, um sie bei Massenansammlungen abzuernten. Die kräftigen Stacheln durchdringen problemlos Handschuhe ebenso wie die Sohlen fester Badeschuhe. Die Stacheln können in der Wunde abbrechen.

Vorsicht

Beim Waten im seichten, besonders im trüben Wasser ist besondere Vorsicht geboten. Wenn mit den Tieren hantiert wird, dann nur mit dicken Schutzhandschuhen. Anschließend eventuell an Kleidung anhaftenden Schleim gut abspülen. Bevor man im Flachen aus einem Boot springt,

Das Tritonshorn, *Caronia tritonis*, natürlicher Fressfeind der Dornenkrone

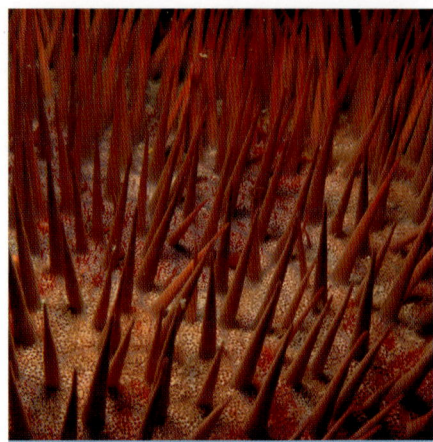

Giftapparat

Die gesamte Oberfläche der Dornenkrone ist dicht bedeckt mit kräftigen, spitz zulaufenden Stacheln. Diese sind aus Kalk und sehr hart und werden vier bis fünf Zentimeter lang. Diese Kalkstachelen sind überzogen von einem drüsenreichen, stark schleimigen Gewebe. Die Drüsenzellen enthalten ein Eiweißgift. Bei Verletzungen an den Stacheln reißt die Gift führende Gewebehülle auf, wodurch das Gift in den Körper des Opfers gelangt.

sollte man einen sorgfältigen Blick auf den Grund werfen. Taucher sollten darauf achten, dass sie das Riff nicht versehentlich berühren.

Das Gift

Das Gift ist von Proteinnatur. Aus dem Gift wurde ein Toxin isoliert, bei dem es sich offenbar um ein relativ kleines Glycoprotein handelt. Außerdem enthält das Gift ein Enzym, die Phospholipase A2. Dieses Phosolipide spaltende Enzym ist verantwortlich für die muskelschädigende Wirkung.

Symptome

Verletzungen verursachen sofort einen scharfen Schmerz. Dieser kann bei ausgedehnten Verletzungen durch mehrere Stacheln sehr stark werden. Um die Einstichstelle bildet sich ein Ödem. Die lokalen Schmerzen klingen in der Regel nach einigen Stunden wieder ab. Begleitsymptome wie Übelkeit, Erbrechen und Kreislaufstörungen können auftreten. Stachelreste können Gewebewucherungen hervorrufen, die oft druckempfindlich sind und später chirurgisch entfernt werden müssen. Es können sich auch schmerzhafte Zysten bilden, die nicht heilen.

Arten und Verbreitung

Der Dornenkronen-Seestern, *Acanthaster planci*, ist auf den Indopazifik beschränkt, dort aber in tropischen und subtropischen Regionen vom Roten Meer bis Mexiko sehr weitverbreitet. Auch die subtropischen Gebiete um Japan und Australien und alle tropischen Inseln, außer den Galapagosinseln, gehören zu seinem Verbreitungsgebiet. Vor allem in der Farbe gibt es regionale Unterschiede. Besonders eindrücklich ist eine lilafarbige Variante, die typisch für die Andamanensee ist.

Die Invasion der Dornenkronen

Ende der 60er- bis Mitte der 70er-Jahre des letzten Jahrhunderts sorgte ein Massenauftreten von Dornenkronen in vielen Teilen des Indopazifiks für Schlagzeilen. Große Teile unberührter Korallenriffe wurden verwüstet. Die vorherrschenden Korallenarten wurden vernichtet und schneller wachsende, robustere Korallenarten verdrängten die bisherigen. Muschelsammler, die das Tritonshorn, *Acanthaster,* den natürlichen Feind der Dornenkronen, dezimiert haben sollten, galten als Verursacher der Plage. Schnell stellte sich jedoch heraus, dass auch eine hohe Dichte dieser und anderer natürlicher Feinde einer Invasion nicht gewachsen gewesen ist. Nach Jahren eingehender Forschungen wurde klar, dass diese Invasion in natürlicher Weise etwa alle 400 Jahre auftritt. Oft geschieht das drei Jahre nach heftigen Regenfällen und auffallend oft in der Nähe von stark landwirtschaftlich bewirtschafteten Küsten, wie zum Beispiel vor Queensland in Australien und Okinawa in Japan. Nährstoffe, die unkontrolliert ins Meer gelangen, begünstigen offensichtlich das Überleben der *Acanthaster*-Larven. Drei Jahre später treten die erwachsenen Tiere dann in großer Anzahl auf. Unter normalen Bedingungen trägt das sehr seltene Massenauftreten der Dornenkronen zum Artenreichtum am Korallenriff bei. Dominante Korallenarten werden dezimiert und auf diese Weise daran gehindert, andere Arten zu verdrängen. Eine regelmäßige Invasion der Dornenkronen kann jedoch erhebliche und bleibende Schäden verursachen.

Was ist zu tun?

Erste Hilfe

Das Wasser sofort verlassen. Alle Stachelreste vorsichtig mit einer Pinzette entfernen, denn die Stacheln brechen leicht ab. Den verletzten Bereich mit Alkohol (40–70 %) desinfizieren.

Achtung

Tiefer liegende Stachelreste nicht durch Drücken, Klopfen oder Einschneiden herausholen. Solche Reste werden vom Körper als Abwehrreaktion meist eingekapselt. Sie verursachen unter Umständen Knoten oder Gewebewucherungen unter der Haut.

Weiterführende Behandlung

Meistens ist keine weitere Behandlung notwendig. Lokale Anästhesie, z. B. mit Lidocain, kann bei extremen Schmerzen hilfreich sein. Die Linderung ist meist nur von kurzer Dauer. Manchmal müssen tiefer liegende Stachelreste operativ entfernt werden.

Diese 8 cm große Dornenkrone mag ca. 3 Jahre versteckt im Korallengeröll gelebt haben, bevor sie hervorkommt und lebende Korallen frisst.

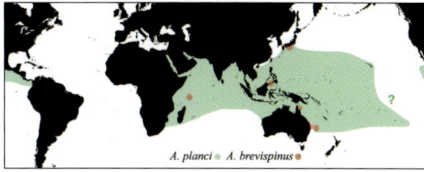

A. planci · *A. brevispinus*

Verbreitung der Dornenkronen-Seesterne *Acanthaster planci* und *A. brevispinus*

Diademseeigel, *Diadema setosum*, bilden tagsüber im Freien typische Gruppen zum gegenseitigen Schutz.

Seeigel
Echinoidea

Nadelstiche und Giftzangen
An steinigen Küsten ist für viele Badeurlauber der Seeigel der Feind Nummer eins. Tritt man unbeabsichtigt auf einen Seeigel, brechen die Stacheln ab und ihre Spitzen bleiben in der Haut stecken. Oft bleibt es bei solchen rein mechanischen Verletzungen und der in der Wunde steckende Stachel löst sich auf. Besonders gefürchtet sind Arten mit sehr langen nadelspitzen Stacheln. Hierzu gehören die Diademseeigel, deren Stacheln zudem eine leicht giftige Flüssigkeit enthalten. Es gibt aber auch einige tropische Seeigel mit sehr wirksamem Gift und speziellem Giftapparat: die Lederseeigel und die Giftzangen-Seeigel. In vielen Teilen der Welt werden Seeigel wegen ihrer nahrhaften Eier gegessen.

Biologie
Seeigel sind überwiegend nachtaktiv. Das gilt auch für Diademseeigel. Den Tag verbringen sie meist in Löchern und Spalten des Riffs. Ihre Stacheln ragen jedoch meist hervor, sodass man sich leicht verletzen kann. Zudem ruhen sie gelegentlich auch am helllichten Tag auf freien Flächen, dann meist in großen Gruppen. Seeigel ernähren sich vor allem von Algen, die sie vom felsigen Untergrund abschaben. Je nach Art fressen sie auch in unterschiedlichem Maße verschiedene fest sitzende Tiere, auch Korallenpolypen. In geeigneten Gebieten mit wenig Fressfeinden können Diademseeigel zahlreich sein. Gerade dann sind sie meist dicht gedrängt in größeren Ansammlungen auch am Tag anzutreffen. Ihre Stacheln sind beweglich und können gegen Feinde ausgerichtet werden. Bei Beunruhigung werden die Stacheln hektisch hin und her bewegt. Trotz ihres wehrhaften Stachelwaldes haben sie Fressfeinde, darunter verschiedene Drücker-, Kugel- und Lippfische. Nächtliche Lebensweise sowie die gelegentliche Zusammenrottung sind daher als Schutzverhalten zu verstehen. Stellenweise können Diademseeigel sehr zahlreich sein.

Merkmale

Die meisten Diademseeigel gehören zu den Gattungen *Diadema* und *Echinotrix*. Zu den Diademseeigeln zählen eine Reihe von Arten. Typisch sind ihre dünnen, spitzen und oft sehr langen Stacheln. Diese Stacheln sind sehr spröde, brechen selbst bei flüchtiger Berührung und können in Wunden oft zersplittern. Die längsten Stacheln der Diademseeigel können eine Länge von mehr als 20 cm erreichen. Sie haben außerdem zahlreiche kleine Stacheln. Der Calamaris-Seeigel hat relativ dicke stumpfe Primärstacheln und lange nadelförmige Sekundärstacheln, die in der Haut leicht abbrechen.

Unfälle

Gefährdet sind Schwimmer, Schnorchler und Badende. Aber auch jeder, der im Flachwasser barfuß über Felsgestein oder Riffdächer läuft. Hier sind die Tiere leicht zu übersehen. Besonders gern verstecken sie sich zwischen Spalten oder in kleinen Mulden. Dann ragen oft nur die langen Stacheln hervor. Seeigel halten sich auch in unmittelbarer Ufernähe auf, selbst an Hafenmolen und Bootsanlegestellen. Badeschuhe mit fester Sohle sind ein guter, aber nicht voll-

ständig sicherer Schutz. Taucher verletzen sich vergleichsweise häufig an Seeigelstacheln. Bei vielen Arten, etwa bei allen Diademseeigeln, durchdringen die Stacheln mühelos selbst einen dicken Neoprenanzug.

Vorbeugende Maßnahmen

Seeigel niemals anfassen. Besondere Vorsicht gilt beim Ein- und Ausstieg an felsigen Küsten, beim Gehen im Flachwasser und beim Wandern über mit nur wenig Wasser bedecktem Felsgestein. Bei solchen Aktivitäten am besten Schuhe mit fester Sohle tragen. Da Seeigel überwiegend nachtaktiv sind, erhöht sich die Gefahr mit Einbruch der Dunkelheit. Bester Schutz für Taucher sind eine gute Tarierung und ausreichend Abstand zum Riff. Vorsicht besonders bei Nachttauchgängen.

Das Gift

Die Stacheln sind hohl und enthalten eine wässrige, dunkelbläuliche Flüssigkeit. Deren Zusammensetzung und Wirkungsweise ist bislang nicht bekannt. Auch ist es noch nicht gelungen, einzelne Toxine aus der Stachelflüssigkeit zu isolieren.

Giftapparat: spröde Stacheln, giftige Flüssigkeiten

Die langen dünnen Stacheln der Diademseeigel sind äußerst zerbrechlich (links). Sie besitzen eine raue Oberfläche, verursacht durch dachziegelartig angeordnete, spitze Plättchen, und enthalten eine dunkelblaue Flüssigkeit, die giftig zu sein scheint. Die Stacheln durchstoßen mühelos die menschliche Haut, dringen tief ein, brechen und sondern Gift ab. Die abgebrochenen Stachelspitzen bleiben in der Haut stecken und lassen sich nur schwer entfernen. Die Primärstacheln von *Echinothrix calamaris* sehen stumpf aus, sind aber äußerst zerbrechlich und besitzen eine durchsichtige äußere Schicht (rechts). In den meisten Fällen lösen sich die Stachelteile in der Wunde innerhalb weniger Stunden auf.

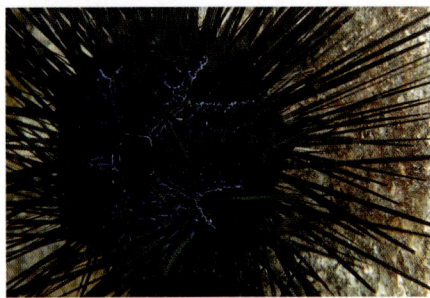
Diadema savignyi hat ein auffälliges Muster aus blauen Linien.

Symptome

Die Verletzung an den Stacheln verursacht einen sofort einsetzenden Schmerz. Der Stich ist schmerzhafter, als es bei einer derart einfachen Verletzung zu erwarten wäre. Das legt nahe, dass der wässrige Inhalt der Stacheln ein Gift enthält. Weitere Symptome sind meist eine leichte Schwellung und Hautrötung. Manchmal wird auch eine Gefühllosigkeit der betroffenen Hautregionen beschrieben. Diese Symptome und die Schmerzen halten meist nur wenige Stunden an. Die Einstichstelle verfärbt sich durch die in den Stacheln enthaltene Flüssigkeit schwärzlich blau. Die Verfärbung kann mehrere Wochen andauern. Bruchstücke der zerbrechlichen Stacheln bleiben in der Stichwunde stecken. Es besteht die Gefahr, dass sie vom umliegenden Gewebe verkapselt werden. Das führt zur Bildung druckempfindlicher Granulome (Knotenbildung). Nach einer Verletzung an den Stacheln können auch Sekundärinfektionen auftreten. Verletzungen durch die meisten anderen Seeigel sind weniger schmerzhaft, denn ihre Stacheln zerbrechen nicht so leicht und enthalten keine giftigen Flüssigkeiten.

Arten und Verbreitung

Weltweit gibt es ungefähr 900 Arten von Seeigeln in mehr als 20 Familien. Sie variieren in Form von kugelförmig bis flach und ihre Stacheln unterscheiden sich in Länge, Durchmesser und Struktur. Seeigel bewohnen alle Bodentypen, von Stein- und Korallenriffen bis zu Sand- und Schlammböden. Außerdem kommen sie in allen Tiefen vor, von Gezeitentümpeln bis in die Tiefsee. Die meisten gefährlichen Arten gehören zu den Diademseeigeln. In der Karibik beispielsweise der Atlantische Diademseeigel, *Diadema antillarum,* der Prachtseeigel, *Astropyga magnifica*, und der Steinbohrende Seeigel, *Echinometra lucunter.* Zur Familie der Diademseeigel, *Diadematidae*, gehören die Gattungen *Diadema, Echinothrix-* und *Astropyga*. Die meisten anderen Seeigelarten haben Stacheln, die kräftig genug sind, dass sie bei leichter Berührung nicht abbrechen. Zu dieser Gruppe gehören die Familien *Arbaciidae, Echiniidae, Echinometridae, Parasaleniidae, Stomopneustidae* und *Temnopleuridae*. Ironischerweise sind die gefährlichsten Seeigel kurzstachelig: die Lederseeigel, *Echinothurdae*, und die Giftzangenseeigel, *Toxopneustidae*.

Was ist zu tun?

Erste Hilfe

Wasser verlassen. Stachelreste mit einer Pinzette entfernen. Das ist oft schwierig wegen ihrer dachziegelartigen Oberfläche. Sie wirkt wie Widerhaken, da das Herausziehen „gegen den Strich" erfolgt. Die betroffenen Stellen sollten z. B. mit Alkohol desinfiziert werden.

Achtung

Laienhafte Versuche, tief eingedrungene Stachelreste zu entfernen, scheitern meist. Oft wird dann die Wunde nur vergrößert. Auch sollte nicht versucht werden, Stachelreste in der Haut durch Klopfen und Drücken zu zerkleinern. Dabei entstehen häufig Krümel. die vom Körper als Fremdkörper erkannt und in einer Abwehrreaktion verkapselt werden. Solche Knotenbildungen unter der Haut sind schon bei leichtem Druck schmerzhaft.

Weiterführende Behandlung

Chirurgische Entfernung der im Stichkanal verbliebenen Stachelreste. Die meisten Seeigelverletzungen heilen innerhalb weniger Tage und ein Gang zum Arzt ist nicht nötig.

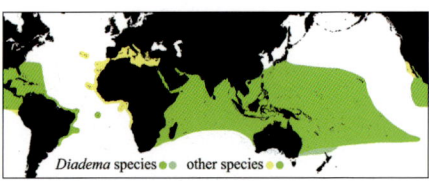
Diadema species ● ● other species
Verbreitung der Familie der *Diadematidae*

Langstachelige Seeigel
Diadematidae

Atlantischer Diademseeigel bis 45 cm
Diadema antillarum

Stacheln dünn und sehr lang, etwa 3- bis 4-facher Körperdurchmesser. Körper schwarz mit radiären, weißen Linien, Stacheln gebändert bei Jungtieren, weiß oder schwarz bei älteren und schwarz bei ausgewachsenen Tieren. **Biologie**: Bewohnt verschiedene Riffbereiche von flachen Küstenbereichen bis zu tiefen Außenriffhängen, 1–50 m. Tagsüber meist teilweise versteckt in Spalten oder Löchern, wobei die Stacheln hervorragen; gelegentlich auch zum gegenseitigen Schutz in dichten Gruppen auf freien Flächen. Streift nachts zum Abgrasen von Algen umher. Die spitzen Stacheln dringen leicht in die Haut ein und verursachen unmittelbar auftretende Schmerzen. **Verbreitung**: Bermudas, Golf von Mexiko und Florida über die gesamte Karibik bis Brasilien.

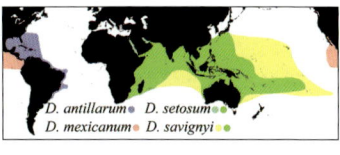

D. antillarum ● D. setosum ●●
D. mexicanum ● D. savignyi ●●

Nadel-Seeigel bis 50 cm
Diadema setosum

Stacheln dünn und sehr lang, Körper schwarz mit weißen bis blassbläulichen radialen Streifen. Stacheln im Laufe des Wachstums erst gebändert, später weiß oder schwarz, schließlich nur schwarz. **Biologie**: Bewohnt Riffdächer, geschützte Riffhänge und viele Lebensräume von flachen Küsten bis Außenriffhängen, 1–20 m. Tagsüber meist teilweise versteckt in Spalten oder Löchern. Öfter auch in teils großen Gruppen auf freien Flächen. Wandert nachts zum Abschaben von Algen umher. Die spitzen Stacheln verursachen unmittelbar auftretende Schmerzen. **Verbreitung**: Rotes Meer bis Frz.-Polynesien, n. bis Südjapan, s. bis Sydney.

Calamaris-Seeigel   bis 20 cm
Echinothrix calamaris

Primärstacheln bei Juvenilen gebändert, halmartig und hohl; bei Adulten weiß oder schwarz. Sekundärstacheln sehr dünn und spitz; Analblase mit weißen und schwarzen Punkten. **Biologie**: Bewohnt flache Fels- und Korallenriffe, 1 bis über 21 m. Tagsüber meist teilweise versteckt, schabt nachts Algenaufwuchs von Hartgründen ab. Die Stacheln sind zerbrechlich und dringen leicht in die menschliche Haut ein; die Stiche sind recht schmerzhaft. **Verbreitung**: Rotes Meer bis Hawaii und Pitcairn-Inseln, nördl. bis Ryukyus, südl. bis Lord-Howe-Inseln.

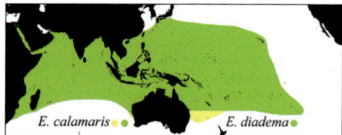

Blaupunkt-Seeigel   bis 28 cm
Astropyga radiata

Stachelfreie Radialzonen mit Reihen leuchtend blauer Punkte; Juv. meist blass mit gebänderten Stacheln, Ad. meist weinrot mit dunkleren Stacheln. **Biologie**: Bewohnt geschützte Weichböden, 1–40 m. Juv. oft zwischen Seegras, Ad. in Gruppen auf freien Sandböden unterhalb von 6 m. Nicht selten symbiotisch zwischen den Stacheln der Seeigel-Kardinalbarsch *Siphamia fuscolineata* der Zweifleck-Kardinalbarsch *S. tubifer*, und juv. Kaiserschnapper *Lutjanus sebae*. Stacheln können schmerzhafte Verletzungen verursachen. **Verbreitung**: Ostafrika und Golf von Aden bis Neukaledonien, nördl. bis Südjapan; Hawaii; im tropischen Atlantik ersetzt durch *A. magnifica*.

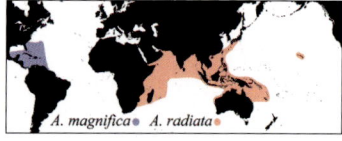

Diademseeigel   bis 20 cm
Centrostephanus longispinus

Stacheln sehr lang, 2- bis 3-facher Körperdurchmesser; bei Juvenilen braunviolett und weiß gebändert, bei Adulten braun bis schwarz. **Biologie:** Auf Fels, Geröll und auf Kalkrotalgen-Böden; 3–200 m. Biologie: Die Stacheln brechen in der Haut leicht ab und verursachen schmerzhafte Verletzungen. **Verbreitung:** Tropische und warmgemäßigte Zonen des Ostatlantiks einschl. Azoren, Madeira, Kanaren, Kapverden und Golf von Guinea sowie im Mittelmeer.

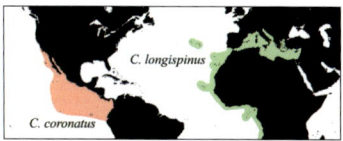

Arbacidae

Schwarzer Seeigel   bis 12 cm
Arbacia lixula

Länge der einheitlich schwarzen Stacheln bis 3 cm, etwa ein Drittel des Körperdurchmessers. **Biologie:** Auf Felsböden, 0–40 m. Weidet Algenrasen auch im Brandungsbereich ab, gebietsweise häufig; Strandwanderer an Felsküsten besonders gefährdet. **Verbreitung:** Mittelmeer; Unterart *A. lixula africana* im Ostatlantik, ersetzt durch *A. punctulata* im Westatlantik.

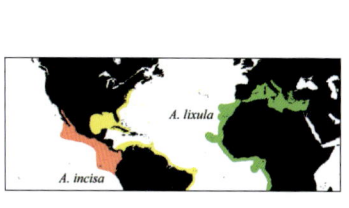

Echinidae

Stacheln bis 3 cm lang, sehr spitz; bräunlich bis grünlich. **Biologie**: Stets auf Felsböden, auch in Fluttümpeln und (seltener) Seegraswiesen; 0–50 m. Häufige Art, macht das Strandwandern risikoreich. Wird gebietsweise als Delikatesse gesammelt. Bohrt sich kreisrunde Wohnmulden in Kalkgestein; kann sich mit Algen und Schalentrümmern tarnen. **Verbreitung**: Mittelmeer, angrenzenden Atlantik von den Kanaren, Madeira und Azoren bis Irland.

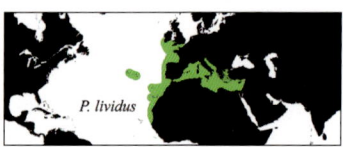

Temnopleuridae

Rousseaus Seeigel bis 5 cm
Microcyphus rousseaui

5 zickzackartige, stachellose Zonen; Stacheln sehr kurz und nadelartig. **Biologie**: Lebt auf Fels, Geröll und Seegraswiesen von flachen Riffen; 1–30 m. Relativ selten. **Verbreitung**: Rotes Meer und Golf von Oman bis Südmosambik. **Ähnlich**: Kugel-Seeigel *Mespilia globulus* hat 5 blaue bis grüne stachelfreie Bänder (Indien bis Westpazifik).

Bohrende Seeigel
Echinometridae

Bohrender Seeigel · bis 8 cm
Echinostrephus acicularis

Stacheln dünn und spitz; dunkelrötlich
braun. **Biologie:** Lebt auf Fels und toten
Korallenböden; 1–50 m. In selbst ausge-
höhlten Mulden, aus denen die Stacheln
hervorragen. Stellen für Taucher ein
gewisses Risiko bei unbedachter Grund-
berührung dar. **Verbreitung:** Indien bis
Polynesien.

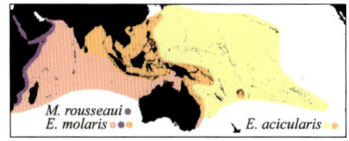

M. rousseaui •
E. molaris •• E. acicularis • •

Brauner Steinseeigel · bis 15 cm
Echinometra matthaei

Kräftige spitze Stacheln, rötlich, braun oder
oliv, jeweils mit einem weißen Ring um die
Basis. **Biologie:** Lebt häufig auf exponierten
Riffdächern und oberen Riffhängen; 0–18 m.
Tagsüber meist in Löchern oder Spalten.
Weidet nachts Algen von Hartböden ab. Um
sich an den Stacheln zu verletzen bedarf es
etwas Kraft, so dass ein eher geringes Risiko
besteht. Gefährdet sind Strandwanderer
und Taucher, vor allem nachts. **Verbreitung:**
Rotes Meer bis Polynesien.

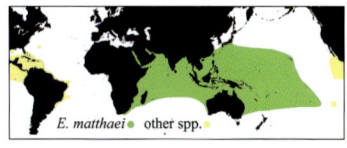

E. matthaei • other spp.

Bei diesem Giftzangen-Seeigel sind nur die blütenartigen, stark giftigen Greifzangen zu sehen.

Giftzangenseeigel
Toxopneustidae

Biologie

Auch der Giftzangen-Seeigel ist ein Weidegänger und ernährt sich von Algenaufwuchs und tierischem Aufwuchs. Er kommt ab dem Flachwasser vor, bevorzugt auf Sand- und Geröllgrund. Gerade dieser gefährlichste Seeigel sieht besonders harmlos aus. Die Tiere benutzen ihre langen röhrenförmigen Füße, um sich mit Algen, Muschelstücken und anderen Objekten zu tarnen. Tiere dieser Art sind ungewöhnlich, denn sie haben kurze Stacheln, aber sehr große zangenartige Pedizellarien. Im Grunde sind diese Pedizellarien dreizackige, giftige Greifer, die zur Verteidigung eingesetzt werden. Sie können schwere und sogar tödliche Vergiftungen verursachen. Deshalb gilt *Toxopneustes* als die gefährlichste Seeigelart. Bei den meisten anderen Seeigelarten, auch bei anderen Tieren der Giftzangen-Seeigel-Familie, sind diese Greifer zu klein, um die menschliche Haut zu verletzen. Eine Art, der Pfaffenhut-Seeigel *Tripneustes gratilla*, wird aufgrund seiner genießbaren Eier gern gesammelt.

Merkmale

Bei *Toxopneustes pileolus* ist die gesamte Oberfläche mit kurzen, aber nicht besonders scharfen Stacheln bedeckt. Auffallender sind die zahlreichen großen Greifzangen. Sie besitzen jeweils 3 Krallen, die durch ein häutiges Gewebe miteinander verbunden sind, was der Greifzange ein blütenartiges, in der Aufsicht dreieckiges bis rundliches Aussehen verleiht. Die Färbung ist variabel.

Unfälle

Verletzungen geschehen meist beim versehentlichen Kontakt oder beim Hantieren mit den Tieren. Innerhalb kurzer Zeit nach dem Aufheben solcher Seeigel hinterlassen die vielen giftigen Pedizellarien punktförmige und sehr schmerzhafte Verletzungen.

Vorbeugende Maßnahmen

Tiere nicht anfassen und auf Riffen nicht barfuß laufen. Ein normaler Taucheranzug bietet ausreichenden Schutz vor den Greifzangen.

Das Gift

Bei dem Gift des Giftzangen-Seeigels, *Toxopneustes pileolus*, handelt es sich um ein giftiges Eiweiß, dessen Struktur nicht näher bekannt ist. Ein ähnliches Gift wurde im Pfaffenhut-Seeigel, *Tripneustes gratilla*, gefunden.

Giftapparat:
Toxische Greifzangen

Wie alle Seeigel besitzen Giftzangen-Seeigel Greiforgane, die sogenannten Pedizellarien. Diese liegen verstreut über der Körperoberfläche und sind bei den meisten Arten winzig. Beim Giftzangen-Seeigel dagegen sind sie ausgesprochen groß und überragen die recht kurzen Stacheln. Sie können die menschliche Haut leicht durchdringen. Die Zangen sitzen auf kurzen beweglichen Stielen und bestehen aus drei harten Krallen, die eine Klaue formen.

Die Krallen sind durch ein Gift führendes, häutiges Gewebe miteinander verbunden, was der Greifzange ein harmlos blütenartiges Aussehen gibt. Die feinen sensorischen Härchen des Giftzangengewebes lösen bei Berührung das Schließen der Zange aus. Dabei wird das Gift in die Wunde gepresst.

Symptome
Eine Verletzung ist recht schmerzhaft. Auch bei dieser Art halten die ausstrahlenden Schmerzen meist kaum eine Stunde an. Gleichzeitig können jedoch Lähmungen auftreten, vor allem in der Gesichtsmuskulatur und der Zunge sowie in den Extremitäten. Diese Lähmungen können mehrere Stunden anhalten. Einem Bericht zufolge soll eine Perlentaucherin nach Kontakt mit dem Giftzangen-Seeigel das Bewusstsein verloren haben und in der Folge ertrunken sein.

Arten und Verbreitung
Die Familie Toxopneustidae beinhaltet mindestens 13 Arten, die flache tropische und subtropische Gewässer bewohnen. Alle Arten haben kurze Stacheln und große Pedizellarien. Ebenfalls zu den Giftzangen-Seeigeln gehört der Pfaffenhut-Seeigel *Tripneustes gratilla*. Diese Art hat jedoch wesentlich kleinere Greifzangen und ist weit weniger gefährlich als *Toxopneustes*. Die Größenangaben in den Artenbeschreibungen beziehen sich auf den maximalen Durchmesser samt Stachellänge.

Was ist zu tun?

Erste Hilfe
Wasser verlassen. In der Haut steckende Greifzangen sollten mit einer Pinzette entfernt werden. Betroffene Bereiche mit Alkohol oder Jodtinktur desinfizieren.

Achtung
Tief eingedrungene Seeigelstacheln nicht selbst herausschneiden oder versuchen sie zu zerkleinern. Solche Reste werden meist verkapselt und bilden Knoten unter der Haut

Weiterführende Behandlung
Stachelreste, die tief eingedrungen sind, müssen chirurgisch entfernt werden. Wenn sie die Gelenkkapseln durchdrungen haben, besteht die Gefahr einer Gelenkversteifung. Allgemeine Symptome sind selten und müssen gegebenenfalls symptomatisch behandelt werden. Sekundärinfektionen sind ebenfalls selten, sollten aber sofort behandelt werden.

IM NOTFALL

Giftzangen-Seeigel   bis 15 cm
Toxopneustes pileolus

Greifzangen (Pedicellarien) groß und blüten-
artig mit rotem Zentrum; länger als die
meisten Stacheln; cremefarben bis rötlich
hellbraun. **Biologie**: Lebt auf Grobsand, Korallenschutt und Hartgrund; 1–90 m. Bedeckt sich häufig mit Steinchen, Algen und
Korallen- oder Muschelbruch; kann sich
tagsüber auch im Sand eingraben. Sehr
gefährlich, Pedicellarien sehr giftig, können
menschliche Haut leicht durchdringen und
äußerst schmerzhafte Vergiftungen hervorrufen. **Verbreitung**: Ostafrika bis Cook-
Inseln, nördl. bis Südjapan; im tropischen
Ostpazifik ersetzt durch *T. roseus*.

Pfaffenhut-Seeigel   bis 17 cm
Tripneustes gratilla

Sehr viele kurze, dünne, dicht stehende
Stacheln; Füßchen auf 5 Doppelreihen konzentriert, können lang ausgestreckt werden. Viele giftige Greifzangen. Blauschwarz
mit schwarzen, weißen oder roten Stacheln. **Biologie:** Bewohnt Fels- und Korallenriffe, bis 25 m. Häufig auf Geröll, toten
Korallen und zwischen Seegras. Bedeckt
sich oft mit Algen und Abfallstoffen. Gebietsweise wegen der essbaren Eier gesammelt. Harmlos, obwohl die Greifzangen giftig sind. **Verbreitung**: Ostafrika
bis Hawaii und Osterinseln, n. bis Südjapan; Unterart *elatensis* im Roten Meer.

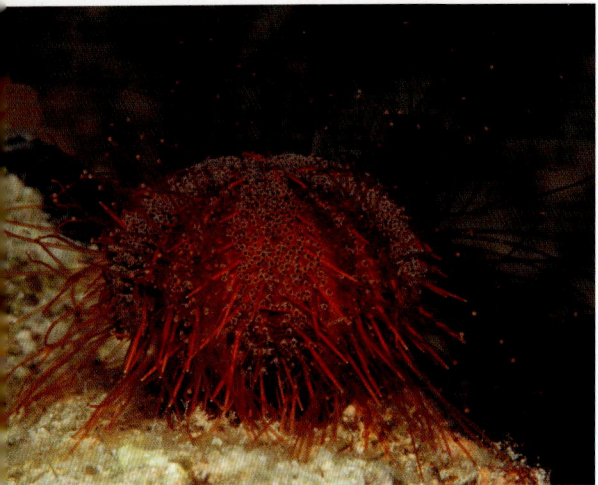

Rotmeer-Pfaffenhut   bis 17 cm
Tripneustes gratilla elatensis

Sehr viele kurze, dünne, dicht stehende
Stacheln; Füßchen auf 5 Doppelreihen konzentriert, auffällig lang ausstreckbar. Viele
giftige Pedicellarien (Greifzangen). Färbung
variabel: meist weiß oder rot. **Biologie**:
Häufig auf Fels- und Korallenriffen, bis
25 m. Lebt auf Geröll, toten Korallen und
zwischen Seegras. Bedeckt sich häufig mit
Algen, Muschelbruch und Abfallstoffen.
Gilt als harmlos, trotz giftiger Greifzangen.

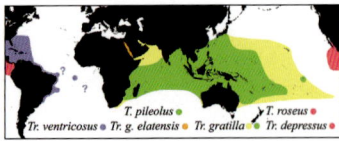

T. pileolus   *T. roseus* ●
Tr. ventricosus ● *Tr. g. elatensis* ● *Tr. gratilla* ● *Tr. depressus* ●

Karibisches See-Ei bis 15 cm
Tripneustes ventricosus

Dicht mit kurzen weißen Stacheln bedeckt; kurze Pedicellarien. Körper meist schwarz, kann auch purpur oder rötlich braun sein. **Biologie**: Bewohnt geschützte Küstenbereiche und Riffe, 1 bis mindestens 10 m. Lebt auf Geröll und toten Korallen, häufig zwischen Seegras. Tarnt sich häufig mit Seegras oder Abfallstoffen. Wegen der essbaren Eier gebietsweise intensiv gesammelt. Gilt trotz giftiger Pedizellarien als ungefährlich. **Verbreitung**: North Carolina bis Brasilien, einschl. Bermudas, Bahamas und gesamter Karibik. Im tropischen Ostpazifik ersetzt durch *T. depressus*.

Variabler Seeigel bis 11 cm
Lytechinus variegatus

5 gut erkennbare Doppelbänder kurzer Stacheln, Pedizellarien kürzer als diese. Färbung variabel: meist weiß, kann auch rot, kastanienbraun oder grünlich sein; gelegentlich blass mit rosa Stachelspitzen. **Biologie**: Bewohnt geschützte Küstenbereiche und Riffe, 1 bis mindestens 50 m. Häufig auf Sand, Geröll, toten Korallen und zwischen Seegras. Bedeckt sich oft mit Algenresten und anderen Abfallstoffen. Gilt als harmlos, trotz giftiger Pedizellarien. **Verbreitung**: North Carolina, Bermudas, Bahamas und gesamte Karibik; im tropischen Ostpazifik ersetzt durch *L. pictus*.

Violetter Seeigel bis 13 cm
Sphaerechinus granularis

Zahlreiche kurze, abgestumpfte Stacheln, bis 2 cm lang. Färbung der Stacheln meist violett, aber auch weiß, braun oder rötlich. **Biologie**: Bewohnt Felsriffe und Seegraswiesen, 3–100 m. Häufig, teils in kleinen lockeren Ansammlungen. Tarnt sich gern mit verschiedenen Materialen wie z. B. Algen und Schalentrümmern. Harmlos, solange man nicht kräftig dagegendrückt. **Verbreitung**: Gesamtes Mittelmeer, Teile des Ostatlantiks.

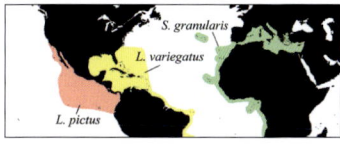

Lederseeigel
Echinothuridae

Biologie

Lederseeigel sind überwiegend nachtaktive Weidegänger. Als Nahrung dienen ihnen Algen und kleine fest sitzende Tiere. Tagsüber bleiben sie häufig in Felsspalten oder unter überhängenden Korallen versteckt. Sie können aber auch öfter am Tage beobachtet werden. Lederseeigel bekamen ihren Namen wegen ihres flexiblen Gehäuses. Die Kalkplatten sind lose miteinander verbunden und weniger fest, als es für Seeigel typisch ist. Der Lederseeigel kann sich daher in gewissem Umfang abflachen oder seitlich zusammendrücken. Er kann also seine Form so verändern, dass er sich in den unterschiedlichsten Spalten verste-cken kann. Lederseeigel werden manchmal auch Feuerseeigel genannt. Dieser Name ist von den äußerst schmerzhaften Verletzungen, die ihre giftigen Stacheln verursachen können, abgeleitet. Die Tiere leben häufig auf Geröll, Sand und auf totem Riffgestein in Tiefen von bis zu 285 m. Wie viele andere große Stachelhäuter dienen Lederseeigel als Wirte für kleinere Tiere, die auf ihnen leben, zum Beispiel Colemans Garnele, *Periclimenes colemani*. Diese Symbiose bietet den Garnelen einen sicheren Wohnort. Welchen Nutzen die Seeigel davon haben, ist noch nicht geklärt. Vielleicht entfernen die Partner verschiedene Parasiten.

Merkmale

Ihre rot-weiße, spektakuläre Färbung zusammen mit den weißen Bläschen unterhalb der Stachelspitzen machen die Lederseeigel unverwechselbar. Sie erreichen einen Durchmesser bis 20 cm, ungewöhnlich groß für einen Seeigel. Die Stacheln sind beweglich und können bündelartig zusammengelegt werden. Das geschieht vor allem, wenn sich die Tiere gestört oder bedroht fühlen. Jeder Stachel hat eine kugelförmige Schwellung in der Nähe der Spitze. Beim Rotmeer-Feuerseeigel, *Asthenosoma marisrubri*, ist diese Schwellung nahe der Stachelspitze, die größte aller Lederseeigel, und ist blass gefärbt. Die Schwellungen der beiden Arten im westlichen Pazifik, *A. ijimai* und *A. varium*, sind gleichmäßig über die ganze Länge des Stachels verteilt. Die Stacheln dieser beiden Arten sind dunkel gefärbt und haben manchmal intensiv blaue Spitzen. Lederseeigel besitzen zudem zahlreiche längere, aber schmalere Stacheln entlang ihres Unterrandes, an denen die Schwellungen fehlen.

Unfälle

Verletzungen geschehen meist beim versehentlichen Hineingreifen in die Stacheln oder beim Hantieren mit den Seeigeln. Schon sehr

Giftapparat: giftige Kügelchen

Die Stacheln der Lederseeigel sind kurz und von einer dünnen Haut überzogen. Unterhalb der Stachelspitze ist die Haut kugelig aufgebläht. Diese Bläschen sind von einer Muskelschicht umgeben und enthalten ein Gift. Selbst leichter Druck zerstört die Hautschicht und das Gift gelangt in die Verletzung. Bei den Arten *Asthenosoma varium* (links) und *A. ijimai* sind diese Giftsäckchen über die ganze Länge der Stacheln verteilt. Bei *A. marisrubri* (rechts) befindet sich ein sehr großes Giftbläschen direkt unter der Spitze des Stachels. Die langen dünnen Stacheln um den Fuß des Seeigels enthalten kein Gift.

leichter Druck auf die Stachelspitzen führt zur Entleerung von Giftsäckchen unterhalb der Stachelspitze und damit zur Injektion von Gift in das Gewebe des Opfers. Die meisten Unfälle geschehen mit Tauchern.

Vorbeugende Maßnahmen
Lederseeigel sollte man nie anfassen. Beim Tauchen immer hinschauen, bevor man sich irgendwo abstützt oder festhält. Bei Nachttauchgängen sind Lederseeigel gebietsweise regelmäßig anzutreffen.

Das Gift
Die Zusammensetzung des Giftes ist nicht bekannt. Versuche, aktive Bestandteile zu isolieren, scheiterten bisher.

Symptome
Die Einstichstellen sind kaum sichtbar. Dennoch verursacht eine Verletzung sehr schnell einsetzende, brennende Schmerzen. Meist klingen diese innerhalb einer Stunde wieder ab. In schweren Fällen können jedoch auch Übelkeit, Schock oder eine psychotische Reaktion auftreten.

Arten und Verbreitung
Lederseeigel bewohnen alle tropischen und gemäßigten Meere. Sie kommen im Flachwasser und in Tiefen von über 800 m vor. Die Größenangaben bei den Artenbeschreibungen beziehen sich auf den Durchmesser samt Stachellänge.

Was ist zu tun?

Erste Hilfe
Eventuell in der Haut steckende Stachelreste entfernen. Betroffene Bereiche desinfizieren.

Achtung
Nicht versuchen, tief eingedrungene Stacheln selbst zu entfernen.

Weiterführende Behandlung
Die bei Kontakt mit den Stacheln auftretenden starken Schmerzen lassen in der Regel innerhalb von 15–20 Minuten schlagartig nach. Sekundäre Symptome sollten behandelt werden. Tiefer eingedrungene Stachelreste eventuell chirurgisch entfernen.

IM NOTFALL

Rotmeer-Feuerseeigel bis 15 cm
Asthenosoma marisrubri

Kurze Stacheln mit großen weißen Giftbläschen nahe der Spitze; rötlich. **Biologie**:
Lebt auf Geröll, Sand, Seegras und toten
Korallen von Lagunen, Riffdächern und
-hängen, 3–30 m. Tagsüber versteckt,
nachts aktiv auf Nahrungssuche. Stichwunden verursachen starke Schmerzen,
die jedoch bald wieder abklingen.
Verbreitung: Rotes Meer.

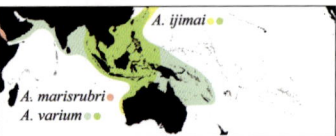

Variabler Feuerseeigel bis 28 cm
Asthenosoma varium

Kurze Stacheln mit teils blauen Giftbläschen; rötlich braun, oft mit fünf breiten, blasseren Zonen. **Biologie:** Bewohnt
Schlamm-, Sand- und Geröllböden sowie
abgestorbenen Korallengrund halb
geschützter Riffhänge; 1–285 m. Tagsüber
gewöhnlich versteckt, eher nachts aktiv
und dann im Freien. Verletzungen durch
die Stacheln sehr schmerzhaft. Auf seiner
Oberfläche häufig kommensale Garnelen
oder Krabben. **Verbreitung:** Oman bis
Neukaledonien, n. bis Ryukyus, s. bis NW-
Australien, auch s. bis Baja California.

Pracht-Feuerseeigel bis 15 cm
Asthenosoma ijimai

Kurze Stacheln mit kugelförmigen Verdi-
ckungen; Färbung variabel mit Kombina-
tionen aus Rotbraun, Gelb, Weiß und Blau.
Biologie: Lebt in Fels- und Korallenriffen,
1–30 m. Auf Sand- und Geröllböden, zwischen Steinen und Korallen; am Tag meist
versteckt, nachts auf Nahrungssuche. Verletzungen durch Stacheln sind schmerzhaft. Auf der Körperoberfläche leben häufig kleine Krebse, wie Colemans Garnele,
Periclimenes colemani, die Seeigel-Garnele,
Allopontonia iani, und Adams Seeigel-
krabbe, *Zebrida adamsii*, sowie die para-
sitische Schnecke, *Luetenia astenosomae*.
Verbreitung: Indonesien und Philippinen, n.
bis Südjapan, s. bis Westaustralien.

Der Palmdieb, *Birgus latro*, kann mit seinen Scheren Kokosnüsse öffnen. Wird er angegriffen, verteidigt er sich aggressiv. Schnecken-häuser bewohnt er nur als sehr kleines Jungtier. Er kommt auf den Koralleninseln zwischen Sumatra und Frz.-Polynesien vor.

Hummer und Langusten
Decapoda

Bei den meisten großen Krustentieren sind die Scheren oder Zangen der offensichtlich gefähr-liche Körperteil dieser Tiere. Einige große Arten haben so kräftige Scheren, dass sie damit einen Menschen schwer verletzen oder ihm sogar einen Finger abschneiden können. Hummer-artige mit großen Scheren, Einsiedlerkrebse und Echte Krabben oder Kurzschwanzkrebse zählen zu den gefährlichen Krustentieren. Viele Mit-glieder der Ordnung der Zehnfußkrebse, *Decapoda*, haben außerdem spitze Stacheln, mit denen sie punktförmige Verletzungen verur-

Ungleiche Scheren

Die linke Schere eines Hummers ist größer als die rechte und hat größere knoten-förmige Zähne. Damit ist er gut gerüstet, um hartschalige Beute zu knacken. Mit den kleineren Zähnen der kleineren rechten Schere können Hummer Stücke abschneiden oder abreißen.

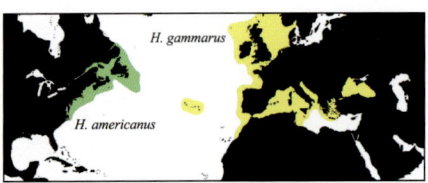

Verbreitungsgebiet der beiden Hummerarten

sachen können. Langusten haben keine Scheren und verlassen sich daher zur Verteidigung ganz auf ihre Stacheln. Fangschreckenkrebse, *Stomatopoda*, haben hoch spezialisierte räuberische Fortsätze, mit denen sie ihre Beute aufspießen oder zerdrücken.

Großkrebse oder Hummerähnliche *Astacidea*

Der echte Hummer oder die Hummerartigen, *Nephropidae*, sind von den Langusten leicht zu unterscheiden. Sie haben an ihren ersten drei Beinpaaren Scheren. Die ersten beiden sind gewaltig und sehen nicht wie Beine aus. Unter den Zehnfußkrebsen gehören der Europäische Hummer, *Homarus gammarus*, und der geringfügig größere Amerikanische Hummer, *H. americanus*, zu den größten Arten. Sie haben sehr große Scheren und sind in der Lage, einen Finger oder ein anderes Körperteil, das sie greifen können, ernsthaft zu verletzen. Es gibt sehr wenige Unfälle, da die meisten Menschen diesen beachtlichen Waffen nicht zu nahe kommen. Zudem sind die Tiere nicht besonders schnell oder aggressiv. Beide Arten stellen einen wichtigen Bestandteil der Fischereiindustrie dar und werden lebendig in aller Welt verkauft. Wenn die Tiere gefangen werden, verhindert man mithilfe von Gummibändern, dass sie ihre Scheren einsetzen können. Hummer leben auf harten Böden in relativ kalten Gewässern. Der Europäische Hummer hat ein Verbreitungsgebiet von Norwegen bis Marokko und den Azoren und lebt in einer Tiefe von 1–90 m. Er kommt im östlichen Mittelmeer bis nach Kreta und im Schwarzen Meer vor und erreicht eine Größe von 62 cm und ein Gewicht von 8,4 kg. Viele kleinere Arten, die überall auf der Welt zu finden sind, sind ungefährlich. Die Langusten, *Palinuridae*, der tropischen und subtropischen Meere sind entfernte Verwandte der Hummer. Sie haben keine Scheren.

Einsiedlerkrebse
Anomura

Nur wenige Menschen würden Einsiedlerkrebse bei den gefährlichen Tieren einordnen. Einige Arten werden jedoch so groß und sind so aggressiv, dass sie einem Menschen Verletzungen zufügen können. Der Palmdieb, *Birgus latro*, kann über 2,5 kg schwer werden. Er ist die größte Art und kann mit seinen kräftigen Scheren sogar Kokosnüsse öffnen, oder eben auch Finger abtrennen. Obwohl dieser Ein-

Die Karibische Languste, *Panulirus argus*, und andere Mitglieder der Familie *Palinuridae* haben spitze Stacheln.

siedlerkrebs an Land wohnt, wird er hier aufgeführt, da er sich in Strandnähe aufhalten kann. Einige der großen Arten der Landeinsiedlerkrebse, *Coenobitidae*, können einem Menschen ebenfalls schmerzhafte Verletzungen zufügen. Einige marine Arten der Linkshändigen Einsiedlerkrebse, *Diogenidae*, sind so groß, dass ein Finger in ihre Scheren passt. Wenn Einsiedlerkrebse dieser Größe gestört werden, können sie angreifen. Mitglieder beider Familien haben normalerweise eine größere linke Schere. Mit ihr verschließen sie ihr Haus, wenn sie sich zurückziehen.

Eine Schere mit einer Säge

Die linke Schere der Einsiedlerkrebse ist meist die größere. Sie hat scharfkantige gezackte Seiten, die leicht durch Haut und Gewebe schneiden können.

Einsiedlerkrebse
Diogenidae

Diogenes-Einsiedler	**bis 30 cm**
Petrochirus diogenes	

Scheren und Beine mit kurzen spitzen Dornen und Höckern; rötlich braun. **Biologie:** Bewohnt Seegraswiesen und sandige Areale von geschützten Innen- und Außenriffen; 0,3–30 m. Gewöhnlich in Gehäusen der Conch-Schnecke. **Verbreitung:** North Carolina, Bahamas, Karibik bis Brasilien.

Weißpunkt-Einsiedler	**bis 30 cm**
Dardanus megistos	

Orangerot mit dunkelrandigen weißen Punkten; den dunklen Rändern entspringen zahlreiche dunkle Borsten. **Biologie:** Bewohnt Lagunen und Außenriffe; 0,3 bis über 30 m. Frisst auch Gehäuseschnecken und Muscheln, kann deren Schalen aufbrechen. **Verbreitung:** Indopazifik, Südafrika bis Frz.-Polynesien und Hawaii, nördlich bis Ryukyus.

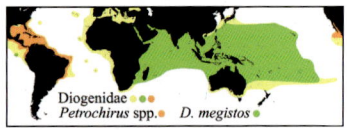

Landeinsiedler
Coenobitidae

Palmdieb	**bis 35 cm**
Birgus latro	**2,5 kg**

Bläulichbraun, lederartige Rückenplatten; größter Einsiedlerkrebs, auch als Kokosnuss-Krabbe bekannt. **Biologie:** Lebt ufernah zwischen Küstenvegetation. Vorwiegend nachtaktiv, frisst Aas, Früchte und Kokosnüsse. Am Tag versteckt unter Wurzeln oder in Bodenlöchern. Kann Bäume hochklettern. Kräftige Scheren. Stark verfolgt. **Verbreitung:** Sumatra bis Frz.-Polynesien.

Ein Harlekin-Fangschreckenkrebs zeigt seine Fangkeulen.

Fangschreckenkrebse
Stomatopoda

Fangschreckenkrebse sehen wie eine Unterwasserausgabe der Gottesanbeterin aus. Und auch ihre Waffen – kräftige, räuberische Gliedmaßen – werden ähnlich eingesetzt. Fangschreckenkrebse werden grob in zwei Sorten aufgeteilt: die Speerer, die an ihren Beinen Stacheln haben, mit denen sie ihre Beute aufspießen, und die Schmetterer, die über eine knochige Keule an ihren Beinen verfügen. Speerer ernähren sich von weichen Beutetieren, während die Schmetterer die Schalen gut geschützter Beute aufbrechen. Einige Arten schlagen so kräftig zu, dass sie an die Kraft einer kleinkalibrigen Kugel heranreichen und das Glas eines Aquariums zerbrechen können. Viele Fangschreckenkrebse haben zusätzlich spitze Stacheln am Ende ihres Schwanzes. Sie sind sehr wehrhaft, wenn sie sich verteidigen müssen. Verletzungen durch Fangschreckenkrebse sind immer tiefe Schnittwunden, die genäht werden müssen und sich entzünden können.

Biologie
Am auffälligsten sind ihre faszinierenden Augen. Diese Komplexaugen bewegen sich ständig. Sie vervollständigen die Waffen der Fangschreckenkrebse und tragen einen wesentlichen Teil zu ihrem intelligenten Verhalten bei. Fangschreckenkrebse sind sehr territorial und tragen rituelle Kämpfe aus, die ein vielschichtiges Signalsystem (Farbenspiel) beinhalten. Die meisten Speerer jagen aus dem Hinterhalt. Oft liegen sie in ihrem Bau und warten auf Beute, wobei nur Teile ihres Oberkörpers zu sehen sind. Viele Schmetterer wandern umher und pirschen sich an ihre Beute heran. Speerer und auch einige Schmetterer leben in U-förmigen Höhlen im Schlamm, Sand oder Kies. Einige Schmetterer leben in kleinen Höhlensystemen in Geröll oder Korallenstücken. Bei manchen Speerern kümmert sich das Männchen um den Bau und versorgt das Weibchen mit Futter. Weibliche Fangschreckenkrebse befestigen ihre Eier am Körper. Nachdem die Larven geschlüpft sind, verbringen sie mehrere Wochen als Teil des Planktons. Wenn sie groß genug sind, lassen sie sich auf dem Boden nieder.

A *Oratosquilla oratoria*   C

Speere, Hammer und Stacheln

Die Fangarme dieser Krebse werden unter Kopf und Oberkörper zusammengefaltet. Sie werden zum Beutemachen und zur Verteidigung eingesetzt. Der stachelige Schwanz kommt nur zum Einsatz, wenn die Tiere angegriffen werden (A). Die Fangarme eines typischen Speerers haben eine Vielzahl kleiner Stacheln, mit denen weiche Beute, wie zum Beispiel Fische (B und ganz rechts), aufgespießt werden. Die meisten Schmetterer haben mit Knochen verstärkte keulenartige Fangarme. Damit können sie die harte Schale von Muscheln und Krustentieren aufbrechen (C). Die hinteren zwei Segmente bleiben eingeklappt und können explosionsartig vorgeschnellt werden. Beutetiere, die größer sind als sie selbst, werden zwischen Krebs und harten Untergrund geklemmt und in Stücke geschlagen.

Merkmale
Fangschreckenkrebse sind Krustentiere. Sie ähneln den an Land lebenden Gottesanbeterinnen. Sie sind breiter, größer und besser bewaffnet.

Unfälle
Verletzungen durch Fangschreckenkrebse sind die unausweichliche Folge davon, dass die Tiere angefasst werden. Krabbenfänger verletzen sich gelegentlich, wenn sie einen Fangschreckenkrebs aus ihrem Fang entfernen wollen. Sie nennen sie „thumb-splitter" – „Daumenteiler". Einheimische Taucher und Aquarianer werden manchmal geschnitten, wenn sie die Tiere umsetzen oder einen Stein umdrehen, der zu einer Höhle gehört, die von einem Fangschreckenkrebs bewohnt wird. Die Wunden entzünden sich normalerweise nicht.

Vorbeugende Maßnahmen
Fangschreckenkrebse sollte man nicht anfassen, festhalten oder hochheben.

Arten und Verbreitung
Es gibt ungefähr 400 Arten in 19 Familien. Sie bewohnen flache tropische und subtropische Gewässer und kommen von der Gezeitenzone bis zu einer Tiefe von mehreren 100 Metern vor.

IM NOTFALL

Was ist zu tun?

Erste Hilfe
Bei tiefen Schnitten das Wasser sofort verlassen und die Wunde mit Alkohol (40–70 %) oder Jod desinfizieren.

Achtung
Die Wunde in Ruhe lassen.

Weiterführende Behandlung
Tiefe Schnittwunden müssen genäht werden. Durch verschmutztes Wasser können Infektionen auftreten, die beobachtet werden sollten.

Die Augen der Fangschreckenkrebse gehören zu den am weitesten entwickelten. Sie sitzen hoch auf Stielen und können sich unabhängig voneinander bewegen. Die Augen der Speerer, *Lysiosquillina lisa* (links), haben die Form einer Erdnuss, die der Schmetterer, *Odontodactylus scyllarus* (rechts), sind rund bis oval. Jedes Auge kann räumlich sehen. Einige Speerer haben nur ein optisches Pigment, womit sie auch bei schwachem Licht sehen. Schmetterer haben bis zu 16 Pigmente und vier Filter, wodurch sie ultraviolettes und polarisiertes Licht sehen können.

Schmetterer
Odontodactylidae

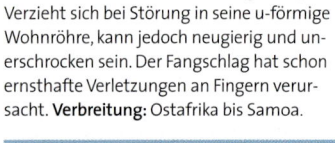

Harlekin-Fangschreckenkrebs 18 cm
Odontodactylus scyllarus

Augen rund, Fangbein mit keulenförmiger Verdickung. Grün mit auffälligen blauen und roten Stellen. Männchen dunkler grün als Weibchen. **Biologie:** In vielen Riffzonen von flachen Küsten bis Außenriffhängen; 1–50 m. Verzieht sich bei Störung in seine u-förmige Wohnröhre, kann jedoch neugierig und unerschrocken sein. Der Fangschlag hat schon ernsthafte Verletzungen an Fingern verursacht. **Verbreitung:** Ostafrika bis Samoa.

Blausaum-Fangschreckenk. bis 8 cm
Odontodactylus latirostris

Augen rund, Fangbein mit keulenförmiger Verdickung. Schwanzfächer und Flaps mit blauen bis fliederfarbenen Spitzen. **Biologie:** Bewohnt sandige Areale in flachen Küstenriffen. In Malaysia und Indonesien häufig. **Verbreitung:** Ostafrika bis Neukaledonien. **Ähnlich:** *O. brevirostris* (Indopazifik bis Hawaii; 7 cm) hat weißliche bis graue Schwanzfächerspitzen und Flaps.

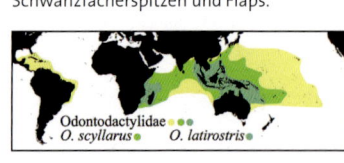

Odontodactylidae
O. scyllarus　　*O. latirostris*

Speerer
Lysiosquillidae

Orange Fangschreckenk. bis 25 cm
Lysiosquilloides mapia

Erdnussförmige Augen mit konisch
zulaufender Spitze; Fangbein bedornt;
leuchtend orange. **Biologie:** Bewohnt
Sandflächen in Küstenriffen und halb-
geschützten Außenriffhängen, 2–30 m.
Lebt in monogamen Paaren in selbst
gegrabenen, u-förmigen Wohnröhren.
Verbreitung: Philippinen und Sulawesi bis
Fidschi.

Gestreifter Fangschreckenk. 38 cm
Lysiosquillina maculata

Erdnussförmige Augen; Fangbein bedornt;
blass mit dunklen Querbändern; bei Männchen Augen und Fangbeine größer als bei
Weibchen. Diese mit lachsfarbenem
Schimmer. **Biologie:** Bewohnt Sandflächen
in Küstenriffen und halb geschützten
Außenriffhängen, 1–20 m. Lebt in monogamen Paaren in selbst gegrabenen, u-förmigen Wohnröhren. Diese messen bis zu
12 cm im Querschnitt und können bis 5 m
lang sein. Tagsüber wird der Eingang mit
einer dünnen Sand-Schleim-Membran ver-
schlossen, die mit einer zentralen Öffnung
Platz lässt, um Augen und Antennen raus-
schauen zu lassen. Das Männchen über-
nimmt den Großteil der überweigend
nächtlichen Beutejagd.
Verbreitung: Ostafrika bis Guam.

Das tödlich giftige Palytoxin konnte zuerst aus *Zoanthid Palythoa caesia* isoliert werden.

Viele Arten wirbelloser Meerestiere sind giftig, werden aber als ungefährlich angesehen, weil es unwahrscheinlich ist, dass sie gegessen werden. Das ist typischerweise bei aktiv giftigen Arten der Fall, die Gifte selbst produzieren oder einlagern, wie Plattwürmer, Breitfußschnecken, Nacktkiemer und Weichkorallen und manche Seegurken. Passiv giftige Arten nehmen die Toxine durch ihre Umgebung oder ihre Nahrung auf. Diese Tiere sind nur in manchen Fällen hochgiftig. Normalerweise kann man sie essen. Andere passiv giftige Tiere ähneln essbaren Tieren sehr stark. In dieser Gruppe finden sich manche Muscheln, Schnecken und Krustentiere.

Überträger und ihre Toxine

Viele Gifte, die Menschen durch den Genuss von Fisch oder Meeresfrüchten zu sich nehmen, haben ihren Ursprung in Dingen, die wir nicht essen. Das tödliche Tetradotoxin wird von Bakterien produziert, die symbiotisch in einer großen Anzahl verschiedener Arten leben, oder wird von anderen Tieren durch die Umgebung oder die Nahrung aufgenommen. Palytoxin wird von anemonenartigen Weichkorallen der Familie Zoanthidae, Dinoflagellaten, und womöglich auch Bakterien

produziert. Saxitoxine und Gonyautoxine werden von mikroskopisch kleinen Dinoflagellaten hergestellt, die entweder Algenblüten verursachen oder mit bodenlebenden Rotalgen in Verbindung gebracht werden. Es kann auch sein, dass sie von Bakterien hergestellt werden. Ciguatoxin und Maitotoxin werden von Dinoflagellaten, die mit bodenlebenden Algen in Verbindung stehen, produziert. Diese Toxine werden durch die Nahrungskette in das Gewebe von normalerweise ungiftigen Arten aufgenommen, wodurch diese Tiere giftig werden.

Haupttypen von Vergiftungen durch Wirbellose

Muschelvergiftungen sind die wichtigste Form von Vergiftungen durch Wirbellose. Sie betreffen kommerziell geerntete Arten und stellen daher Gefahr für die allgemeine Gesundheit dar. Schnecken- und Krabbenvergiftungen sind weniger häufig, denn es handelt sich dabei normalerweise um Arten, die nur in manchen Regionen geerntet und gegessen werden. Bei allen diesen Vergiftungen hängen die Symptome und die Schwere der Vergiftung von den Giften, die in den Kreislauf aufgenommen werden, ab.

Miesmuscheln, *Mytilus edulis*, filtern Algen aus dem Wasser.

Muschelvergiftungen
Bivalvia

Muscheln werden rund um die Welt als Delikatessen geschätzt. Von den über 20 000 bekannten Arten nutzt der Mensch nur wenige als Nahrung. Muscheln pumpen große Mengen Wasser durch sich hindurch und filtrieren winzige Algen heraus. Die weitaus meisten Planktonalgen sind völlig harmlos, doch es gibt auch einige giftige Arten. Werden giftige Algen von Muscheln filtriert und gefressen, reichert sich das Algengift in den Muscheln an, die selbst nicht beeinträchtigt werden. Von sich aus sind Muscheln generell nicht giftig.

Verbreitung

Muschelvergiftungen sind aus vielen Regionen bekannt, so aus Europa, Nordamerika, Japan, Südafrika, Chile und vielen Gebieten im Indopazifik, wie Thailand, Philippinen und Papua-Neuguinea. Alle Plankton filtrierenden Muscheln könnten Vergiftungen verursachen. In der Praxis sind es jedoch vorwiegend die Muschelarten, die am häufigsten gehandelt werden und in Restaurants auf den Speisekarten stehen. In Europa ist das vor allem die Essbare Miesmuschel, *Mytilus edulis*. In Nordamerika gehören zum Beispiel dazu die *Mytilus californianus* (bay mussel), die *Saxidomus giganteus* (Alaska butter clam), die *Saxidomus nuttalli* (butter clam) und die *Siliqua patula* (razor clam).

Giftproduzenten

Das Gift gelangt in die Muscheln über giftige einzellige Algen. Sie gehören zur Gruppe der Dinoflagellaten, die gelegentlich in Massen auftreten. Diese Algenblüten sind in fast allen Weltmeeren immer wieder zu beobachten. Ihre Gifte gelangen in die Nahrungskette und verursachen Fischsterben. Aufgrund ihrer Anreicherung in Speisemuscheln besteht auch für Menschen ein Gesundheitsrisiko.

Vergiftungstypen, Symptome, Verursacher und ihre Toxine

Es gibt vier Arten von Muschelvergiftungen, die von unterschiedlichen Dinoflagellaten-Arten verursacht werden. Entsprechend sind auch verschiedene Gifte beteiligt. Daher unterscheiden sich Muschelvergiftungen deutlich im Schweregrad, dem Verlauf der Erkrankung und den vorherrschenden Symptomen.

Die paralytische Form, engl. paralytic shellfish poisoning (PSP): Sie ist am längsten bekannt, kommt überall vor und tritt oft epidemisch auf. Sie kann sehr schwere, auch tödliche Erkrankungen verursachen. Die ersten Vergiftungssymptome treten meist schon innerhalb der ersten 30 Minuten nach der Muschelmahlzeit auf. Im Mundbereich ist ein Kribbeln und Brennen zu spüren, das sich langsam über Gesicht, Hals, Arme, Hände, Beine und Füße ausbreitet und anschließend von einem Taubheitsgefühl abgelöst wird. Das kann mehrere Tage anhalten und geht einher mit einem allgemeinen Schwächegefühl, Schwindel, Benommenheit und Schwierigkeiten bei der Bewegungskoordination. Durch Lähmungen der Atemmuskulatur kann es in schweren Fällen zum Tode kommen. Ihren Höhepunkt erreicht die Vergiftung innerhalb der ersten 12 Stunden. Innerhalb von zwei Tagen schwächen sich die meisten Symptome deutlich ab. Als Verursacher gelten mehrere Dinoflagellaten-

Was ist zu tun?

Erste Hilfe

Bei den ersten Anzeichen einer Muschelvergiftung sofort Erbrechen provozieren. Nicht bei bereits fortgeschrittener Vergiftung, da durch Lähmungen der Schlundmuskulatur der Speisebrei in die Luftröhre geraten kann.

Weiterführende Behandlung

Ein spezifisches Antidot gibt es für keine der beschriebenen Muschelvergiftungen. Die Therapie ist symptomatisch. Bei der durch Saxitoxin verursachten paralytischen Form ist eine Magenspülung mit anschließender Instillation von Aktivkohle angeraten. Der Patient sollte anschließend mindestens 24 Stunden lang unter Beobachtung bleiben. Bei auftretenden Schluck- und Atembeschwerden ist nach Intubation ggf. Beatmung vorzunehmen. Bei der paralytischen Form erreichen die Symptome ihren Höhepunkt bereits wenige Stunden nach dem Genuss und klingen selbst bei schweren Vergiftungen nach drei bis vier Tagen wieder ab. Bei der gastroenteralen Form ist der Flüssigkeits- und Elektrolytverlust auszugleichen. Je nach Symptomatik und Verlauf kann eine längere klinische Beobachtung geboten sein.

Wenn toxische Dinoflagellaten im Überfluss vorhanden sind, können Austern wie diese *Saccostrea cuccullata*, die sich von ihnen ernähren, giftig werden.

Arten: *Alexandrium tamarense, A. catenella, A. minutum, A. monilatum, Pyrodinium bahamense* und *Gymnodinium catenatum*. Das PSP verursachende Toxin dieser Arten ist das Saxitonin, das auch als Gonyautoxin bekannt ist. Es greift Nervenzellen an, blockiert deren Natriumkanäle und damit die Weiterleitung von Nervenimpulsen, was zu Muskellähmungen führt.

Die Neurotoxische Form, engl. neurotoxic form (NSP): An der Ostküste Floridas und am Golf von Mexiko kommt es regelmäßig zu Algenblüten, an denen der Dinoflagellat *Gymnodinium brevis* beteiligt ist. Muschelbänke in betroffenen Gebieten bleiben in diesen Zeiten und auch anschließend noch gesperrt. Die Symptome der Vergiftung ähneln denen durch Ciguatera, doch bleiben sie generell leichter. Dazu gehören leichtes Kribbeln im Mundbereich, das auf die Extremitäten übergreift und anschließend in ein Taubheitsgefühl übergeht, Umkehrung des Temperaturgefühls für warm und kalt und leichtere Magen-Darm-Beschwerden. Meist gehen sie nach 36 Stunden wieder zurück. Besonders Allergiker leiden beim Aufenthalt am Ufer an asthmaartigen Atembeschwerden. Ausgelöst wird dies durch Einatmen des Aerosols der Meeresbrise, das offenbar Reiz auslösende Toxine mit sich führt. Aus *Gymnodinium brevis* wurden mehrere als Brevetoxine bezeichnete Substanzen gefunden. Sie greifen die Natriumkanäle an Nerven- und Muskelmembranen an und verursachen eine Dauererregung, sodass der Muskel in Kontraktion verharrt.

Vergiftung mit ZNS-Beteiligung, engl. amnesic shellfish poisoning (ASP): Diese Form wurde erstmals 1987 bekannt, als es an der Ostküste Kanadas nach dem Genuss von Muscheln zu einer schweren Vergiftung kam. Es handelte sich um Miesmuscheln aus Gewässern der Prince-Edward-Inseln. Zur Erntezeit wurde dort eine Algenblüte beobachtet. Neu an dieser Vergiftung war, dass auch das Zentrale Nervensystem (ZNS) betroffen war und dass das Gift bleibende Schäden wie dauerhafte Gedächtnisstörungen verursachte. Einige der insgesamt 153 Betroffenen fielen in tiefes Koma, drei starben. Meeresbiologen beschrieben die Kieselalge, *Pseudonitzschia pungens*, als eine wesentlich daran beteiligte Art. Als Toxin wurde die Domosäure identifiziert, eine natürlich vorkommende Aminosäure und bekannt starkes Neurotoxin. Es setzt sich an bestimmte Stellen, den Glutaminsäure-Rezeptoren, der Nervenzellen und bewirkt damit eine dauerhafte Erregung und Muskelkrämpfe.

Bei der gastroenteralen Form, engl. diarrhetic shellfish poisoning (DSP), stehen Erbrechen, Durchfall und Magen-Darm-Krämpfe im Vordergrund. In schweren Fällen treten die ersten Symptome bereits 30 Minuten nach dem Verzehr von Muscheln auf, meist jedoch erst nach fünf bis sechs Stunden. Es beginnt mit Übelkeit, Erbrechen und starken Bauchschmerzen, rasch kommt dann Durchfall dazu. Diese Beschwerden gehen innerhalb von etwa drei Tagen zurück. Bei dieser Muschelvergiftung fehlt das bei der PSP charakteristische, im Gesicht beginnende Kribbeln und Brennen. Bislang wurde DSP nur in Europa, Japan und Chile beobachtet. Mit dieser Form werden die Dinoflagellaten-Arten *Dinophysis acuminata* und *D. fortii* in Zusammenhang gebracht. Als Toxine wurden Okadasäure, Pectenotoxin und Yessotoxin isoliert. Die Wirkungsweisen wurden noch nicht aufgeklärt.

Vorbeugende Maßnahmen

Den Muscheln ist nicht anzusehen, ob sie giftig sind oder nicht. Es ist auch nicht zu schmecken. Durch Kochen oder Braten lässt sich das Gift nicht zerstören. Es gibt keine vollständige Sicherheit. Gebietsweise ist zu bestimmten Jahreszeiten eher mit giftigen Muscheln zu rechnen. Stärker gefährdet sind Personen, die Muscheln selbst sammeln und sie essen, ohne sich vorher kundig zu machen.

Schneckenvergiftungen
Gastropoda

Meeresschnecken werden in den meisten westlichen Ländern nicht gegessen, aber in anderen Teilen der Welt sind sie eine wichtige Nahrungsquelle. In Südostasien und auf den Pazifikinseln wird eine ganze Reihe dieser Arten gegessen, unter anderem auch die giftigen Kegelschnecken. Manche Arten, darunter Turbanschnecken, *Turbinidae*, Kreiselschnecken, *Trochidae*, und Seeohren, *Haliotis*-Arten, werden kommerziell geerntet und vermarktet. Die Gifte, die gelegentlich in Schnecken vorkommen, umfassen Saxitoxin, Neosaxitoxin, Gonyautoxine und Tetrodotoxin. Ob sie durch den Genuss von Schnecken oder auf eine andere Art aufgenommen werden, spielt keine Rolle. Sie rufen immer dieselben, manchmal sogar tödlichen, Symptome hervor. Es gibt auch einige andere Gifte, die spezifisch bei manchen Mollusken auftreten. Seehasen, *Aplysiidae*, enthalten Bromverbindungen wie *Aplysitoxin*, die sie durch ihre Algennahrung aufnehmen. Im Gegensatz zu Muschelvergiftungen sind Schneckenvergiftung selten. Das kommt auch daher, dass Schnecken sich mehr von bodenbewohnenden Organismen als von Plankton ernähren. Wie bei allen anderen unbekannten Gerichten ist die beste vorbeugende Maßnahme, sich zu informieren, was man in der betreffenden Region gefahrlos essen kann.

Die Kreiselschnecke, *Trochus niloticus*, ist die wirtschaftlich bedeutendste Schnecke im tropischen Westpazifik. Sie ist nur selten giftig.

Eine *Mel melo* und andere Schnecken auf einem Markt in Hongkong.

Fünf Kinder starben in Borneo, nachdem sie Schwarze Olivenschnecken, *Oliva vidua*, gegessen hatten. Die Schnecken enthielten Saxitoxin. Das Bild zeigt eine nah verwandte ähnliche Art.

Seehasen, wie dieser *Dolabella auricularia*, enthalten toxische Bromverbindungen. Bei Störung sondern sie eine violette Flüssigkeit ab.

Diese schöne Krabbe *Zosimus aeneus* ist eine der am häufigsten giftigen Krabben.

Krebstiervergiftungen
Crustacea

Die meisten Fälle von Krebstiervergiftungen geschehen mit Krabben, die an Korallenriffen leben. Vielleicht, weil diese Tiere mit größerer Wahrscheinlichkeit toxische Organismen fressen als Tiere in anderen Lebensräumen. Die Arten, die am häufigsten giftig ist, sind Tiere der Familie Xanthidae. Vergiftungen durch sie sind oft tödlich. Manchmal können auch andere Arten, die normalerweise genießbar sind, giftig sein. Darunter der *Etisus utilus* und Mitglieder der Familien Eriphiidae, *Eripha sebana*, Carpillidae, *Carpilius convexus*, *C. maculatus*, Parthenopidae, *Daldorfia horrida*, Majidae, Grapsidae und Portunidae und der an Land lebende Palmendieb, *Birgus latro*. Vergiftungen dieser Krabbenarten sind normalerweise verhältnismäßig leicht. Die asiatischen Pfeilschwanzkrebse *Carcinoscorpius rotundicauda* und *Tachypleus gigas*, die eigentlich näher mit Spinnen als mit Krabben verwandt sind, können auch giftig sein.

Unfälle
Vergiftungsfälle werden meistens durch Krabben verursacht, die auf Korallenriffen gefangen werden. Sie treten sporadisch im Indopazifik auf. In den meisten Fällen werden die Krabben gekocht. Selten werden Krabben roh gegessen, die Eier hingegen werden häufiger roh verzehrt.

Beteiligte Gifte
In Krabben wurden eine Vielzahl von Toxinen gefunden. Diese Toxine haben verschiedene Ursprünge und kommen überall im Gewebe vor.

Die meisten giftigen Krabben enthalten hohe Konzentrationen von Saxitoxinen und Gonyautoxinen, die auch paralytische Muschelvergiftungen (PSP) auslösen. Diese Gifte findet man in Rotalgen, die von den Krabben gefressen werden. Sie können auch von Bakterien, die in den Krabben leben, hergestellt werden. Das tödliche Tetrodotoxin (TTX) wurde in *Lophozozymus pictor* und *Atergatis floridus* gefunden. Tetrodotoxin kommt auch in asiatischen Pfeilschwanzkrebsen vor, hauptsächlich in der Hepatopankreas und in den Eiern, die manchmal gegessen werden. Hier ist es besonders stark konzentriert. Die Krabben *Demania alcalai*, *D. toxica*, *D. reynaudii* und *Lophozozymus pictor* enthalten oft tödliches Palytoxin, das eventuell durch das Fressen von Krustenanemonen der Gattung *Palythoa* in ihren Körper gelangt. Das unbekannte Toxin im Palmendieb nimmt dieser wahrscheinlich durch Pflanzennahrung auf.

Symptome
Da es verschiedene Auslöser gibt, sind auch die Symptome unterschiedlich. Wenn die Vergiftungen durch Saxitoxine und Gonyautoxine ausgelöst werden, sind die Symptome mit denen einer paralytischen Muschelvergiftung identisch. Symptome aufgrund einer Vergiftung mit Tetrodotoxin sind identisch mit den Symptomen einer Kugelfischvergiftung. Wenn Palytoxin im Spiel ist, treten Magen-Darm-Probleme, sehr starke Muskelschmerzen und letztendlich Atemlähmung auf. Wenn mehr als ein

Die Gefleckte Riffkrabbe, *Carpilius maculatus,* wird in vielen Gebieten des Indopazifiks gegessen. Sie kann jedoch – wenn auch sehr selten – giftig sein.

Pfeilschwanzkrebse, *Tachypleus gigas,* auf einem Markt in Hongkong. Diese Art ist saisonal toxisch und kann Tetrodotoxin enthalten. Meist werden nur die Eier gegessen.

Gift beteiligt ist, kann eine Mischung aus Symptomen in Erscheinung treten. Symptome einer Palmdieb-Vergiftung treten oft verzögert auf. Sie halten meist mehrere Tage an.

Vorbeugende Maßnahmen
Wenn möglich keine Krabben essen, die auf Korallenriffen gefangen wurden. Krabben, die Sandböden bewohnen, sind zu bevorzugen. Prinzipiell nur ungiftige Arten essen. Regionales Wissen ist sehr wichtig. Einheimische wissen, welche Arten ungefährlich sind und in welchen Gebieten sie gefangen werden sollten. So kann das Risiko verringert werden.

IM NOTFALL

Was ist zu tun?

Erste Hilfe
Bei ersten Anzeichen einer Vergiftung sofort Erbrechen provozieren. Wenn die Lähmung von Mund und Rachen schon eingesetzt hat, sollte dies jedoch unterbleiben. Sofort medizinische Notfallhilfe aufsuchen. Sobald die Atmung aussetzt, Patient künstlich beatmen.

Weiterführende Behandlung
Die Behandlung erfolgt symptomatisch. Sie ist im Grunde identisch mit der Behandlung einer Kugelfischvergiftung. Der Patient muss während der Lähmung beatmet werden. Es gibt kein Gegengift.

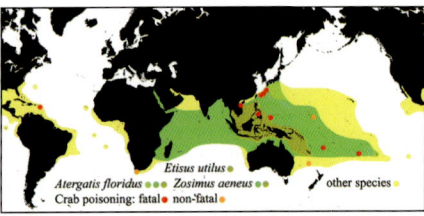

Verbreitung von Krabben der Familie Xanthidae und Stellen einiger Vergiftungsfälle

Steinkrabben
Eriphiidae

Rotaugen-Steinkrabbe   **bis 6 cm**
Eriphus smithi

Kräftiger Panzer, gerundet, mit kleinen Höckern; rötlich braun, Augen rot. **Biologie:** Zwischen Steinen und Geröll ab der Gezeitenzone. Häufig in Gezeitentümpeln. Ernährt sich von Algen und Weichtieren. Die nahe verwandte *E. sebana* kann ebenfalls für kurze Zeiträume giftig sein. **Verbreitung:** Ostafrika bis Neukaledonien, nördlich bis Südjapan; Hawaii.

Riffkrabben
Xanthidae

Giftige Rundkrabbe bis 15 cm
Zosimus aeneus

Oberfläche stark skulpturiert mit einem Netzwerk aus bläulichen Vertiefungen und weinroten Erhebungen. **Biologie**: Lebt zwischen Korallen und Steinen auf Riffdächern und Hängen. Einigermaßen häufig in Gezeitenzonen. Tagsüber meist versteckt; frisst nachts Algen. Eine der häufigsten tödlich giftigen Krabbenarten.
Verbreitung: Rotes Meer bis Frz.-Polynesien, nördlich bis Südjapan.

Falsche Riffkrabbe bis 15 cm
Atergatis floridus

Kräftiger Panzer, blassbraun mit unregelmäßiger hellerer Zeichnung. Ähnelt Riffkrabben (Familie *Carpiliidae*). **Biologie**: Lebt zwischen Korallen und Gestein auf Riffdächern und Hängen. Einigermaßen häufig in Gezeitenzonen. Geht nachts auf Nahrungssuche, ernährt sich von Algen. Kann tödlich giftig sein aufgrund von Tetrodotoxin, das von Bakterien im Körperinneren der Krabbe produziert wird.
Verbreitung: Rotes Meer bis Frz.-Polynesien. **Ähnlich:** Riffkrabben haben ähnlich glatten, gerundeten Panzer, jedoch andere Farbmuster.

Säge-Rundkrabbe bis 15 cm
Etisus utilus

Kräftiger Panzer, Vorderkante mit 8 Zacken hinter jedem Auge; bräunlich rot, Scherenspitzen schwarz. **Biologie**: Lebt zwischen Korallen und Gestein auf Außenriffdächern und -hängen. Einigermaßen häufig, tagsüber meist versteckt. Nachtaktiv, ernährt sich von Algen. Gelegentlich etwas giftig.
Verbreitung: Südostasien bis Neukaledonien.

Diese Seegurke, *Holothuria fuscorubra*, wurde angefasst und hat ihre Cuvier'schen Schläuche ausgeschleudert.

Seegurken
Holothuroidea

Seegurken sind die unscheinbaren Verwandten von Seesternen und Seeigeln. Sie haben einen vergleichsweise weichen Körper und sind harmlos. Unter bestimmten Umständen können sie jedoch auf drei verschiedene Arten unangenehm werden: durch das Ausstoßen klebriger Fäden, in Form einer Lebensmittelvergiftung bei falscher Zubereitung und beim Berühren durch kleine, in der Haut sitzende Skelettnadeln.

Als Abwehrreaktion auf eine Störung schleudern manche Seegurken durch ihre Afteröffnung lange klebrige Fäden aus, die Cuvier'schen Schläuche. Sie haften an der Haut und Tauchanzügen. Bei Kontakt mit empfindlichen Hautpartien wie Schleimhaut, und besonders Wunden, können sie entzündliche Reaktionen hervorrufen. Nach Hantieren mit Seegurken Cuvier'sche Schläuche entfernen und die Hände gut waschen! Seegurken enthalten im gesamten Körper Giftstoffe, besonders konzentriert liegen sie in den Innereien wie den Cuvier'schen Schläuchen vor. Dennoch werden Seegurken in vielen Gebieten gesammelt. Sie werden der Länge nach aufgeschnitten, und, nachdem die Innereien entfernt wurden, gekocht, eventuell geräuchert und dann getrocknet. Die getrockneten, brettharten Körperwände kommen unter verschiedenen Namen in den Handel, die bekanntesten sind „Trepang" und „Beche-de-mer". Sie gelten in asiatischen Ländern als Delikatesse, zudem wird ihnen eine aphrodisierende Wirkung zugeschrieben. Bei unsachgemäßer Zubereitung besteht beim Verzehr ernsthafte Vergiftungsgefahr.

Die Schwarze Seegurke, *Holothuria atra*, scheidet bei Belästigung eine giftige, purpurrote Flüssigkeit von ihrer Haut aus. Diese als Holothurin bekannte Flüssigkeit dient pazifischen Inselbewohnern dazu, Fische in Ebbetümpeln zu vergiften. Der Genießbarkeit der Fische tut diese Fangmethode keinen Abbruch. Die extrem kontraktilen Wurm-Seegurken, Synaptidae, haben in ihrer Haut winzige hakenförmige Nadeln, die bei Berührung abbrechen und stärkere Hautirritationen hervorrufen können.

Holothuriidea

Augenfleck-Seegurke   bis 25 cm
Bohadschia argus

Beige bis braun, zahlreiche „Augenflecken"
mit dunklem Zentrum. **Biologie**: Auf Sand-
und Korallenschutt-Flächen von Lagunen
und geschützten Außenriffhängen; bis
40 m. Stößt bei Belästigung weiße klebrige
Fäden (Cuvier'sche Schläuche) aus. **Verbreitung**: Seychellen bis Frz.-Polynesien, nördl.
bis Südjapan.

Schwarze Seegurke   bis 45 cm
Holothuria atra

Schwarz mit glatter Haut, an der Sand und
Steinchen kleben bleiben. **Biologie**: Bewohnt Sand- und Seegraswiesen in Riffnähe; 0,3–30 m. Kann bei Belästigung eine
rote Flüssigkeit (Holothurin) ausstoßen, bei
grober Behandlung evtl. auch Eingeweide.
Vermehrt sich auch ungeschlechtlich
durch Querteilung. **Verbreitung**: Rotes
Meer bis Frz.-Polynesien.

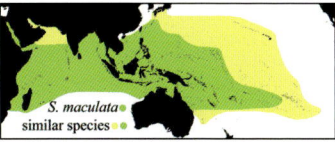

Synaptidae

Wurm-Seegurke   bis 2,5 m
Synapta maculata

Sehr lang gestreckter, schlangenförmiger
Körper, Oberfläche mit zahlreichen Blasen.
Biologie: Lebt auf Sand, Geröll und Seegras
flacher Korallenriffe; 0,5–ca. 10 m. Zieht
sich bei Belästigung auf ca. ein Viertel der
Körperlänge zusammen. Kleine Kalkhäk-
chen auf der Haut, die bei Berührung abbrechen, sich in menschlicher Haut verha-
ken und evtl zu Hautirritationen führen.
Verbreitung: Rotes Meer bis Frz.-Polynesien

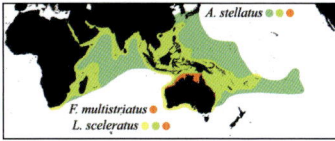

Register der deutschen Namen

Register der wissenschaftlichen Namen

Die Autoren

Dr. rer. nat. Matthias Bergbauer ist Diplom-Biologe. Nach der Promotion war er an einer Berliner Universität in Forschung und Lehre tätig. Sein Forschungsgebiet umfasste ökologische Fragestellungen in aquatischen und marinen Lebensräumen. Er taucht seit 28 Jahren, nutzt das Tauchen auch für die Forschung und arbeitete längere Zeit an meeresbiologischen Stationen auf Fidschi im Südpazifik, am Great Barrier Reef in Australien, an der Ostküste der USA, in einem Unterwasser-Labor im Roten Meer, sowie im Mittelmeer, an der Adriaküste und in Südfrankreich. Seit einigen Jahren ist er journalistisch tätig, publiziert regelmäßig naturwissenschaftliche Artikel und veröffentlichte mehrere Tauchsport-Fachbücher, unter anderem das ebenfalls im Kosmos-Verlag erschienene Bestimmungsbuch „Was lebt im Mittelmeer?"

Robert F. Myers begann auf der Highschool damit, das Leben unter Wasser zu studieren. Während seiner College-Zeit untersuchte er hawaiianische Fischpopulationen und beteiligte sich an der Ciguateraforschung des Ichthyologen John E. Randall. Robert Myers zog nach Guam und erwarb am Meereslabor der Universität seinen Master in Biologie. Gleichzeitig arbeitete er als Fischereibiologe und gründete Coral Graphics. Er hat zahlreiche wissenschaftliche und populäre Arbeiten über Fische des Westpazifiks und mehrere Bücher geschrieben oder mitverfasst, darunter Micronesian Reef Fishes(1989-1990), Korallenfische der Welt (mit E. Lieske) und den Korallenriff-Führer Rotes Meer (mit E. Lieske). Zur Zeit lebt er in Südflorida und ist Mitglied bei der SSC (Species Survival Commission) für Korallenrifffische der Weltnaturschutzunion IUCN (International Union for the Conservation of Nature).

Manuela Kirschner begann vor 15 Jahren mit der Unterwasser-Fotografie und gewann viele Preise bei nationalen und internationalen Wettbewerben. Heute werden ihre Fotos veröffentlicht in zahlreichen Zeitschriften, Tageszeitungen, Magazinen, Kalendern, Büchern und Katalogen. In Fotoseminaren gibt sie ihr Wissen weiter, und auch durch ihre langjährige Mitarbeit beim Tauchmagazin „Unterwasser" und als Mitautorin mehrer Tauchsport-Fachbücher ist sie Deutschlands bekannteste Unterwasser-Fotografin. Ihr Bildarchiv beruht auf über 3000 Tauchgängen, die sie weltweit absolviert hat – von einheimischen Süßgewässern, der Ostsee und dem Mittelmeer über viele Ziele im Indischen und Pazifischen Ozean bis zur Karibik.

Bildnachweis

Folgende Personen haben die Tauchaktivitäten des Autors (RM) großzügig unterstützt: John und Joanne Frazer (Awesome Divers, Florida); Patrick und Lori Colin (Korallenriff-Forschungs-Stiftung, Palau); Hiroshi Nagano; Tova Havel (Fish and Fins, Palau).

Folgende Wissenschaftler halfen mit ihrem Fachwissen bei der Arten-Bestimmung: John E. Randall, Gustav Paulay (Schwämme, Farne); Daune Fautin und Adorian Ardelean (Anemonen); Hung-Chang Liu (Krebse).

Der Großteil der Fischfotos in Zeichnungen oder Farbdrucken stammen von John E. Randall

Legende zur Position der verwendeten Fotos:
o = oben, m = mitte, u = unten; r = rechts, l = links

Fotografen:
Tim Allen: 144
Clay Bryce: 73 u
Robert Darmanin: 316 m
Anne Dupont: 316 u
Tyrid Engstler: 291 u
Mandy T. Etpison: 106
Andrea Ferrari: 123 o; 333 o
Klaus E. Fiedler: 27 u
Herbert Frei: 65 m; 74; 110 o
Gottfried Genser: 193 o
Michael Hackenberg: 114 m; 317; 323 o; 319
Klaus Hilgert: 100; 119 u
Johann Hinterkircher: 258
John P. Hoover: 48 u; 60 o; 230; 296 m
Paul Humann: 23 m; 33; 34 u;141 u; 280 o; 297 m
Liu Hung-Chang: 366 u; 367 m
Andreas Kofka: 267 o
Rudie H. Kuiter: 58 m,o; 590 ; 62 m, u; 64 m; 65 u; 155 m
Ewald Lieske: 224; 259l; 262 o; 105; 262 u
Patrice Marker: 25 m; 270; 470; 121 u; 141 m; 171 m; 201; 223 o; 278 u; 281 o; 302 o

Susan Mears: 328
Suzan Meldonian: 18 m; 118 u
Scott W. Michael: 72 u; 79 u; 80 u; 141 o; 156 r
Hiroshi Nagano: 124 o
John Neuschwander: 81 o; 117 o; 234; 286 u
Gustav Paulay: 199
Doug Perrine: 115 o
Richard E. Pyle: 113 u
John E. Randall: 24 m; 30 o; 32 u; 48 u; 48 m, r; 49 m; 64 u; 73 o; 81 u; 83 m, u; 103 ol; 115 m; 129 u; 139 u; 155 u; 170 or; 178 u; 181 o; 192; 21; 29; 34 o; 39 ol; 41; 54 l; 68 l; 70 o; 82; 88 u; 94; 108; 167 o; 170 ol; 199; 202; 208; 209; 214; 215; 229
Yvonne Sadovy: 205 o
Michael Schmale: 235 o
Hagen Schmidt: 78 u; 296 u
Larry Sharron: 300 u
Roger Steene: 73 m; 79 m; 293; 296 o
Markus Thiele: 25 u
Werner Thiele: 114 0, u; 118 m
Bill Watts: 102; 110 m; 111 o; 112; 113 o; 117 u; 119 m

Mit 640 Farbfotos. Alle Fotos, außer den im Bildnachweis aufgeführten,
von den Autoren
(siehe Bildnachweis S. 383)
230 Verbreitungskarten von Robert Myers
Umschlaggestaltung von estudio calamar
unter Verwendung eines Fotos von Manuela Kirschner

Trotz sorgfältiger Prüfung und Recherche sind alle Angaben in
diesem Buch ohne Gewähr. Die Planung und Durchführung
der Tauchgänge liegen allein in der Verantwortung der Taucher selbst.
Eine Garantie oder Haftung des Autors, des KOSMOS-Verlags oder
von ihm beauftragter Personen sind ausgeschlossen.

Die Zeichnung des
Tetrodotoxin Moleküls (S. 200) und des
Ciguatoxin Moleküls (S. 208)
stammen aus dem Buch
Dietrich Mebs, Gifttiere: Ein Handbuch für Biologen, Toxikologen,
Ärzte und Apotheker, Wissenschaftliche Buchgesellschaft Stuttgart, 2000,
ISBN 978-3-8047-1639-1
Mit freundlicher Genehmigung des Verlags

Für wertvollen fachlichen Rat bei der Erstellung der Abschnitte
"Im Notfall" danken wir Herrn Prof. Dr. Dietrich Mebs
(Klinikum der Johann-Wolfgang-Goethe-Universität, Frankfurt).

Unser gesamtes lieferbares Programm und viele
weitere Informationen zu unseren Büchern,
Spielen, Experimentierkästen, DVDs, Autoren und
Aktivitäten finden Sie unter **www.kosmos.de**

Gedruckt auf chlorfrei gebleichtem Papier

© 2008, Franckh-Kosmos Verlags-GmbH & Co. KG, Stuttgart.
Alle Rechte vorbehalten
ISBN 978-3-440-10945-8
Redaktion: Monika Weymann
Assistenz: Damaris Mitzkat, Marijke Ernst
Gestaltungskonzept: eStudio Calamar
Satz: Populaergrafik, Stuttgart
Produktion: Eva Schmidt, Christiane Bamberger
Printed in Italy/Imprimé en Italie